中文版

Illustrator CC
完全自学教程

李金明 李金蓉 编著

U0248320

人民邮电出版社
北京

图书在版编目（CIP）数据

中文版Illustrator CC完全自学教程 / 李金明，李
金蓉编著. -- 北京 : 人民邮电出版社，2015.8（2018.3 重印）
ISBN 978-7-115-39359-3

Ⅰ．①中… Ⅱ．①李… ②李… Ⅲ．①图形软件－教
材 Ⅳ．①TP391.41

中国版本图书馆CIP数据核字(2015) 第128583号

内 容 提 要

本书是初学者从快速自学 Illustrator CC 的经典教程。全书共分 18 章，从最基础的 Illustrator CC 下载和安装方法开始讲起，以循序渐进的方式详细解读 Illustrator CC 工作界面、文档操作、绘图、高级绘图方法、上色、高级上色工具、变形、图层、蒙版、画笔、图案、符号、效果、外观、图形样式、文字、图表、Web、动画、动作、色彩管理、预设和打印等软件功能。内容涵盖了 Illustrator CC 全部工具和命令，并且，每一个工具和命令都提供了详细的索引，以方便读者检索。

本书精心安排了 234 个具有针对性的实例，并提供视频教学录像，不仅可以帮助读者轻松掌握软件使用方法，更能应对插画、包装、海报、平面广告、产品造型、工业设计、字体设计、UI、VI 和动画设计等实际工作需要。

随书光盘中包含所有实例的素材、效果文件和视频录像，并附赠海量设计资源和学习资料。

本书适合 Illustrator CC 初学者，以及有志于从事平面设计、插画设计、包装设计、网页制作、动画设计和影视广告设计等工作的人员使用，同时，也适合高等院校相关专业的学生和各类培训班的学员参考阅读。

◆ 编　　著　李金明　　李金蓉

责任编辑　张丹丹

责任印制　程彦红

◆ 人民邮电出版社出版发行　　北京市丰台区成寿寺路 11 号

邮编　100164　　电子邮件　315@ptpress.com.cn

网址　http://www.ptpress.com.cn

北京市雅迪彩色印刷有限公司印刷

◆ 开本：880×1092　1/16

印张：31.5

字数：1112 千字　　　　　　　　2015 年 8 月第 1 版

印数：23 101 – 25 200 册　　　　2018 年 3 月北京第12次印刷

定价：99.00 元（附光盘）

读者服务热线：**(010)81055410**　印装质量热线：**(010)81055316**
反盗版热线：**(010)81055315**

前　言

本书是初学者快速自学Illustrator CC的经典教程和参考指南。全书从实用角度出发，全面、系统地讲解了Illustrator CC的所有应用功能，涵盖了Illustrator CC的全部工具、面板和菜单命令。

本书采用功能讲解+实战练习的形式，将Illustrator CC学习与使用完美结合。书中精心安排了234个与软件功能同步的实例，既有基础型学习实例，也有插画、包装、海报、平面广告、产品造型、工业设计、字体设计、UI、VI和动画设计等应用型实例。随书光盘中包含书中所有实例的素材和效果文件，并附赠海量的设计资源、学习资料，此外，我们还为实例录制了视频教学录像，以帮助读者快速掌握Illustrator CC的使用方法和技巧，让学习过程更加轻松、顺畅。随书光盘中的学习资源也可以通过下载方式获得，扫描"资源下载"二维码即可 **资源下载** 获得下载方式。

为了方便读者对Illustrator CC的工具、命令和面板等功能进行查询，本书还特别制作了软件功能索引。通过索引，可以快速、准确地找到所需信息。

本书的内容

本书共分为18章，从最基础的Illustrator CC下载和安装方法开始讲起，以循序渐进的方式详细解读了Illustrator CC工作界面、文档操作、绘图、高级绘图方法、上色、高级上色工具、变形、图层、蒙版、画笔、图案、符号、效果、外观、图形样式、文字、图表、Web、动画、动作、色彩管理、预设和打印等软件功能。最后一章通过综合实例展现了Illustrator CC在各个设计领域的应用技巧。

本书的版面结构说明

为了达到使读者轻松自学，以及深入了解软件功能的目的，本书设计了技术看板、实战、相关链接和提示等项目，简要介绍如下。

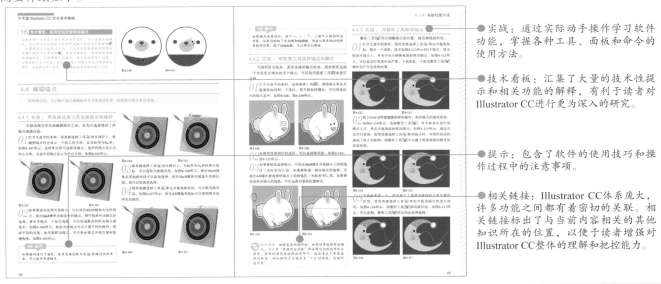

● **实战**：通过实际动手操作学习软件功能，掌握各种工具、面板和命令的使用方法。

● **技术看板**：汇集了大量的技术性提示和相关功能的解释，有利于读者对Illustrator CC进行更为深入的研究。

● **提示**：包含了软件的使用技巧和操作过程中的注意事项。

● **相关链接**：Illustrator CC体系庞大，许多功能之间都有着密切的关联。相关链接标出了与当前内容相关的其他知识所在的位置，以便于读者增强对Illustrator CC整体的理解和把控能力。

其他说明

本书主要由李金明、李金蓉编写。此外，参与编写工作的还有李锐、徐培育、包娜、陈景峰、李志华、王欣、李哲、贾一、王晓琳、刘军良、贾占学、马波、李慧萍、崔建新、王淑英、季春建、王熹、徐晶、李保安、白雪峰、李宏桐、周亚威、许乃宏、张颖、李萍、王树桐、邹士恩、贾劲松、李宏宇、王淑贤、谭丽丽、刘天鹏和苏国香等。由于编写水平有限，书中难免有疏漏之处，希望广大读者批评指正。如果您在学习中遇到问题，请随时与我们联系，E-mail：ai_book@126.com。

18.14 精通插画：装饰风格插画（468页）
视频位置：光盘\视频\18.14 精通插画：装饰风格插画.avi

6.6.6 实战：为网格片面着色（198页）
视频位置：光盘\视频\6.6.6 实战：
为网格片面着色

6.5.6 实战：使用渐变库（190页）
视频位置：光盘\视频\6.5.6 实战：使用渐变库

8.5.4 实战：编辑剪切蒙版（264页）
视频位置：光盘\视频\8.5.4 实战：编辑剪切蒙版

MERRY CHRISTMAS

18.24 精通网页：圣诞主题网页设计（494页）
视频位置：光盘\视频\18.24 精通网页：圣诞主题网页设计

Lens Flair

12.2.5 实战：文字变形（347页）
视频位置：光盘\视频\12.2.5 实战：文字变形

7.1.5 实战：分形艺术（206页）
视频位置：光盘\视频\7.1.5 实战：分形艺术

18.12 精通3D：巨型立体字（462页）
视频位置：光盘\视频\18.12 精通3D：巨型立体字

18.17 精通插画：时尚风格插画（477页）
视频位置：光盘\视频\18.17 精通插画：时尚风格插画

18.19 精通特效字：艺术山峦字（481页）
视频位置：光盘\视频\18.19 精通特效字：艺术山峦字

18.11 精通UI：图标设计（458页）
视频位置：光盘\视频\18.11 精通UI：图标设计

8.3.7 实战：隐身术（255页）
视频位置：光盘\视频\8.3.7 实战：隐身术

18.13 精通3D：火箭模型（464页）
视频位置：光盘\视频\18.13 精通3D：火箭模型

18.23 精通界面：游戏APP设计（491页）
视频位置：光盘\视频\18.23精通界面：游戏APP设计

18.2 精通封套扭曲：落花生（432页）
视频位置：光盘\视频\18.2 精通封套扭曲：落花生

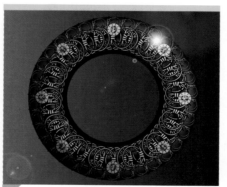

9.3.7 实战：重新定义画笔制作手镯（281页）
视频位置：光盘\视频\9.3.7 实战：重新定义画笔制作手镯

6.3.2 实战：为图稿重新着色（173页）
视频位置：光盘\视频\6.3.2 实战：为图稿重新着色

18.1 精通封套扭曲：陶瓷花瓶（430页）
视频位置：光盘\视频\18.1 精通封套扭曲：陶瓷花瓶

3.3.4 实战：通过矩形网格制作艺术字（76页）
视频位置：光盘\视频\3.3.4 实战：通过矩形网格制作艺术字

18.8 精通动漫设计：卡通形象设计（450页）
视频位置：光盘\视频\18.8 精通动漫设计：卡通形象设计

8.4.4 实战：制作CD封套（258页）
视频位置：光盘\视频\8.4.4 实战：制作CD封套

18.5 精通特效：液态金属人（440页）
视频位置：光盘\视频\18.5 精通特效：液态金属人

18.7 精通特效：艺术字体设计（446页）
视频位置：光盘\视频\18.7 精通特效：艺术字体设计

18.16 精通插画：Mix & match 风格插画（474页）
视频位置：光盘\视频\18.16 精通插画：Mix & match 风格插画

18.15 精通插画：新锐风格插画（470页）
视频位置：光盘\视频\18.15 精通插画：新锐风格插画

下雨了，打伞噢

晴天了，打伞噢

要下雨了，打伞噢

6.5.7 实战：UI设计（191页）
视频位置：光盘\视频\6.5.7 实战：UI设计

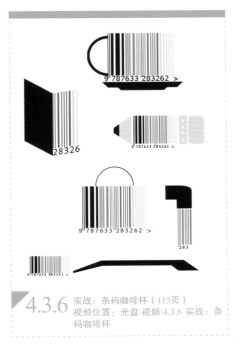

4.3.6 实战：条码咖啡杯（115页）
视频位置：光盘\视频\4.3.6 实战：条码咖啡杯

12.3.6 实战：文本绕排（353页）
视频位置：光盘\视频\12.3.6 实战：文本绕排

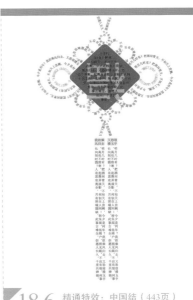

18.6 精通特效：中国结（443页）
视频位置：光盘\视频\18.6 精通特效：中国结

18.4 精通特效：油漆涂抹字（437页）
视频位置：光盘\视频\18.4 精通特效：油漆涂抹字

10.2.2 实战：置入符号（294页）
视频位置：光盘\视频\10.2.2 实战：置入符号

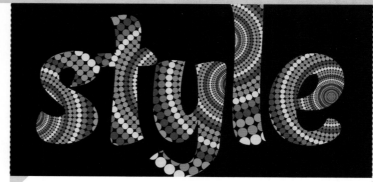

7.6.1 实战：用混合工具创建混合（237页）
视频位置：光盘\视频\7.6.1 实战：用混合工具创建混合

9.4.8 实战：图案特效字（290页）
视频位置：光盘\视频\9.4.8 实战：图案特效字

18.21 精通UI：马赛克风格图标设计（485页）
视频位置：光盘\视频\18.21 精通UI：马赛克风格图标设计

18.22 精通UI：玻璃质感图标设计（487页）
视频位置：光盘\视频\18.22 精通UI：玻璃质感图标设计

10.4.2 实战：替换符号（301页）
视频位置：光盘\视频\10.4.2 实战：替换符号

18.18 精通包装：牛奶瓶（479页）
视频位置：光盘\视频\18.18 精通包装：牛奶瓶

18.20 精通UI：扁平化图标设计（483页）
视频位置：光盘\视频\18.20 精通UI：扁平化图标设计

8.4.2 实战：制作镂空树叶（257页）
视频位置：光盘\视频\8.4.2 实战：制作镂空树叶

5.2.7　实战：渐变描边立体字（148页）
视频位置：光盘\视频\5.2.7 实战：渐变描边立体字

8.5.5　实战：制作滑板（265页）
视频位置：光盘\视频\8.5.5 实战：制作滑板

7.6.2　实战：用混合命令创建混合（238页）
视频位置：光盘\视频\7.6.2 实战：用混合命令创建混合

18.10　精通平面设计：线描风格名片（455页）
视频位置：光盘\视频\18.10 精通平面设计：线描风格名片

11.13.6　实战：使用图形样式库（340页）
视频位置：光盘\视频\11.13.6 实战：使用图形样式库

18.9　精通书籍插图设计：四格漫画（453页）
视频位置：光盘\视频\18.9 精通书籍插图设计：四格漫画

6.4.2　实战：为表面上色（180页）
视频位置：光盘\视频\6.4.2 实战：为表面上色

18.3　精通混合：羽毛（435页）
视频位置：光盘\视频\18.3 精通混合：羽毛

3.10.6　实战：立体浮雕效果（106页）
视频位置：光盘\视频\3.10.6 实战：立体浮雕效果

12.1.4　实战：创建路径文字（344页）
视频位置：光盘\视频\12.1.4 实战：创建路径文字

7.3.1 实战：用变形建立封套扭曲（214页）
视频位置：光盘\视频\7.3.1 实战：用变形建立封套扭曲

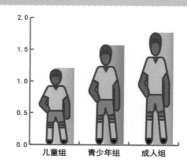

13.4.4 实战：将图形添加到图表中（391页）
视频位置：光盘\视频\13.4.4 实战：将图形添加到图表中

 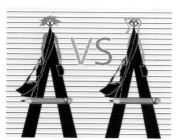

4.2.2 实战：用铅笔工具编辑路径（111页）
视频位置：光盘\视频\4.2.2 实战：用铅笔工具编辑路径

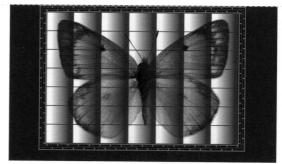

8.4.3 实战：用多个图形制作蒙版（258页）
视频位置：光盘\视频\8.4.3 实战：用多个图形制作蒙版

12.1.3 实战：创建区域文字（343页）
视频位置：光盘\视频\12.1.3 实战：创建区域文字

7.1.6 实战：分别变换（207页）
视频位置：光盘\视频\7.1.6 实战：分别变换

7.3.3 实战：用顶层对象建立封套扭曲（220页）视频位置：光盘\视频\7.3.3 实战：用顶层对象建立封套扭曲

9.4.4 实战：使用图案库（287页）
视频位置：光盘\视频\9.4.4 实战：使用图案库

7.1.4 实战：再次变换（206页）
视频位置：光盘\视频\7.1.4 实战：再次变换

10.5.2 实战：从另一文档导入符号库（304页）
视频位置：光盘\视频\10.5.2 实战：从另一文档导入符号库

书中所有实例都提供视频教学录像

✎ 视频教学录像观看方法

● 用暴风影音观看：运行暴风影音，将视频文件拖曳到其窗口中即可播放。

18.24 精通网页：圣诞主题网页设计.avi

● 通过其他播放器观看：在视频文件上单击鼠标右键，在"打开方式"下拉菜单中可以选择使用其他播放器来播放视频。

怎样使用索引查询Illustrator软件功能

本书的最后面是软件功能的索引，涵盖了Illustrator CC的全部工具、菜单命令和面板。读者在学习和使用Illustrator时如果遇到问题，可通过索引快速找到所需信息，非常方便和实用。

● 在此项内可查找工具（面板和菜单命令）

● 工具的快捷键（面板和菜单命令），按下快捷键即可选择当前工具

● 工具（面板和菜单命令）所在的页码，按照此页码即可找到书中描述该工具的内容

索引

索引：Illustrator CC 软件功能速查表

工具

工具及快捷键	所在页码	工具及快捷键	所在页码	工具及快捷键	所在页码
选择工具（V）	92	直接选择工具（A）	118	编组选择工具	93
魔棒工具（Y）	93	套索工具（Q）	119	钢笔工具（P）	113
添加锚点工具（+）	121	删除锚点工具（-）	121	锚点工具（Shift+C）	120
文字工具（T）	342	直排文字工具	342	区域文字工具	343
直排区域文字工具	343	路径文字工具	344	直排路径文字工具	344
修饰文字工具（Shift+T）	346	直线段工具（\）	75	弧形工具	75
螺旋线工具	76	矩形网格工具	76	极坐标网格工具	81
矩形工具（M）	73	圆角矩形工具	73	椭圆工具（L）	74
多边形工具	74	星形工具	74	光晕工具	84
画笔工具（B）	269	铅笔工具（N）	110	平滑工具	125
路径橡皮擦工具	125	斑点画笔工具（Shift+B）	232	橡皮擦工具（Shift+E）	236
剪刀工具（C）	126	刻刀工具	235	旋转工具（R）	210
镜像工具（O）	209	比例缩放工具（S）	211	倾斜工具	211
整形工具	119	宽度工具（Shift+W）	146	变形工具（Shift+R）	213

怎样使用光盘中的电子书

● 《Photoshop效果》电子书中介绍了Illustrator "效果"菜单中 "Photoshop效果"项目下的所有效果，包含效果的使用方法、参数解释和效果图示。该书为PDF格式，需要使用Adobe Reader阅读（www.adobe.com可以下载免费的Adobe Reader）。

● 《常用颜色色谱表》电子书包含网页设计颜色及其他常用颜色的中、英文名称和颜色值。

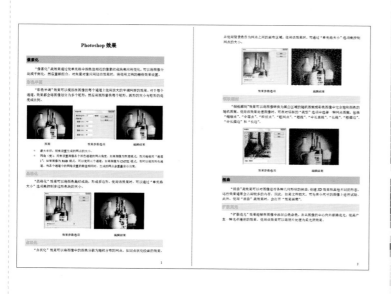

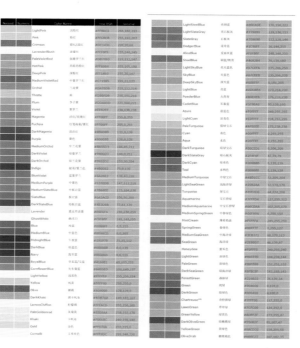

中文版
ILLUSTRATOR CC
完全自学教程

第1章 初识 Illustrator CC

1.1 数字化图形

计算机中的图形和图像是以数字的方式记录、处理和存储的，按照用途可分为两类，一类是位图图像，另外一类是矢量图形。Illustrator是典型的矢量图形软件，它也可以处理位图。

矢量图（也称矢量形状或矢量对象）是由称作矢量的数学对象定义的直线和曲线构成的，它最基本的单位是锚点和路径。矢量图来自于矢量软件，包括Illustrator、CorelDraw、FreeHand和Auto CAD等。

矢量图的最大优点是可以任意旋转和缩放而不会影响图形的清晰度和光滑性，并且占用的存储空间也很小。例如，图1-1所示为矢量插画，图1-2所示为它的矢量结构图（直线和曲线路径），图1-3所示是将它放大300%后的局部效果，可以看到，图形仍然光滑、清晰。对于将在各种输出媒体中按照不同大小使用的图稿，例如徽标和图标等，矢量图形是最佳选择。

图1-1　　　　　　　　　图1-2　　　　　　　　　图1-3

矢量图形的缺点是无法表现细微的颜色变化和细腻的色调过渡效果，而位图则没有这方面的缺点。数码相机拍摄的照片，通过扫描仪扫描的图片，以及在计算机屏幕上抓取的图像等都属于位图。此外，位图软件Photoshop和Painter等也可以生成位图。

位图在技术上被称为栅格图像，它最基本的单位是像素。保存位图图像时，需要记录每一个像素的位置和颜色值，因此，位图占用的存储空间比较大。另外，由于受到分辨率的制约，位图图像包含固定的像素数量，在对其进行旋转或缩放时，很容易产生锯齿。例如，图1-4所示为将矢量插画转换为位图后的效果，图1-5所示为位图的基本组成元素（像素），图1-6所示是将位图放大300%后的效果，可以看到，图像已经有些模糊了。

图1-4

图1-5　　　　　　图1-6

提示

位图是由成百上千万个像素组成的，像素呈方块状。由于计算机的显示器只能在网格中显示图像，因此，屏幕上的矢量图形和位图图像均显示为像素。

01 技术看板：Adobe公司

Illustrator是Adobe公司的矢量软件产品。Adobe公司是由乔恩·沃诺克和查理斯·格什克于1982年创建的，总部位于美国加州的圣何塞市。其产品遍及图形设计、图像制作、数码视频、电子文档和网页制作等领域。如大名鼎鼎的图像编辑软件Photoshop、动画软件Flash、排版软件InDesign、影视编辑及特效制作软件Premiere和After Effects等均出自该公司。

1.2 Illustrator CC新增功能

　　Illustrator CC 新增了大量实用性较强的功能，可以让用户体验更加流畅的创作流程，随着灵感快速设计作品。现在通过同步色彩、同步设置、存储至云端，能够让多台电脑之间的色彩主题、工作区域和设置专案保持同步。除此之外，在Illustrator CC中还可以将作品直接发布到Behance，并立即从世界各地的创意人士那里获得意见和回应。

1.2.1 "新增功能"对话框

　　启动 Illustrator 时会显示"新增功能"对话框，它列出了Illustrator CC的部分新功能，以及每项功能的说明和相关视频，如图1-7所示。单击视频缩略图，可播放相关的视频短片，如图1-8所示。

图1-8

1.2.2 新增的修饰文字工具

　　新增的修饰文字工具可以编辑文本中的每一个字符，进行移动、旋转和缩放操作。这种创造性的文本处理方式，可

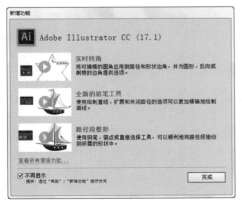

图1-7

以创建更加美观和突出的文字效果。例如，图1-9所示为正常的文本，图1-10所示为用修饰文字工具编辑后的效果。

以大范围、高效率地传播作品，还可以从任何具有 Behance 帐户的人中，征求他们对作品的反馈和意见。

图1-9 　　　　　　图1-10

1.2.3 增强的自由变换工具

使用自由变换工具时，会显示一个窗格，其中包含了可以在所选对象上执行的操作，如透视扭曲和自由扭曲等，如图1-11所示。

图1-11

🔊 提示

修饰文字工具和自由变换工具都支持触控设备（触控笔或触摸驱动设备）。此外，操作系统支持的操作现在也可以在触摸设备上得到支持。例如，在多点触控设备上，可以通过合并/分开手势来进行放大/缩小；将两个手指放在文档上，同时移动两个手指可在文档内平移；轻扫或轻击可以在画板中导航；在画板编辑模式下，使用两个手指可以将画板旋转90°。

1.2.4 在Behance上共享作品

在Illustrator CC中，使用"文件>在Behance上共享"命令可以将作品直接发布到 Behance。Behance是一个展示作品和创意的在线平台，如图1-12所示。在这个平台上，不仅可

图1-12

1.2.5 云端同步设置

使用多台计算机工作时，管理和同步首选项可能很费时，并且容易出错。Illustrator CC可以将工作区设置（包括首选项、预设、画笔和库）同步到 Creative Cloud，此后使用其他计算机时，只需将各种设置同步到计算机上，即可享受在相同环境中工作的无缝体验。同步操作非常简单，只需单击Illustrator文档窗口左下角的 🔧 图标，打开一个菜单，单击"立即同步设置"按钮即可。

02 技术看板：Adobe Creative Cloud

Adobe Creative Cloud是云服务下的软件平台，包含Photoshop CC、InDesign CC、Illustrator CC、Dreamweaver CC和Premiere Pro CC等。云服务对于用户而言，主要优势在于使用者可以把自己的工作转移到云平台上，由于所有工作结果都储存在云端，因此可以随时随地在不同的平台上进行工作，而云端储存也解决了数据丢失和同步的问题。

1.2.6 多文件置入功能

新增的多文件置入功能（"文件>置入"命令）可以同时导入多个文件。导入时可查看文件的缩览图、定义文件置入的精确位置和范围。

1.2.7 自动生成边角图案

Illustrator CC可以非常轻松地创建图案画笔。例如，以往要获得最佳的边角拼贴效果，尤其是在使用锐角或形状时需要烦琐的调整，现在可以自动生成，并且边角与描边也能够很好地匹配，如图1-13和图1-14所示。

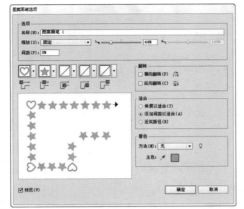

图 1-13　　　　图 1-14

1.2.9　可自定义的工具面板

在 Illustrator CC 中，用户可以根据自己的使用习惯灵活定义工具面板。例如，可以将常用的工具整合到一个新的工具面板中。

1.2.10　可下载颜色资源的"Kuler"面板

将计算机连接到互联网后，可以通过"Kuler"面板访问和下载由在线设计人员社区创建的数千个颜色组，为配色提供参考。

1.2.8　可包含位图的画笔

定义艺术、图案和散点类型的画笔时，可以包含位图图像，如图 1-15 和图 1-16 所示，并可调整图像的形状或进行必要的修改，快速轻松地创建衔接完美、浑然天成的设计图案。

1.2.11　可生成和提取 CSS 代码

CSS 即级联样式表，它是一种用来表现 HTML（标准通用标记语言的一个应用）或 XML（标准通用标记语言的一个子集）等文件样式的计算机语言。使用 Illustrator CC 创建 HTML 页面的版面时，可以生成和导出基础 CSS 代码，这些代码用于决定页面中组件和对象的外观。

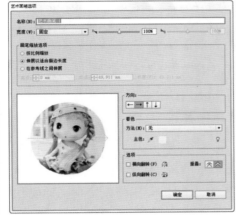

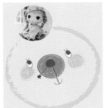

1.2.12　可导出 CSS 的 SVG 图形样式

使用"文件>存储为"命令将图稿存储为 SVG 格式时，可以将所有 CSS 样式与其关联的名称一同导出，以便于不同的设计人员识别和重复使用。

图 1-15　　　　图 1-16

1.3　Illustrator CC 下载、安装与卸载方法

安装和卸载 Illustrator CC 前，应先关闭正在运行的所有应用程序，包括其他 Adobe 应用程序、Microsoft Office 和浏览器窗口。

1.3.1　系统需求

Illustrator CC 可以在 PC 机和 Mac（苹果）机上运行。由于这两种操作系统存在差异，Illustrator CC 的安装要求也有所不同。

Microsoft Windows	Mac OS
Intel Pentium4 或 AMD Athlon64 处理器	Intel 多核处理器（支持 64 位）
Microsoft Windows 7（装有 Service Pack 1）、Windows 8 或 Windows 8.1	Mac OS X V10.6.8、V 10.7、V10.8 或 V10.9
32 位需要 1GB 内存（推荐 3GB）；64 位需要 2GB 内存（推荐 8GB）	2GB 内存（推荐 8GB）

续表

Microsoft Windows	Mac OS
2GB 可用硬盘空间用于安装；安装过程中需要额外的可用空间	2GB 可用硬盘空间用于安装；安装过程中需要额外的可用空间（无法安装在使用区分大小写的文件系统的卷或可移动闪存设备上）
1024×768 屏幕（推荐1280×800），16 位显卡	1024×768 屏幕（推荐1280×800），16 位显卡
兼容双层 DVD 的 DVD–ROM 驱动器	兼容双层 DVD 的 DVD–ROM 驱动器
用户必须具备宽带网络连接并完成注册，才能激活软件、验证会籍并获得在线服务	用户必须具备宽带网络连接并完成注册，才能激活软件、验证会籍并获得在线服务

1.3.2 实战：下载及安装 Illustrator CC

下面介绍Illustrator CC的下载和安装方法。用户需要先注册一个Creative Cloud会籍，之后才能下载Illustrator CC 30天免费试用版。如果要下载和使用Illustrator CC的完整版本，可升级至完整的会籍（需要付费）。此外，该方法针对的是Illustrator CC 30天试用版，可能会由于网站的原因出现下载问题，也可能不适合从别的渠道获得的软件。

01 登录Adobe网站（https://creative.adobe.com/zh-tw/products/illustrator）。单击"下载试用版"按钮，如图1-17所示。弹出一个对话框，单击"建立Adobe ID"按钮，如图1-18所示。

图1-17

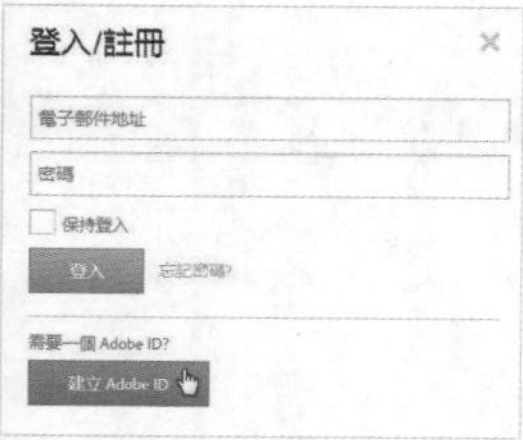

图1-18

02 在图1-19所示的对话框中输入邮箱、密码和姓名等信息，然后单击"建立"按钮，弹出使用条款窗口，接着选中

窗口底部的选项并单击"接受"按钮，如图1-20所示。

图1-19

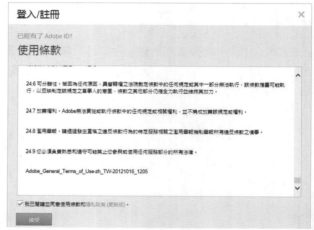

图1-20

03 完成注册后，会返回软件下载界面。单击"下载试用版"按钮，如图1-21所示，下载Adobe Application Manager。下载完成后，会弹出"Creative Cloud"窗口，如图1-22所示，单击"接受"按钮，自动安装Illustrator CC，窗口顶部和软件图标右侧都会显示安装进度。

图1-21

图 1-22

04 完成安装后，在 Windows 开始菜单中找到 Illustrator CC 程序并运行它，如图 1-23 所示。第一次运行 Illustrator CC 程序时，会弹出一个对话框，单击"登录"按钮，窗口中会显示当前安装的是 Illustrator CC 30 天试用版，单击"开始试用"按钮，正式运行该程序。图 1-24 所示为 Illustrator CC 启动画面。

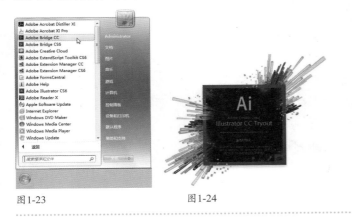

图 1-23   图 1-24

1.3.3 实战： 卸载 Illustrator CC

01 打开 Windows 菜单，选择"控制面板"命令，如图 1-25 所示。打开"控制面板"窗口，单击"卸载程序"命令，如图 1-26 所示。

图 1-25

图 1-26

02 在弹出的对话框中选择 Illustrator CC，然后单击"卸载"命令，如图 1-27 所示。

03 弹出"卸载选项"对话框，如图 1-28 所示，单击"卸载"按钮即可卸载软件。如果要取消卸载，可单击"取消"按钮。

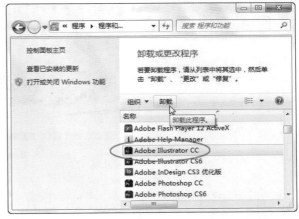

图 1-27

图 1-28

1.4 Illustrator CC工作界面

Illustrator CC的工作界面典雅而实用，工具的选取、面板的访问、工作区的切换等都十分方便。不仅如此，用户还可以自定义工具面板，调整工作界面的亮度，以便凸显图稿。诸多设计的改进，为用户提供了更加流畅和高效的编辑体验。

1.4.1 工作界面概述

运行Illustrator CC后，执行"文件>打开"命令，打开一个文件，如图1-29所示。可以看到，Illustrator CC的工作界面由标题栏、菜单栏、工具面板、状态栏、文档窗口、面板和控制面板等组件组成。

图1-29

- **标题栏**：显示了当前文档的名称、视图比例和颜色模式等信息。当文档窗口以最大化显示时（单击文档窗口右上角的 ▣ 按钮），以上项目将显示在程序窗口的标题栏中。

- **菜单栏**：菜单栏用于组织菜单内的命令。Illustrator有9个主菜单，每一个菜单中都包含不同类型的命令。

- **工具面板**：包含用于创建和编辑图像、图稿和页面元素的工具。

- **控制面板**：显示了与当前所选工具有关的选项。它会随着所选工具的不同而改变选项。

- **面板**：用于配合编辑图稿、设置工具参数和选项。很多面板都有菜单，包含特定于该面板的选项。面板可以编组、堆叠和停放。

- **状态栏**：可以显示当前使用的工具、日期和时间以及还原次数等信息。

- **文档窗口**：编辑和显示图稿的区域。

着单击"打开"按钮，在Illustrator中打开文件，如图1-31所示。文档窗口内的黑色矩形框是画板，画板内部是绘图区域，也是可以打印的区域，画板外是画布，画布也可以绘图，但不能打印出来。

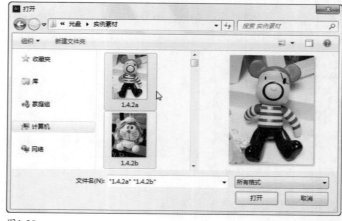

图1-30

1.4.2 实战：文档窗口

01 按下Ctrl+O快捷键，弹出"打开"对话框，然后按住Ctrl键单击光盘中的两个素材，将它们选择，如图1-30所示，接

图1-31

图1-33

02 当同时打开多个文档时，Illustrator会为每一个文档创建一个窗口。所有窗口都停放在选项卡中，单击一个文档的名称，即可将其设置为当前操作的窗口，如图1-32所示。按下Ctrl+Tab快捷键，可以循环切换各个窗口。

图1-32

图1-34

03 在一个文档的标题栏上单击并向下拖曳，可将其从选项卡中拖出，使之成为浮动窗口。拖曳浮动窗口的标题栏可以移动窗口，拖曳边框可以调整窗口的大小，如图1-33所示。将窗口拖回选项卡，可将其停放回去。

04 如果打开的文档较多，选项卡中不能显示所有文档的名称，可单击选项卡右侧的按钮，在下拉菜单中选择所需文档，如图1-34所示。如果要关闭一个窗口，可单击其右上角的按钮。如果要关闭所有窗口，可以在选项卡上单击右键，选择快捷菜单中的"关闭全部"命令，如图1-35所示。

图1-35

05 执行"编辑>首选项>用户界面"命令，打开"首选项"对话框，在"亮度"选项中可以调整界面亮度（从黑色~浅灰色共4种），如图1-36和图1-37所示。

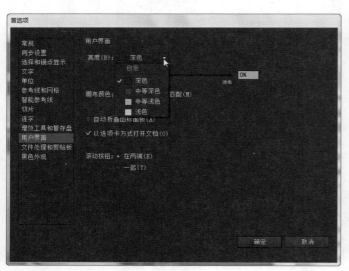

图1-36

图1-37

1.4.3 实战：工具面板

01 Illustrator的工具面板中包含用于创建和编辑图形、图像和页面元素的工具，如图1-38所示。单击工具面板顶部的双箭头按钮，可将其切换为单排或双排显示，如图1-39所示。

02 单击一个工具即可选择该工具，如图1-40所示。如果工具右下角有三角形图标，表示这是一个工具组，在这样的工具上单击可以显示隐藏的工具，如图1-41所示；按住鼠标按键，将光标移动到一个工具上，然后放开鼠标按键，即可选择隐藏的工具，如图1-42所示。按住 Alt键单击一个工具组，可以循环切换各个隐藏的工具。

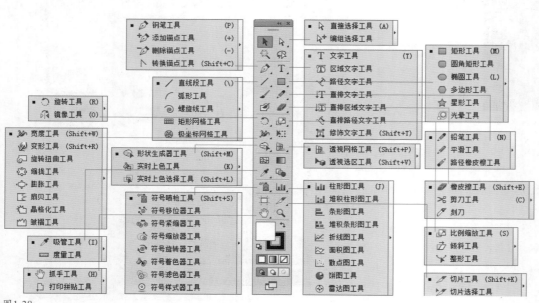

图1-38

图1-39

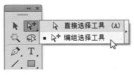

图1-40　　　图1-41　　　　　图1-42

03 单击工具组右侧的拖出按钮，如图1-43所示，会弹出一个独立的工具组面板，如图1-44所示。将光标放在面板的标题栏上，单击并向工具面板边界处拖曳，可将其与工具面板停放在一起（水平或垂直方向均可停靠），如图1-45所示。如果要关闭工具组，可将其从工具面板中拖出，再单击面板组右上角的按钮。

图1-43　　　　　　图1-44

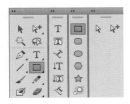

图1-45

04 如果经常使用某些工具，可以将它们整合到一个新的工具面板中，以方便使用。执行"窗口>工具>新建工具面板"命令，打开"新建工具面板"对话框，如图1-46所示，单击"确定"按钮，创建一个工具面板，如图1-47所示。

05 将所需工具拖入该面板的加号处，即可将其添加到面板中，如图1-48和图1-49所示。

图1-46　　　　　　　　图1-47　　图1-48　　　　　图1-49

◀◉）提示

如果单击工具面板顶部的按钮并向外拖曳，则可将其从停放中拖出，放置在窗口的任何位置。

1.4.4　实战：面板

　　Illustrator提供了30多个面板，它们的功能各不相同，有的用于配合编辑图稿，有的用于设置工具参数和选项。很多面板都有菜单，包含特定于该面板的选项。用户可以根据使用需要对面板进行编组、堆叠和停放。如果要打开面板，执行"窗口"菜单中的命令即可。

01 默认情况下，面板成组停放在窗口的右侧，如图1-50所示。单击面板右上角的按钮，可以将面板折叠成图标状，如图1-51所示。单击一个图标，可展开相关面板，如图1-52所示。

图1-50　　　　　　　　图1-51

图1-52

02 在面板组中，上下、左右拖曳面板的名称可以重新组合面板，如图1-53和图1-54所示。

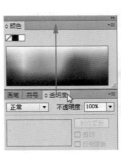

图1-53　　　　　　图1-54

03 将一个面板名称拖曳到窗口的空白处，如图1-55所示，可将其从面板组中分离出来，使之成为浮动面板，如图1-56所示。拖曳浮动面板的标题栏可以将它放在窗口中的任意位置。

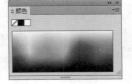

图1-55　　　　　　图1-56

04 单击面板顶部的按钮，可以逐级隐藏或显示面板选项，如图1-57~图1-59所示。

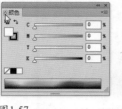

图1-57　　　　　　　　图1-58

图1-59

05 在一个浮动面板的标题栏上单击并将其拖曳到另一个浮动面板的底边处，当出现蓝线时放开鼠标，可以堆叠这两个面板，如图1-60和图1-61所示。它们可以同时移动（拖曳标题栏上面的黑线），也可以单击按钮，将其中的一个最小化。

图1-60　　　　　　　　图1-61

06 拖曳面板右下角的大小框标记，可以调整面板的大小，如图1-62所示。如果要改变停放中的所有面板的宽度，可以将光标放在面板左侧边界，单击并向左或右侧拖曳鼠标，如图1-63所示。

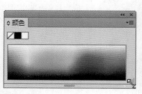

图1-62　　　　　　　　图1-63

07 单击面板右上角的按钮，可以打开面板菜单，如图1-64所示。如果要关闭浮动面板，可单击它右上角的按钮；如果要关闭面板组中的面板，可在它的标题栏上单击右键打开菜单，如图1-65所示，选择"关闭选项卡组"命令。

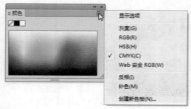

图1-64　　　　　　　　图1-65

1.4.5 实战：控制面板

控制面板集成了"画笔""描边"和"图形样式"等多个面板，如图1-66所示，这意味着不必打开这些面板，便可在控制面板中进行相应的操作。控制面板还会随着当前工具和所选对象的不同而变换选项内容。

图1-66

01 单击带有下划线的蓝色文字，可以打开面板或对话框，如图1-67所示。在面板或对话框以外的区域单击，可将其关闭。单击菜单箭头按钮，可以打开下拉菜单或下拉面板，如图1-68所示。

图1-67　　　　　　　　图1-68

02 在文本框中双击，选中字符，如图1-69所示，重新输入数值并按下回车键可修改数值，如图1-70所示。

图1-69　　　　　　　　图1-70

03 拖曳控制面板最左侧的手柄栏，如图1-71所示，可将其从停放中移出，放在窗口底部或其他位置。如果要隐藏或重新显示控制面板，可以通过"窗口>控制"命令来切换。

04 单击控制面板最右侧的按钮，可以打开面板菜单，如图1-72所示。菜单中带有"√"号的选项为当前在控制面板中显示的选项，单击一个选项去掉"√"号，可在控制面板中隐藏该选项。移动了控制面板后，如果想要将其恢复到默认位置，可以执行该面板菜单中的"停放到顶部"或"停放到底部"命令。

图1-71　　　　　　　　图1-72

提示

按下Shift+Tab快捷键，可以隐藏面板；按下Tab快捷键，可以隐藏工具面板、控制面板和其他面板；再次按下相应的按键可以重新显示被隐藏的项目。

1.4.6 实战：菜单命令

01 Illustrator有9个主菜单，如图1-73所示，每个菜单中都包含不同类型的命令。单击一个菜单即可打开菜单，菜单中带有黑色三角标记的命令表示包含下一级的子菜单。

Ai 文件(F) 编辑(E) 对象(O) 文字(T) 选择(S) 效果(C) 视图(V) 窗口(W) 帮助(H)

图1-73

02 选择菜单中的一个命令即可执行该命令。如果命令右侧有快捷键，如图1-74所示，可通过快捷键执行命令，而不必打开菜单。例如，按下Ctrl+G快捷键，可以执行"对象>编组"命令。有些命令右侧只有字母，没有快捷键，可通过按下Alt键+主菜单的字母，打开主菜单，再按下该命令的字母来执行这一命令。例如，按下Alt+S+I键，可以执行"选择>反向"命令，如图1-75所示。

图1-74 图1-75

03 在面板上以及选取的对象上单击鼠标右键可以显示快捷菜单，如图1-76和图1-77所示。菜单中显示的是与当前工具或操作有关的命令。

图1-76 图1-77

(( )) 提示

在菜单中，命令名称右侧有"…"状符号的，表示执行该命令时会弹出一个对话框。

1.4.7 状态栏

状态栏位于文档窗口的底部，当处于最大屏幕模式时，状态栏显示在文档窗口的左下边缘处。单击状态栏中的按钮，可以打开一个下拉菜单，单击"显示"选项右侧的按钮，可以在打开的菜单中选择状态栏显示的具体内容，如图1-78所示。

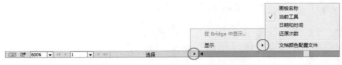

图1-78

- ● 同步设置 [图标]：可以将工作区设置（包括首选项、预设、画笔和库）同步到 Creative Cloud，此后使用其他计算机时，只需将各种设置同步到计算机上，即可享受在相同环境中工作的无缝体验。

- ● 在 Behance 上共享 [图标]：单击该按钮，或执行"文件 > 在 Behance 上共享"命令，可以将作品发布到 Behance。Behance是一个展示作品和创意的在线平台。在这个平台上，不仅可以大范围、高效率地传播作品，还可以选择从少数人或者从任何具有 Behance 账户的人中，征求他们对作品的反馈和意见。

- ● 窗口比例 [100%]：状态栏最左侧的文本框中显示了当前窗口的显示比例。在文本框中输入数值并按下回车键，可以改变文档窗口的显示比例。

- ● 画板导航 [图标]：当文档中包含多个画板时，可以选择并切换画板。

- ● 画板名称：显示当前编辑的文档所在的画板的名称。

- ● 当前工具：显示当前使用的工具的名称。

- ● 日期和时间：显示当前的日期和时间。

- ● 还原次数：显示可用的还原和重做次数。

- ● 文档颜色配置文件：显示文档使用的颜色配置文件的名称。

1.4.8 实战：自定义工具的快捷键

使用Illustrator时，可以通过按下键盘中的快捷键来选择工具。例如，按下P键，可以选择钢笔工具 [图标]。此外，Illustrator也支持用户自定义工具快捷键。

01 执行"编辑>键盘快捷键"命令，打开"键盘快捷键"对话框。可以看到，在工具列表中，编组选择工具 [图标] 没有快捷键，如图1-79所示。单击该工具的快捷键列，如图1-80所示。

图1-79 图1-80

02 按下键盘中的Shift+A组合键，将其指定给编组选择工具 ▸⁺，如图1-81所示。

03 单击"确定"按钮，弹出"存储键集文件"对话框，输入一个名称，如图1-82所示，然后单击"确定"按钮关闭对话框。在工具面板中可以看到，Shift+A已经成为编组选择工具 ▸⁺ 的快捷键了，如图1-83所示。

图1-81

图1-82

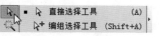

图1-83

🔊 提示

如果要查看一个工具的快捷键，可以将光标放在该工具上方，停留片刻便会显示相关信息。

1.4.9 实战：修改菜单命令的快捷键

01 执行"编辑>键盘快捷键"命令，打开"键盘快捷键"对话框。单击快捷键显示区上方的 ▾ 按钮，在打开的下拉列表中选择"菜单命令"，如图1-84所示。单击"文件"菜单前面的 ▸ 按钮，展开列表，先选择"存储为模板"命令，然后在它的快捷键列单击，如图1-85所示。

图1-84

图1-85

02 按下键盘中的Alt+Ctrl+F1组合键，将其指定给"存储为模板"命令，如图1-86所示。单击对话框底部的"确定"按钮，在弹出的对话框中为快捷键设置名称，如图1-87所示，然

后单击"确定"按钮关闭该对话框，完成快捷键的修改操作。

03 打开"文件"菜单，如图1-88所示，可以看到，快捷键 Alt+Ctrl+F1已经被指定给"存储为模板"命令。

图1-86

图1-87

图1-88

03 技术看板：恢复与导出快捷键

修改工具或菜单命令的快捷键后，如果想要恢复为默认的快捷键，可以在"键盘快捷键"对话框的"键集"下拉列表中选择"Illustrator默认值"选项，然后单击"确定"按钮关闭对话框。如果单击对话框底部的"导出文本"按钮，则可将当前的快捷键导出为文本文件。

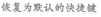

恢复为默认的快捷键

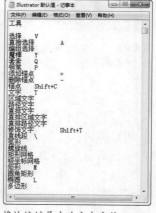

将快捷键导出为文本文件

1.5 设置工作区

在Illustrator程序窗口中，工具面板、面板和控制面板等的摆放位置称为工作区。用户可以将面板的位置保存起来，创建为自定义的工作区，也可以根据需要和使用习惯创建多文档窗口。

1.5.1 新建窗口

执行"窗口>新建窗口"命令，可以基于当前的文档创建一个新的窗口，如图1-89所示，此时可以为每个窗口设置不同的显示比例。例如，可放大一个窗口的显示比例，对某些对象的细节进行处理，再通过另一个稍小的窗口观察和编辑整个对象，如图1-90所示。新建窗口后，"窗口"菜单的底部会显示其名称，单击各个窗口的名称可在窗口之间切换。

图1-89

图1-90

04 技术看板：新建窗口与新建视图的区别

新建窗口与新建视图是两个不同的概念，它们的区别在于：文档中可以存储多个视图，但不会存储多个窗口；可同时查看多个窗口，而要同时显示多个视图，则必须同时打开多个窗口；更改视图时将改变当前窗口，但不会打开新的窗口。

1.5.2 排列窗口中的文件

如果在Illustrator中同时打开了多个文档，或者为单个文档创建了多个窗口，可以通过"窗口"菜单中的命令，如图1-91所示，按照一定的顺序排列这些窗口。

图1-91

● 层叠：从屏幕左上方向下排列到右下方以堆叠的方式显示文档窗口，如图1-92所示。

图1-92

● 平铺：以边对边的方式显示窗口，如图1-93所示。

● 在窗口中浮动：当前文档窗口为浮动窗口，如图1-94所示。

图1-93

图1-94

● 全部在窗口中浮动：所有文档窗口都为浮动窗口，如图1-95
所示。

图1-95

● 合并所有窗口：将所有窗口都停放在选项卡中，如图1-96所
示。

图1-96

1.5.3 使用预设的工作区

在"窗口>工作区"下拉菜单中，包含Illustrator提供的
预设工作区，如图1-97所示，它们是专门为简化某些任务而
设计的。例如，选择"上色"工作区时，窗口中会显示用于
编辑颜色的各个面板，而关闭其他面板，如图1-98所示。选
择"Web"工作区时，会显示与Web编辑有关的各个面板。

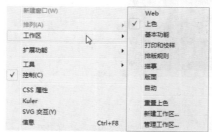

图1-97

图1-98

1.5.4 实战：自定义工作区

编辑图稿时，如果经常使用某些面板，可以将这些面板的大小和位置存储为一个工作区。存储工作区后，即使移动或关闭了面板，也可以恢复。

01 将窗口中的面板摆放到一个顺手的位置，将不需要的面板关闭，如图1-99所示。

图1-99

02 执行"窗口>工作区>新建工作区"命令，打开"新建工作区"对话框，如图1-100所示，输入名称并单击"确定"按钮，即可存储工作区。以后要使用该工作区时，可以在"窗口>工作区"下拉菜单中选择它，如图1-101所示。

图1-100

图1-101

> **提示**
>
> 如果要恢复为Illustrator默认的工作区，可以执行"窗口>工作区>基本功能"命令。

1.5.5 管理工作区

如果要重命名或删除自定义的工作区，可以执行"窗口>工作区>管理工作区"命令，打开"管理工作区"对话框，如图1-102所示。选择一个工作区后，它的名称会显示在对话框下面的文本框中，如图1-103所示，此时可在文本框中修改名称。单击 按钮，可以新建一个工作区。单击 按钮，可删除当前所选的工作区。

图1-102

图1-103

1.6 查看图稿

编辑图稿时，需要经常放大或缩小窗口的显示比例、移动显示区域，以便更好地观察和处理对象。Illustrator提供了缩放工具、"导航器"面板和各种缩放命令，用户可以根据需要选择其中的一项，也可以将多种方法结合起来使用。

1.6.1 切换屏幕模式

单击工具面板底部的 按钮，可以显示一组屏幕模式命令，如图1-104所示。通过这些命令可以切换屏幕模式。

● 正常屏幕模式：默认的屏幕模式。窗口中会显示菜单栏、标题栏、滚动条和其他屏幕元素，如图1-105所示。

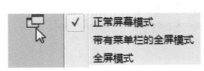

图1-104

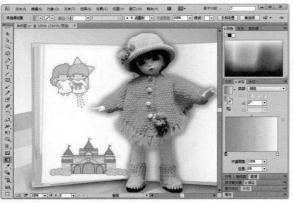

图1-105

- 带有菜单栏的全屏模式：显示有菜单栏，没有标题栏的全屏窗口，如图1-106所示。

- 全屏模式：显示没有标题栏和菜单栏，只有滚动条的全屏窗口，如图1-107所示。

图1-106

图1-107

🔊 提示

按下F键可在各个屏幕模式之间切换。此外，不论在哪一种模式下，按下Tab键都可以隐藏工具面板、面板和控制面板，再次按下Tab键可以显示被隐藏的项目。

1.6.2 实战：切换轮廓模式与预览模式

Illustrator中的对象有两种显示方式，即轮廓模式和预览模式。在默认情况下，对象显示为预览模式，此时可以查看其实际效果，包括颜色、渐变、图案和样式等。编辑复杂的图形时，在预览模式下操作，屏幕的刷新速度会变慢，选择对象和锚点等也会变得更加困难，切换为轮廓模式，可以只显示对象的轮廓框，以方便操作。

01 按下Ctrl+O快捷键，打开光盘中的矢量素材。在默认状态下，图稿以预览模式显示，如图1-108所示。执行"视图>轮廓"命令或按下Ctrl+Y快捷键，可以切换为轮廓模式，如图1-109所示。

02 执行"视图>预览"命令或按下Ctrl+Y快捷键，重新切换为预览模式。

图1-108   图1-109

03 执行"视图>轮廓"命令时，文档中所有的对象都显示为轮廓模式，而实际操作中往往只需要切换某些对象的显示模式，在这种情况下，可以通过"图层"面板来进行切换。打开"图层"面板，按住Ctrl键单击"小狗"图层前的眼睛图标 ，可以将该图层中的对象切换为轮廓模式（眼睛图标会变为 状），如图1-110和图1-111所示。需要重新切换为预览模式时，按住Ctrl键单击 形状图标即可。

图1-110   图1-111

🔄 **相关链接**：关于图层的更多操作方法，请参阅"第8章 图层与蒙版"。

1.6.3 实战： 使用缩放工具和抓手工具

01 按下Ctrl+O快捷键，打开光盘中的素材文件，如图1-112所示。选择缩放工具，将光标放在图像上，光标变为状，此时单击鼠标可以整体放大对象的显示比例，如图1-113所示。

图1-112

图1-113

02 如果想要查看一定范围内的对象，可单击并拖曳鼠标，拖出一个选框，如图1-114所示，放开鼠标后，选框内的对象会放大至整个窗口，如图1-115所示。

图1-114

03 在编辑图稿的过程中，如果图稿较大，或窗口的显示比例被放大而不能完全显示图稿，可以使用抓手工具移

动画面，以便查看对象的不同区域。选择抓手工具后，在窗口中单击并拖曳鼠标即可移动画面，如图1-116所示。

图1-115

04 如果要缩小窗口的显示比例，可以选择缩放工具，按住Alt键（光标变为状）单击，如图1-117所示。

图1-116

> **提示**
>
> 放大窗口的显示比例后，按住键盘中的空格键并拖曳鼠标可以移动画面。使用绝大多数工具时，按住键盘中的空格键都可以切换为抓手工具。

图1-117

1.6.4 实战：使用"导航器"面板

当窗口的放大倍率较高、不能显示完整的图稿时，可以使用"导航器"面板调整窗口的显示比例，快速定位画面的显示中心。

01 按下Ctrl+O快捷键，打开光盘中的素材文件，如图1-118所示。执行"窗口>导航器"命令，打开"导航器"面板，如图1-119所示。

图1-118

图1-119

02 拖曳面板底部的 ▲ 状滑块，可自由调整窗口的显示比例，如图1-120和图1-121所示。单击放大按钮 ▲▲ 和缩小按钮 ▲▲，可按照预设的倍率放大或缩小窗口。如果要按照精确的比例缩放窗口，可以在面板左下角的文本框内输入数值并按下回车键。

图1-120

图1-121

03 在对象的缩览图上单击（红色矩形框代表了文档窗口中正在查看的区域），可以将单击点定位为画面的中心，如图1-122和图1-123所示。

图1-122

图1-123

1.6.5 实战：新建与编辑视图

绘制和编辑图形的过程中，有时会经常缩放对象的某一部分，如果使用缩放工具 🔍 操作，就会造成许多重复性的工作。遇到这种情况，可以将当前文档的视图状态存储，在需要使用这一视图时，便可以将它调出。

01 按下Ctrl+O快捷键，打开光盘中的素材文件，如图1-124所示。使用缩放工具 🔍 在窗口中单击，然后按住空格键单击并拖曳鼠标，定位画面中心，如图1-125所示。

图1-124

图1-125

02 执行"视图>新建视图"命令，打开"新建视图"对话框，输入名称，如图1-126所示，然后单击"确定"按钮，将当前的视图状态保存。使用缩放工具 🔍 重新调整窗口的显示比例和画面中心，如图1-127所示。

图1-126

图1-127

03 打开"视图"菜单，单击新视图的名称，如图1-128所示，即可切换到该视图状态，如图1-129所示。如果要重命名或删除视图，可以执行"视图>编辑视图"命令，打开"编辑视图"对话框，选择一个视图，然后便可以修改它的名称，按下"删除"按钮可将其删除。

显示网格(G)	Ctrl+"
对齐网格	Shift+Ctrl+"
✓ 对齐点(N)	Alt+Ctrl+"
新建视图(I)...	
编辑视图...	
放大视图1	

图1-128

图1-129

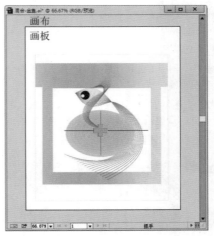

图1-131

1.6.6 缩放命令

"视图"菜单中提供了用于调整视图比例的命令，如图1-130所示。这些命令都可以通过快捷键来操作，这要比直接使用缩放工具和抓手工具都方便。例如，可以按下Ctrl++或Ctrl+−快捷键调整窗口的显示比例，然后按住空格键移动画面。

图1-130

- 放大/缩小："放大"命令和"缩小"命令与缩放工具 🔍 的用途相同。执行"视图>放大"命令，或按下Ctrl++快捷键，可以放大窗口的显示比例。执行"视图>缩小"命令或按下Ctrl+−快捷键，则缩小窗口的显示比例。当窗口达到了最大或最小状态时，这两个命令将显示为灰色。

- 画板适合窗口大小：可以将画板缩放至适合窗口显示的大小。

- 全部适合窗口大小：可以查看窗口中的所有内容。

- 实际大小：可以将画面显示为实际的大小，即缩放比例为100%。

1.6.7 画板工具

画板和画布是用于绘图的区域，如图1-131所示。画板由实线定界，画板内部的图稿可以打印，画板外面是画布，画布上的图稿不能打印。使用画板工具 □ 可以创建画板、调整画板大小和移动画板，甚至可以让它们彼此重叠。根据大小的不同，每个文档可以有1到100个画板。

- 创建画板：使用画板工具 □ 在窗口中单击并拖曳鼠标，即可定义画板位置和大小。

- 在当前画板中创建画板：按住Shift键单击并拖曳鼠标，可以在当前画板中创建新的画板。

- 复制不包含图稿的画板：使用画板工具 □ 单击一个画板，单击控制面板中的新建画板按钮 🗔，然后在窗口中单击即可复制出不包含图稿的画板。

- 复制包含图稿的画板：选择画板工具 □，单击控制面板中的移动/复制带画板的图稿按钮 ✥，然后按住 Alt 键单击并拖曳一个画板，即可复制出包含图稿的画板，如图1-132所示。

- 移动画板：使用画板工具 □ 单击并拖曳画板，即可将其移动。

- 调整画板大小：使用画板工具 □ 单击一个画板，然后拖曳定界框上的控制点可调整画板大小，如图1-133所示。如果要精确定义画板大小，可以在控制面板中的"宽"和"高"选项中输入数值并按下回车键。

- 切换画板：创建多个画板后，单击文档窗口底部状态栏中的 ◄◄ ◄ ► ►► 按钮可以切换画板。单击 ▼ 按钮，可以打开下拉列表选择画板，如图1-134所示。

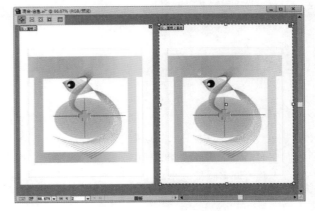

图1-132

- 隐藏画板：执行"视图>隐藏画板"命令，可以隐藏画板。

- 删除画板：创建多个画板后，使用画板工具 □ 单击一个画板，按下 Delete 键可将其删除。

● 转换为画板：选择一个矩形图形，执行"对象 > 画板 > 转换为画板"命令，可基于图形边界创建画板。

● 适合图稿边界：执行"对象 > 画板 > 适合图稿边界"命令，可自动调整画板大小，使其适合图稿的边界。

● 适合选中的图稿：选择一个图形对象后，执行"对象 > 画板 > 适合选中的图稿"命令，可自动调整画板大小，使其适合选中的图稿的边界。

● 方向：可以指定横向或纵向页面方向。

● 约束比例：手动调整画板大小时，如果要保持画板长宽比不变，可勾选该选项。

● X/ Y：根据 Illustrator 工作区标尺来指定画板位置。要查看标尺，可以执行"视图 > 显示标尺"命令。

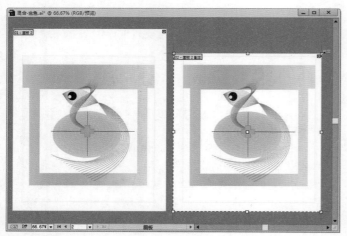

图 1-133

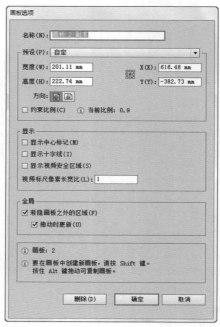

图 1-135

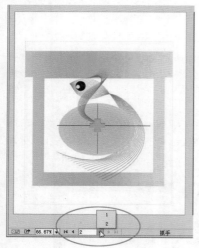

图 1-134

画板选项对话框

　　双击画板工具 □ 可以打开"画板选项"对话框，如图 1-135 所示。在对话框中可以设置画板中显示的参考标记，如图 1-136 所示，并可调整画板大小。

● 名称：可以设置画板名称。

● 预设：可以指定画板尺寸。这些预设为指定输出设置了相应的视频标尺像素长宽比。

● 宽度/高度：可以设置画板大小。

图 1-136

● 显示中心标记：在画板中心显示一个点。

● 显示十字线：显示通过画板每条边中心的十字线。

● 显示视频安全区域：显示参考线，这些参考线表示位于可查看的视频区域内的区域。用户能够查看的所有文本和图稿都应放在视频安全区域内。

● 视频标尺像素长宽比：指定用于视频标尺的像素长宽比。

● 渐隐画板之外的区域：选择画板工具时，画板以外的区域变暗。

● 拖动时更新：在拖曳画板以调整其大小时，使画板以外的区域变暗。

● 画板：显示了文档中存在的画板数。

1.6.8 "画板"面板

使用"画板"面板可以添加和删除画板、重新排序和重新排列画板的选项，还可以为画板指定自定义名称、设置参考点，如图1-137所示。

● 新建画板 ⬚：单击该按钮可以新建一个画板。

● 删除画板 🗑：选择"画板"面板中的一个画板，单击该按钮可将其删除。

● 上移 ⬆ / 下移 ⬇：选择一个画板，如图1-138所示，单击上移按钮 ⬆ 或下移按钮 ⬇，可调整它在"画板"面板中的排列顺序，如图1-139所示。该操作只重新排序"画板"面板中的画板，不会重新排序文档窗口中的画板。

图1-137

图1-138

图1-139

1.6.9 重新排列画板

执行"对象>画板>重新排列"命令，或单击"画板"面板右上角的 ▼≡ 按钮，打开面板菜单，然后选择"重新排列画板"命令，可以打开"重新排列画板"对话框，如图1-140所示。在该对话框中可以选择画板的布局方式。

● 按行设置网格 🔳：单击该按钮后，可以在指定的行数中排列多个画板。此时可在下面的选项中指定行数。如果采用默认值，则会使用指定数目的画板创建尽可能正方的外观。

● 按列设置网格 🔳：单击该按钮后，可以在指定的列数中排列多个画板。此时可在下面的选项中选择列数。如果采用默认值，则会使用指定数目的画板创建尽可能正方的外观。

● 按行排列 ↦：单击该按钮，可以将所有画板排为一行。

● 按列排列 ⬇：单击该按钮，可以将所有画板排为一列。

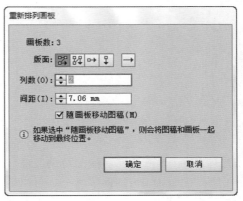

图1-140

● 更改为从右至左的版面 ➡ / 更改为从左至右的版面 ⬅：可以将画板从左至右或从右至左排列。默认情况下，画板从左至右排列。

● 间距：可以指定画板间的间距。此设置同时应用于水平间距和垂直间距。

● 随画板移动图稿：勾选该选项后，移动画板会同时移动图稿。

1.6.10 打印拼贴工具

执行"视图>显示打印拼贴"命令，显示打印拼贴，如图1-141所示。通过打印拼贴可以查看与画板相关的页面边界。例如，可打印区域由最里面的虚线定界，打印不出的区域位于两组虚线之间，页面边缘由最外面的虚线表示。

使用打印拼贴工具 □ 可以重新设置画面中可打印区域的位置。选择该工具后，在文档窗口单击，然后按住鼠标按键拖曳，定位页面边界，放开鼠标即可重新定位打印区域，如图1-142所示。如果要将打印区域恢复到默认位置，可双击打印拼贴工具 □。

图1-141   图1-142

1.7 Illustrator CC帮助功能

运行Illustrator CC后，可以通过"帮助"菜单和"编辑"菜单中的命令，获得Adobe提供的Illustrator帮助资源和技术支持。

1.7.1 Illustrator 帮助文件

Adobe提供了描述Illustrator软件功能的帮助文件。执行"帮助"菜单中的"Illustrator帮助"命令，可以链接到Adobe网站查看这些信息，如图1-143所示。此外，帮助文件中还提供了一些Illustrator操作教程，如图1-144所示。

图1-143

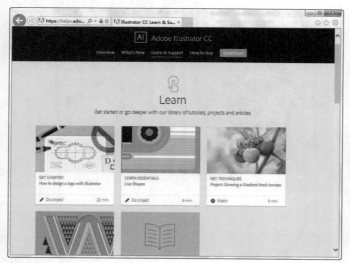

图1-144

1.7.2 Illustrator 支持中心

执行"帮助>Illustrator支持中心"命令，可以链接到Adobe网站，查看Illustrator下载、安装、激活和更新方面的详细介绍，了解各种常见问题，获取最新的产品信息、培训、资讯、Adobe活动和研讨会的邀请函，以及附赠的安装支持、升级通知和其他服务，如图1-145所示。此外，Illustrator支持中心还提供了视频教学录像的链接地址，用户可在线观看由Adobe专家录制的各种Illustrator功能的演示视频，如图1-146所示。

图1-145

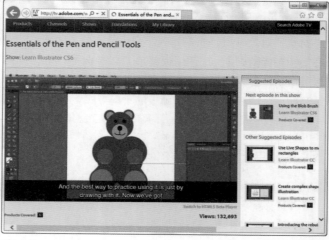

图1-146

1.7.3 Adobe 产品改进计划

如果用户对Illustrator今后版本的发展方向有好的想法和建议，可以执行"帮助>Adobe产品改进计划"命令，参与Adobe产品改进计划。

1.7.4 完成 / 更新 Adobe ID 配置文件

注册Adobe ID后，如果想要更新用户信息，如配置文件信息和通信首选项等，可以执行"帮助>完成/更新Adobe配置文件"命令，链接到Adobe网站，输入Adobe ID登录个人账户后进行操作。使用Adobe ID 还可以下载免费试用版、购买产品、管理订单以及访问 Adobe Creative Cloud和Acrobat.com 等在线服务，或者加入极具人气的 Adobe 在线社区。

1.7.5 登录 / 更新

执行"帮助>登录"命令登录Adobe ID以后，执行"帮助>更新"命令，可以下载Illustrator CC的更新文件（需要网络连接）。

1.7.6 关于 Illustrator

执行"帮助>关于Illustrator"命令，可以弹出一个临时画面，显示Illustrator研发小组的人员名单以及其他与Illustrator有关的信息。

1.7.7 系统信息

执行"帮助>系统信息"命令，可以打开"系统信息"对话框查看当前操作系统的各种信息，如CPU型号、显卡和内存，以及Illustrator占用的内存、安装序列号、安装的组件和增效工具等信息。

1.7.8 新增功能

执行"帮助>新增功能"命令，可以打开"新增功能"对话框。对话框中列出了Illustrator CC增加的部分新功能，以及每项功能的说明和相关视频。单击视频文件，即可播放相关视频短片。

1.7.9 立即同步设置

使用多台计算机工作时，在这些计算机之间管理和同步首选项可能很费时，并且容易出错。执行"编辑>同步设置>立即同步设置"命令，可以通过 Creative Cloud 同步首选项和设置。当前设置将被上传到用户的 Creative Cloud 账户，然后会被下载和应用到其他计算机上，使相关设置在两台计算机之间保持同步变得异常轻松。

1.7.10 管理同步设置

如果需要同步数据，可以执行"编辑>同步设置>管理同步设置"命令，打开"首选项"对话框进行操作。

1.7.11 管理 Creative Cloud 账户

如果要对同步设置进行管理，可以执行"编辑>同步设置>管理Creative Cloud账户"命令，链接到Adobe网站的相应页面进行操作。

1.7.12 Adobe Exchange

执行"窗口>扩展功能>Adobe Exchange"命令，可以打开"Adobe Exchange"面板。通过该面板可以下载扩展程序、动作文件、脚本、模板以及其他可扩展的 Adobe 应用程序项目，如图1-147所示。

图1-147

第2章 文档操作

2.1 新建文档

在Illustrator中，用户可以按照自己的需要定义文档尺寸、画板和颜色模式等，创建一个自定义的文档，也可以从Illustrator提供的预设模版中创建文档。

2.1.1 创建空白文档

本章介绍与文档有关的各种操作。虽然都是Illustrator入门的基本知识，但其中也穿插了一些实例，因为动手实践才是学习Illustrator的最佳途径。

在Illustrator中，用户可以从一个全新的空白文档开始创作，也可以使用Illustrator提供的现成模版，如信纸、名片、信封、小册子、标签、证书、明信片、贺卡和网站等，模版中包含图形、字体、段落、样式、符号、裁剪标记和参考线，可以为创作节省时间，提高工作效率。Illustrator中的文字和图稿可以被不同的程序使用，如Photoshop、Flash、Auto CAD、3ds max和Microsoft Office等。

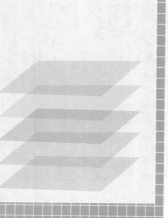

执行"文件>新建"命令或按下Ctrl+N快捷键，打开"新建文档"对话框，如图2-1所示。设置文件的名称、大小和颜色模式等选项后，单击"确定"按钮，可以创建一个空白文档，如图2-2所示。

图2-1

图2-2

● 名称：可以输入文档的名称，也可以使用默认的文件名称"未标题-1"。创建文档后，名称会显示在文档窗口的标题栏中。保存文件时，文档名称会自动显示在存储文件的对话框内。

● 配置文件/大小：在"配置文件"选项的下拉列表中包含了不同输出类型的文档配置文件，如图2-3所示，每一个配置文件都预先设置了大小、颜色模式、单位、方向、透明度和分辨率等参数。例如，如果要创建一个可以在ipad中使用的文档，可以选择"设备"选项，然后在"大小"下拉列表中选择"ipad"，如图2-4所示。

图2-3

图2-4

学习重点 Learning Objectives

置入文件/P56		导出图稿/P61		还原与重做/P65	
使用"链接"面板管理图稿/P58		文件格式/P63		修改文档的设置/P66	

◀)) **提示**

在"配置文件"下拉列表中，选择"打印文档"，可以使用默认的Letter大小画板。如果准备将文件发送给服务商，以输出到高端打印机，应选择该选项；选择"Web"，可以使用为输出到Web而优化的预设选项；选择"设备"，可以为特定移动设备创建预设的文件；选择"视频和胶片"，可以创建特定于视频和特定于胶片的预设的裁剪区域大小；选择"基本RGB文档"，可以使用默认 Letter 大小画板，并提供各种其他大小以从中进行选择。

● **画板数量/间距**：可以指定文档中的画板数量。如果创建多个画板，还可以指定它们在屏幕上的排列顺序，以及画板之间的默认间距。该选项组中包含几个按钮，其中，按行设置网格⌗，可在指定数目的行中排列多个画板；按列设置网格⌗，可在指定数目的列中排列多个画板；按行排列➡，可以将画板排列成一个直行；按列排列↧，可以将画板排列成一个直列；更改为从右到左的版面➡，可按指定的行或列格式排列多个画板，但按从右到左的顺序显示它们。

● **宽度/高度/单位/取向**：可以输入文档的宽度、高度和单位，从而创建自定义大小的文档。单击"取向"选项中的纵向按钮▣和横向按钮▣，可以设置文档的方向。

● **出血**：可以指定画板每一侧的出血位置。如果要对不同的侧面使用不同的值，可单击锁定图标ß，再输入数值。

● **颜色模式**：可以设置文档的颜色模式。

● **栅格效果**：可以为文档中的栅格效果指定分辨率。准备以较高分辨率输出到高端打印机时，应将此选项设置为"高"。

● **预览模式**：可以为文档设置默认的预览模式。选择"默认值"，可在矢量视图中以彩色显示在文档中创建的图稿，放大或缩小时将保持曲线的平滑度；选择"像素"，可显示具有栅格化（像素化）外观的图稿，它不会实际对内容进行栅格化，而是显示模拟的预览，就像内容是栅格一样；选择"叠印"，可提供"油墨预览"，它模拟混合、透明和叠印在分色输出中的显示效果。

● **使新建对象与像素网格对齐**：在文档中创建图形时，可以让对象自动对齐到像素网格上。

● **模板**：单击该按钮，可以打开"从模板新建"对话框，从模板中创建文档。

2.1.2 实战：从模板中创建文档

01 为方便用户操作，Illustrator 提供了许多预设的模板文件，如信纸、名片、信封、小册子、标签、证书、明信片、贺卡和网站等。执行"文件>从模板新建"命令，打开"从模板新建"对话框，双击"空白模版"文件夹，如图2-5所示。

图2-5

02 进入该文件夹后，选择一个模板文件，如图2-6所示，单击"新建"按钮即可从模版中创建一个文档，模板中的图形、字体、段落、样式、符号、裁剪标记和参考线等都会加载到新建的文档中，如图2-7所示。

图2-6

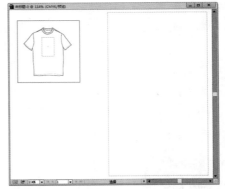

图2-7

2.2 打开文件

　　Illustrator可以打开不同格式的文件，如AI、CDR和EPS等矢量文件，以及JPEG格式的位图文件。此外，使用Adobe Bridge也可以打开和管理文件。

2.2.1 打开文件

　　执行"文件>打开"命令或按下Ctrl+O快捷键，弹出"打开"对话框，如图2-8所示。选择一个文件，单击"打开"按钮或按下回车键即可将其打开。如果文件较多，不便于查找，可以单击对话框右下角的 ▼ 按钮，在下拉列表中选择一种文件格式，让对话框中只显示该格式的文件，如图2-9所示。

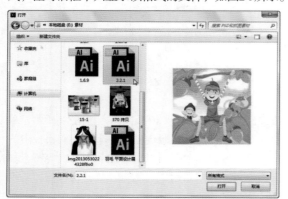

图2-8

图2-9

(◀) 提示

在Illustrator窗口的灰色区域双击，可以弹出"打开"对话框。

2.2.2 打开最近使用过的文件

　　在"文件>最近打开的文件"下拉菜单中包含了用户最近在Illustrator中使用过的10个文件，单击一个文件的名称，可直接将其打开。

2.2.3 实战：打开 Photoshop 文件

　　使用"打开""置入"和"粘贴"命令，以及拖放功能都可以将PSD文件从Photoshop引入到Illustrator中。PSD是分层文件格式，可以包含图层复合、图层、文本和路径，Illustrator支持大部分Photoshop 数据，因此，在这两个软件程序间交换文件时，可以保留和继续编辑上述内容。

01 分别运行Illustrator和Photoshop。在Photoshop中按下Ctrl+O快捷键，打开一个文件，如图2-10所示。选择横排文字工具 **T** ，在画面中单击并输入文字，如图2-11所示。

图2-10

图2-11

02 执行"文件>存储为"命令，弹出"另存为"对话框，在"保存类型"下拉列表中选择PSD格式，如图2-12所示，单击"保存"按钮保存文件。在Illustrator中按下Ctrl+O快捷键，打开该文件，此时会弹出"Photoshop导入选项"对话框，勾选"显示预览"选项，然后再选择"将图层转换为对象"选项，如图2-13所示。

图2-12　　　　　　　　图2-13

03 单击"确定"按钮，即可打开该PSD文件。按下F7键，打开"图层"面板，如图2-14所示，可以看到，当前文件也是分层的。使用选择工具 ▸ 单击文字，将其选择，如图2-15所示。打开"颜色"面板，修改文字颜色，如图2-16所示。

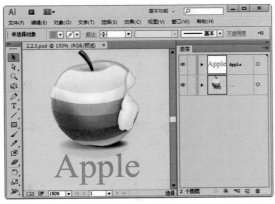

图2-14

图2-15

图2-16

"Photoshop导入选项"对话框---

● 图层复合/显示预览/注释：如果 Photoshop 文件包含图层复合，则可以指定要导入的图像版本。选择"显示预览"，可以显示所选图层复合的预览。"注释"文本框中显示了来自 Photoshop 文件的注释。

● 更新链接时：更新包含图层复合的链接 Photoshop 文件时，可以指定如何处理图层的可视性。在该选项的下拉列表中，选择"保持图层可视性优先选项"，表示最初置入文件时，可根据图层复合中的图层可视性状态更新链接图像；选择"使用 Photoshop 的图层可视性"，表示根据 Photoshop 文件中图层可视性的当前状态更新链接的图像。

● 将图层转换为对象尽可能保留文本的可编辑性：选择该选项，能够保留尽可能多的图层结构和文本的可编辑性，而不破坏外观。但是，如果文件包含 Illustrator 不支持的功能，Illustrator 会通过合并和栅格化图层来保留图稿的外观。

● 将图层拼合为单个图像保留文本外观：选择该选项，可以将文件作为单个位图图像导入。转换的文件不保留各个对象。不透明度将作为主图像的一部分保留，但不能编辑。

● 导入隐藏图层：导入 Photoshop 文件中的所有图层，也包括隐藏的图层。当链接 Photoshop 文件时，该选项不可用。

● 导入切片：保留 Photoshop 文件中包含的切片。

2.2.4 实战：与Photoshop交换智能对象

01 运行Photoshop。按下Ctrl+N快捷键，新建一个文档，如图2-17所示。运行Illustrator，按下Ctrl+N快捷键，也创建一个同样大小的文档。

02 选择星形工具 ☆，按住Alt+Shift键拖曳鼠标，创建一个五角星，如图2-18所示。

03 使用选择工具 ▸ 单击图形，它周围会出现一个定界框，将光标放在定界框内，单击并拖曳鼠标，将图形拖向Photoshop窗口，如图2-19所示；停留片刻，切换到Photoshop中；将光标移动到画面中，然后再放开鼠标，即可

将图形拖入Photoshop，它会自动生成为智能对象，如图2-20所示。最后按下回车键确认。

图2-17

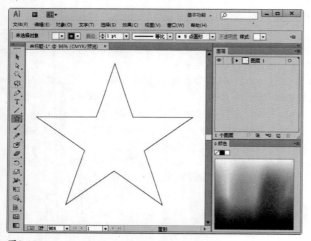

图2-18

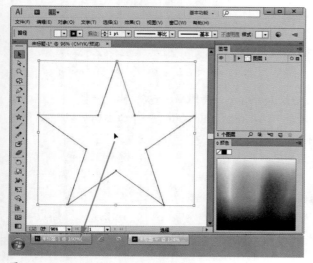

图2-19

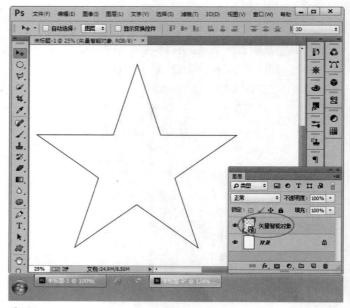

图2-20

智能对象是嵌入Photoshop中的文件，它与Illustrator中的源文件保持链接关系。在Photoshop中执行"图层>智能对象>编辑内容"命令时，可以在Illustrator中打开源文件。如果在Illustrator中修改源文件并保存，则Photoshop中的智能对象会自动更新到与之相同的状态。

04 下面介绍另一种文档交换方法。在Photoshop中执行"文件>置入链接的智能对象"命令，选择光盘中的矢量素材文件，如图2-21所示，单击"置入"按钮，弹出"打开为智能对象"对话框，如图2-22所示，然后单击"确定"按钮，将图形置入Photoshop文档中并按下回车键确认，如图2-23所示。

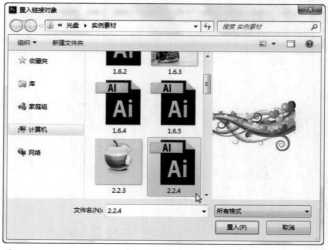

图2-21

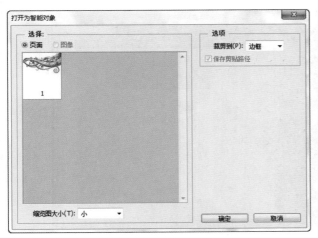

图2-22

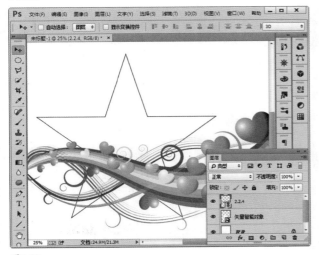

图2-23

05 切换到Illustrator中。按下Ctrl+O快捷键，打开该素材，如图2-24所示。按下Ctrl+A快捷键选择图形，执行"编辑>编辑颜色>反相颜色"命令，反转颜色，如图2-25所示。

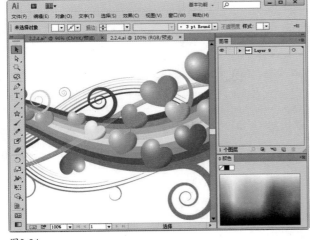

图2-24

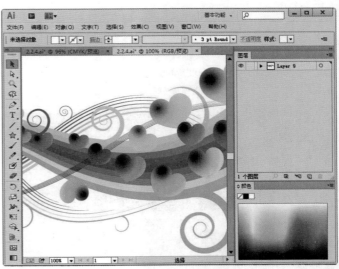

图2-25

06 按下Ctrl+S快捷键保存修改结果。Photoshop中置入的该矢量图形也会改变颜色，即会自动更新到与Illustrator相同的效果，如图2-26所示。

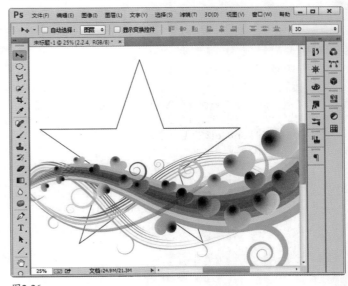

图2-26

2.2.5 实战：用 Bridge 打开文件

　　Adobe Bridge可以打开、关闭、移动、复制、删除和重命名文件，快速查看Photoshop 图像、Illustrator 图形、InDesign 版面、GoLive Web 页和各种标准图形文件，甚至可以翻阅整个PDF文件。

01 执行"文件>在Bridge中浏览"命令，或单击菜单栏中的 Br 按钮，启动Adobe Bridge，如图2-27所示。

02 在Bridge窗口左侧的"文件夹"面板中导航到光盘中的素材文件夹，双击一个矢量文件，即可在Illustrator中将其打开，如图2-28和图2-29所示。如果双击的是JPEG、PSD和TIFF等格式的位图文件，则可运行Photoshop并打开文件。

图2-27

图2-28

图2-29

> 相关链接：关于如何使用Adobe Bridge管理文件，请参阅"2.7.6实战：用Bridge为文件添加标记和评级"和"2.7.7实战：用Bridge批量重命名"。

2.3 置入文件

使用"置入"命令可以将外部文件导入Illustrator文档。该命令为文件格式、置入选项和颜色等提供了最高级别的支持，并且置入文件后，还可以使用"链接"面板识别、选择、监控和更新文件。

2.3.1 置入文件

在Illustrator中创建或打开一个文件后，执行"文件>置入"命令，打开"置入"对话框，如图2-30所示，选择其他程序创建的文件或位图图像，单击"置入"按钮，然后在画板中单击并拖曳鼠标，即可将其置入现有的文档中，如图2-31所示。

● 链接：选择该选项后，被置入的图稿同源文件保持链接关系。如果源文件的存储位置发生改变，或文件被删除，则置入的图稿也会从**Illustrator**文件中消失。取消选择时，可以将图稿嵌入文档中。

● 模板：将置入的文件转换为模板文件。

● 替换：如果当前文档中已经包含了一个置入的对象，并且处于选择状态，则"替换"选项可用。选择该选项后，新置入的对象会替换文档中被选择的对象。

● 显示导入选项：勾选该选项，然后单击"置入"按钮，会显示"导入选项"对话框。

● 文件名：选择置入的文件后，该选项中会显示文件的名称。

● 文件格式：在"文件名"右侧选项的下拉列表中可以选择文件格式。默认为"所有格式"。选择一种格式后，"置入"对话框中只显示该格式的文件。

图2-30

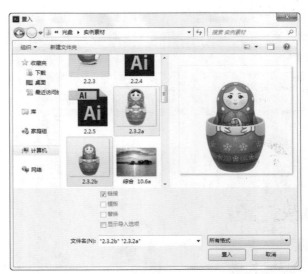

图2-32

图2-31

图2-33

相关链接：关于模版文件，请参阅"2.1.2 实战：从模版中创建文档"和"2.5.4 存储为模版"。关于文件格式的属性、特征和用途，请参阅"2.5.1 文件格式"。关于如何管理链接的文件，请参阅"2.3.3 使用链接面板管理图稿"。

2.3.2 实战：置入多个文件

01 按下Ctrl+N快捷键，新建一个文档。执行"文件>置入"命令，打开"置入"对话框。

02 按住Ctrl键分别单击需要置入的文件，将它们选择，如图2-32所示，然后单击"置入"按钮。光标旁边会出现图稿的缩览图，每单击一下鼠标，便会以原始尺寸置入图稿，如图2-33和图2-34所示。

图2-34

03 如果要自定义图稿的大小，可通过单击并拖曳鼠标的方式来操作（置入的文件与原始资源的大小成比例），如图2-35所示。

图2-35

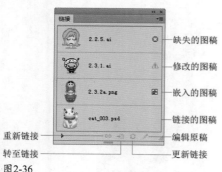

提示

同时置入多个文件时，如果要放弃某图稿，可按下方向键（→、←、↑和↓）导航到该图稿，然后按下 Esc键。

2.3.3 使用"链接"面板管理图稿

在Illustrator中置入文件后，可以使用"链接"面板查看和管理所有链接或嵌入的图稿。执行"窗口>链接"命令，打开"链接"面板。面板中显示了图稿的小缩览图，并用图标标识了图稿的状态，如图2-36所示。

图2-36

- **缺失的图稿/重新链接** 🔗：如果图稿源文件的存储位置发生了改变、文件被删除或名称被修改，则"链接"面板中该图稿缩略图的右侧会显示 ⊗ 状图标。在画中将该图稿选择后，单击面板中的重新链接按钮 🔗，可在打开的对话框中重新链接图稿。

- **嵌入的图稿**：采用链接方式置入图稿后，选择图稿文件，执行面板菜单中的"嵌入图像"命令，可将其转为嵌入的图稿，图

稿缩览图右侧会显示 🏠 状图标。

- **修改的图稿/更新链接** 🔄：如果链接图稿的源文件被其他程序修改，则在"链接"面板中，该图稿的缩略图右侧会出现 ⚠ 状图标。如果要更新图稿，可将其选择，然后单击更新链接按钮 🔄。

- **显示链接信息** ▶：单击该按钮，可以显示链接文件的详细信息，如图2-37所示。

- **转至链接** 🔗：在"链接"面板中选择一个链接图稿后，单击该按钮，所选图稿会显示在文档窗口的中央，并处于选择状态。

- **编辑原稿** ✏：选择一个链接图稿后，单击该按钮，或执行"编辑>编辑原稿"命令，可以打开制作源文件的软件，并载入源文件。此时可以对文件进行修改，完成修改并保存后，链接到Illustrator中的文件会自动更新。

图2-37

05 技术看板：链接图稿与嵌入图稿的区别

通过"文件>置入"命令置入图稿时，如果选择"置入"对话框中的"链接"选项，可以将图稿与文档建立链接。未选择该选项，则可将图稿嵌入文档。

链接的图稿与文档各自独立，因而不会显著增加文档占用的存储空间。使用变换工具和效果可以修改链接的图稿，但是，不能选择和编辑图稿中的单个组件。文档中链接的图形可多次使用，也可以一次更新所有链接。当导出或打印时，将检索原始图形，并按照原始图形的分辨率创建最终输出效果。

嵌入图稿后，可根据需要随时更新文档。嵌入的图稿将按照完全分辨率复制到文档中，因而得到的文档较大。

如果要确定图稿是链接的还是嵌入的，或将图稿从一种状态更改为另一种状态，可以使用"链接"面板操作。

如果嵌入的图稿包含多个组件，可以分别编辑这些组件。例如，如果图稿包含矢量数据，Illustrator 可将其转换为路径，然后可以用Illustrator工具和命令来修改。对于从特定文件格式嵌入的图稿，Illustrator还会保留其对象层次（例如组和图层）。

2.4 导入与导出文件

Illustrator能够识别所有通用的图形文件格式，因此，用户可以导入其他程序创建的矢量图和位图，也可以将Illustrator中创建的文件导出为不同的格式，以便被其他程序使用。

2.4.1 导入位图图像

位图图像在技术上称作栅格图像，它使用像素表现图像。每个像素都分配有特定的位置和颜色值。在处理位图图像时，编辑的是像素，而不是对象或形状。位图图像是连续色调图像（如照片或数字绘画）最常用的电子媒介，可以更好地表现阴影和颜色的细微层次。

位图图像与分辨率有关，也就是说，它们包含固定数量的像素，如果以高缩放比率对它们进行缩放或以低于创建时的分辨率来打印时，将丢失细节，并会呈现出锯齿。使用"文件>置入"命令或通过将图像拖入文档的方式，都可以将位图导入Illustrator文档中。对于导入的位图图像，其图像分辨率由源文件决定。对于位图效果（"效果"菜单中的Photoshop效果），则可以指定分辨率。如果最终图稿需要打印或发布到Web上，下列准则可以帮助用户确定对图像分辨率的要求。

● 商业印刷：根据所使用的印刷机（dpi）和网频（lpi）的不同，商业印刷需要150~300 ppi（或更高）的图像。在制定生产决策之前，应咨询印前服务提供商。由于商业印刷需要大型的高分辨率图像，而处理这些图像的过程中需要更长的时间才能完成显示任务，因此需要在排版时使用低分辨率版本，然后在打印时使用高分辨率版本替换它们。

● 在 Illustrator 和 InDesign 中，可通过"链接"面板来使用低分辨率的图像版本。在 InDesign 中，可以从"视图 > 显示性能"菜单中选择"典型"或"快速显示"选项，以加快图稿的显示速度。在 Illustrator 中，可以选择"视图 > 轮廓"命令，以轮廓形式显示图稿。

● 桌面打印：桌面打印通常要求图像的分辨率在72 ppi（适用于在 300 ppi打印机上打印的照片）到150 ppi（适用于在最多为1000 ppi 的设备上打印的照片）之间。

● Web发布：由于联机发布通常要求图像的像素大小适合于目标显示器，因此图像的宽度通常小于500像素，高度小于400像素，以便为浏览器窗口控件或类似题注这样的版面元素留出空间。对于基于 Windows 的图像，可创建屏幕分辨率为96 ppi 的原始图像；对于基于 Mac OS 的图像，应创建屏幕分辨率为72 ppi 的原始图像，这样可以查看在通过典型的 Web 浏览器查看图像时的图像效果。

> ◀)) 提示
>
> 位图文件格式有BMP、JPEG、GIF、PSD、TIFF和PNG等。

2.4.2 导入 DCS 文件

使用"文件>置入"命令可以在Illustrator文档中置入DCS文件。桌面分色（DCS）是标准EPS格式的一个版本。DCS 1.0 格式仅支持 CMYK 图像，而DCS 2.0格式支持多通道CMYK文件以及多种专色油墨。Illustrator可以识别使用Photoshop 创建的DCS 1.0和DCS 2.0文件中的剪贴路径。Illustrator 中可以链接DCS文件，但无法嵌入或打开这些文件。

2.4.3 实战：导入 Adobe PDF 文件

便携文档格式（PDF）是一种跨平台、跨应用程序的通用文件格式，它支持矢量数据和位图数据，具有电子文档搜索和导航功能，是Illustrator 和Acrobat的主要格式。使用"打开""置入"和"粘贴"命令，以及通过拖放等形式都可以将图稿从PDF文件导入 Illustrator文档中。

01 执行"文件>打开"命令，在弹出的对话框中选择光盘中的PDF文件，如图2-38所示。这是一个多页面的PDF文件，单击 ⬇ 按钮可以查看各个页面。单击"打开"按钮，弹出"打开PDF"对话框，然后单击 ▶ 按钮，切换到第4个页面，如图2-39所示。

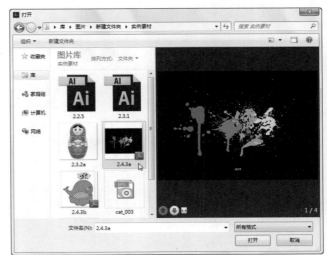

图2-38

02 单击"确定"按钮，打开该文档，如图2-40所示。

图2-39

图2-40

03 下面通过另一种方法置入PDF文件。执行"文件>置入"命令，打开"置入"对话框，选择光盘中的另一个PDF文件，取消"链接"选项的勾选，如图2-41所示，单击"置入"按钮，然后在画板中单击并拖曳鼠标，将图形嵌入文档中，如图2-42所示。

图2-41

图2-42

04 由于是嵌入的图稿，因此，图形可以编辑。例如，可以用直接选择工具  单击小鲸鱼，再通过"颜色"面板修改颜色，如图2-43和图2-44所示。

图2-43   图2-44

◀» 提示

如果在"置入"对话框中选择"链接"选项，可以将PDF文件（或多页PDF文档中的一页）导入为单个图像。使用变换工具可以修改链接的图像，但是不能选择和编辑该对象的各个部分。如果取消选择"链接"，则可以编辑PDF文件的内容。

06 技术看板：Adobe PDF预设

执行"编辑>Adobe PDF预设"命令，可以打开"Adobe PDF预设"对话框创建和编辑Adobe PDF预设。PDF预设是一组影响创建PDF处理的设置，这些设置旨在平衡文件大小和品质，并可在Adobe的其他程序，如InDesign、Illustrator、Photoshop 和 Acrobat中共享。

2.4.4 实战：导入 Auto CAD 文件

Auto CAD是计算机辅助设计软件，可用于绘制工程图和机械图等。Auto CAD文件包含 DXF 和 DWG 格式，Illustrator可以导入从 2.5版至 2007版的 Auto CAD 文件。

01 按下Ctrl+N快捷键，创建一个空白文档。执行"文件>置入"命令，打开"置入"对话框。选择光盘中的素材文件并勾选"显示导入选项"，如图2-45所示。单击"置入"按钮，弹出"DXF/DWG选项"对话框，选择"缩放以适合画板"选项，如图2-46所示。

图2-45

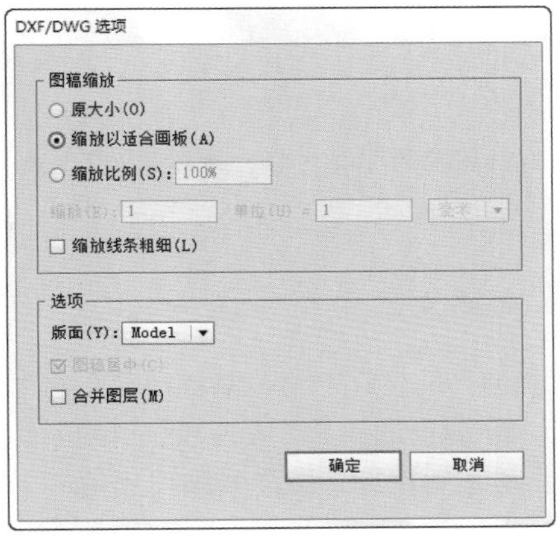

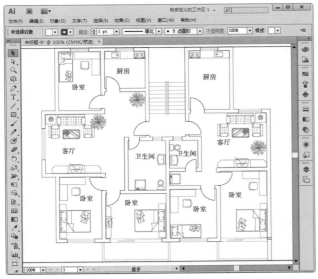

图2-46

02 单击"确定"按钮,然后在画板中单击,即可将Auto
CAD文件导入Illustrator,如图2-47所示。从"图层"面
板中可以看到,导入的文件保持分层状态,使用Illustrator中的
直接选择工具 ▷ 、钢笔工具 ✐ 、转换点工具 ⌐ 等可以编辑图
形,也可以修改填色和描边。

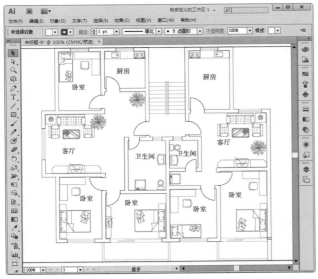

图2-47

在"DXF/DWG选项"对话框中,可以指定缩放、单位映
射(用于解释 AutoCAD 文件中的所有长度数据的自定单
位)、是否缩放线条粗细、导入哪一种布局以及是否将图
稿居中等。Illustrator 支持大多数AutoCAD数据,包括 3D
对象、形状和路径、外部引用、区域对象、键对象(映射
到保留原始形状的贝塞尔对象)、栅格对象和文本对象。
当导入包含外部引用的AutoCAD文件时,Illustrator 将读取
引用的内容并将其置入Illustrator文件的适当位置。如果没有
找到外部引用,则会弹出"缺失链接"对话框,在对话框
中可以搜索并检索文件。

2.4.5 导出图稿

使用"文件>存储"命令保存文件时,可以将图稿存储
为4种基本文件格式:AI、PDF、EPS 和 SVG格式。如果要
将图稿存储为其他格式,以便被不同的软件程序使用,可以
执行"文件>导出"命令,打开"导出"对话框,如图2-48所
示,选择文件的保存位置并输入文件名称,然后在保存类型
右侧的下拉列表中选择文件的格式,如图2-49所示,接着单
击"导出"按钮即可导出文件。

图2-48

AutoCAD 绘图 (*.DWG)
AutoCAD 交换文件 (*.DXF)
BMP (*.BMP)
CSS (*.CSS)
Flash (*.SWF)
JPEG (*.JPG)
Macintosh PICT (*.PCT)
Photoshop (*.PSD)
PNG (*.PNG)
Targa (*.TGA)
TIFF (*.TIF)
Windows 图元文件 (*.WMF)
文本格式 (*.TXT)
增强型图元文件 (*.EMF)

图2-49

相关链接：关于各种文件格式的特点和用途，请参阅"2.5.1 文件格式"。

2.4.6 打包文件

使用"文件>打包"命令可以将文档中的图形、字体（汉语、韩语和日语除外）、链接图形和打包报告等相关内容自动保存到一个文件夹中。有了这项功能，设计人员就可以从文件中自动提取文字和图稿资源，免除了手动分离和转存工作，并可实现轻松传送文件的目的。

编辑好图稿后，如图2-50所示，执行"文件>打包"命令，打开如图2-51所示的对话框，设置选项后单击"打包"按钮，弹出如图2-52所示的对话框，再单击"确定"按钮，即可将内容打包到文件夹中，如图2-53所示。

图2-50

图2-51

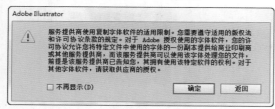
图2-52

图2-53

"打包"对话框选项--

● 位置：单击该选项右侧的 □ 按钮，可以指定文件的打包位置。

● 文件夹名称：可以指定包的名称。

● 复制链接：将链接的图形和文件复制到包文件夹位置。

● 收集不同文件夹中的链接：勾选该选项后，可创建链接文件夹并将所有链接的资源都保存到该文件夹中。如果未勾选该选项，则资源将被复制到与 .ai 文件相同的文件夹级别中。

● 将已链接的文件重新链接到文档：勾选该选项后，可以将链接修改到包文件夹位置。如果未勾选，则打包的 Illustrator 文档将保留资源的链接在其原始位置，并且资源仍将被收集在包中。

● 复制文档中使用的字体：复制所有必需的字体文件，而不是整个字体系列。

● 创建报告：打包文件的同时创建摘要报告。该报告包含专色对象、所有使用和缺失的字体、缺失的链接以及所有链接和嵌入图像的详细信息。

相关链接：关于链接图稿的相关内容，请参阅"2.3.3 使用链接面板管理图稿"。

2.4.7 在 Behance 上共享

Behance是一个人气超高的设计创意分享社区，在它上面，创意设计人士可以展示自己的作品，发现和分享别人的创意作品，也可进行互动，如评论、关注和站内短信等。Adobe公司已经收购了Behance，以便加强Creative Cloud的共享和社交功能。

在Illustrator创建和编辑好图稿后，执行"文件>在Behance上共享"命令，打开"在Behance上共享"对话框，如图2-54所示，注册一个Behance帐户后，便可以将图稿上传到Behance。

图2-54

🔊 提示

用户必须以有效的 Adobe ID 并登录后才能从 Illustrator 使用 Behance 共享功能。

2.5 保存与关闭文件

新建文件或对文件进行了处理之后，需要及时保存，以免因断电或死机等造成劳动成果付之东流。

2.5.1 文件格式

存储或导出图稿时，Illustrator会将图稿数据写入文件。数据的结构取决于选择的文件格式。Illustrator中的图稿可以存储为4种基本格式，即AI、PDF、EPS 和 SVG，它们可以保留所有的Illustrator 数据，因此被称为本机格式。用户也可以以其他格式导出图稿。但在Illustrator中重新打开以非本机格式存储的文件时，可能无法检索所有数据。基于这个原因，我们最好以AI格式存储图稿，再以其他格式存储一个图稿副本。

执行"文件>存储为""文件>导出"和"存储为Web所用格式"命令时，都可以选择文件格式，如图2-55和图2-56所示。

图2-55

图2-56

文件格式	详细说明
Adobe Illustrator（AI）	Illustrator的本机格式，可以保留所有图形、样式、效果、图层、蒙版、符号、画笔和混合等编辑项目
Adobe PDF（PDF）	便携文档格式（PDF）是一种跨平台、跨应用程序的通用文件格式，它支持矢量数据和位图数据，具有电子文档搜索和导航功能，是Illustrator 和Acrobat的主要格式
Illustrator EPS（EPS）	EPS是一种通用的文件格式，几乎所有页面版式、文字处理和图形应用程序都支持该格式。EPS 格式保留许多使用Illustrator 创建的图形元素，这意味着可以重新打开 EPS 文件并作为 Illustrator 文件编辑。因为 EPS 文件基于 PostScript 语言，所以它们可以包含矢量和位图形。如果图稿包含多个画板，将其存储为 EPS 格式时，也会保留这些画板
Illustrator Template（ATI）	Illustrator 模板文件使用的格式
SVG（SVG）/ SVG 压缩（SVGZ）	SVG 是一种可产生高质量交互式 Web 图形的矢量格式，它有两种版本：SVG 和压缩 SVG（SVGZ）。SVGZ 可将文件大小减小 50% 至 80%，但不能使用文本编辑器编辑 SVGZ 文件。将图稿导出为 SVG 格式时，网格对象将栅格化。此外，没有 Alpha 通道的图像将转换为 JPEG 格式，具有 Alpha 通道的图像将转换为 PNG 格式
AutoCAD 绘图（DWG）	是用于存储AutoCAD中创建的矢量图形的标准文件格式
AutoCAD交换文件（DXF）	是用于导出AutoCAD绘图或从其他应用程序导入绘图的绘图交换格式
BMP	标准的Windows图像格式。该格式可以指定颜色模型、分辨率和消除锯齿设置用于栅格化图稿，以及格式（Windows 或 OS/2）和位深度用于确定图像可包含的颜色总数。对于使用 Windows 格式的 4 位和 8 位图像，还可以指定 RLE 压缩

续表

文件格式	详细说明
CSS	级联样式表。它是一种用来表现HTML（标准通用标记语言的一个应用）或XML（标准通用标记语言的一个子集）等文件样式的计算机语言
Flash（SWF）	基于矢量的图形格式，用于交互动画Web图形。将图稿导出为Flash（SWF）格式后，可以在Web中使用，并可在任何配置了Flash Player增效工具的浏览器中查看图稿
JPEG	JPEG是由联合图像专家组开发的文件格式，常用于存储照片。JPEG 格式可以保留图像中的所有颜色信息，并通过有选择地扔掉数据来压缩文件大小。JPEG也是在Web上显示图像的标准格式
Macintosh PICT	Macintosh PICT与Mac OS图形和页面布局应用程序结合使用，以便在应用程序间传输图像。PICT在压缩包含大面积纯色区域的图像时特别有效
Photoshop（PSD）	标准的Photoshop 格式，可以保留文档中包含的图层、蒙版、路径、未栅格化的文字和图层样式等内容。如果图稿包含不能导出到Photoshop格式的数据，Illustrator可通过合并文档中的图层或栅格化图稿，以保留图稿的外观。因此，图层、子图层、复合形状和可编辑文本可能无法在Photoshop文件中存储
PNG	PNG（便携网络图形）用于无损压缩和Web上的图像显示。与 GIF不同，PNG 支持24位图像并产生无锯齿状边缘的背景透明度。但是某些Web浏览器不支持PNG图像。PNG可保留灰度和RGB图像中的透明度
Targa（TGA）	可以在Truevision视频板的系统上使用。存储为该格式时，可以指定颜色模型、分辨率和消除锯齿设置用于栅格化图稿，以及位深度用于确定图像可包含的颜色总数
TIFF	用于在应用程序和计算机平台间交换文件。TIFF是一种灵活的位图图像格式，绝大多数绘图、图像编辑和页面排版应用程序都支持该格式。大部分桌面扫描仪都可生成 TIFF文件
Windows 图元文件（WMF）	16 位Windows应用程序的中间交换格式。几乎所有 Windows绘图和排版程序都支持WMF格式。但是，它仅支持有限的矢量图形
文本格式（TXT）	用于将插图中的文本导出到文本文件
增强型图元文件（EMF）	Windows应用程序广泛用作导出矢量图形数据的交换格式。Illustrator 将图稿导出为EMF格式时会栅格化一些矢量数据

◀)) 提示

常用的矢量格式有Illustrator的AI格式、CorelDraw的CDR格式、Auto CAD的DWG格式、Microsoft的WMF格式、WordPerfect的WPG格式、Lotus的PIC格式和Venture的GEM格式等。虽然许多绘图软件都能打开矢量文件，但并不是所有的程序都能把这些文件以它原来的格式存储。

2.5.2 用"存储"命令保存文件

执行"文件>存储"命令或按下Ctrl+S快捷键，可以保存对当前文件所作的修改，文件将以原有的格式保存。如果当前文件是新建的文档，则执行该命令时会弹出"存储为"对话框。

2.5.3 用"存储为"命令保存文件

使用"文件>存储为"命令可以将当前文件保存为另外的名称和其他格式，或者存储到其他位置。执行该命令可以打开"存储为"对话框，如图2-57所示。设置好选项后，单击"保存"按钮即可保存文件。

● 文件名：用来设置文件的名称。

● 保存类型：在该选项的下拉列表中可以选择文件保存的格式，包括AI、PDF、EPS、AIT、SVG和SVGZ等。

2.5.4 存储为模板

执行"文件>存储为模板文件"命令，可以将当前文件保存为一个模板文件。执行该命令时会打开"存储为"对话框，选择文件的保存位置并输入文件名，然后单击"保存"按钮即可保存文件。Illustrator 会将文件存储为 AIT（Adobe Illustrator 模板）格式，如图2-58所示。

图2-57

图2-58

件。执行该命令时会打开如图2-59所示的对话框，选择文件的保存位置，输入文件名，然后单击"保存"即可保存文件。如果要自定 PNG 设置，例如分辨率、透明度和背景颜色等，则应使用"文件>导出"命令来操作。此外，也可以使用"文件>存储为 Web所用格式"命令将图稿存储为PNG格式。

图2-59

2.5.5 存储为副本

执行"文件>存为副本"命令，可以基于当前文件保存一个同样的副本，副本文件名称的后面会添加"复制"二字。如果不想保存对当前文件做出的修改，则可以通过该命令创建文件的副本，再将当前文件关闭。

2.5.6 存储为 Microsoft Office 所用格式

使用"文件>存储为Microsoft Office 所用格式"命令可以创建一个能在 Microsoft Office程序中使用的 PNG 文

2.5.7 关闭文件

执行"文件>关闭"命令或按下Ctrl+W快捷键，或者单击文档窗口右上角的 ✕ 按钮，可关闭当前文件。如果要退出Illustrator程序，则可以执行"文件>退出"命令，或单击程序窗口右上角的 ✕ 按钮。如果有文件尚未保存，将弹出对话框，询问用户是否保存文件。

2.6 恢复与还原文件

在编辑图稿的过程中，如果某一步的操作出现了失误，或者对创建的效果不满意，可以还原操作或恢复图稿。

2.6.1 还原与重做

执行"编辑>还原"命令或按下Ctrl+Z快捷键，可以撤销对图稿进行的最后一步操作，返回到上一步编辑状态中。连续按下Ctrl+Z快捷键，可依次撤销操作。执行"还原"命令后，如果想要取消还原操作，可以执行"编辑>重做"命令，或按下Shift+Ctrl+Z快捷键。

2.6.2 恢复文件

当打开了一个文件并对它进行编辑以后，如果对编辑结果不满意，或者在编辑过程中进行了无法撤销的操作，可以执行"文件>恢复"命令，将文件恢复到上一次保存时的状态。

2.7 编辑和管理文档

创建文档后，可以随时修改文档的颜色模式和文档方向、查看文档的信息，也可以使用Bridge浏览和管理文档，添加评级。

2.7.1 修改文档的设置

执行"文件>文档设置"命令，打开"文档设置"对话框，如图2-60所示。在对话框中可以对当前文档的度量单位、文字属性和透明度网格等进行设置。

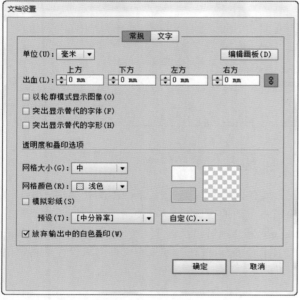

图2-60

- 单位：可以选择文档中使用的度量单位。

- 出血：可以指定画板每一侧的出血位置。如果要对不同的侧面使用不同的值，可单击锁定图标 ⑧，再输入数值。

- 编辑画板：单击"编辑画板"按钮后，可关闭对话框并自动切换为画板工具 ⬜，此时可调整画板大小。

- 以轮廓模式显示图像：在默认状态下，图稿以预览模式显示，如图2-61所示，当执行"视图>轮廓"命令以轮廓模式查看图稿时，链接的文件默认显示为内部带"×"的轮廓框，如图2-62所示。如果要查看链接的文件的内容，可勾选该选项，效果如图2-63所示。

- 突出显示替代的字体：如果系统中没有安装文档所使用的字体，则打开文档时，将会出现警告信息，Illustrator 会指出缺少的字体，并建议用户使用可用的匹配字体替代缺少的字体。勾选该选项后，会以粉色突出显示替换字体。

- 突出显示替代的字形：字形是特殊形式的字符。例如，在某些字体中，大写字母 A 有几种形式可用，如花饰字或小型大写字

母。勾选该选项后，可以突出显示文本中的替代字形。

图2-61

图2-62

图2-63

- 网格大小／网格颜色：可以设置透明度网格的大小和颜色，透明度网格有助于查看图稿的透明区域。例如，图2-64所示为包含透明区域的图稿，设置网格大小和颜色后，如图2-65所示，执行"视图＞显示透明度网格"命令，画板中会显示透明度网格。可以看到，水面是透明的，如图2-66所示。

图2-64

图2-65

图2-66

● **模拟彩纸**：可以修改画板颜色以模拟图稿在彩色纸上的打印效果。如果想要在彩纸上打印文档，则该选项很有用。例如，如果在黄色背景上绘制蓝色对象，此对象会显示为绿色。

● **预设**：可以选择透明拼合的分辨率。如果要自定义分辨率，可单击右侧的"自定"按钮。

● **放弃输出中的白色叠印**：在 Illustrator 中创建的图稿可能具有无意应用了叠印的白色对象。只有当打开叠印预览或打印分色时，这个问题才会变得明显，但这可能延误生产进度，并且可能需要重新印刷。勾选该选项后，可以避免发生这种情况。

◀)) 提示

单击"文档设置"对话框中的"文字"按钮，可以显示与文字有关的选项，包括设置突出显示的替代字体和字形、为文本指定语言和引号的类型，以及创建特殊的文字格式。

2.7.2 切换文档的颜色模式

"文件>文档颜色模式"下拉菜单中包含"CMYK颜色"和"RGB颜色"两个命令，通过执行这两个命令，可以

将文档的颜色模式转换为CMYK模式或RGB模式。文档窗口顶部的标题栏上会显示文档的颜色模式，如图2-67和图2-68所示。

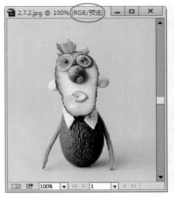 

图2-67　　　　　　　　　图2-68

2.7.3 在文件中添加版权信息

执行"文件>文件信息"命令，打开"文件信息"对话框。单击对话框顶部的"相机数据"等标签，可以查看相机原始数据、视频数据、音频数据，以及查看和编辑 DICOM 文件的元数据等，如图2-69所示。在该对话框中也可以为图像添加信息。例如，可添加创建者、版权所有者和许可协议等信息。

◀)) 提示

元数据是一组有关文件的标准化信息，如作者姓名、分辨率、色彩空间、版权以及为其应用的关键字。例如，大多数数码相机将一些基本信息附加到图像文件中，如高度、宽度、文件格式以及图像的拍摄时间。使用元数据可以优化工作流程、组织文件。

图2-69

2.7.4 "文档信息"面板

通过"文档信息"面板可以查看文档的相关信息，包括常规文件信息和对象特征，以及图形样式、自定颜色、渐变、字体和置入图稿的数量和名称，如图2-70所示。

图2-70

图2-71所示为"文档信息"面板菜单，选择其中的一个选项，面板中会显示该类型的信息。例如，图2-72所示为选择"对象"选项后面板中显示的信息。如果仅想查看有关当前选择的对象的信息，可以从面板菜单中选择"仅所选对象"命令。如果要将文件信息的副本存储为文本文件，可以选择面板菜单中的"存储"命令，然后在打开的对话框中指定文件名和位置，再单击"存储"按钮即可。

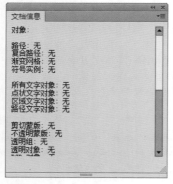

图2-71   图2-72

> 相关链接：如果要查看系统信息，可以执行"帮助>系统信息"命令。相关内容请参阅"1.7.7 系统信息"。

2.7.5 实战：用Bridge浏览文件

 执行"文件>在Bridge中浏览"命令，运行Adobe Bridge。通过窗口左侧的"文件夹"面板导航到光盘中的"素材"文件夹或任意一个保存有图稿的文件夹。单击窗口右上角的▼按钮，可以选择"胶片"、"元数据"和"预览"等命令，以不同的视图模式显示图稿，如图2-73和图2-74所示。

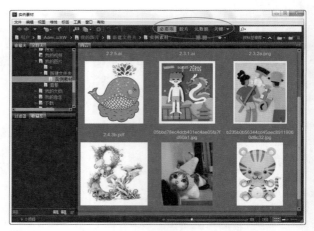

图2-73

图2-74

02 在任意一种视图模式下，拖曳窗口底部的三角滑块都可以调整图稿的显示比例，如图2-75所示；单击▦按钮，可在图稿之间添加网格；单击▦按钮，会以缩览图的形式显示图稿；单击▭按钮，会显示图稿的详细信息，如大小、分辨率、照片的光圈、快门等，如图2-76所示；单击☰按钮，会以列表的形式显示图稿。

图2-75

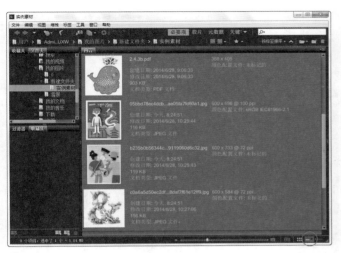

图2-76

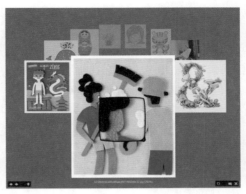

图2-79

03 执行"视图>审阅模式"命令，或按下Ctrl+B快捷键，切换到审阅模式，如图2-77所示。"审阅模式"是带有动画效果的浏览方式，单击后面的图稿，它会自动跳转到前方，如图2-78所示；单击前方图稿，则会弹出一个窗口显示局部内容，如图2-79所示，如果显示比例小于100%，窗口内的图稿就会显示为100%。拖曳该窗口可以移动观察，如图2-80所示。单击窗口右下角的"×"按钮可以关闭窗口。按下Esc键或单击屏幕右下角的"×"按钮，可退出审阅模式。

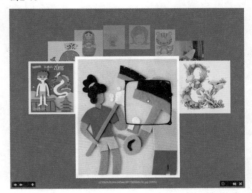

图2-80

04 执行"视图>幻灯片放映"命令，或按下Ctrl+L快捷键，可通过幻灯片放映的形式自动播放图像，如图2-81和图2-82所示。如果要退出幻灯片，可以按下Esc键。

图2-77

图2-81

图2-78

图2-82

2.7.6 实战： 用Bridge 为文件添加标记和评级

当一个文件夹中的图稿数量较多时，可以使用Bridge对重要的图稿进行标记、评级和重新排序，使它们更加便于查找。

01 打开Bridge，导航到"光盘>素材>2.7.6"文件夹。按下 Ctrl+A快捷键，选中所有文件，如图2-83所示。

图2-83

02 从"标签"菜单中选择一个标签选项，即可为文件添加颜色标记，如图2-84所示。如果要删除文件的标签，可以执行"标签>无标签"命令。

图2-84

03 选择一个文件（按住Ctrl键单击其他文件可以选择多个文件），从"标签"菜单中选择评级，对文件进行评级。为第4个图像评五星，其他图像评一星，如图2-85所示。如果要

增加或减少一个星级，可选择"标签>提升评级"或"标签>降低评级"命令。如果要删除所有星级，可选择"无评级"命令。图2-86所示为执行"视图>排序>按评级"命令之后图像的排序结果，可以看到，标记了五颗星的文件自动调整到了最前面。

图2-85

图2-86

2.7.7 实战： 用Bridge 批量重命名

在Bridge中可以成组或成批地重命名文件和文件夹。对文件进行批量重命名时，还可为选中的所有文件选取相同的设置。

01 在Bridge中导航到需要重命名的文件所在的文件夹，按下 Ctrl+A快捷键选取所有文件，如图2-87所示。

图2-87

02 执行"工具>批重命名"命令，打开"批重命名"对话框，选择"在同一文件夹中重命名"选项，为文件输入新的名称"图片素材"，并输入序列数字为1，数字的位数为2位，在对话框底部可以预览文件名称，如图2-88所示。

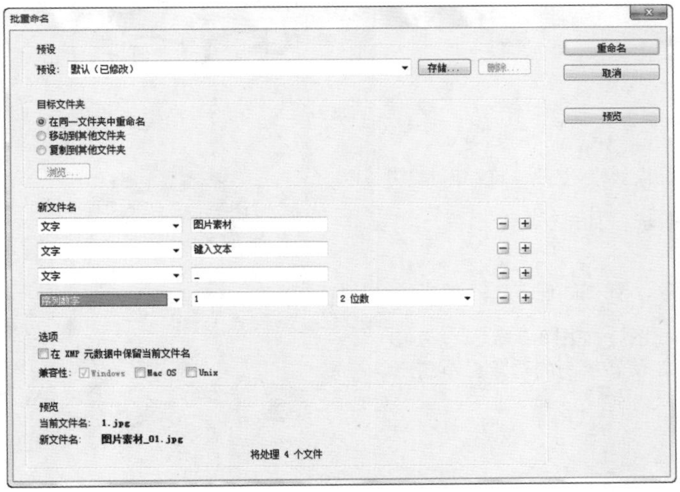

图2-88

03 单击"重命名"按钮，即可对文件进行重命名，如图2-89所示。

图2-89

"批重命名"对话框选项--

● "目标文件夹"选项组：可以选择将重命名的文件放在同一文件夹中还是放在不同文件夹中、将文件移动到另一个文件夹中或将副本放在另一个文件夹中。如果选择"移动到其他文件夹"或"复制到其他文件夹"，可单击"浏览"按钮来选择文件夹。

● "新文件名"选项组：可以从菜单中选择元素或在文本框中输入文本。指定的元素和文本将组合在一起构成新的文件名。可以单击加号按钮（＋）或减号按钮（－）来添加或删除元素。对话框底部会显示新文件名的预览。

● "选项"选项组：如果要在元数据中保留原始文件名，可以选择"在 XMP 元数据中保留当前文件名"。对于"兼容性"，可选择希望与重命名的文件兼容的操作系统。默认的选择是当前的操作系统，而且用户无法取消这一选择。

在我们的生活中，任何复杂的图形都可以简化为最基本的几何形状，Illustrator中的矩形、椭圆、多边形、直线段和网格等工具都是绘制这些基本几何图形的工具。在Illustrator中，看似简单的几何图形通过一些操作便可以组合为复杂的图形，因此，不要忽视、也不要小看这些最基本的绘图工具。

Illustrator是矢量软件，虽然它也可以编辑位图，但绘制和编辑矢量图形才是它的强项。Illustrator不仅提供了各种图形的绘制工具，还提供了标尺、参考线、智能参考线和网格等辅助工具，以帮助用户更好地完成绘图、测量和编辑任务。

第3章 绘图

3.1 绘图模式

在Illustrator中绘图时，新创建的图形会堆叠在原有图形的上方。如果想要改变这种绘图方式，例如，在现有图形的下方或内部绘图，可先单击工具面板底部的绘图模式按钮，如图3-1所示，然后再绘图。

● 正常绘图 ：默认的绘图模式，新创建的对象总是位于最顶部。图3-2所示为现有的图形，图3-3所示为后绘制的小牛图形。

图3-1　　　　　　　图3-2　　　　　　　图3-3

● 背面绘图 ：在没有选择画板的情况下，可在所选图层的最底部绘图，如图3-4所示。如果选择了画板，则在所选对象的下方绘制新对象。

● 内部绘图 ：选择一个对象，如图3-5所示，单击该按钮后，可在所选对象内部绘图，如图3-6所示。通过这种方式可以创建剪切蒙版，使新绘制的对象显示在所选对象的内部。

图3-4

图3-5　　　　　　　图3-6

07 技术看板：两种剪切蒙版的区别

通过内部绘图模式创建的剪切蒙版会保留剪切路径上的内容，而使用"对象>剪切蒙版>建立"命令创建的剪切蒙版则会隐藏这些内容。关于剪切蒙版，请参阅"8.5 剪切蒙版"。

两个图形

用内部绘图方式创建剪切蒙版

用"建立"命令创建剪切蒙版

3.2 绘制基本几何图形

　　矩形工具 ▭、椭圆工具 ◯、多边形工具 ⬡ 和星形工具 ☆ 等都属于最基本的绘图工具。选择这几种工具后，在画板中单击并拖曳鼠标可自由创建图形。如果想要创建精确的图形，可在画板中单击，然后在弹出的对话框中设置与图形相关的参数和选项。

3.2.1 绘制矩形和正方形

　　矩形工具 ▭ 用来创建矩形和正方形，如图3-7和图3-8所示。选择该工具后，单击并拖曳鼠标可以创建任意大小的矩形；按住Alt键（光标变为 ⊞ 状）操作，可由单击点为中心向外绘制矩形；按住Shift键，可绘制正方形；按住Shift+Alt键，可由单击点为中心向外绘制正方形。如果要创建一个指定大小的图形，可以在画板中单击，打开"矩形"对话框设置参数，如图3-9所示。

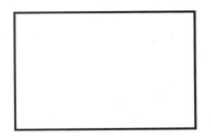
图3-7

图3-8

图3-9

3.2.2 绘制圆角矩形

　　圆角矩形工具 ▢ 用来创建圆角矩形，如图3-10所示。它的使用方法及快捷键都与矩形工具相同。不同的是，在绘制过程中按下↑键，可增加圆角半径直至成为圆形；按下↓键可减少圆角半径直至成为方形；按下←键或→键，可以在方形与圆形之间切换。如果要绘制指定大小的圆角矩形，可在画板中单击，打开"圆角矩形"对话框设置参数，如图3-11所示。

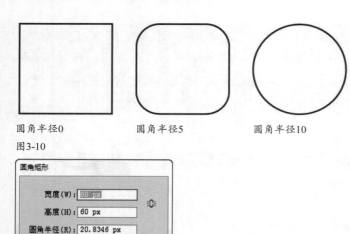

圆角半径0　　　　圆角半径5　　　　圆角半径10

图3-10

图3-11

3.2.3 绘制圆形和椭圆形

椭圆工具 用来创建圆形和椭圆形，如图3-12和图3-13所示。选择该工具后，单击并拖曳鼠标可以绘制任意大小的椭圆；按住Shift键可创建圆形；按住Alt键，可由单击点为中心向外绘制椭圆；按住Shift+Alt键，则由单击点为中心向外绘制圆形。如果要创建指定大小的椭圆或圆形，可在画板中单击，打开"椭圆"对话框设置参数，如图3-14所示。

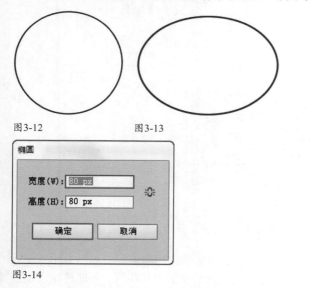

图3-12　　　　图3-13

图3-14

3.2.4 绘制多边形

多边形工具 用来创建三边和三边以上的多边形，如图3-15所示。在绘制过程中，按下↑键或↓键，可增加或减少多边形的边数；移动光标可以旋转多边形；按住Shift键操

作可以锁定一个不变的角度。如果要指定多边形的半径和边数，可在希望作为多边形中心的位置单击，打开"多边形"对话框进行设置，如图3-16所示。

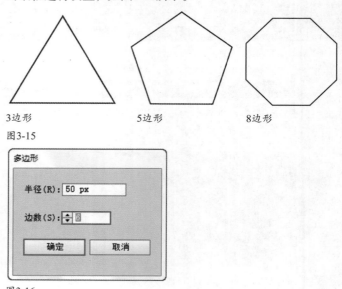

3边形　　　　5边形　　　　8边形

图3-15

图3-16

3.2.5 绘制星形

星形工具 用来创建各种形状的星形，如图3-17和图3-18所示。在绘制过程中，按下↑键或↓键可增加或减少星形的角点数；拖曳鼠标可以旋转星形；如果要保持不变的角度，可按住Shift键来操作；如果按下Alt键，则可以调整星形拐角的角度，图3-19和图3-20所示为通过这种方法创建的星形。

5角星形　　　　　　8角星形
图3-17　　　　　　图3-18

按住Alt键创建5角星　　　**按住Alt键创建8角星**
图3-19　　　　　　　图3-20

如果要更加精确地绘制星形，可以使用星形工具 ☆ 在希望作为星形中心的位置单击，打开"星形"对话框进行设置，如图3-21所示。

● 半径1：用来指定从星形中心到星形最内点的距离。

● 半径2：用来指定从星形中心到星形最外点的距离。

● 角点数：用来指定星形具有的点数。

图3-21

3.3 绘制线形和网格

直线段工具 ╱ 、弧形工具 ╭ 和螺旋线工具 ◎ 可以绘制直线和弧形曲线，矩形网格工具 ▦ 和极坐标网格工具 ◉ 可以绘制网格状图形。

3.3.1 绘制直线段

直线段工具 ╱ 用来创建直线。在绘制过程中按住Shift键，可以创建水平、垂直或以45°角方向为增量的直线；按住Alt键，直线会以单击点为中心向两侧延伸；如果要创建指定长度和角度的直线，可在画板中单击，打开"直线段工具选项"对话框进行设置，如图3-22和图3-23所示。

切换方向

图3-24

创建闭合图形

图3-25

图3-22 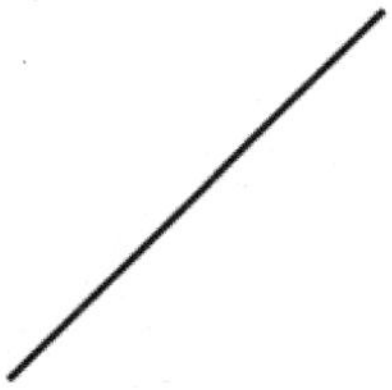　　　　　　图3-23

3.3.2 绘制弧线

弧形工具 ╭ 用来创建弧线。在绘制过程中按下X键，可以切换弧线的凹凸方向，如图3-24所示；按下C键，可在开放式图形与闭合图形之间切换，图3-25所示为创建的闭合图形；按住Shift键，可以保持固定的角度；按下↑、↓、←、→键可以调整弧线的斜率。如果要创建更为精确的弧线，可在画板中单击，打开"弧线段工具选项"对话框设置参数，如图3-26所示。

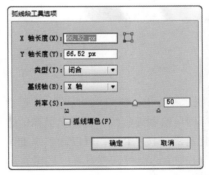

图3-26

● 参考点定位器 ▦：单击参考点定位器上的空心方块，可以设置绘制弧线时的参考点，效果如图3-27所示。

● X轴长度/Y轴长度：用来设置弧线的长度和高度。

● 类型：选择下拉列表中的"开放"，可创建开放式弧线；选择"闭合"，可创建闭合式弧线。

● 基线轴：选择下拉列表中的"X轴"，可以沿水平方向绘制；选择"Y轴"，则沿垂直方向绘制。

● 斜率：用来指定弧线的斜率方向，可输入数值或拖曳滑块来进行调整。

● 弧线填色：选择该选项后，会用当前的填充颜色为弧线围合的区域填色，如图3-28所示。

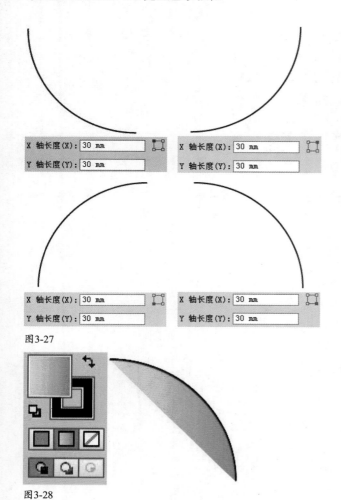

图3-27

图3-31

图3-32

● 半径：用来设置从中心到螺旋线最外侧的点的距离。该值越高，螺旋的范围越大。

● 衰减：用来设置螺旋线的每一螺旋相对于上一螺旋应减少的量。该值越小，螺旋的间距越小，如图3-33和图3-34所示。

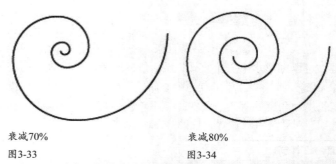

衰减70%　　　　　　　　　　衰减80%

图3-33　　　　　　　　　　　图3-34

● 段数：决定了螺旋线路径段的数量，如图3-35和图3-36所示。

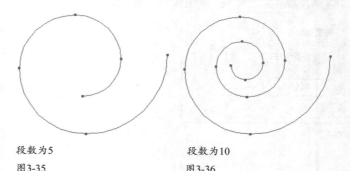

段数为5　　　　　　　　　　段数为10

图3-35　　　　　　　　　　　图3-36

● 样式：可以设置螺旋线的方向。

3.3.4 实战：通过矩形网格制作艺术字

01 按下Ctrl+N快捷键，新建一个文档。选择矩形网格工具 ，在画板中单击，弹出"矩形网格工具选项"对话框，设置参数如图3-37所示，然后单击"确定"按钮创建网格。在"颜色"面板中设置描边颜色为红色，在工具选项栏中设置描边粗细为2pt，无填色，如图3-38~图3-40所示。

图3-28

3.3.3 绘制螺旋线

螺旋线工具 用来创建螺旋线，如图3-29所示。选择该工具后，单击并拖曳鼠标即可绘制螺旋线，在拖曳鼠标的过程中移动光标可以旋转螺旋线；按下R键，可以调整螺旋线的方向，如图3-30所示；按住Ctrl键可调整螺旋线的紧密程度，如图3-31所示；按下↑键可增加螺旋，按下↓键则减少螺旋。如果要更加精确地绘制图形，可在画板中单击，打开"螺旋线"对话框设置参数，如图3-32所示。

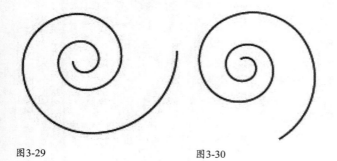

图3-29　　　　　　　　　　　图3-30

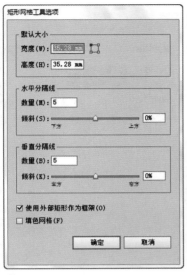

图3-37

图3-38

图3-39

图3-40

02 保持图形的选取状态，双击旋转工具 🔄，在打开的对话框中设置旋转"角度"为45°，旋转图形，如图3-41和图3-42所示。

图3-41

图3-42

03 执行"效果>风格化>投影"命令，添加"投影"效果，使网格产生立体感，如图3-43和图3-44所示。

图3-43   图3-44

04 打开"图层"面板，将<编组>图层拖曳到创建新图层按钮 🔲 上进行复制，如图3-45和图3-46所示。在组后面的选择列单击，选择组对象（即复制后的矩形网格），如图3-47所示，然后调整描边颜色和描边粗细，使网格产生凸起和高光效果，如图3-48~图3-50所示。

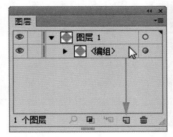

图3-45   图3-46

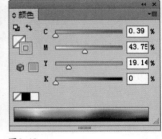

图3-47   图3-48

图3-49

图3-50

05 选择工具面板中的选择工具 ，按下←键和↑键，将矩形网格向左上方轻移，如图3-51所示。使用铅笔工具 绘制一条闭合式路径，如图3-52所示。单击"图层1"，如图3-53所示，再单击面板底部的 按钮，创建剪切蒙版，将矩形以外的图形隐藏，如图3-54和图3-55所示。

图3-51　　　　　　　　　　图3-52

图3-53　　　　　　　　　　图3-54

图3-55

06 单击"图层"面板底部的 按钮，新建"图层2"。 在"图层1"中，将位于最下方的<编组>子图层拖曳到 按钮上复制，如图3-56所示，然后将复制后的图层向上拖曳到"图层2"中，使它成为"图层2"的子图层，如图3-57所示。

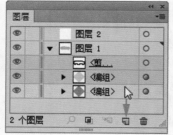

图3-56　　　　　　　　　　图3-57

07 在该图层的选择列单击，选择图形，如图3-58所示，然后设置描边颜色为白色，如图3-59和图3-60所示。

图3-58　　　　　　　　　　图3-59

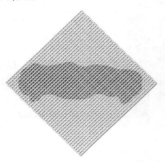

图3-60

08 按下Ctrl+T快捷键打开"字符"面板，设置字体及大小，如图3-61所示。使用文字工具 在画板空白处输入文字，然后拖曳到网格上，如图3-62所示。

图3-61　　　　　　　　　　图3-62

◀) 提示

使用文字工具输入文字时应尽量远离路径，否则可能会在路径上创建路径文字。

09 单击"图层2"，如图3-63所示，再单击面板底部的 按钮，创建剪切蒙版，将文字以外的图形隐藏，如图3-64所示。

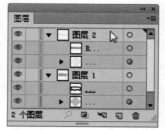

图3-63

图3-64

10 单击"图层"面板底部的  按钮,新建"图层3"。将图层3拖曳到"图层1"下方,如图3-65和图3-66所示。

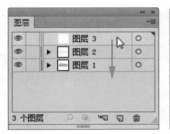 

图3-65　　　　　　　图3-66

11 使用矩形工具 创建一个矩形,设置填色为黑色,描边颜色为深灰色,如图3-67和图3-68所示。

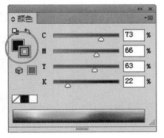

图3-67

图3-68

12 执行"窗口>画笔库>艺术效果>艺术效果_粉笔炭笔铅笔"命令,打开该画笔库。单击图3-69所示的画笔,为矩形添加画笔描边,设置描边粗细为1.55pt,如图3-70所示。

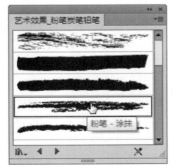

图3-69

图3-70

13 使用矩形工具 再绘制一个矩形,调整描边颜色为深红色并添加相同的画笔描边,如图3-71所示。

图3-71

14 使用铅笔工具 在画面右下角绘制两条直线,分别设置为深灰色(描边粗细为1pt)和深红色(描边粗细为0.5pt),如图3-72和图3-73所示。

图3-72

图3-73

> **相关链接:** 关于描边和填色的设置方法,请参阅"5.1 填色与描边"。关于"图层"面板,请参阅"8.1.2 图层面板"。关于铅笔工具,请参阅"4.2 用铅笔工具绘图"。关于画笔描边,请参阅"9.1.3 实战:为图形添加画笔描边"。

"矩形网格工具选项"对话框

使用矩形网格工具 时,在画板中单击并拖曳鼠标,可以自定义网格大小。如果要使用指定数目的分隔线来创建矩形网格,可以在文档窗口单击,打开"矩形网格工具选项"对话框设置参数,如图3-74所示。

● 宽度/高度:用来设置矩形网格的宽度和高度。

● 参考点定位器 :单击参考点定位器 上的空心方块,可以确定绘制网格时的起始点的位置。

● "水平分隔线" 选项组： "数量" 用来设置在网格顶部和底部之间出现的水平分隔线的数量。 "倾斜" 值决定了水平分隔线从网格顶部或底部倾向于左侧或右侧的方式。 当 "倾斜" 值为0%时， 水平分隔线的间距相同， 如图3-75所示； 该值大于0%时， 网格的间距由上到下逐渐变窄， 如图3-76所示； 该值小于0%时， 网格的间距由下到上逐渐变窄， 如图3-77所示。

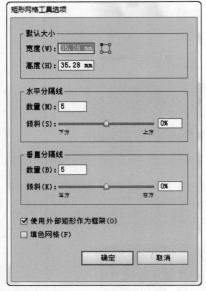

图3-74

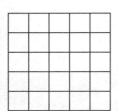

图3-75

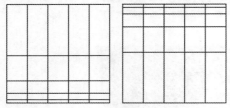

图3-76　　　　图3-77

● "垂直分隔线" 选项组： "数量" 用来设置在网格左侧和右侧之间出现的分隔线的数量。 "倾斜" 值决定了垂直分隔线倾向于左侧或右侧的方式。 当 "倾斜" 值为0%时， 垂直分隔线的间距相同， 如图3-78所示； 该值大于0%时， 网格的间距由左到右逐渐变窄， 如图3-79所示； 该值小于0%时， 网格的间距由右到左逐渐变窄， 如图3-80所示。

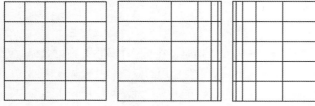

图3-78　　　　图3-79　　　　图3-80

● 使用外部矩形作为框架： 选择该选项后， 将以单独的矩形对象替换顶部、 底部、 左侧和右侧线段。 此时可在矩形的内部填色， 如图3-81所示。

● 填色网格： 选择该选项后， 可在网格线上应用描边颜色， 但网格内部不会填色， 如图3-82所示。

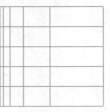

图3-81　　　　　　图3-82

08　技术看板：矩形网格创建技巧

使用矩形网格工具▦时， 按住Shift键可以创建正方形网格； 按住Alt键， 会以单击点为中心向外绘制网格； 按下F键， 网格中的水平分隔线间距可由下而上以10%的倍数递减； 按下V键， 水平分隔线的间距可由上而下以10%的倍数递减； 按下X键， 垂直分隔线的间距可由左向右以10%的倍数递减； 按下C键， 垂直分隔线的间距可由右向左以10%的倍数递减； 按下↑键， 可以增加水平分隔线的数量； 按下↓键， 则减少水平分隔线的数量； 按下→键， 可以增加垂直分隔线的数量； 按下←键， 可以减少垂直分隔线的数量。

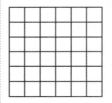
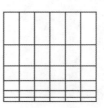

按住Shift键　　　　　按下F键

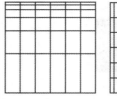

按下V键　　　　　按下X键

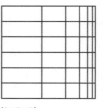
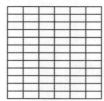

按下C键　　　　　按下↑键

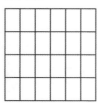
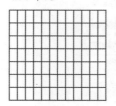

按下↓键　　　　按下→键　　　　按下←键

3.3.5 实战：通过极坐标网格制作星星图案

01 按下Ctrl+N快捷键，新建一个文档。选择极坐标网格工具 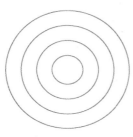，在画板中单击，弹出"极坐标网格工具选项"对话框，设置参数如图3-83所示，然后单击"确定"按钮创建圆环状图形，如图3-84所示。

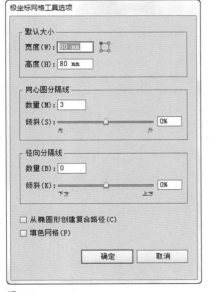

图3-83   图3-84

02 使用编组选择工具 单击最外层的圆形，再单击"色板"面板中的红色，为该图形填色，如图3-85所示。采用同样的方法选择其他图形并填色，如图3-86~图3-88所示。

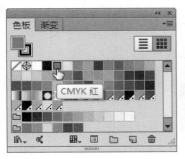

图3-85

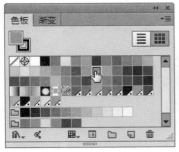

图3-86

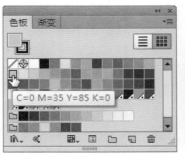

图3-87

图3-88

03 按下Ctrl+A快捷键全选，然后执行"效果>扭曲和变换>波纹效果"命令，设置参数如图3-89所示，效果如图3-90所示。

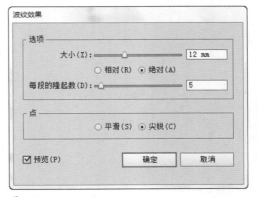

图3-89

图3-90

04 使用矩形工具  按住Shift键创建一个正方形，并填充黄色，无描边，如图3-91所示。按下Shift+Ctrl+[快捷键，将它移动到星星后面。图3-92所示为复制一组星星并调整极坐标网格颜色及背景颜色后的效果。

图3-91

图3-92

"极坐标网格工具选项"对话框----------------------------

使用极坐标网格工具 ⊕ 时，在画板中单击并拖曳鼠标，可以自定义网格大小。如果要创建具有指定大小和指定数目分隔线的同心圆，可在文档窗口单击，打开"极坐标网格工具选项"对话框进行设置，如图3-93所示。

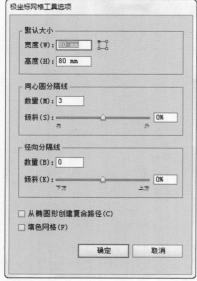

图3-93

● **宽度/高度**：用来指定整个网格的宽度和高度。

● **参考点定位器** ⊡：单击参考点定位器 ⊡ 上的空心方块，可以确定绘制网格时的起始点的位置。

● **"同心圆分隔线"选项组**："数量"用来设置出现在网格中的圆形同心圆分隔线的数量。"倾斜"值决定了同心圆分隔线倾向于网格内侧或外侧的方式。当"倾斜"值为0%时，同心圆之间的距离相同，如图3-94所示；该值大于0%时，同心圆向边缘聚拢，如图3-95所示；该值小于0%时，同心圆向中心聚拢，如图3-96所示。

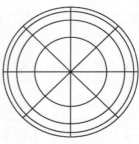

图3-94   图3-95

● **"径向分隔线"选项组**："数量"用来设置在网格中心和外围之间出现的径向分隔线的数量。"倾斜"值决定了径向分隔线倾向于网格逆时针或顺时针的方式。当"倾斜"值为0%时，分隔线的间距相同，如图3-97所示；该值大于0%时，分隔线会逐渐向逆时针方向聚拢，如图3-98所示；该值小于0%时，分隔线会逐渐向顺时针方向聚拢，如图3-99所示。

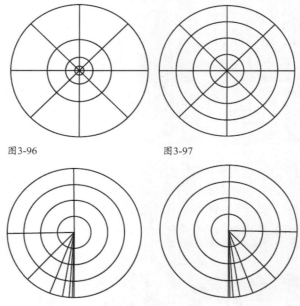

图3-96   图3-97

图3-98   图3-99

● **从椭圆形创建复合路径**：选择该选项后，可以将同心圆转换为独立的复合路径，并每隔一个圆填色，如图3-100所示。

● **填色网格**：选择该选项后，会用当前的填充颜色为网格填色，如图3-101所示。

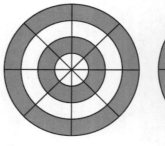
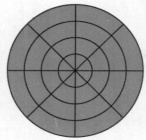

图3-100   图3-101

09 技术看板：极坐标网格绘制技巧

使用极坐标网格工具 ⊛ 时，按住Shift键，可绘制圆形网格；按住Alt键，将以单击点为中心向外绘制极坐标网格；按下↑键，可增加同心圆的数量；按下↓键，则减少同心圆的数量；按下→键，可增加分隔线的数量；按下←键，则减少分隔线的数量；按下X键，同心圆会逐渐向网格中心聚拢；按下C键，同心圆会逐渐向边缘扩散；按下V键，分隔线会逐渐向顺时针方向聚拢；按下F键，分隔线会逐渐向逆时针方向聚拢。

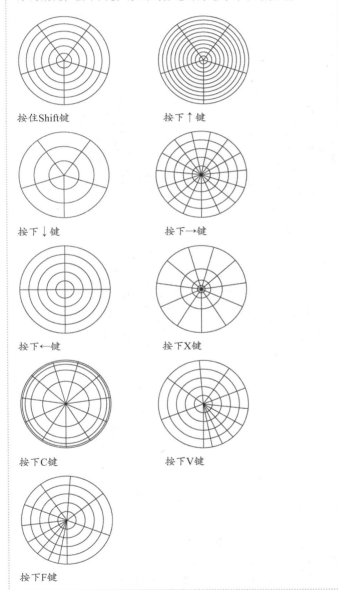

按住Shift键　　　　按下↑键

按下↓键　　　　按下→键

按下←键　　　　按下X键

按下C键　　　　按下V键

按下F键

3.3.6 实战：绘制单独纹样

01 选择极坐标网格工具 ⊛，在画板中单击，弹出"极坐标网格工具选项"对话框，设置参数如图3-102所示，然后

单击"确定"按钮创建图形，如图3-103所示。

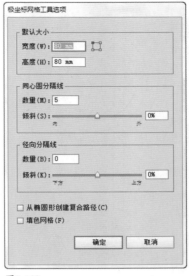
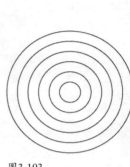

图3-102　　　　　　　　　图3-103

02 在工具面板中，单击如图3-104所示的按钮，将描边设置为当前编辑状态。执行"窗口>画笔库>边框>边框_装饰"命令，打开该面板。使用编组选择工具 ▷⁺ 单击最内层的圆形，再单击如图3-105所示的画笔，为图形添加画笔描边，如图3-106所示。

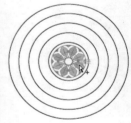

图3-104　图3-105　　　　　　图3-106

03 采用同样的方法依次单击外层圆形，分别添加不同的描边，如图3-107~图3-111所示。使用其他画笔库，如"边框_原始"库可以制作出具有古朴、深沉风格的图案，如图3-112所示。

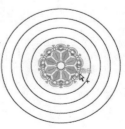

图3-107

83

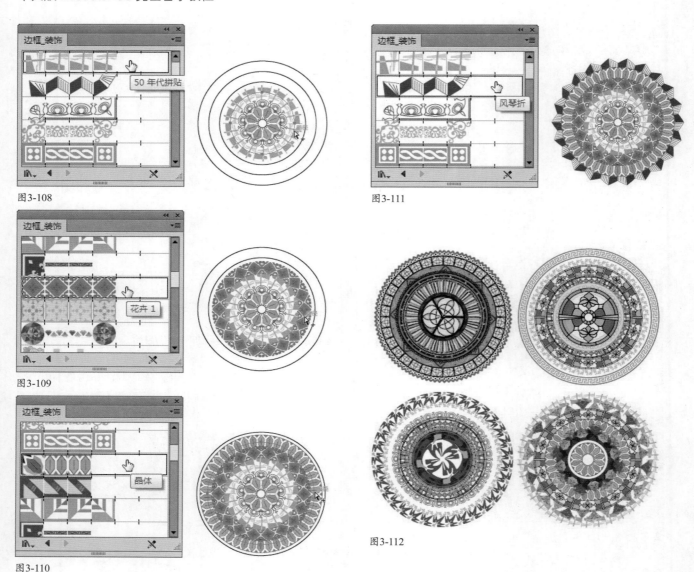

图3-108

图3-109

图3-110

图3-111

图3-112

3.4 绘制光晕图形

使用光晕工具 可以绘制出媲美真实光效的矢量光晕图形，并且可以随时调整光晕图形的大小、修改射线数量和模糊程度。

3.4.1 实战：绘制光晕图形

01 按下Ctrl+O快捷键，打开光盘中的素材文件，如图3-113所示。

图3-113

选择光晕工具 ，在图稿右上角单击（不要放开鼠标按键），放置光晕中央手柄，如图3-114所示；拖曳鼠标设置中心的大小和光晕的大小并旋转射线角度（按下↑键或↓键可添加或减少射线），如图3-115所示；放开鼠标按键，在画板的另一处再次单击并拖曳鼠标，添加光环并放置末端手柄（按下↑键或↓键可添加或减少光环）；最后放开鼠标按键，创建光晕图形，如图3-116所示。

图3-114

图3-115

图3-116

03 保持图形的选取状态，按下Ctrl+C快捷键复制，然后连按两下Ctrl+F快捷键将图形粘贴到前面，增加光晕强度，如图3-117所示。

图3-117

3.4.2 实战：修改光晕

光晕图形是矢量对象，它包含中央手柄和末端手柄，手柄可以定位光晕和光环，中央手柄是光晕的明亮中心，光晕路径从该点开始，如图3-118所示。

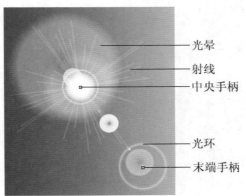

光晕
射线
中央手柄

光环
末端手柄

图3-118

01 打开光盘中的素材文件，如图3-119所示。使用光晕工具创建光晕图形，如图3-120所示。

图3-119

图3-120

02 保持图形的选取状态，使用光晕工具 单击并拖曳中央手柄，可以移动它的位置，如图3-121所示。单击并拖曳末端手柄，如图3-122所示。

03 单击末端手柄，然后按下↑键，增加光环数量，如图3-123和图3-124所示。

图3-121

图3-122

图3-123

图3-124

"光晕工具选项"对话框----------------------------------

使用选择工具 ![] 选择光晕图形,如图3-125所示,双击光晕工具 ![] ,可以打开"光晕工具选项"对话框修改光晕参数,如图3-126所示。如果要将光晕恢复为默认值,可以按住Alt 键,此时对话框中的"取消"按钮会变为"重置"按钮,单击该按钮即可。

图3-125

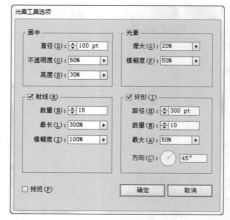

图3-126

- "居中"选项组:用来设置闪光中心的整体直径、不透明度和亮度。图3-127所示是"直径"为100pt的光晕中心图形(原"直径"为50pt)。

图3-127

- "光晕"选项组:"增大"选项可以设置光晕整体大小的百分比,图3-128所示是该值为0%时的光晕,图3-129所示是该值为150%时的光晕。"模糊度"选项可以设置光晕的模糊程度(0%为锐利,100%为模糊)。

图3-128

图3-129

- "射线"选项组：可以设置射线的数量、最长的射线和射线的模糊度（0%为锐利，100%为模糊）。图3-130所示是设置"数量"为50时的射线（原值为15）；图3-131所示是设置"最长"为100%时的射线（原值为300%）。

图3-130

图3-131

- "环形"选项组：可以设置光晕中心点（中心手柄）与最远的光环中心点（末端手柄）之间的路径距离、光环数量和最大的光环，以及光环的方向或角度。图3-132所示是"路径"为250pt的光晕中心图形（原值为238pt）；图3-133所示是"数量"为50的光晕中心图形（原值为10）。

图3-132

图3-133

🔊 提示

选择光晕对象后，执行"对象>扩展"命令，可将其扩展为普通图形。

3.5 使用辅助工具

在Illustrator中，标尺、参考线和网格等都属于辅助工具，它们不能编辑对象，其用途是帮助用户更好地完成编辑任务。

3.5.1 实战：使用标尺

标尺可以帮助用户在窗口中精确地放置对象以及进行测量。

01 打开光盘中的素材，如图3-134所示。执行"视图>标尺>显示标尺"命令，或按下Ctrl+R快捷键，窗口顶部和左侧会显示标尺，如图3-135所示。显示标尺后，当移动光标时，标尺内的标记会显示光标的精确位置。

图3-134

图3-135

02 在每个标尺上，显示 0 的位置为标尺原点，修改标尺原点的位置，可以从对象上的特定点开始进行测量。如果要修改标尺的原点，可以将光标放在窗口的左上角（水平标尺和垂直标尺的相交处），然后单击并拖到鼠标，画面中会显示出一个十字线，如图3-136所示，放开鼠标后，该处便会成为原点的新位置，如图3-137所示。

图3-136　　　　　　　　　　图3-137

03 如果要将原点恢复为默认的位置，可以在窗口的左上角（水平标尺与垂直标尺交界处的空白位置）双击，如图3-138所示。在标尺上单击右键可以打开下拉菜单，选择其中的选项可以修改标尺的单位，如英寸、毫米、厘米和像素等，如图3-139所示。如果要隐藏标尺，可以执行"视图>标尺>隐藏标尺"命令，或按下Ctrl+R快捷键。

 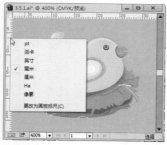

图3-138　　　　　　　　　　图3-139

 相关链接： 修改标尺的原点会影响图案的拼贴。关于图案的创建与编辑方法，请参阅"9.4 图案"。

3.5.2 全局标尺与画板标尺

Illustrator 分别为文档和画板提供了单独的标尺，即全局标尺和画板标尺。在"视图>标尺"下拉菜单中选择"更改为全局标尺"或"更改为画板标尺"命令，可以切换这两种标尺。

全局标尺显示在窗口的顶部和左侧，标尺原点位于窗口的左上角，如图3-140所示。画板标尺显示在当前画板的顶部和左侧，原点位于画板的左上角，如图3-141所示。在文档中只有一个画板的情况下，这两种标尺的默认状态相同。

图3-140　　　　　　　　　　图3-141

这两种标尺的区别在于，如果选择画板标尺，则使用画板工具 □ 调整画板大小时，原点将根据画板而改变位置，如图3-142所示。此外，如果图稿中包含使用图案填充对象的对象，则修改全局标尺的原点时会影响图案拼贴的位置，如图3-143所示。而修改画板标尺的原点，图案不会受到影响。

图3-142　　　　　　　　　　图3-143

3.5.3 视频标尺

执行"视图>标尺>显示视频标尺"命令，可以显示视频标尺，如图3-144所示。在处理要导出到视频的图稿时，这种标尺非常有用。标尺上的数字反映了特定于设备的像素，Illustrator 的默认视频标尺像素长宽比（VPAR）是 1.0（对于方形像素）。

图3-144

3.5.4 实战：使用参考线

参考线可以帮助用户对齐文本和图形对象。

01 打开光盘中的素材，如图3-145所示。按下Ctrl+R快捷键显示标尺，如图3-146所示。

图3-145

图3-146

02 在水平标尺上单击并向下拖曳鼠标，拖出水平参考线，如图3-147所示。在垂直标尺上拖出垂直参考线，如图3-148所示。拖曳时按住 Shift 键，可以使参考线与标尺上的刻度对齐。

图3-147

图3-148

03 单击参考线可将其选择，单击并拖曳参考线可以移动参考线，如图3-149所示。选择参考线后，按下Delete键可将其删除，如图3-150所示。如果要删除所有参考线，可以执行"视图>参考线>清除参考线"命令。

图3-149

图3-150

提示：执行"视图>参考线>隐藏参考线"命令，可以隐藏参考线。创建参考线后，如果想要防止参考线被意外移动，可以执行"视图>参考线>锁定参考线"命令，锁定参考线。如果要取消锁定，则可再次执行该命令。

3.5.5 实战：将矢量对象转换为参考线

01 打开光盘中的素材，如图3-151所示。使用选择工具 ▶ 单击矢量对象，将其选择，如图3-152所示。

图3-151   图3-152

02 执行"视图>参考线>建立参考线"命令，即可将其转换为参考线，如图3-153所示。如果要将矢量对象转换的参考线重新转换为图形，可以选择参考线，然后执行"视图>参考线>释放参考线"命令。

图3-153

3.5.6 实战：使用智能参考线

智能参考线是一种智能化的参考线，它仅在需要时出现，可以帮助用户相对于其他对象创建、对齐、编辑和变换当前对象。

01 打开光盘中的素材，如图3-154所示。执行"视图>智能参考线"命令，启用智能参考线。使用选择工具 ▶ 单击并拖曳对象将其移动，此时可借助智能参考线使对象对齐到参考线或路径上，如图3-155所示。

图3-154

图3-155

02）单击并拖曳定界框上的控制点，进行旋转操作，此时会自动显示变换参数，如图3-156所示。进行缩放和扭曲操作时，也会显示相应的参数。

03 使用直接选择工具 ↳ 选择路径或锚点时，智能参考线还可以帮助用户更加准确地进行选择，如图3-157所示。

图3-156

图3-157

04 使用矩形工具 ▭、圆角矩形工具 ▢ 等创建对象，如图3-158所示，以及使用钢笔工具 ✐ 绘图时，借助智能参考线可基于现有的对象来放置新的对象或锚点，如图3-159所示。

图3-158

图3-159

◀)) 提示

按下Ctrl+R快捷键可以显示或隐藏标尺；按下Ctrl+;快捷键可以显示或隐藏参考线；按下Alt+Ctrl+;快捷键可以锁定或解除锁定参考线；按下Ctrl+U快捷键可以显示或隐藏智能参考线。

3.5.7 实战：使用度量工具测量对象之间的距离

度量工具 📏 可以测量任意两点之间的距离，测量结果会显示在"信息"面板中。

01 打开光盘中的素材，如图3-160所示。选择工具面板中的度量工具 📏，将光标放在测量位置的起点处，如图3-161所示。

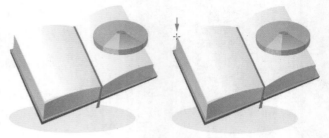

图3-160   图3-161

02 单击并拖曳鼠标至测量的终点处（按住Shift键操作可以将绘制范围限制为45°角的倍数），如图3-162所示。此时会自动弹出"信息"面板，并显示X轴和Y轴的水平和垂直距离、绝对水平和垂直距离、总距离以及测量的角度，如图3-163所示。

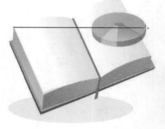

图3-162   图3-163

相关链接： 关于"信息"面板选项的具体介绍，请参阅"3.5.11 信息面板"。

3.5.8 实战：使用网格

网格是打印不出来的辅助工具，在对称地布置对象时非常有用。

01 打开光盘中的素材，如图3-164所示。执行"视图>显示网格"命令，图稿后面会显示网格，如图3-165所示。

图3-164   图3-165

02 显示网格后，执行"视图>对齐网格"命令，启用对齐功能，如图3-166所示。使用选择工具 ▸ 单击并拖曳对象进行移动操作，对象会自动对齐到网格上，如图3-167所示。如果要隐藏网格，可以执行"视图>隐藏网格"命令。

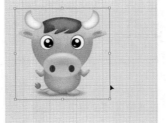

图3-166　　　　　　　　　　图3-167

3.5.9 实战：使用透明度网格

透明度网格可以帮助用户查看图稿中包含的透明区域。

01 打开光盘中的素材，如图3-168所示。执行"视图>显示透明度网格"命令，显示透明度网格，如图3-169所示。

图3-168　　　　　　　　　　图3-169

02 使用选择工具 单击方块图形，将其选择。打开"透明度"面板，设置不透明度为50%，如图3-170所示，此时，通过透明度网格可以清晰地观察图形的透明效果，如图3-171所示。如果要隐藏透明度网格，可以执行"视图>隐藏透明度网格"命令。

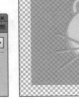

图3-170　　　　　　　　　　图3-171

相关链接：了解是否存在透明区域，以及透明区域的透明程度非常重要，因为在打印和存储透明图稿时，必须另外设置一些选项才能保留透明区域。关于打印，请参阅第"17章 打印与输出"。如果要设置网格线间距、网格样式和网格颜色，或指定网格是出现在图稿前面还是后面，请参阅"16.2.6 参考线和网格"。

3.5.10 对齐点

执行"视图>对齐点"命令，可以启用点对齐功能。此后移动对象时，可将其对齐到锚点和参考线上，如图3-172和图3-173所示。

图3-172　　　　　　　图3-173

3.5.11 "信息" 面板

"信息"面板可以显示光标下面的区域和所选对象的各种有用信息，包括当前对象的位置、大小和颜色值等。此外，该面板还会因操作的不同而显示不同的信息。

选择一个图形对象，如图3-174所示。执行"窗口>信息"命令，打开"信息"面板。单击面板左上角的 按钮，显示完整的面板选项，如图3-175所示。

图3-174

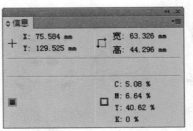

图3-175

● 使用选择工具 ：选择对象时，X和Y显示了所选对象的坐标位置，"宽"和"高"显示了所选对象的宽度和高度。如果没有选择任何对象，则X和Y显示的是光标的精确位置。

● 填色 ：显示填色内容（图案或渐变），或填充颜色的颜色值。

● 描边 □ ： 显示描边内容（图案或渐变）， 或描边颜色的颜色值。

● 使用钢笔工具 ✐、 渐变工具 ▭ 或移动对象时， 在拖曳鼠标的同时， 面板中会出现如图3-176所示的选项。 其中， D 代表了对象的移动距离， △ 代表了角度的变化。

● 使用倾斜工具 ↗ 扭曲对象时， 会显示对象中心的坐标、 倾斜轴的角度 △ 和倾斜量 ▱， 如图3-177 所示。

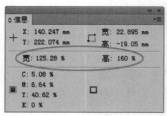
图3-178

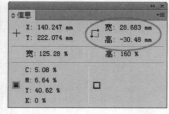
图3-179

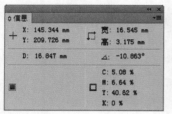
图3-176

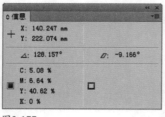
图3-177

● 使用旋转工具 ↻ 或镜像工具 ⧄ 时， 会显示对象中心的坐标和旋转角度 △ 或镜像角度 △， 如图3-180 所示。

● 使用画笔工具 ✐ 时， 会显示 X 和 Y 坐标， 以及当前画笔的名称， 如图3-181 所示。

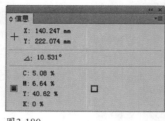
图3-180

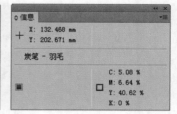
图3-181

● 使用比例缩放工具 ⤢ 单击对象并按住鼠标按键进行拖曳时， 会动态显示 "宽" 和 "高" 的百分比， 如图3-178所示。 完成缩放操作后， 会显示对象的最终宽和高值， 如图3-179所示。

3.6 选择对象

在Illustrator中， 如果要编辑对象， 首先应将其选择。 Illustrator提供了许多选择工具和命令， 适合不同类型的对象。

3.6.1 实战： 用选择工具选择对象

01 按下Ctrl+O快捷键， 打开光盘中的素材文件， 如图3-182所示。

02 选择工具面板中的选择工具 ▶， 将光标放在对象上（光标会变为 ▶. 状）， 单击鼠标即可选中对象， 所选对象周围会出现定界框， 如图3-183所示。 如果单击并拖出一个矩形选框， 则可以选中选框内的所有对象， 如图3-184所示。

图3-182　　　　　　　　图3-183

03 选择对象后， 如果要添加选择其他对象， 可按住 Shift 键分别单击它们， 如图3-185所示。 如果要取消某些对象的

选择， 也是按住 Shift 键单击它们。 如果要取消所有对象的选择， 可以在空白区域单击。

图3-184　　　　　　　　图3-185

10 技术看板： 选择工具的光标形态

当选择工具 ▶ 移动到未选中的对象或组上方时， 光标会变为 ▶. 状； 当移动到选中的对象或组上方时， 光标会变为 ▶ 状； 当移动到未选中的对象的锚点上方时， 光标会变为 ▶. 状； 选择对象后， 按住Alt键（光标会变为 ▶ 状） 拖曳鼠标可以复制对象。

3.6.2 实战：用编组选择工具选择对象

编组是指选择多个对象后，将它们编入一个组中，以便于进行编辑。

01 打开光盘中的素材，如图3-186所示。使用选择工具 单击编组对象时，可以选择整个组，如图3-187所示。

图3-186　　　　　　　　　图3-187

02 使用编组选择工具 在对象上单击，可以选择组中的一个对象，如图3-188所示。双击可以选择对象所在的组，如图3-189所示。如果该组为多级嵌套结构（即组中还包含组），则每多单击一次，便会多选择一个组。

图3-188　　　　　　　　　图3-189

> 相关链接：关于组的创建与编辑方法，请参阅"3.8 编组"。

3.6.3 实战：用魔棒工具选择对象

如果要快速选择文档中具有相同填充内容、描边颜色、不透明度和混合模式等属性的所有对象，可以通过魔棒工具 和"魔棒"面板来操作。

01 打开光盘中的素材，如图3-190所示。双击魔棒工具 ，选择该工具并弹出"魔棒"面板，然后勾选"填充颜色"选项，如图3-191所示。

图3-190　　　　　　　　　图3-191

02 用魔棒工具 在一个白色图形上单击，即可同时选择所有填充了相同颜色的对象，如图3-192和图3-193所示。如果要添加选择其他对象，可按住 Shift 键单击它们。如果要取消选择某些对象，可按住 Alt 键单击它们。

图3-192　　　　　　　　　图3-193

3.6.4 "魔棒"面板

"魔棒"面板用来定义魔棒工具 的选择属性和选择范围，如图3-194所示。

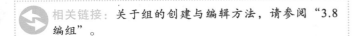

图3-194

● 填充颜色：可以选择具有相同填充颜色的对象。该选项右侧的"容差"值决定了符合被选取条件的对象与当前单击的对象的相似程度。RGB 模式文档的容差值介于 0 到 255 像素之间，CMYK 模式文档的"容差"值介于 0 到 100 像素之间。"容差"值越低，所选对象与单击的对象就越相似；"容差"值越高，可以选择到范围更广的对象。其他选项中"容差"值的作用也是如此。

● 描边颜色：可以选择具有相同描边颜色的对象。"容差"范围介于0到100像素之间。

● 描边粗细：可以选择具有相同描边粗细的对象。"容差"范围介于0到1000点之间。

● 不透明度：可以选择具有相同不透明度的对象。"容差"范围介于0到100%之间。

● 混合模式：可以选择具有相同混合模式的对象。

3.6.5 选择相同属性的对象

选择对象后，打开"选择>相同"下拉菜单，如图3-195所示，执行其中的命令可以选择与所选对象具有相同属性的其他所有对象。

上方的下一个对象(V)	Alt
下方的下一个对象(B)	Alt
相间(M)	
对象(O)	
存储所选对象(S)...	
编辑所选对象(E)...	

外观(A)
外观属性(B)
混合模式(B)
填色和描边(R)
填充颜色(F)
不透明度(O)
描边颜色(S)
描边粗细(W)
图形样式(T)
符号实例(I)
链接块系列(L)

图3-195

例如，图3-196和图3-197所示的文档中包含3个天鹅符号，选择一个天鹅符号后，如图3-198所示，执行"选择>相同>符号实例"命令，可以选择另外两个天鹅符号，如图3-199所示。

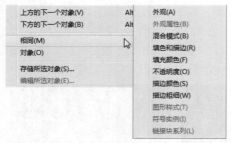

图3-196

图3-197

图3-198

图3-199

相关链接：关于外观，请参阅"11.12 外观属性"；关于混合模式，请参阅"8.3.2 混合模式演示"；关于不透明度，请参阅"8.3.3 调整不透明度"；关于图形样式，请参阅"11.13 图形样式"；关于符号，请参阅"第10章 符号"。

3.6.6 实战：用"图层"面板选择对象

编辑复杂的图稿时，小图形经常会被大图形遮盖，想要选择被遮盖的对象比较困难。遇到这种情况时，可以通过"图层"面板来选择对象。

01 打开光盘中的素材。单击"图层"面板中的▼按钮，展开图层列表，如图3-200所示。

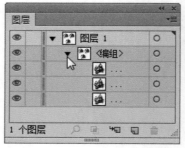

图3-200

02 如果要选择一个对象，可在对象的选择列，即 ○ 状图标处单击。选择后，该图标会变为 ◎□ 状（图标的颜色取决于"图层选项"对话框中所设置的图层颜色），如图3-201所示。按住 Shift 键单击其他选择列，可以添加选择其他对象，如图3-202所示。

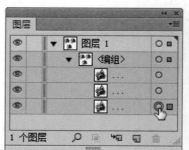

图3-201

图3-202

03 如果要选择一个组中的所有对象，可以在组的选择列单击，如图3-203所示。在图层的选择列单击，可以选择图层中的所有对象，如图3-204所示。

图3-203

图3-204

11 技术看板：识别"图层"面板中的选择图标

在"图层"面板中选择对象后，选择列会出现不同的图标。当图层的选择列显示 ◎■ 状图标时，表示该图层中所有的子图层、组都被选择。如果图标为 ○■ 状，则表示只有部分子图层或组被选择。

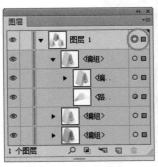

图层中所有对象都被选择　　　只有部分对象被选择

相关链接：关于图层的创建与编辑方法，以及"图层"面板的使用方法，请参阅"第8章 图层与蒙版"。

3.6.7 实战：按照堆叠顺序选择对象

在Illustrator中绘图时，新绘制的图形总是位于前一个图形的上方。当多个图形堆叠在一起时，可通过下面的方法选择它们。

01 打开光盘中的素材，如图3-205所示，图稿中的3个图标堆叠在一起。使用选择工具 ▶ 先单击位于中间的图标，将其选择，如图3-206所示。

图3-205　　　　　　　　　　图3-206

02 如果要选择它上方最近的对象，可以执行"选择>上方的下一个对象"命令，效果如图3-207所示。如果要选择它下方最近的对象，可以执行"选择>下方的下一个对象"命令，效果如图3-208所示。

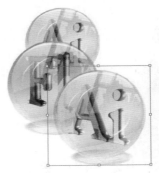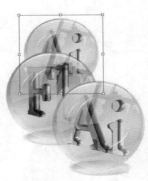

图3-207　　　　　　　　　　图3-208

使用选择工具 ▶ 按住 Ctrl 键单击一个对象，可以循环选中位于光标下方的各个对象。

3.6.8 选择特定类型的对象

"选择>对象"下拉菜单中包含如图3-209所示的命令，它们可以自动选择文档中特定类型的对象。

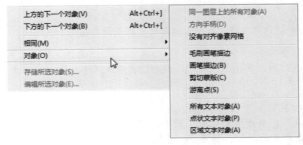

图3-209

● 同一图层上的所有对象：选择一个对象后，如图3-210所示，执行该命令，可以选择与所选对象位于同一图层上的所有其他对象，如图3-211所示。

图3-210

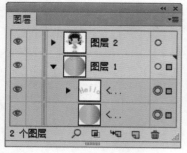

图3-211

● 方向手柄：选择一个对象后，如图3-212所示，执行该命令，可以选择当前对象中所有锚点的方向线和控制点，如图3-213所示。

图3-212　　　　　　　　图3-213

● 没有对齐像素网格：选择没有对齐到像素网格上的对象。

● 毛刷画笔描边：选择添加了毛刷画笔描边的对象。

● 画笔描边：选择添加了画笔描边的对象。

● 剪切蒙版：选择文档中所有的剪切蒙版图形。

● 游离点：选择文档中所有的游离点（即无用的锚点）。

● 所有文本对象/点状文字对象/区域文字对象：选择文档中所有的文本对象，包括空文本框，或者选择点状文字、区域文字。

> 相关链接：关于锚点，请参阅 "4.1 了解路径与锚点"；关于剪切蒙版，请参阅 "8.5 剪切蒙版"；关于游离点产生的原因，请参阅 "4.5.3 清理路径"；关于文本的内容，请参阅 "第12章 文字"。

3.6.9 全选、反选和重新选择

选择一个或多个对象后，如图3-214所示，执行"选择>反向"命令，可以取消原有对象的选择，而选择所有未被选中的对象，如图3-215所示。

图3-214

图3-215

执行"选择>全部"命令，可以选择文档中所有画板上的全部对象。执行"选择>现用画板上的全部对象"命令，可以选择当前画板上的全部对象。选择对象后，执行"选择>取消选择"命令，或在画板空白处单击，可以取消选择。取消选择以后，如果要恢复上一次的选择，可以执行"选择>重新选择"命令。

> 相关链接：执行"反向"命令时，不能选择文档窗口中被隐藏和锁定的对象，也不能选择图层中被隐藏和锁定的对象。关于显示与隐藏对象的操作，请参阅 "8.2.6 显示与隐藏图层"。

3.6.10 实战：存储所选对象

编辑复杂的图形时，如果需要经常选择某些对象或某些锚点，可以使用"存储所选对象"命令将这些对象或锚点的选取状态保存。以后需要选择它们时，只需执行相应的命令便可以直接将其选择。

01 打开光盘中的素材，如图3-216所示。使用选择工具 ▲ 单击长颈鹿，将其选择，如图3-217所示。

图3-216

图3-217

02 执行"选择>存储所选对象"命令，打开"存储所选对象"对话框，输入一个名称，如图3-218所示，然后单击"确定"按钮，将对象的选取状态保存。使用直接选择工具 ▲ 单击并拖出一个选框，选中如图3-219所示的锚点。再次打开"存储所选对象"对话框，将锚点的选取状态也保存起来，如图3-220所示。

图3-218

图3-219

图3-220

03 在空白区域单击，取消选择。打开"选择"菜单，如图3-221所示，可以看到，前面创建的两个选取状态保存在菜单底部，单击它们，即可调出长颈鹿以及锚点的选取状态，

如图3-222和图3-223所示。

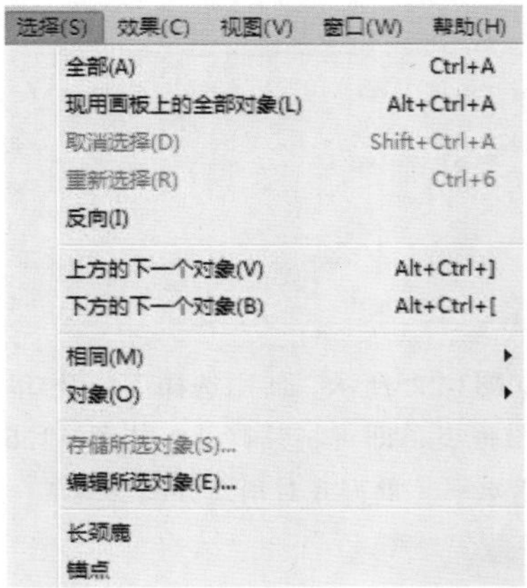

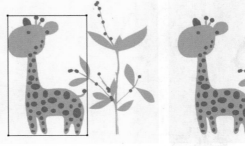
图3-221

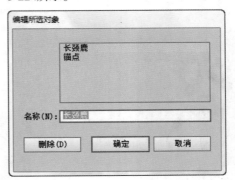

图3-222 　　　　　　　　　　图3-223

3.6.11 编辑所选对象

当使用"存储所选对象"命令存储选择状态后，如果要对所选对象进行删除或重命名，可以执行"选择>编辑所选对象"命令，打开"编辑所选对象"对话框进行操作，如图3-224所示。

图3-224

- 名称：该选项上方的列表中列出了文档中保存的选取状态的名称，选择一个名称，可以在该选项右侧的文本框中修改名称。

- 删除：在名称列表中选择一个名称后，单击该按钮，可以删除该选取状态。

3.7 移动对象

移动是Illustrator中最基本的操作技能之一。编辑图稿时，可以在画板中或多个画板间移动对象，也可以在打开的多个文档间移动对象。

3.7.1 实战：移动对象

01 打开光盘中的素材，如图3-225所示。使用选择工具 ▶ 单击对象并按住鼠标按键拖曳，即可将其移动，如图3-226所示。按住Shift键操作，可沿水平、垂直或对角线方向移动。

图3-225

图3-226

02 按住Alt键（光标变为 ▶状）拖曳，可以复制对象，如图3-227所示。

图3-227

 提示

使用选择工具 ▶ 选取对象后，按下→、←、↑、↓键，可以将所选对象沿相应的方向轻微移动1个点的距离。如果同时按住方向键和Shift键，则可以移动10个点的距离。

3.7.2 实战：使用X和Y坐标移动对象

01 使用选择工具 ▶ 单击对象，如图3-228所示。在"变换"面板或"控制"面板的 X（代表水平位置）和Y（代表垂直位置）文本框中输入新值，如图3-229所示，按下回车键即可移动对象，如图3-230所示。

图3-228

图3-229

图3-230

02 单击参考点定位器 左侧的小方块，修改参考点的设置，然后输入X值为0，如图3-231所示，可以将对象移动到画板左侧边界上，如图3-232所示。

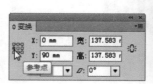

图3-231

图3-232

相关链接：　"变换"面板可以进行移动、旋转和缩放操作。具体选项介绍，请参阅"7.1.8 变换面板"。

3.7.3 实战：按照指定的距离和角度移动

01 选择对象，如图3-233所示，然后双击选择工具 ↖ ，或执行"对象>变换>移动"命令，打开"移动"对话框。

图3-233

02 输入移动距离和角度，如图3-234所示，单击"确定"按钮，即可按照设定的参数移动对象，如图3-235所示。

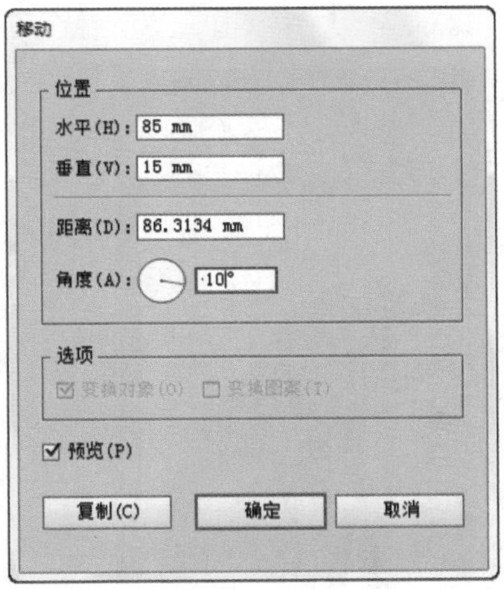

图3-234

图3-235

◀)) 提示

如果要沿水平方向移动对象，可以在"水平"文本框中输入数值，负值左移，正值右移；如果要沿垂直方向移动对象，可以在"垂直"文本框中输入数值，负值下移，正值上移。如果要按照对象与X轴的夹角移动对象，可以在"距离"文本框或"角度"文本框中输入一个正角度（逆时针移动）或负角度（顺时针移动）。

3.7.4 实战：在不同的文档间移动对象

01 按下Ctrl+O快捷键，弹出"打开"对话框，按住Ctrl键单击光盘中的两个素材，如图3-236所示，然后按下回车键，将它们打开，此时会创建两个文档窗口，如图3-237所示。

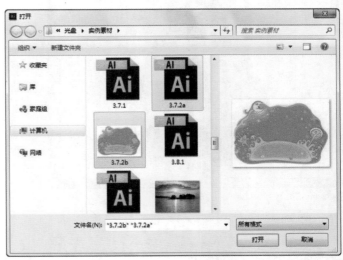

图3-236

图3-237

02 使用选择工具 ↖ 单击对象，如图3-238所示，按住鼠标按键不放，将光标移动到另一个文档窗口的标题栏上，如图3-239所示。

03 停留片刻，切换到该文档，如图3-240所示，将光标移动到画面中，再放开鼠标按键，即可将对象拖入该文档，如图3-241所示。

图3-238

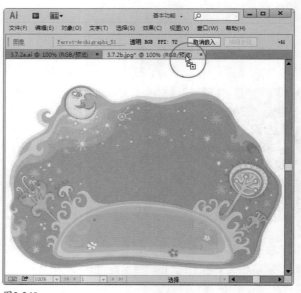

图3-240

图3-239

图3-241

3.8 编组

复杂的图稿往往包含许多图形，为了便于选择和管理，可以将多个对象编为一组，此后进行移动、旋转和缩放等操作时，它们会一同变化。编组后，还可随时选择组中的部分对象进行单独处理。

3.8.1 实战：编组与取消编组

01 打开光盘中的素材，使用选择工具 按住Shift键单击上面的两个易拉罐，将它们选取，如图3-242和图3-243所示。

图3-242　　　　　　　　　　图3-243

02 执行"对象>编组"命令或按下Ctrl+G快捷键，将它们编为一组，如图3-244所示。在Illustrator中，组可以是嵌套结构的，也就是说，创建一个组后，还可将其与其他对象再次编组或编入其他组中，形成结构更为复杂的组。图3-245所示为同时选取组和下方的易拉罐，再次编组后的效果。

图3-244　　　　　　　　　　图3-245

03 编组后，使用选择工具 单击组中的任意一个对象时，都可以选择整个群组。在进行变换操作时，组内的对象会同时变换，例如，图3-246所示为缩放该组时的效果。

04 如果要取消编组，可以选择组对象，执行"对象>取消编组"命令或按下Shift+Ctrl+G快捷键。对于嵌套结构的组，需要多次执行该命令才能取消所有的组。

图3-246

相关链接：编组有时会改变图形的堆叠顺序。例如，在将位于不同图层上的对象编为一个组时，组合后的所有图形都会放置在同一个图层上，即包含组对象的最上面的图层。关于图层的详细内容，请参阅"第8章 图层与蒙版"。

3.8.2 实战：隔离模式

隔离模式可以隔离对象，以便用户轻松选择和编辑特定对象或对象的某些部分。在这种状态下编辑图稿，既不会受其他对象的干扰，同时也不会影响其他对象。

01 打开光盘中的素材，如图3-247所示。使用选择工具 双击小狗，进入隔离模式。当前对象（称为"隔离对象"）以全色显示，其他对象的颜色会变淡，并且"图层"面板中只显示处于隔离状态下的对象，如图3-248所示。

图3-247

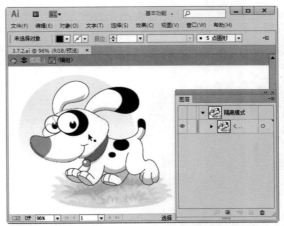

图3-248

02 此时可轻松选取小狗的组成图形，进行编辑，如图3-249所示。如果双击图稿，则可以继续隔离对象，如图3-250所示。隔离模式会自动锁定其他所有对象，因此所做的编辑只影响处于隔离模式的对象。

03 如果要退出隔离模式，可单击文档窗口左上角的 ◄ 按钮，或在画板的空白处双击。

图3-249

图3-250

🔊 提示

可以隔离的对象包括图层、子图层、组、符号、剪切蒙版、复合路径、渐变网格和路径。

3.9 排列、对齐与分布

在Illustrator中绘图时，新绘制的图形总是位于先前绘制的图形的上面，对象的这种堆叠方式将决定其重叠部分如何显示，因此，调整堆叠顺序时，会影响图稿的显示效果。

3.9.1 排列对象

选择对象，如图3-251所示，执行"对象>排列"下拉菜单中的命令可以调整对象的堆叠顺序，如图3-252所示。

图3-251

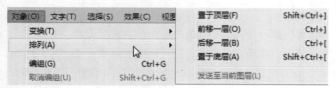

图3-252

● 置于顶层： 将所选对象移至当前图层或当前组中所有对象的最顶层，如图 3-253 所示。

● 前移一层： 将所选对象的堆叠顺序向前移动一个位置，如图 3-254 所示。

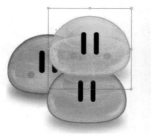

图3-253

图3-254

● 后移一层： 将所选对象的堆叠顺序向后移动一个位置。

● 置于底层： 将所选对象移至当前图层或当前组中所有对象的最底层。

● 发送至当前图层： 单击"图层"面板中的一个图层，如图3-255所示，执行该命令后，可以将所选对象移动到当前选择的图层中，如图 3-256 所示。

图3-255　　　　　　　图3-256

3.9.2 实战：用"图层"面板调整堆叠顺序

在Illustrator中绘图时，对象的堆叠顺序与"图层"面板中图层的堆叠顺序是一致的，因此，通过"图层"面板也可以调整堆叠顺序。该方法特别适合复杂的图稿。

01 打开光盘中的素材，如图3-257所示。将光标放在一个图层上方，单击并将其拖曳到指定位置，如图3-258所示，放开鼠标按键后，即可调整图层的顺序，如图3-259所示，此时图稿效果如图3-260所示。

图3-257

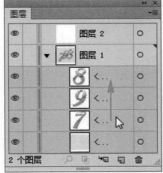

图3-258

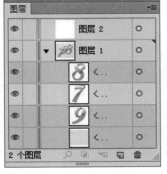

图3-259

图3-260

02 通过这种方法可以调整图层、子图层的顺序，也可以将一个图层移动到另一个图层中，使其成为该图层的子图层，如图3-261和图3-262所示。

图3-261　　　　　　　图3-262

◄» 提示

如果要反转图层的堆叠顺序，可以选择需要调整顺序的图层，然后执行面板菜单中的"反向顺序"命令。

3.9.3 对齐对象

选择多个对象后，单击"对齐"面板中的对齐按钮，可以沿指定的轴将它们对齐。图3-263所示为"对齐"面板，对齐按钮分别是：水平左对齐 ，水平居中对齐 ，水平右对齐 ，垂直顶对齐 ，垂直居中对齐 和垂直底对齐 。图3-264所示为需要对齐的对象及按下各个按钮后的对齐结果。

图3-263

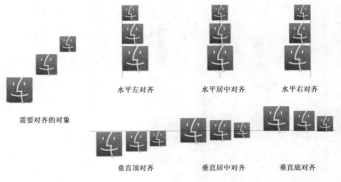

图3-264

12 技术看板：相对于指定的对象对齐和分布

在进行对齐和分布操作时，如果要以所选对象中的一个对象为基准来对齐或分布其他对象，可在选择对象之后，再单击一下这个对象，然后单击所需的对齐或分布按钮。如果要相对于画板对齐，可单击 按钮，打开下拉菜单选择"对齐画板"命令。

选择3个对象

单击其中的黄色对象

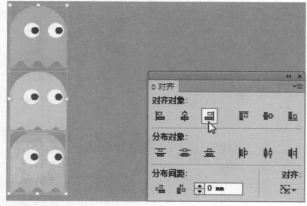

基于所选对象对齐其他对象

3.9.4 分布对象

分布对象

　　如果要按照一定的规则分布多个对象，可以将它们选择，再通过"对齐"面板中的按钮来进行操作，如图3-265所示。这些按钮分别是：垂直顶分布 ，垂直居中分布 ，垂直底分布 ，水平左分布 ，水平居中分布 和水平右分布 。图3-266所示为需要分布的对象及按下各按钮后的分布结果。

图3-265

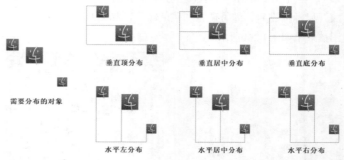

图3-266

按照设定的距离分布对象

　　选择多个对象后，如图3-267所示，单击其中的一个图形，如图3-268所示，然后在"分布间距"选项中输入数值，如图3-269所示，再单击垂直分布间距按钮 或水平分布间距按钮 ，即可让所选图形按照设定的数值均匀分布，如图3-270和图3-271所示。

选择3个图形
图3-267

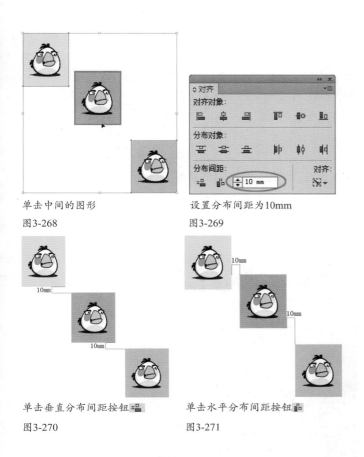

单击中间的图形
图3-268

设置分布间距为10mm
图3-269

单击垂直分布间距按钮 ▪▪
图3-270

单击水平分布间距按钮 ▪▪
图3-271

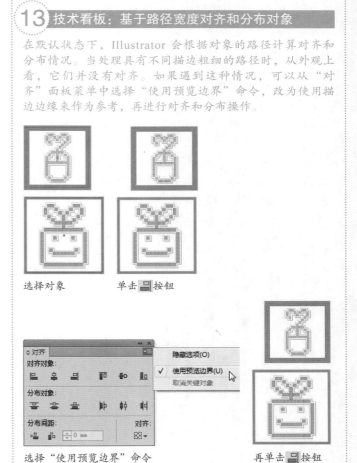

13 技术看板：基于路径宽度对齐和分布对象

在默认状态下，Illustrator 会根据对象的路径计算对齐和分布情况。当处理具有不同描边粗细的路径时，从外观上看，它们并没有对齐。如果遇到这种情况，可以从"对齐"面板菜单中选择"使用预览边界"命令，改为使用描边边缘来作为参考，再进行对齐和分布操作。

选择对象　　　　单击 ▪▪ 按钮

选择"使用预览边界"命令　　　　再单击 ▪▪ 按钮

3.10 复制、剪切与粘贴

"复制""剪切"和"粘贴"等都是应用程序中最普通的命令，它们用来完成复制与粘贴任务。与其他程序不同的是，Illustrator还可以对图稿进行特殊的复制与粘贴，例如，粘贴在原有位置上或在所有的画板上粘贴等。

3.10.1 复制与剪切

选择对象后，执行"编辑>复制"命令，可以将对象复制到剪贴板，画板中的对象保持不变。如果执行"编辑>剪切"命令，则可以将对象从画板中剪切到剪贴板中。

提示：执行"复制"或"剪切"命令后，在Photoshop中执行"编辑>粘贴"命令，可以将剪贴板中的图稿粘贴到Photoshop文件中。

3.10.2 粘贴与就地粘贴

复制或剪切对象后，执行"编辑>粘贴"命令，可以将对象粘贴在文档窗口的中心位置。执行"编辑>就地粘贴"命令，可以将对象粘贴到当前画板上，粘贴后的位置与复制该对象时所在的位置相同。

3.10.3 在所有画板上粘贴

如果创建了多个画板（单击"画板"面板中的 ▪▪ 按

钮），执行"编辑>在所有画板上粘贴"命令，可以在所有画板的相同位置都粘贴对象。

3.10.4 贴在前面与贴在后面

选择一个对象，如图3-272所示，复制（或剪切）对象后，可以使用"编辑>贴在前面"或"编辑>贴在后面"命令将对象粘贴到指定的位置。如果当前没有选择任何对象，执行"贴在前面"命令时，粘贴的对象会位于被复制的对象的上方，且与它重合。如果选择了一个对象，如图3-273所示，再执行该命令，则粘贴的对象仍与被复制的对象重合，但它的堆叠顺序会排在所选对象之上，如图3-274所示。

图3-272

图3-273

图3-274

"贴在后面"与"贴在前面"命令效果相反。如果没有选择任何对象，执行该命令时，粘贴的对象会位于被复制的对象的下方，且与之重合。如果执行该命令前选择了一个对象，则粘贴的对象仍与被复制的对象重合，但它的堆叠顺序会排在所选对象之下。

3.10.5 删除对象

如果要删除对象，可以将对象选择，然后执行"编辑>清除"命令，或按下Delete键。

相关链接：关于对象的选择方法，请参阅"3.6 选择对象"。

3.10.6 实战：立体浮雕效果

01 打开光盘中的素材，如图3-275所示。使用选择工具 ▶ 单击人体图形，将其选择，如图3-276所示。

图3-275

图3-276

02 按下Ctrl+C快捷键复制，再按下Ctrl+B快捷键将图形粘贴到后面。设置填色为白色，如图3-277所示。按两下↑

键，再按一下←键，将图形向左上方移动，然后在空白区域单击，取消选择，如图3-278所示。

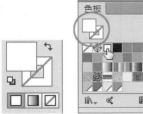
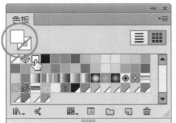

图3-277

图3-278

03 按下Ctrl+B快捷键再次粘贴，设置对象的填色为黑色，如图3-279所示。按两下↓键，再按两下→键，向右下角轻移图形，如图3-280所示。

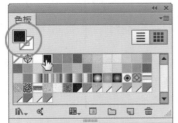

图3-279

图3-280

04 使用选择工具 ▶ 单击背景图像，如图3-281所示。执行"效果>风格化>投影"命令，为它添加投影效果，如图3-282和图3-283所示。

图3-281

图3-282

图3-283

第4章 高级绘图方法

4.1 了解路径与锚点

矢量图形是由称作矢量的数学对象定义的直线和曲线构成的，其基本组成元素是锚点和路径。了解锚点和路径的特点对于学习钢笔工具，以及编辑图形等都非常重要。

4.1.1 认识锚点和路径

工欲善其事，必先利其器。想要玩转Illustrator，首先要学好钢笔工具，因为它是Illustrator中最强大、最重要的绘图工具。灵活、熟练地使用钢笔工具，是每一个Illustrator用户必须掌握的基本技能。本章首先带领大家认识锚点和路径，然后再通过实战学习怎样使用钢笔工具绘图，以及怎样编辑路径。

钢笔工具可以绘制直线和任何形状的平滑曲线。用钢笔工具绘制的曲线叫做贝塞尔曲线，它是由法国的计算机图形学大师Pierre E.Bézier在20世纪70年代早期开发的一种锚点调节方式，具有精确和易于修改的特点，被广泛地应用在计算机图形领域。例如，Photoshop、CorelDraw、FreeHand、Flash和3ds Max等软件中都可以绘制贝塞尔曲线。

路径由一条或多条直线或曲线路径段组成，既可以是闭合的，如图4-1所示，也可以是开放的，如图4-2所示。Illustrator中的绘图工具，如钢笔、铅笔、画笔、直线段、矩形、多边形和星形等都可以创建路径。

锚点用于连接路径段，曲线上的锚点包含方向线和方向点，如图4-3所示，它们用于调整曲线的形状。

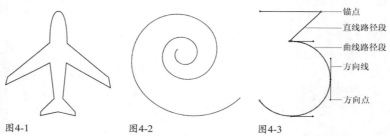

图4-1　　　　　图4-2　　　　　图4-3

锚点
直线路径段
曲线路径段
方向线
方向点

锚点分为两种，一种是平滑点，另一种是角点。平滑的曲线由平滑点连接而成，如图4-4所示；直线和转角曲线由角点连接而成，如图4-5和图4-6所示。

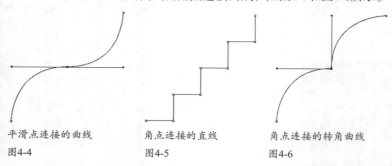

平滑点连接的曲线　　　角点连接的直线　　　角点连接的转角曲线
图4-4　　　　　　　　　图4-5　　　　　　　　图4-6

4.1.2 认识方向线和方向点

选择曲线上的锚点时，会显示方向线和方向点，如图4-7所示。拖曳方向点可以调整方向线的方向和长度，进而改变曲线的形状，如图4-8所示。方向线的长度决定了曲线的弧度。当方向线较短时，曲线的弧度较小，如图4-9所示；方向线越长，曲线的弧度越大，如图4-10所示。

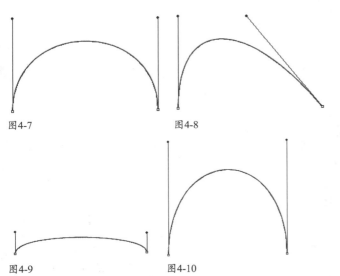

图4-7   图4-8

图4-9   图4-10

连接曲线段。角点的方向线无论是用直接选择工具 ↳ 还是用锚点工具 ⌐ 调整，都只影响与该方向线同侧的路径段，如图4-14、图4-15和图4-16所示。

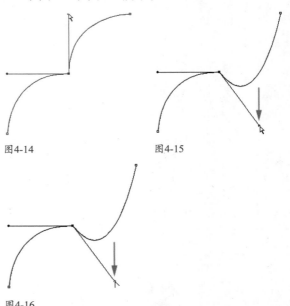

图4-14   图4-15

　　使用直接选择工具 ↳ 移动平滑点中的一条方向线时，可同时调整该点两侧的路径段，如图4-11和图4-12所示。使用锚点工具 ⌐ 移动方向线时，只调整与该方向线同侧的路径段，如图4-13所示。

图4-16

4.1.3 显示与隐藏方向线

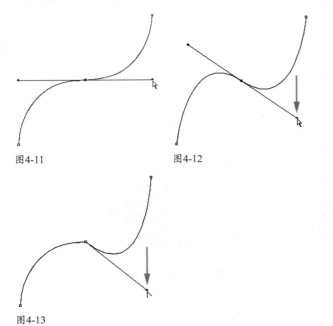

图4-11   图4-12

　　编辑锚点和路径时，有时可能需要查看多个锚点的方向线，而在默认情况下，同时选择多个锚点时，不会显示全部方向线，如图4-17所示（选中的锚点显示为空心的方块，未选中的锚点显示为实心的方块）。如果要查看所有选中的锚点的方向线，可以单击控制面板中的显示多个选定锚点的手柄按钮 ▣，如图4-18所示。如果要隐藏多个锚点的方向线，可单击隐藏多个选定锚点的手柄按钮 ▪。

图4-13

　　平滑点始终有两条方向线，而角点可以有两条、一条或者没有方向线，具体取决于它分别连接两条、一条还是没有

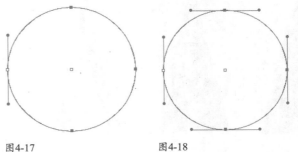

图4-17   图4-18

◀)) 提示

选择单个锚点时，总是显示方向线。执行"视图>隐藏边缘"命令时，可以隐藏锚点、方向线和方向点。如果要重新显示它们，可以执行"视图>显示边缘"命令。

相关链接：通过首选项可以设置选中多个锚点时总是显示或隐藏手柄，也可以指定锚点的大小、修改方向线和方向点的外观，详细内容请参阅"16.2.3 选择和锚点显示"。

4.2 用铅笔工具绘图

使用铅笔工具可以徒手绘制路径，就像用铅笔在纸上绘图一样。该工具适合绘制比较随意的图形，在快速创建素描效果或创建手绘效果时很有用。

4.2.1 实战：用铅笔工具绘制卡通人

选择铅笔工具 ✐ 后，在画板中单击并拖曳鼠标即可绘制路径。当光标移动到路径的起点时放开鼠标，可以闭合路径。如果拖曳鼠标时按住Shift键，可绘制出以45°角为增量的斜线，按住Alt键，可绘制出直线。

01 选择多边形工具 ⬡，在画板中单击，弹出"多边形"对话框，设置参数如图4-19所示，创建一个三角形。设置填充颜色为黑色，无描边，如图4-20所示。

图4-19

图4-20

02 使用选择工具 ▶ 拖曳定界框下方的控制点，拉伸三角形，如图4-21所示。选择添加锚点工具 ⁺✎，在三角形底边上单击，分别添加3个锚点，如图4-22所示。使用直接选择工具 ▷ 单击中间的锚点，并按住Shift键锁定垂直方向向上拖曳，如图4-23所示。

图4-21

图4-22

图4-23

03 选择铅笔工具 ✐，然后在画板中单击并拖曳鼠标，绘制两个闭合式路径作为女孩的胳膊，并填充橙色，无描边颜色，如图4-24所示。

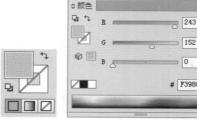

图4-24

04 女孩的嘴由两个闭合式路径组成，先用铅笔工具 ✐ 绘制一个闭合式路径，填色为橙色，在它上面再绘制一个小的闭合式路径，填色为黑色，如图4-25所示。

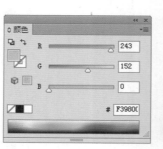

图4-25

05 用椭圆工具 ⬭ 绘制一个圆形作为眼睛，然后单击工具面板中的默认填色和描边 ⬚，恢复为默认的填色与描边，如图4-26所示。使用选择工具 ▶ 按住Shift+Alt键沿水平方向向右侧移动复制图形。用铅笔工具 ✐ 绘制两个闭合路径作为女孩的眼珠，如图4-27所示。

图4-26　　　　　　　　　图4-27

06 用铅笔工具 ✐ 绘制3个闭合式路径，作为女孩的头发，填充橙色，无描边，如图4-28所示。再绘制几条开放式路径，作为女孩的眼睫毛，如图4-29所示。

图4-28　　　　　　　　　图4-29

07 绘制女孩的口袋和书包，填充黑色。按下X键切换到描边编辑状态。执行"窗口>色板库>图案>装饰>装饰_旧版"命令，打开该色板库，单击如图4-30所示的图案，为口袋和书包描边，如图4-31所示。

图4-30　　　　　　　　　图4-31

4.2.2 实战：用铅笔工具编辑路径

铅笔工具 ✐ 不仅可以绘制路径，也可以编辑路径，修改路径的形状。

01 打开光盘中的素材，如图4-32所示。按下Ctrl+A快捷键全选。用选择工具 ▶ 按住Shift+Alt键沿水平方向移动，复制女孩，如图4-33所示。

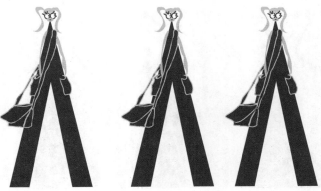

图4-32　　　　　　　　　图4-33

02 下面来编辑左侧的女孩。按住Shift键单击所有使用橙色填充的图形，将它们选取，如图4-34所示，将填充颜色改为绿色，如图4-35和图4-36所示。

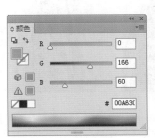

图4-34　　　　　　　　　图4-35

图4-36

111

03 使用选择工具 ↖ 单击手臂，如图4-37所示。选择铅笔工具 ✏，在路径上单击并拖曳鼠标，改变路径的形状，如图4-38所示。选择并修改另一侧手臂，如图4-39所示。

图4-37

图4-38

图4-39

04 使用选择工具 ↖ 按住Shift键选择女孩的头发和眼睫毛，按下Delete键删除，如图4-40所示。使用铅笔工具 ✏ 重新绘制头发，如图4-41所示。

图4-40　　　图4-41

05 为了使画面效果更加丰富，可以添加一些图形作为背景和装饰物，如图4-42所示。图4-43所示是将卡通少年贴在T恤上的效果。

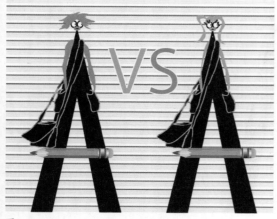
图4-42

图4-43

4.2.3 铅笔工具使用技巧

- 修改路径形状：将铅笔工具 ✏ 放在路径上（当光标中的小"×"消失时，表示工具与路径非常接近），此时单击并拖曳鼠标可以改变路径的形状，如图4-44和图4-45所示。

- 延长路径：将光标放在路径的端点上，当光标中的小"×"消失时，单击并拖曳鼠标可以延长路径，如图4-46所示。

图4-44

图4-45

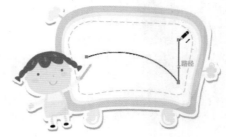
图4-46

● 连接路径: 选取两条路径, 如图4-47所示, 使用铅笔工具 单击一条路径上的端点, 然后拖曳鼠标至另一条路径的端点上, 在拖曳的过程中按住Ctrl键(光标变为 状), 放开鼠标和Ctrl键后, 可以将两条路径连接在一起, 如图4-48和图4-49所示。

图4-47

图4-48

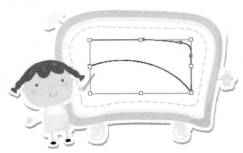

图4-49

14 技术看板: 修改光标的显示状态

使用铅笔、钢笔等绘图工具时, 大部分工具的光标在画板中都有两种显示状态, 一种是显示为该工具的形状, 另一种是显示为"×"状。按下键盘中的Caps Lock键, 可以在这两种显示状态间切换。

4.2.4 设置铅笔工具选项

使用铅笔工具 绘图时, 锚点数量、路径的长度和复杂程度由"铅笔工具选项"对话框中设置的参数决定。双击铅笔工具 , 可以打开"铅笔工具选项"对话框, 如图4-50所示。

图4-50

● 保真度: 控制必须将鼠标移动多大距离才会向路径添加新锚点, 范围从0.5~20像素。该值越高, 路径越平滑, 复杂度越低; 该值越低, 绘制的路径越接近于鼠标运行的轨迹, 但会生成更多的锚点, 以及更尖锐的角度。

● 填充新铅笔描边: 对新绘制的路径应用填色。

● 保持选定: 绘制完路径时, 路径自动处于选取状态。

● 编辑所选路径: 可以使用铅笔工具修改所选路径。取消选择时, 铅笔工具不能修改路径。

● 范围/像素: 决定了鼠标与现有路径必须达到多近的距离, 才能使用铅笔工具编辑路径。该选项仅在选择了"编辑所选路径"选项时才可用。

4.3 用钢笔工具绘图

钢笔工具是Illustrator中最强大、最重要的绘图工具, 它可以绘制直线、曲线和各种图形。能够灵活、熟练地使用钢笔工具绘图, 是每一个Illustrator用户必须掌握的基本技能。

4.3.1 实战: 绘制直线路径

01 选择钢笔工具 , 在画板上单击鼠标(不要拖曳鼠标)创建锚点, 如图4-51所示。在另一处位置单击即可创建直

线路径, 如图4-52所示。按住Shift键单击可以将直线的角度限制为45°的倍数。继续在其他位置单击, 可继续绘制直线, 如图4-53所示。

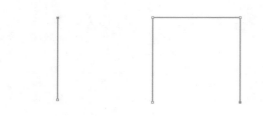

图4-51　　　　　　图4-52　　　　　　图4-53

建"S"形曲线，如图4-58所示。绘制曲线时，锚点越少，曲线越平滑。

02 如果要结束开放式路径的绘制，可按住Ctrl键（切换为选择工具 ▶ ）在远离对象的位置单击，也可选择工具面板中的其他工具。如果要闭合路径，可以将光标放在第一个锚点上（光标变为 ♦̥ 状），如图4-54所示，单击鼠标即可，如图4-55所示。

03 继续在不同的位置单击并拖曳鼠标，可创建一系列平滑的曲线。

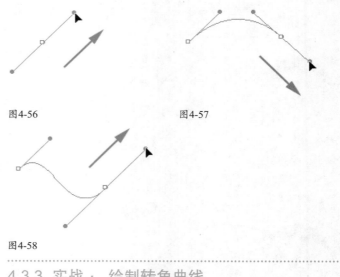

图4-56　　　　　　　　　　图4-57

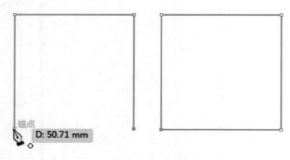

图4-54　　　　　　　　图4-55

图4-58

4.3.3 实战：绘制转角曲线

转角曲线是与上一段曲线之间出现转折的曲线。绘制这样的曲线时，需要在创建新的锚点前改变方向线的方向。

15 技术看板：绘制路径时重新定位锚点

使用钢笔工具 ✐ 单击鼠标创建锚点时（保持鼠标按键为按下状态），按住键盘中的空格键并拖曳鼠标，可以重新定位锚点的位置。

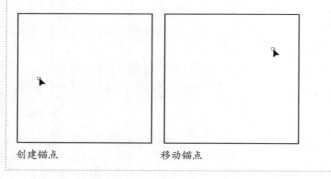

创建锚点　　　　　　移动锚点

01 用钢笔工具 ✐ 绘制一段曲线。将光标放在方向点上，如图4-59所示，单击并按住 Alt 键向相反方向拖曳，如图4-60所示，这样的操作是通过拆分方向线的方式将平滑点转换成角点。此时方向线的长度决定了下一条曲线的斜度。

02 放开Alt键和鼠标按键，在其他位置单击并拖曳鼠标创建一个新的平滑点，即可绘制出转角曲线，如图4-61所示。

4.3.2 实战：绘制曲线路径

01 使用钢笔工具 ✐ 单击并拖曳鼠标创建平滑点，如图4-56所示。

02 在另一处单击并拖曳鼠标即可创建曲线。如果向前一条方向线的相反方向拖曳鼠标，可创建"C"形曲线，如图4-57所示。如果按照与前一条方向线相同的方向拖曳鼠标，可创

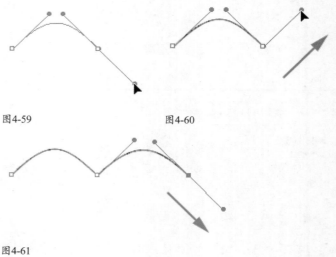

图4-59　　　　　　　图4-60

图4-61

4.3.4 实战：在曲线后面绘制直线

01 用钢笔工具绘制一段曲线路径。将光标放在最后一个锚点上（光标会变为状），如图4-62所示，单击鼠标，将该平滑点转换为角点，如图4-63所示。

02 在其他位置单击（不要拖曳鼠标），即可在曲线后面绘制直线，如图4-64所示。

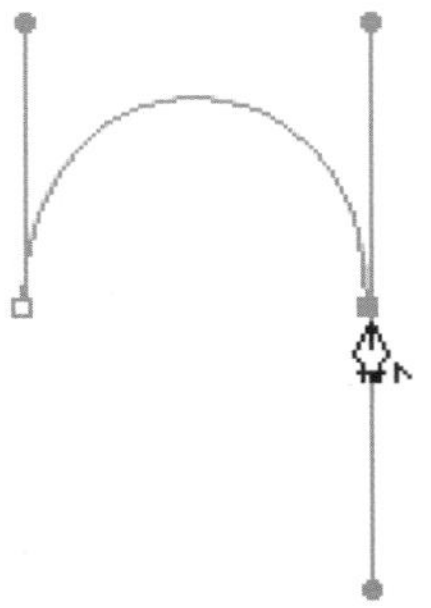
图4-62

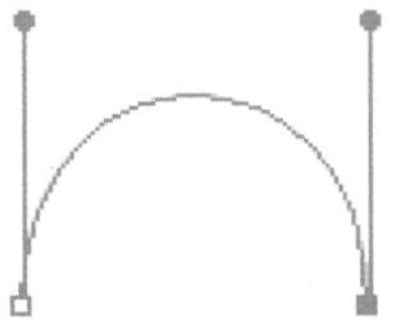
图4-63

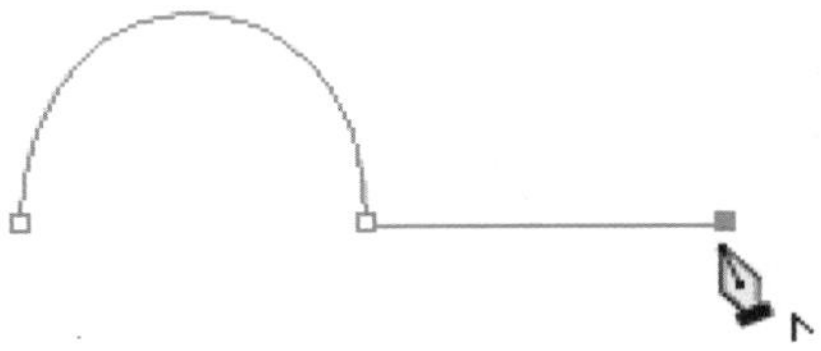
图4-64

4.3.5 实战：在直线后面绘制曲线

01 用钢笔工具绘制一段直线路径。将光标放在最后一个锚点上（光标会变为状），如图4-65所示，单击并拖出一条方向线，如图4-66所示。

02 在其他位置单击并拖曳鼠标，即可在直线后面绘制曲线，如图4-67和图4-68所示。

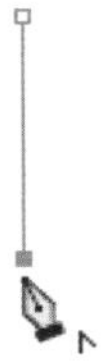
图4-65

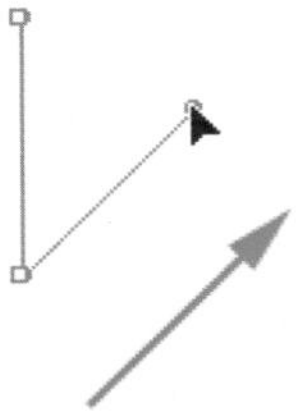
图4-66

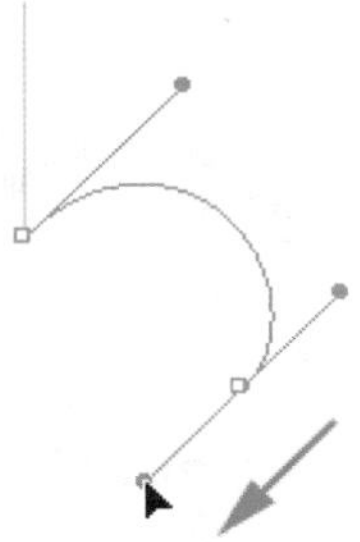
图4-67

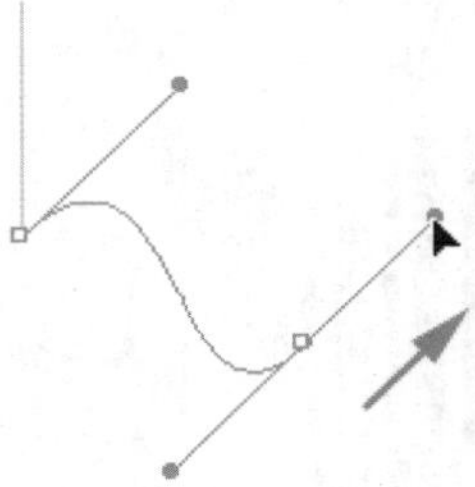
图4-68

4.3.6 实战：条码咖啡杯

01 使用矩形工具创建一个矩形，填充黑色，无描边，如图4-69所示。使用选择工具按住Alt+Shift键沿水平方向复制矩形，如图4-70所示。按26下Ctrl+D快捷键，复制出一组矩形，如图4-71所示。

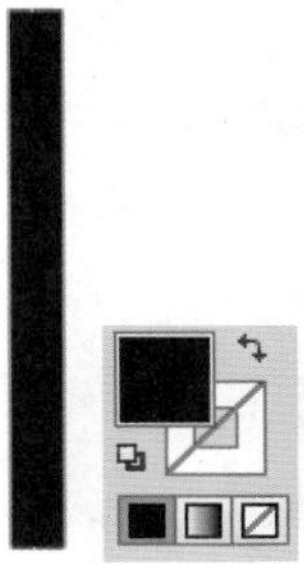
图4-69

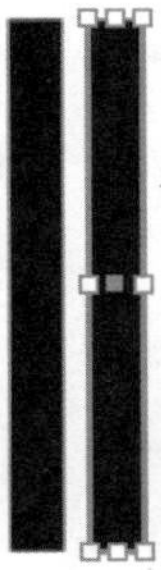
图4-70

图4-71

02 拖曳定界框上的控制点，调整矩形的宽度和高度，如图4-72和图4-73所示。

图4-72

图4-73

03 使用选择工具选择矩形，然后单击“色板”面板中的色板，为矩形填充不同的颜色，如图4-74和图4-75所示。

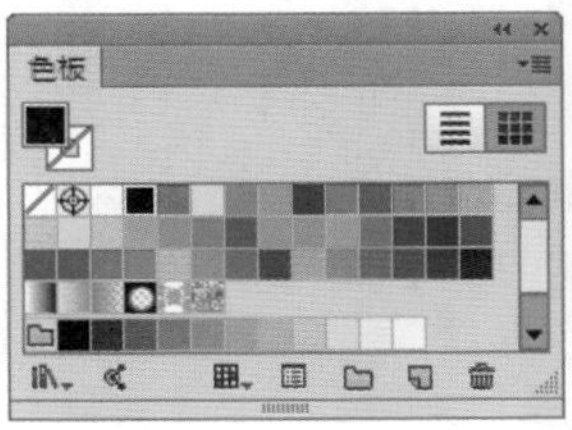

图4-74

图4-75

04 使用文字工具在矩形下方输入一组数字，并在控制面板中设置字体及大小，如图4-76所示。使用椭圆工具按住Shift键创建一个圆形，设置描边粗细为3pt，描边颜色为黑色，无填色，如图4-77所示。

图4-76

图4-77

05 用直接选择工具 ▶ 单击圆形右侧的锚点，如图4-78所示，按下Delete键删除，如图4-79所示。将剩下的半圆形放在条码旁边，作为咖啡杯的把手，如图4-80所示。

06 用钢笔工具 ✐ 绘制咖啡杯的底座，如图4-81所示。操作时可以按住Shift键，以便锁定水平方向和45°角。通过钢笔工具 ✐ 和直接选择工具 ▶ 还可以制作出条码铅笔、书本、牙刷、手提袋和水龙头等，如图4-82所示。

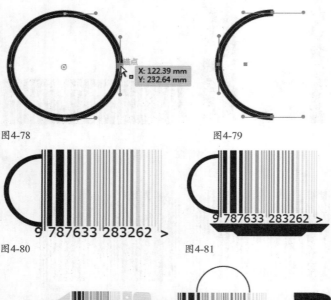

图4-78

图4-79

图4-80

图4-81

图4-82

4.3.7 钢笔工具光标观察技巧

使用钢笔工具 ✐ 时，进行不同的操作，光标在画板上的显示状态也有所不同。

- ✐ 状光标：选择钢笔工具后，光标在画板中会显示为 ✐ 状，此时单击鼠标可以创建一个角点，单击并拖曳鼠标可以创建一个平滑点。

- ✐₊/✐₋ 状光标：选择路径后，将光标放在路径上，光标会变为 ✐₊ 状，此时单击鼠标可以添加锚点。将光标放在锚点上，光标会变为 ✐₋ 状，单击鼠标可删除锚点。

- ✐。状光标：绘制路径的过程中，将光标放在起始位置的锚点上，光标变为 ✐。状时单击鼠标可以闭合路径。

- ✐。状光标：绘制路径的过程中，将光标放在另外一条开放式路径的端点上，光标会变为 ✐。状，如图4-83所示，此时单击鼠标可连接这两条路径，如图4-84所示。

图4-83

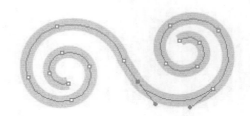

图4-84

- ✐ 状光标：将光标放在一条开放式路径的端点上，光标会变为 ✐ 状，如图4-85所示，单击鼠标后，可以继续绘制该路径，如图4-86所示。

图4-85

图4-86

4.3.8 钢笔工具锚点转换技巧

使用钢笔工具 ✐ 绘图时,可以根据需要随时将平滑点转换为角点,或将角点转换为平滑点,而不必中断绘图操作。

● 将平滑点转换为角点:使用钢笔工具 ✐ 绘制路径时,将光标放在最后一个锚点上,光标会变为 ✐ 状,如果该点是平滑点,如图4-87所示,单击可将其转换为角点,如图4-88所示,此时可以在它后面绘制直线,如图4-89所示,也可以绘制转角曲线。如果单击并拖曳鼠标,则可以改变曲线的形状,但不会改变锚点的属性,如图4-90所示。

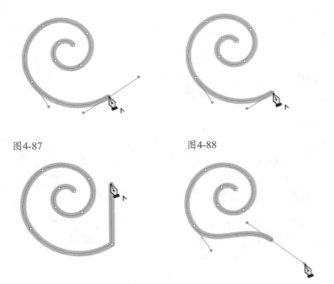

图4-87

图4-88

图4-89

图4-90

● 将角点转换为平滑点:如果最后一个锚点是角点,如图4-91所示,使用钢笔工具 ✐ 单击它并拖曳鼠标,可将其转换为平滑点,如图4-92所示,此时可以在它后面绘制曲线,如图4-93所示。

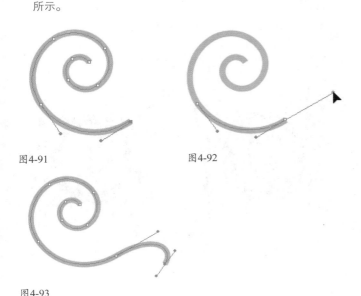

图4-91

图4-92

图4-93

4.3.9 钢笔工具与快捷键配合技巧

使用钢笔工具 ✐ 绘图时,只需通过按下相应的快捷键便可选择锚点、移动锚点、转换锚点类型以及修改路径形状,而不必借助于其他工具。

● 绘制直线时,按住Shift键可以创建水平、垂直或以45°角为增量的直线。

● 选择一条开放式路径,使用钢笔工具 ✐ 在它的两个端点上单击,即可封闭路径。

● 如果要结束开放式路径的绘制,可按住Ctrl键(切换为选择工具 ▶)在远离对象的位置单击。

● 使用钢笔工具 ✐ 在画板上单击后,按住鼠标左键不放,然后按住键盘中的空格键并同时拖曳鼠标,即可重新定位锚点的位置。

● 按住Alt键(切换为锚点工具 ⊾)在平滑点上单击,可将其转换为角点,如图4-94和图4-95所示;在角点上单击并拖曳鼠标,可将其转换为平滑点,如图4-96和图4-97所示。

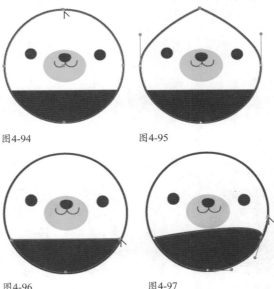

图4-94

图4-95

图4-96

图4-97

● 按住Alt键(切换为锚点工具 ⊾)拖曳曲线的方向点,可以调整方向线一侧的曲线的形状,如图4-98所示。按住Ctrl键(切换为直接选择工具 ▷)拖曳方向点,可同时调整方向线两侧的曲线,如图4-99所示。

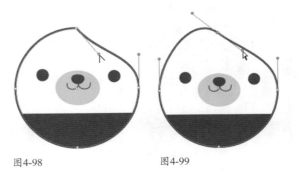

图4-98

图4-99

● 将光标放在路径段上，按住Alt键（光标变为 ▶ 状）单击并拖曳鼠标，可以将直线路径转换为曲线路径，如图4-100所示，也可调整曲线的形状，如图4-101所示。

图4-100   图4-101

4.4 编辑锚点

绘制路径后，可以随时通过编辑锚点来改变路径的形状，使绘制的图形更加准确。

4.4.1 实战：用直接选择工具选择锚点和路径

在修改路径形状或编辑路径之前，首先应选择路径上的锚点或路径段。

01 打开光盘中的素材。将直接选择工具 ▶ 放在路径上，检测到锚点时会显示一个较大的方块，且光标变为 ▶ 状，如图4-102所示，此时单击即可选择该锚点，选中的锚点显示为实心方块，未选中的锚点显示为空心方块，如图4-103所示。

图4-104   图4-105

03 将直接选择工具 ▶ 放在路径上，光标变为 ▶ 状时单击鼠标，可以选取当前路径段，如图4-106所示。按住Shift键单击其他路径段可以添加选择。按住Shift键单击被选中的路径段，则可以取消其选择。

04 使用直接选择工具 ▶ 单击并拖曳路径段，可以移动路径段，如图4-107所示。按住Alt键拖曳鼠标可以复制路径段所在的图形。

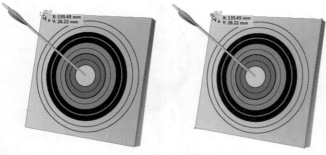

图4-102   图4-103

02 如果要添加选择其他锚点，可以按住Shift键单击这些锚点。按住Shift键单击被选中的锚点，则可取消对该锚点的选择。单击并拖出一个矩形选框，可以将选框内的所有锚点都选中，如图4-104所示。被选中的锚点可以分属不同的路径、组或不同的对象。如果要移动锚点，可以单击锚点并按住鼠标按键拖曳，如图4-105所示。

🔊 提示

如果路径进行了填充，使用直接选择工具 ▶ 在路径内部单击，可以选中所有锚点。

图4-106   图4-107

■)) 提示

选择锚点或路径后，按下→、←、↑、↓键可以轻移所选
对象。如果同时按下方向键和Shift键，则会以原来的10倍距
离轻移对象。按下Delete键，可以将它们删除。

4.4.2 实战：用套索工具选择锚点和路径

当图形较为复杂、需要选择的锚点较多，或者想要选择
一个非矩形区域内的多个锚点时，可以使用套索工具 ⌀ 来进
行选择。

01 打开光盘中的素材。选择套索工具 ⌀，围绕锚点单击并
拖曳鼠标绘制一个选区，放开鼠标按键后，可以将选区
内的锚点选中，如图4-108和图4-109所示。

图4-108　　　　　　　　图4-109

02 在路径段周围绘制选区，可以选择路径段，如图4-110和
图4-111所示。

03 如果要添加选择锚点，可按住Shift键在其他锚点上绘制选
区（光标变为 ⌀ 状）。如果要取消一部分锚点的选择，
可按住Alt键在被选择的锚点上绘制选区（光标变为 ⌀ 状）。如
果要取消所有锚点的选择，可在远离对象的位置单击。

图4-110　　　　　　　　图4-111

🔄 相关链接：编辑复杂的图形时，如果经常选择某些锚
点，可以用"存储所选对象"命令将它们的选中状态
保存，需要时调用该选择状态即可，这就省去了重复选
择的麻烦。详细操作方法请参见"3.6.10 实战：存储所
选对象"。

4.4.3 实战：用整形工具移动锚点

整形工具 ⌀ 可以调整锚点的位置，修改曲线的形状。

01 打开光盘中的素材。使用直接选择工具 ⌀ 单击并拖曳鼠
标，拖出一个选框，选中如图4-112所示的3个锚点。将光
标放在锚点上，单击并向右侧拖曳鼠标移动锚点，如图4-113所
示，可以看到月亮变形很严重。下面来看一下使用整形工具 ⌀
操作会产生怎样的结果。

图4-112　　　　　　　　图4-113

02 按下Ctrl+Z快捷键撤销移动操作，保持锚点的选取状态，
如图4-114所示。选择整形工具 ⌀，将光标放在选中的
锚点上方，单击并拖曳鼠标移动锚点，如图4-115所示。通过对
比可以看到，使用直接选择工具 ⌀ 移动锚点时，对图形的结构
造成了较大的影响，而整形工具 ⌀ 可以最大程度地保持路径的
原有形状。

图4-114　　　　　　　　图4-115

03 下面再来看一下，用这两个工具修改曲线时会有怎样的
区别。使用直接选择工具 ⌀ 单击并拖曳路径段进行移
动，如图4-116所示。用整形工具 ⌀ 移动路径段，如图4-117所
示。可以看到，整形工具 ⌀ 可以动态拉伸曲线。

图4-116　　　　　　　　图4-117

4.4.4 实战：用直接选择工具和锚点工具修改曲线

01 打开光盘中的素材，如图4-118所示。使用直接选择工具 ⯗ 单击路径，显示锚点，如图4-119所示。

图4-118　　　　　　　　图4-119

02 将光标放在一个平滑点的方向线上，单击并拖曳鼠标进行移动，此时会同时调整该点两侧的路径段，如图4-120所示。使用锚点工具 ⯗ 移动平滑点的方向线时，只调整与该方向线同侧的路径段，如图4-121所示。

图4-120　　　　　　　　图4-121

03 下面来调整角点的方向线。无论是用直接选择工具 ⯗ 还是锚点工具 ⯗ 进行调整，都只影响与该方向线同侧的路径段，如图4-122和图4-123所示。

图4-122　　　　　　　　图4-123

04 使用直接选择工具 ⯗ 或锚点工具 ⯗ 时，将光标放在路径段上，光标会变为如图4-124所示的状态，此时单击并拖曳鼠标可以调整曲线的位置和形状，如图4-125所示。

图4-124　　　　　　　　图4-125

4.4.5 实战：在平滑点和角点之间转换

平滑点和角点可以互相转换。如果要转换一个锚点，可以使用锚点工具 ⯗ 来操作，它可以精确地改变曲线形状。如果要快速转换多个锚点，可以使用控制面板中的选项来操作。

01 打开光盘中的素材。使用直接选择工具 ⯗ 单击需要修改的图形，如图4-126所示。选择锚点工具 ⯗，将光标放在平滑点上，如图4-127所示，单击鼠标，可将其转换为没有方向线的角点，如图4-128所示。

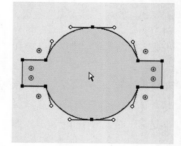
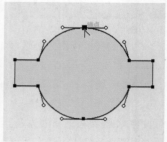

图4-126　　　　　　　　图4-127

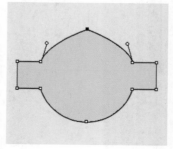

图4-128

02 如果要将平滑点转换成具有独立方向线的角点，可单击并拖曳一侧的方向点，如图4-129和图4-130所示。

03 将光标放在角点上，如图4-131所示，单击并向外拖曳出方向线，此时可将其转换为平滑点，如图4-132所示。

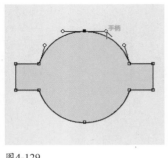

图4-129

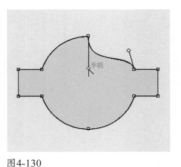

图4-130

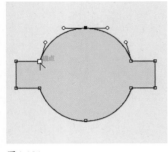

图4-131

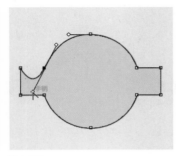

图4-132

 相关链接：使用钢笔工具也可以转换角点和平滑点，相关方法请参阅"4.3.8 钢笔工具锚点转换技巧"。

16 技术看板：使用控制面板转换锚点

如果要将一个或多个角点转换为平滑点，可以选择这些锚点，然后单击控制面板中的将所选锚点转换为平滑按钮。如果要将它们转换为角点，可以单击控制面板中的将所选锚点转换为尖角按钮。需要注意的是，使用控制面板转换锚点前，应选择相关的锚点，而不要选择整个对象。如果选择了多个对象，则其中的某个对象必须是仅部分被选择的。当选择全部对象时，控制面板选项将影响整个对象。

4.4.6 使用实时转角

使用直接选择工具 单击位于转角上的锚点时，会显示实时转角构件，如图4-133所示。将光标放在实时转角构件上，单击并拖曳鼠标，可将转角转换为圆角，如图4-134所示。

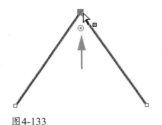

图4-133

图4-134

双击实时转角构件，打开"边角"对话框，如图4-135所示。单击 按钮，可以将转角改为反向圆角，如图4-136所示。单击 按钮，可以将转角改为倒角，如图4-137所示。

图4-135

图4-136　　　　　　　　图4-137

🔊 **提示**

如果不想在使用直接选择工具 时查看实时转角构件，可以执行"视图>隐藏边角构件"命令，将其关闭。

4.4.7 添加锚点与删除锚点工具

选择一条路径，如图4-138所示，使用添加锚点工具 在路径上单击，可以添加一个锚点，如图4-139所示。如果该路径是直线路径，添加的锚点是角点；如果是曲线路径，则添加的是平滑点。

图4-138

图4-139

使用删除锚点工具 在锚点上单击，可以删除该锚点。删除锚点后，路径的形状会发生改变，如图4-140和图4-141所示。此外，使用直接选择工具 选择锚点后，单击控制面板中的删除所选锚点按钮 ，也可以删除锚点。

图4-140

图4-141

◀)) 提示

提示：选择钢笔工具 ✎，将光标放在路径上，光标变为 ✎₊ 状时单击鼠标可以添加锚点；将光标放在锚点上，光标变为 ✎_ 状时单击鼠标可以删除锚点。

4.4.8 "添加锚点"与"移去锚点"命令

选择路径，如图4-142所示，执行"对象>路径>添加锚点"命令，可以在每两个锚点的中间添加一个新的锚点，如图4-143所示。选择锚点后，执行"对象>路径>移去锚点"命令，可删除锚点。如果选择的是路径段，则执行该命令后，可以删除路径段上所有的锚点。

图4-142

图4-143

4.4.9 均匀分布锚点

选择多个锚点，如图4-144所示，执行"对象>路径>平均"命令，打开"平均"对话框，如图4-145所示。设置选项并单击"确定"按钮，可以让所选的多个锚点均匀分布。这些锚点可以属于同一路径，也可以分属不同的路径。

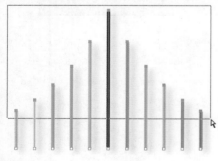
图4-144

图4-145

- 水平：将选择的锚点沿同一水平轴均匀分布，如图4-146所示。
- 垂直：将选择的锚点沿同一垂直轴均匀分布，如图4-147所示。
- 两者兼有：将选择的锚点沿同一水平轴和垂直轴均匀分布，此时锚点将被集中到同一个点上，如图4-148所示。

图4-146

图4-147　　　　　　　　　图4-148

4.4.10 连接开放式路径

- 用钢笔工具 ✎ 连接端点：选择钢笔工具 ✎，将光标放在路径末端处的锚点上，光标会变为 ✎ 状，如图4-149所示，单击鼠标，然后将光标放在另一端的锚点上，当光标变为 ✎。状时单击鼠标，即可连接锚点，如图4-150和图4-151所示。
- 用控制面板连接端点：用直接选择工具 ▷ 选中锚点，如图4-152所示，单击控制面板中的连接所选终点按钮 ▚ 即可连接锚点。

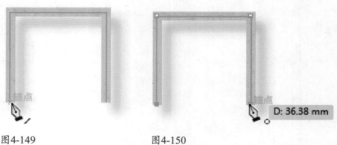
图4-149　　　　　　　　　图4-150

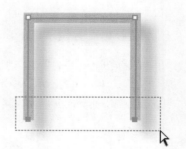
图4-151　　　　　　　　　图4-152

- 使用"连接"命令连接端点：选择开放式路径的两个端点（锚点）后，执行"对象>路径>连接"命令，可以连接锚点。

4.5 编辑路径

选择路径后，可以通过相关命令对其进行偏移、平滑和简化等处理，也可以擦除或删除路径。

4.5.1 偏移路径

　　选择一条路径，如图4-153所示，执行"对象>路径>偏移路径"命令，打开"偏移路径"对话框，如图4-154所示。该命令可基于所选路径复制出一条新的路径。当要创建同心圆图形或制作相互之间保持固定间距的多个对象副本时，偏移对象特别有用。

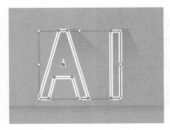 

图4-153　　　　　　　　　图4-154

● 位移：用来设置新路径的偏移距离。该值为正值时，新路径向外扩展，如图4-155所示；该值为负值时，新路径向内收缩，如图4-156所示。

图4-155　　　　　　　　　图4-156

● 连接：用来设置拐角处的连接方式，包括"斜接""圆角"和"斜角"，如图4-157~图4-159所示。

● 斜接限制：用来控制角度的变化范围。该值越高，角度变化的范围越大。

斜接　　　　　　　　　　圆角

图4-157　　　　　　　　　图4-158

斜角

图4-159

 相关链接：使用"效果"菜单中的"偏移路径"命令也可以进行路径的偏移操作，相关内容请参阅"11.8.1位移路径"。

4.5.2 简化路径

　　绘制图形时，如果锚点过多，不仅会增加文件的大小，也会使曲线变得不够平滑，路径难于编辑。使用"简化"命令可以删除多余的锚点，增强图稿的显示和打印速度。

　　选择路径，如图4-160所示，执行"对象>路径>简化"命令，打开"简化"对话框，如图4-161所示。

图4-160

图4-161

● 曲线精度： 用来设置简化后的路径与原始路径的接近程度。 该值越高， 简化后的路径与原始路径的形状越接近； 该值越低， 路径的简化程度越高， 如图4-162和图4-163所示。

曲线精度70%

图4-162

曲线精度50%

图4-163

● 角度阈值： 用来控制角的平滑度。 如果角点的角度小于该选项中设置的数值， 将不会改变角点； 如果角点的角度大于该值， 则会被简化掉， 如图4-164和图4-165所示。

曲线精度50%、 角度阈值0°

图4-164

曲线精度50%、 角度阈值180°

图4-165

● 直线： 可以在对象的原始锚点间创建直线， 如图4-166所示。 如果角点的角度大于 "角度阈值" 中设置的值， 将删除角点。

● 显示原路径： 可以在简化的路径背后显示原始路径， 以便于观察图形在简化前后的对比效果， 如图4-167所示。

图4-166

图4-167

● 预览： 选择该选项后， 可以在文档窗口预览路径的简化结果。

4.5.3 清理路径

创建路径、 编辑对象或输入文字的过程中， 如果操作不当， 会在画板中留下多余的游离点和路径， 如图4-168所示， 使用 "对象>路径>清理" 命令， 可以清除游离点、 未着色的对象和空的文本路径， 如图4-169所示。 执行该命令时可以打开 "清理" 对话框， 如图4-170所示。

图4-168

图4-169

图4-170

● 游离点： 在绘图时， 由于操作不当会产生一些没有用处的独立的锚点， 这样的锚点被称为游离点。 例如， 使用钢笔工具在画板中单击，然后又切换为其他工具，就会生成单个锚点。此外，在删除路径和锚点时，没有完全删除对象，也会残留一些锚点。游离点会影响对图形的编辑，并且很难选择。选择该选项后，可以将它们清除。

● 未上色对象：清除文档中没有设置填充和描边的对象，但蒙版对象除外。

● 空文本路径：当使用文字工具在文档窗口单击，然后又选择了另一种工具，就会创建空的文字对象。选择该选项可清除没有字符的空文本框和文本路径。

> 相关连接：执行"选择>对象>游离点"命令也可以选择游离点。选择游离点后，按下Delete键可删除游离点。关于"选择>对象"菜单中的更多命令，请参阅"3.6.8 选择特定类型的对象"。

4.5.4 用平滑工具平滑路径

使用平滑工具 可以平滑路径的外观，也可以通过删除多余的锚点来简化路径。在操作时，首先选择路径，如图4-171所示，然后选择平滑工具 ，在路径上单击并反复拖曳鼠标，即可进行平滑处理，如图4-172和图4-173所示。在处理的过程中，Illustrator会删除部分锚点，并且尽可能地保持路径原有的形状。

双击平滑工具 ，可以打开"平滑工具选项"对话框修改工具的选项，如图4-174所示。"保真度"用来控制必须将鼠标移动多大距离，Illustrator才会向路径添加新的锚点。滑块越靠向"平滑"一侧，路径越平滑，锚点越少。

图4-171

图4-172

图4-173

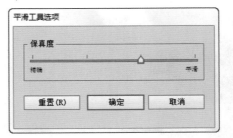

图4-174

4.5.5 用路径橡皮擦工具擦除路径

选择一个图形对象，如图4-175所示。用路径橡皮擦工具 在对象上单击并拖曳鼠标，可擦除鼠标经过区域的路径，如图4-176和图4-177所示。闭合的路径经过擦除后会变为开放式路径。图形中的路径经过多次擦除后，剩余的部分会变成各自独立的路径。

图4-175

图4-176   图4-177

> 提示
>
> 提示：如果要将擦除的部分限定为一个路径段，可以选择该路径段，再使用路径橡皮擦工具 进行擦除。

4.5.6 用剪刀工具剪切路径

剪刀工具可以剪切路径。选择该工具后，在路径上单击即可将其分割，分割处会生成两个重叠的锚点，如图4-178所示。使用直接选择工具选择并移动分割处的锚点，可以看到分割结果，如图4-179所示。

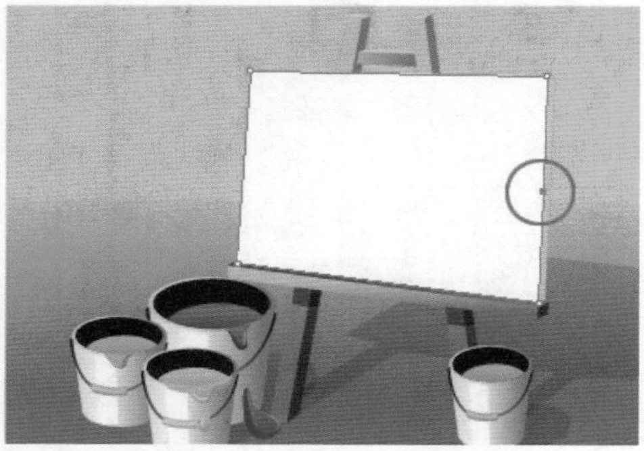
图4-178

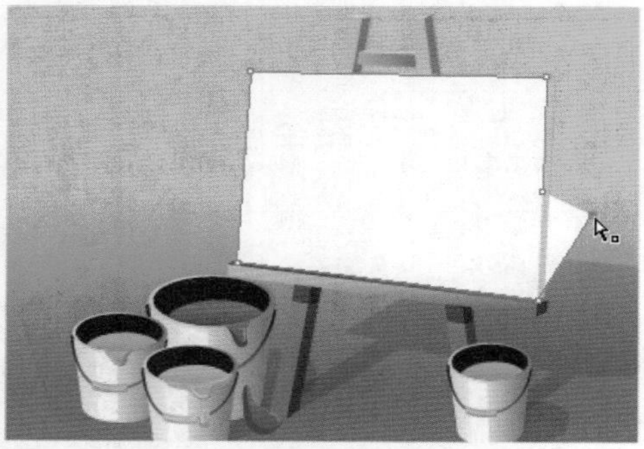
图4-179

提示

提示：剪刀工具还可以分割图形框架或空的文本框架。

4.5.7 在所选锚点处剪切路径

使用直接选择工具选择一个或多个锚点，如图4-180所示，单击控制面板中的按钮，如图4-181所示，即可在所选锚点处剪切路径。图4-182所示为使用直接选择工具移开路径后观察到的效果。

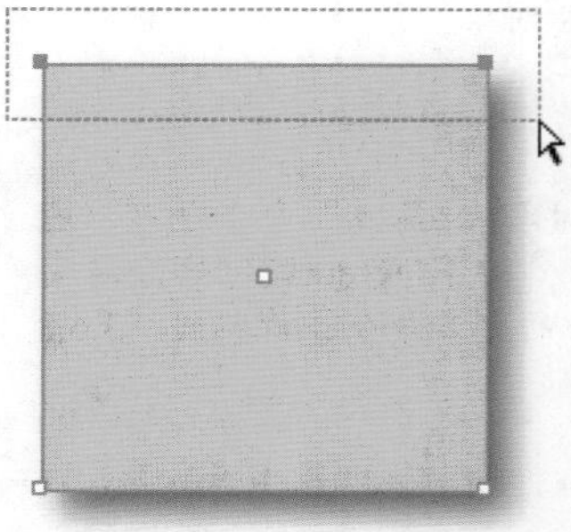
图4-180

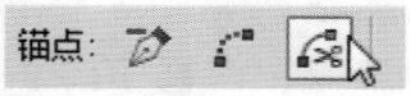

图4-181

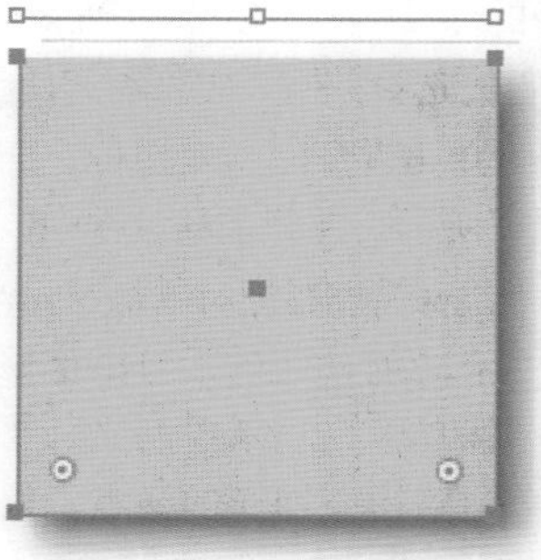
图4-182

4.5.8 删除路径

用直接选择工具单击路径段，选择路径段，按下Delete 键可将其删除。再次按下Delete 键，可删除其余部分。

4.6 图像描摹

图像描摹是从位图中生成矢量图的一种快捷方法。它可以让照片、图片等瞬间变为矢量插画，也可基于一幅位图快速绘制出矢量图。

4.6.1 “图像描摹”面板

打开一张照片，如图4-183所示。打开“图像描摹”面板，如图4-184所示。在进行图像描摹时，描摹的程度和效果都可以在该面板中进行设置。如果要在描摹前设置描摹选项，可以在“图像描摹”面板进行设置，然后单击面板中的“描摹”按钮进行图像描摹。此外，描摹之后，选择对象，还可以在“图像描摹”面板中调整描摹样式、描摹程度和视图效果。

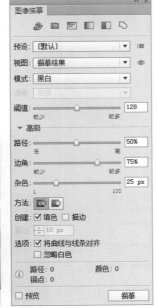

图4-183　　　　　　　图4-184

6色　　　　　　　　　16色

● 预设：用来指定一个描摹预设，包括"默认""简单描摹""6
　色"和"16色"等，它们与控制面板中的描摹样式相同，效
　果如图4-185所示。单击该选项右侧的 ≣ 按钮，可以将当前
　的设置参数保存为一个描摹预设。以后要使用该预设描摹对象
　时，可在"预设"下拉列表中选择它。

灰阶　　　　　　　　黑白徽标

默认　　　　　　　　高保真度照片

素描图稿　　　　　　剪影

线稿图　　　　　　　技术绘图

低保真度照片　　　　3色

图4-185

● 视图：如果想要查看矢量轮廓或源图像，可以选择对象，然后在该选项的下拉列表中选择相应的选项。单击该选项右侧的眼睛图标 👁️，可以显示原始图像。

● 模式/阈值：用来设置描摹结果的颜色模式，包括"彩色""灰度"和"黑白"。选择"黑白"时，可以指定一个"阈值"，所有比该值亮的像素会转换为白色，比该值暗的像素会转换为黑色。

● 调板：可指定用于从原始图像生成彩色或灰度描摹的调板。该选项仅在"模式"设置为"彩色"或"灰度"时可用。

● 颜色：指定在颜色描摹结果中使用的颜色数。该选项仅在"模式"设置为"颜色"时可用。

● 路径：控制描摹形状和原始像素形状间的差异。较低的值创建较紧密的路径拟和；较高的值创建较疏松的路径拟和。

● 边角：指定侧重角点。该值越大，角点越多。

● 杂色：指定描摹时忽略的区域（以像素为单位）。该值越大，杂色越少。

● 方法：指定一种描摹方法。单击邻接按钮 🔲，可创建木刻路径；单击重叠按钮 🔲，则创建堆积路径。

● 填色/描边：勾选"填色"选项，可在描摹结果中创建填色区域。勾选"描边"选项并在下方的选项中设置描边宽度值，可在描摹结果中创建描边路径。

● 将曲线与线条对齐：指定略微弯曲的曲线是否被替换为直线。

● 忽略白色：指定白色填充区域是否被替换为无填充。

4.6.2 实战：描摹图像

01 按下Ctrl+O快捷键，打开光盘中的图像素材，如图4-186所示。使用选择工具 ▶ 选择图像，在"图像描摹"面板的"预设"下拉列表中选择"16色"，对图像进行描摹，如图4-187和图4-188所示。在"图层"面板中，对象会命名为"图像描摹"。

图4-186

图4-187

图4-188

02 使用矩形工具 🔲 在图像上方创建一个与其大小相同的矩形，填充棕色，如图4-189和图4-190所示。

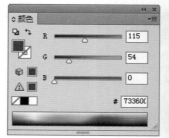

图4-189

图4-190

03 在"透明度"面板中设置混合模式为"叠加"，如图4-191和图4-192所示。

图4-191

图4-192

04 打开一个素材，如图4-193所示。将图形拖曳到描摹的图稿中，效果如图4-194所示。

图4-193

图4-194

提示

提示：如果要使用默认的描摹选项描摹图像，可单击控制面板中的"图像描摹"按钮，或执行"对象>图像描摹>建立"命令。

17 技术看板：修改描摹结果

进行图像描摹后，可以随时修改描摹结果。操作方法是：选择描摹对象，在"图像描摹"面板或控制面板中单击"预设"选项右侧的▼按钮，打开下拉列表选择其他描摹样式即可。

4.6.3 实战：使用色板库中的色板描摹图像

01 打开光盘中的JPEG格式照片素材，如图4-195所示。使用选择工具 ▶ 选择图像。执行"窗口>色板库>艺术史>流行艺术风格"命令，打开该面板，如图4-196所示。

图4-195

图4-196

02 打开"图像描摹"面板，在"模式"下拉列表中选择"彩色"，在"调板"下拉列表中选择"流行艺术风格"色板库，如图4-197所示，然后单击"描摹"按钮，即可用该色板库中的颜色描摹图像，如图4-198所示。

图4-197

图4-198

相关链接：关于"色板"面板的更多内容，请参阅"5.3.10 色板面板"。

4.6.4 实战：用自定义的色板描摹图像

01 执行"文件>打开"命令，打开光盘中的图像素材，如图4-199所示。单击"色板"面板底部的 ▣ 按钮，打开"新建色板"对话框，拖曳滑块调整颜色，如图4-200所示，然后单击"确定"按钮，创建一个色板，如图4-201所示。

图4-199

图4-200

图4-201

02 单击"色板"面板中的 ▣ 按钮，再创建几个色板，颜色值分别为R0/G0/B0、R255/G169/B0、R255/G232/B147、R255/G164/B154、R255/G232/B255，如图4-202所示。打开面板菜单，选择"将色板库存储为ASE"命令，如图4-203所示，将

色板库保存到计算机桌面。

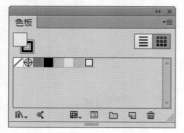

图4-202

图4-203

03 执行"窗口>色板库>其他库"命令，打开计算机桌面上的自定义色板库，如图4-204和图4-205所示。

图4-204

图4-205

04 使用选择工具 ▶ 单击需要描摹的图像。打开"图像描摹"面板，在"模式"下拉列表中选择"彩色"，在"调板"下拉列表中选择当前打开的自定义色板库，如图4-206所示，然后单击"描摹"按钮，即可用该色板库中的颜色描摹图像，如图4-207所示。

图4-206

图4-207

4.6.5 修改对象的显示状态

图像描摹对象由原始图像（位图图像）和描摹结果（矢量图稿）两部分组成。在默认状态下，只能看描摹结果，如图4-208所示。如果要修改显示状态，可以选择描摹对象，在控制面板中单击"视图"选项右侧的▼按钮，打开下拉列表选择一个显示选项，如图4-209所示。图4-210~图4-213所示为各种显示效果。

描摹结果

图4-208

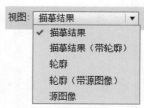

视图选项

图4-209

描摹结果（带轮廓）

图4-210

轮廓

图4-211

轮廓（带源图像）

图4-212

源图像

图4-213

4.6.6 将描摹对象转换为矢量图形

对位图进行描摹后，如图4-214所示，保持对象的选取状态，执行"对象>图像描摹>扩展"命令，或单击控制面板中的"扩展"按钮，可以将其转换为路径，如图4-215所示。如果要在描摹的同时转换为路径，可以执行"对象>图像描摹>建立并扩展"命令。

图4-215

4.6.7 释放描摹对象

对位图进行描摹后，如果希望放弃描摹但保留置入的原始图像，可以选择描摹对象，执行"对象>图像描摹>释放"命令。

图4-214

4.7 透视图

在Illustrator中，用户可以在透视模式下绘制图稿，通过透视网格的限定，可以在平面上呈现立体场景。例如，可以使道路或铁轨看上去像在视线中相交或消失一般，或者将现有的对象置入透视中，在透视状态下进行变换和复制操作。

4.7.1 启用透视网格

在"视图>透视网格"下拉菜单中可以选择启用一种透视网格，如图4-216所示。Illustrator提供了预设的一点、两点和三点透视网格，如图4-217~图4-219所示。如果要隐藏透视网格，可以执行"视图>透视网格>隐藏网格"命令。

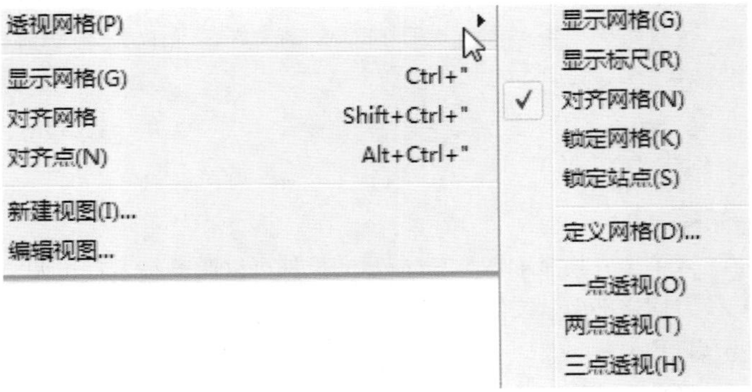

透视网格(P)	▶		显示网格(G)	
显示网格(G)		Ctrl+"	显示标尺(R)	
对齐网格		Shift+Ctrl+"	✓ 对齐网格(N)	
对齐点(N)		Alt+Ctrl+"	锁定网格(K)	
			锁定站点(S)	
新建视图(I)...			定义网格(D)...	
编辑视图...			一点透视(O)	
			两点透视(T)	
			三点透视(H)	

"透视网格"下拉菜单

图4-216

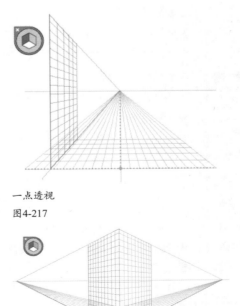

一点透视

图4-217

两点透视

图4-218

131

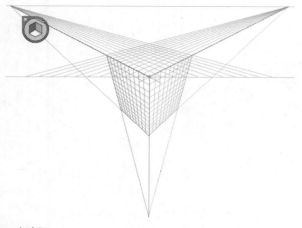

三点透视

图4-219

4.7.2 透视网格组件和平面构件

透视网格包含如图4-220所示的组件。画板左上角是一个平面切换构件，如图4-221所示。想要在哪个透视平面绘图，需要先单击该构件上面的一个网格平面。

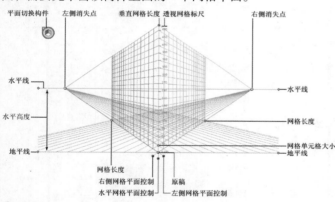

图4-220

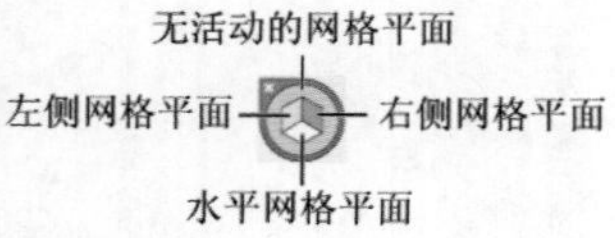

图4-221

使用键盘快捷键1（左平面）、2（水平面）和3（右平面）可以切换活动平面。此外，平面切换构件可以移动到屏幕四个角中的任意一角。如果要修改它的位置，可双击透视网格工具 ⊞ ，在打开的对话框中设定。

4.7.3 实战：移动透视网格

选择透视网格工具 ⊞ 后，可以在画板上移动网格，调整消失点、网格平面、水平高度、网格单元格大小和网格范围。

01 按下Ctrl+N快捷键，新建一个文档。选择透视网格工具 ⊞ ，画板中会显示透视网格。单击并拖曳如图4-222所示的控件可以移动整个透视网格。

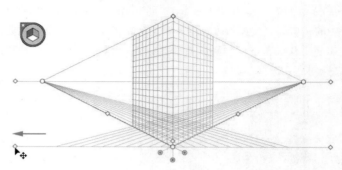

图4-222

02 单击并拖曳如图4-223所示的控件可以移动消失点。如果执行"视图>透视网格>锁定站点"命令锁定站点，然后再进行移动，则两个消失点会一起移动。

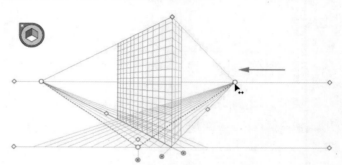

图4-223

03 单击并拖曳如图4-224所示的控件可以移动水平线。

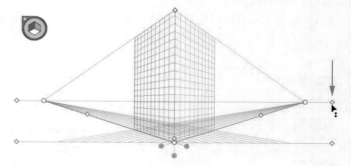

图4-224

04 单击并拖曳如图4-225所示的控件可以调整左、右和水平网格平面。按住Shift键操作，可以使移动限制在单元格大小范围内。

05 单击并拖曳如图4-226和图4-227所示的控件可以调整平面上的网格范围。

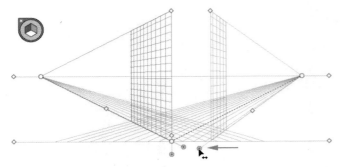

图4-225

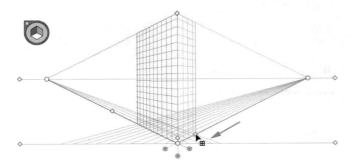

图4-226

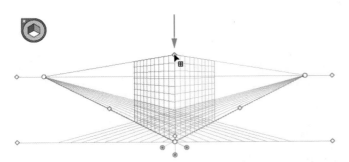

图4-227

06 单击并拖曳如图4-228所示的控件可以调整单元格大小。增大网格单元格大小时，网格单元格的数量会减少。

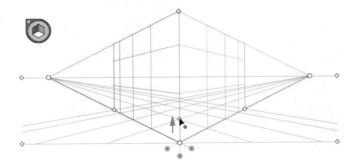

图4-228

4.7.4 实战：在透视中绘制手机

01 按下Ctrl+N快捷键，新建一个文档。选择透视网格工具 ⊞，画板中会显示透视网格。拖曳控件调整左、右网格平面，如图4-229和图4-230所示。

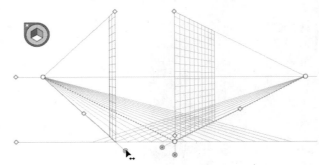

图4-229

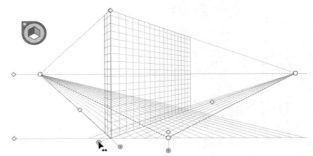

图4-230

02 单击右侧网格平面，如图4-231所示。使用圆角矩形工具 ▢ 创建圆角矩形（按下↑键和↓键可以调整圆角大小），设置描边颜色为红色，描边宽度为1pt，如图4-232所示。

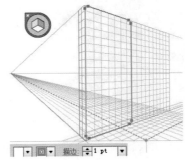

图4-231　　图4-232

03 使用矩形工具 ▢ 创建一个矩形作为手机屏幕，填充灰色，无描边，如图4-233和图4-234所示。

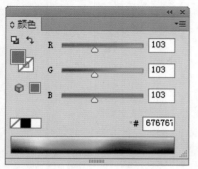

图4-233

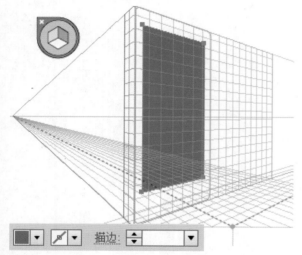

图4-234

04 选择椭圆工具 ⬭ ，按住Shift键创建两个圆形，作为手机听筒和主控制键，如图4-235所示。执行"视图>透视网格>隐藏网格"命令，隐藏网格，效果如图4-236所示。

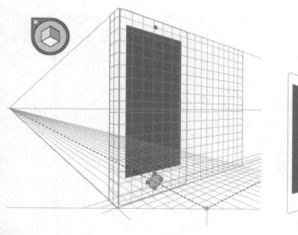

图4-235　　　　　　　　　　　图4-236

05 使用钢笔工具 ✎ 绘制手机侧面图形，填充红色，无描边，如图4-237所示。按下Shift+Ctrl+[快捷键，将它移动到最后方，如图4-238所示。

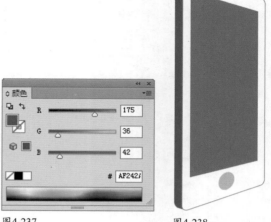

图4-237　　　　　　　　　图4-238

◀)) 提示

在透视中绘制时，对象将与单元格 1/4 距离内的网格线对齐。执行"视图>透视网格>对齐网格"命令，可以启用或禁用对齐网格功能。该选项默认为启用。

4.7.5 实战：在透视中引入对象

01 打开光盘中的素材，如图4-239所示。执行"视图>透视网格>显示网格"命令，显示透视网格。选择透视选区工具 ▶◣，单击水平网格平面，如图4-240所示。

图4-239

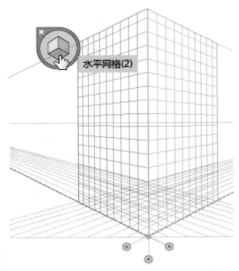

图4-240

02 使用透视选区工具 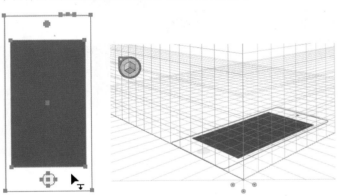 单击手机正面图形，如图4-241所示，将它拖曳到水平网格平面上，对象的外观和大小会依据透视网格发生改变，如图4-242所示。采用同样的方法，将手机背面也拖曳到透视网格上，如图4-243所示。

图4-241　　　　图4-242

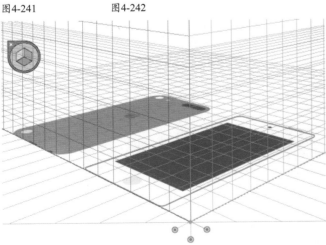

图4-243

03 执行"视图>透视网格>隐藏网格"命令，隐藏网格。使用选择工具 按住Shift键单击两个手机图形，将它们选取，如图4-244所示。按住Alt键向上拖曳进行复制，如图4-245所示。按下Ctrl+D快捷键再次复制出一组图形，如图4-246所示。

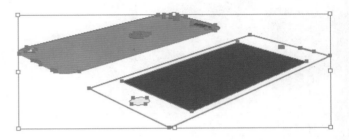

图4-244

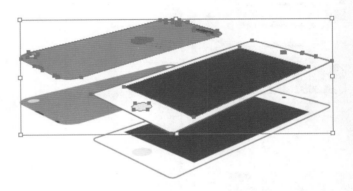

图4-245

图4-246

135

04 按住Shift键单击最底层的两个图形，如图4-247所示，
设置填充颜色为黑色，不透明度为13%，如图4-248~图
4-250所示。

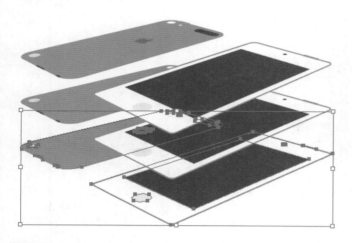

图4-247

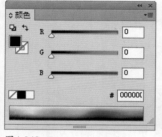

图4-248　　　　　图4-249

图4-250

05 用矩形工具 ■ 创建两个矩形，填充不同的颜色，如图
4-251所示。将它们选取后按下Shift+Ctrl+[快捷键移动到
最后方，如图4-252所示。

图4-251

图4-252

4.7.6 实战：在透视中变换对象

01 打开光盘中的素材，如图4-253所示。使用透视选区工具
选择窗子，如图4-254所示。

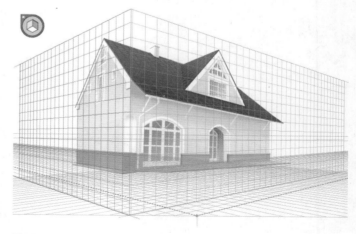

图4-253

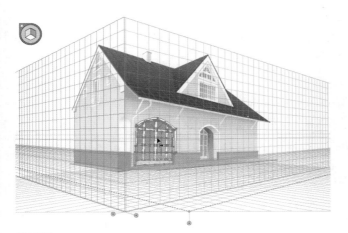

图4-254

02 拖曳鼠标可在透视中移动它，如图4-255所示。按住Alt键拖曳鼠标，可以复制对象，如图4-256所示。

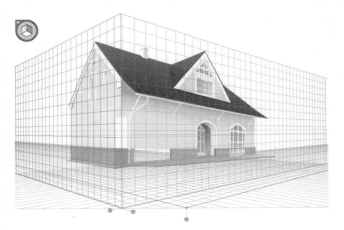

图4-255

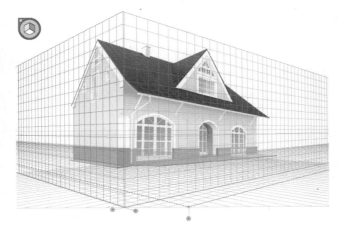

图4-256

03 在透视网格中，图形也有定界框，如图4-257所示，拖曳控制点可以缩放对象（按住Shift键可等比缩放），如图4-258所示。

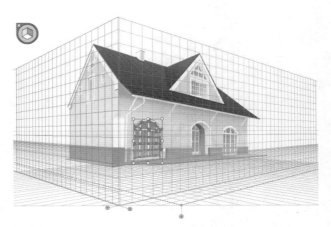

图4-257

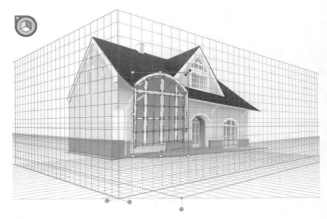

图4-258

4.7.7　在透视中添加文本和符号

启用透视网格以后，不能在透视平面中直接创建文字和符号。如果要添加这些对象，可以先在正常模式下创建，如图4-259所示，然后使用透视选区工具 拖入透视网格中，如图4-260所示。

图4-259

图4-260

　　在默认状态下，透视网格中的文字不能修改内容、字体和大小等文字属性，如果要进行编辑，可以使用透视选区工具 选择文字，然后执行"对象>透视>编辑文本"命令，使文字处于可编辑状态，如图4-261所示，再进行相应的操作，如图4-262所示。

图4-261

图4-262

相关链接：关于文字的创建与编辑方法，请参阅"第12章 文字"。关于符号的创建与编辑方法，请参阅"第10章 符号"。

4.7.8 将对象附加到透视

　　创建对象后，可将其附加到透视网格的活动平面上。操作方法是使用 1、2、3快捷键或通过单击"透视网格构件"中立方体的一个面，选择要置入对象的活动平面后，执行"对象>透视>附加到现用平面"命令即可。该命令不会影响对象的外观。

4.7.9 移动平面以匹配对象

　　如果要在透视中绘制或加入与现有对象具有相同高度或深度的对象，可以在透视中选择现有的对象，执行"对象>透视>移动平面以匹配对象"命令，使网格达到希望的高度和深度。

4.7.10 释放透视中的对象

　　如果要释放带透视视图的对象，可以选择对象，执行"对象>透视>通过透视释放"命令，所选对象就会从相关的透视平面中释放，并可作为正常图稿使用。该命令不会影响对象的外观。

4.7.11 定义透视网格预设

　　如果要修改网格设置，可以执行"视图>透视网格>定义网格"命令，打开"定义透视网格"对话框进行操作，如图4-263所示。

● 预设：修改网格设置后，如果要存储新预设，可以在该选项的下拉列表中选择"自定"选项。

● 类型：可以选择预设类型，包括一点透视、两点透视和三点透视。

● 单位：可以选择测量网格大小的单位，包括厘米、英寸、像素和磅。

> ◀)) 提示
>
> 编辑透视网格后，执行"视图>透视网格>将网格存储为预设"命令，可以将当前网格存储为一个预设的网格。执行该命令可以打开"将网格存储为预设"对话框，其中的选项与"定义透视网格"的选项基本相同。

● 缩放：可以选择查看的网格比例，也可自己设置画板与真实世界之间的度量比例。如果要自定义比例，应选择"自定"选项，然后在弹出的"自定缩放"对话框中指定"画板"与"真实世界"之间的比例。

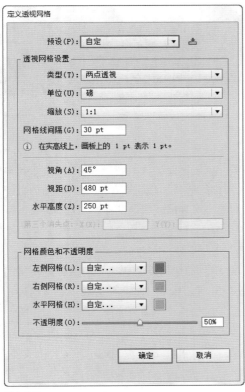

图4-263

● 网格线间隔： 可以设置网格单元格大小。

● 视角： 视角决定了观察者的左侧消失点和右侧消失点的位置。45° 视角意味着两个消失点与观察者视线的距离相等。如果视角大于 45°，则右侧消失点离视线近，左侧消失点离视线远，反之亦然。

提示

可以想象有一个立方体，该立方体没有任何一面与图片平面（此处指计算机屏幕）平行。此时，"视角"是指该虚构立方体的右侧面与图片平面形成的角度。

● 视距： 观察者与场景之间的距离。

● 水平高度： 可以为预设指定水平高度（观察者的视线高度）。水平线离地平线的高度将会在智能引导读出器中显示。

● 第三个消失点： 选择三点透视时可以启用该选项。此时可在 X 和 Y 框中为预设指定 x 和 y 坐标。

● "网格颜色和不透明度"选项组： 可以设置左侧、右侧和水平网格的颜色和不透明度，如图4-264和图4-265所示。

图4-264

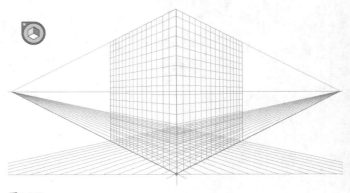

图4-265

19 技术看板：导入和导出网格预设

Illustrator允许导入和导出用户自定义的透视网格预设。操作方法是执行"编辑>透视网格预设"命令，打开"透视网格预设"对话框，如果要导出某个预设，可单击该预设项目，再单击"导出"按钮。如果要导入一个预设，可单击"导入"按钮。

4.7.12 透视网格其他设置

"视图>透视网格"下拉菜单中还包含几个与透视网格设置有关的命令，如图4-266所示。

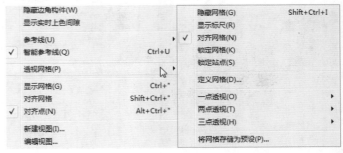

图4-266

● 显示标尺： 显示沿真实高度线的标尺刻度。网格线单位决定了标尺刻度。

● 对齐网格： 选择该命令后，在透视中加入对象以及移动、缩放和绘制透视中的对象时，可以将对象对齐到网格。

● 锁定网格： 选择该命令后，使用透视网格工具 移动网格和进行其他网格编辑时，仅可以更改可见性和平面位置。

● 锁定站点： 选择该命令后，移动一个消失点时会带动其他消失点同步移动。如果未选中该命令，则此类移动操作互不影响，站点也会移动。

第5章 上色

5.1 填色与描边

填色是指在路径或矢量图形内部填充颜色、渐变或图案，描边是指将路径设置为可见的轮廓。描边可以具有宽度（粗细）、颜色和虚线样式，也可以使用画笔为描边进行风格化的上色。创建路径或矢量图形后，可以随时添加和修改填色和描边属性。

5.1.1 填色和描边基本选项

"颜色""色板"和"渐变"面板等都包含填色和描边设置选项，但最方便使用的还是工具面板和控制面板，如图5-1和图5-2所示。选择对象后，如果要为它填色或描边，可通过这两个面板快速操作。

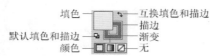

图5-1

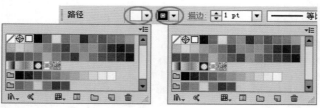

图5-2

5.1.2 实战：用工具面板设置填色和描边

01 按下Ctrl+O快捷键，打开光盘中的素材。使用选择工具 ▶ 单击图形，将其选择，如图5-3所示。它的填色和描边属性会出现在工具面板底部，如图5-4所示。

图5-3

图5-4

02 如果要为对象填色（或修改填色），可单击填色图标，将其设置为当前编辑状态，如图5-5所示，然后再通过"颜色""色板""颜色参考"和"渐变"等面板设置填色内容，如图5-6和图5-7所示。

在Illustrator中，上色是指为图形内部填充颜色、渐变和图案，以及为路径描边。使用"色板"面板、"颜色"面板、吸管工具和"拾色器"等可以选取颜色。选取颜色后，还可以通过"颜色参考"面板生成与之协调的颜色方案，或者用"重新着色图稿"命令和"调整色彩平衡"等命令修改颜色。

在色彩世界中，艺术家们从未间断过研究和运用。达·芬奇善于用极细微的色调层次作画。伦勃朗善于将色彩转变成物质化的光能，带给人振奋的力量。印象派画家莫奈运用不混合的颜色，以短而细小的笔触绘画。以马蒂斯为代表的野兽派不用明暗法而多用平面化的大色块，其色相单纯，色彩对比强烈，具有浓郁的装饰性。抽象主义画家蒙德里安更是拒绝使用具象元素，而是通过色彩、线、块面来表达自己的艺术语言……

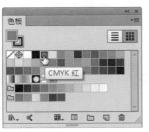

图5-5　　图5-6

图5-7

03 如果要添加（或修改）描边，可单击描边图标，将描边设置为当前编辑状态，如图5-8所示，再通过"颜色""色板""颜色参考""描边"和"画笔"等面板设置描边内容，如图5-9和图5-10所示。

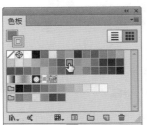

图5-8　　图5-9

图5-10

20 技术看板：填充上次使用的颜色和渐变

选择对象后，单击工具面板底部的颜色按钮□，可以使用上次选择的单色进行填色或描边；单击渐变按钮▣，可以使用上次选择的渐变色进行填色或描边。

5.1.3 实战：用控制面板设置填色和描边

01 打开光盘中的素材。使用选择工具 ▶ 单击图形，将其选择，如图5-11所示。

02 如果要填色，可单击工具选项栏中填色选项右侧的 ▼ 按钮，打开下拉面板选择相应的填充内容，如图5-12所示。

03 如果要设置描边，可单击描边选项右侧的 ▼ 按钮，打开下拉面板选择描边内容，如图5-13所示。

图5-11

图5-12

🔊 提示

绘图时，可以按下X键将填色或描边设置为当前编辑状态。

141

图5-13

5.1.4 实战：用吸管工具复制填色和描边属性

01 打开光盘中的素材，如图5-14所示。使用选择工具 ▶ 选择小兔子图形，如图5-15所示。

图5-14　　　　　图5-15

02 选择吸管工具 ✐ ，在左下角的五角星上单击，如图5-16所示，拾取它的填色和描边属性并应用到所选对象上，如图5-17所示。

图5-16　　　　　图5-17

03 下面来看一下，怎样在未选择对象的情况下复制填色和描边属性。按住Ctrl键在画板外侧单击，取消选择。使用吸管工具 ✐ 在左上角的五角星上单击，拾取它的填色和描边属性，如图5-18所示，然后按住Alt键单击小兔子图形（光标变为 ✐ 状），可以将拾取的属性应用到该对象中，如图5-19所示。

🔊 提示

提示：吸管工具还可以复制对象的其他外观属性，包括字符、段落和添加的效果等。

图5-18　　　　　图5-19

21 技术看板：指定可以使用吸管工具复制和应用的属性

双击吸管工具 ✐ ，打开"吸管选项"对话框。"吸管挑选"选项组中包含的是可以使用吸管工具 ✐ 取样（复制）的外观属性，包括透明度、各种填色和描边，以及字符和段落属性。"吸管应用"选项组中包含的是可以使用吸管工具 ✐ 应用的外观属性。

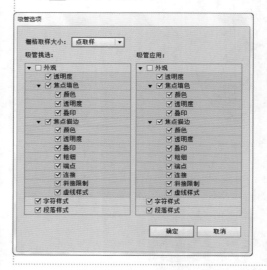

5.1.5 互换填色与描边

选择对象，如图5-20所示，单击工具面板或"颜色"面板中的互换填色和描边按钮 ↰ ，可以互换填色和描边内容，如图5-21和图5-22所示。

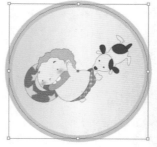

图5-20　　　　　图5-21

图5-22

5.1.6 使用默认的填色和描边

选择对象，如图5-23所示，单击工具面板底部的默认填色和描边按钮 ，可以将填色和描边设置为默认的颜色（黑色描边、填充白色），如图5-24和图5-25所示。

图5-23   图5-24   图5-25

5.1.7 删除填色和描边

打开一个文件，如图5-26所示，选择马里奥图形，将填色或描边设置为当前编辑状态，然后单击工具面板、"颜色"面板或"色板"面板中的无按钮 ，可删除填色或描边属性。图5-27所示为删除填色，图5-28所示为删除描边。

图5-26

图5-27

图5-28

5.2 "描边"面板

对图形应用描边后，可以在"描边"面板中设置描边粗细、对齐方式、斜接限制、线条连接和线条端点的样式，还可以将描边设置为虚线，控制虚线的次序。

5.2.1 "描边"面板基本选项

执行"窗口>描边"命令，打开"描边"面板，如图5-29所示。

● 粗细：用来设置描边线条的宽度。该值越高，描边越粗。

● 端点：可设置开放式路径两个端点的形状，如图 5-30 所示。按下平头端点按钮 ，路径会在终端锚点处结束，如果要准确对齐路径，该选项非常有用；按下圆头端点按钮 ，路径

143

末端呈半圆形圆滑效果；按下方头端点按钮 ，会向外延长到描边"粗细"值一半的距离结束描边。

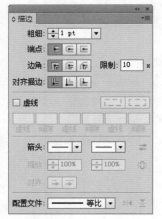

图5-29

平头端点　　　　　　　　圆头端点

方头端点

图5-30

● 边角：用来设置直线路径中边角处的连接方式，包括斜接连接 、圆角连接 和斜角连接 ，如图 5-31 所示。

斜接连接

圆角连接　　　　　　　　斜角连接

图5-31

● 限制：用来设置斜角的大小，范围为 1~500。

● 对齐描边：如果对象是闭合的路径，可按下相应的按钮来设置描边与路径对齐的方式，包括使描边居中对齐 、使描边内侧对齐 和使描边外侧对齐 ，如图 5-32 所示。

使描边居中对齐　　　　　　使描边内侧对齐

使描边外侧对齐

图5-32

5.2.2　用虚线描边

选择图形，如图5-33所示，勾选"描边"面板中的"虚线"选项，在"虚线"文本框中设置虚线线段的长度，在"间隙"文本框中设置线段的间距，即可用虚线描边路径，如图5-34和图5-35所示。

图5-33

图5-34　　　　　　　图5-35

按下 [□□] 按钮，可以保留虚线和间隙的精确长度，如图5-36所示。按下 [□□] 按钮，可以使虚线与边角和路径终端对齐，并调整到适合的长度，如图5-37所示。

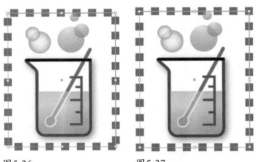

图5-36　　　　　　　图5-37

5.2.3　为路径端点添加箭头

"描边"面板的"箭头"选项可以为路径的起点和终点添加箭头，如图5-38和图5-39所示。单击 ⇄ 按钮，可互换起点和终点箭头。如果要删除箭头，可以在"箭头"下拉列表中选择"无"。

● 在"缩放"选项中可以调整箭头的缩放比例，按下 ⚙ 按钮，可同时调整起点和终点箭头的缩放比例。

● 按下 → 按钮，箭头会超过到路径的末端，如图5-40所示；按下 → 按钮，可以将箭头放置于路径的终点，如图5-41所示。

图5-38　　　　　　　图5-39

图5-40　　　　　　　图5-41

● 配置文件：选择一个配置文件后，可以让描边的宽度发生变化。单击 ⫴ 按钮，可进行纵向翻转；单击 ⨯ 按钮，可进行横向翻转。

5.2.4　轮廓化描边

选择添加了描边的对象，执行"对象>路径>轮廓化描边"命令，可以将描边转换为闭合式路径，如图5-42和图5-43所示。生成的路径会与原填充对象编组，可以使用编组选择工具 ▷⁺ 将其选择。

图5-42　　　　　　　图5-43

---

22 技术看板：修改虚线样式

创建虚线描边后，在"端点"选项中可以修改虚线的端点，使其呈现不同的外观。按下 ⊏ 按钮，可创建具有方形端点的虚线；按下 ⊏ 按钮，可创建具有圆形端点的虚线；按下 ⊏ 按钮，可扩展虚线的端点。

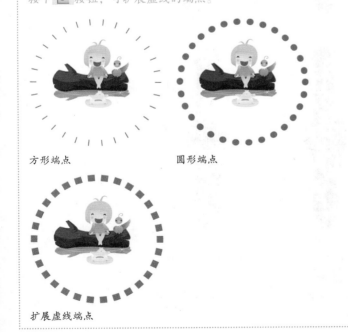

方形端点　　　　　　圆形端点

扩展虚线端点

5.2.5 实战：用宽度工具调整描边宽度

使用宽度工具 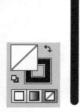 可以自由调整描边宽度，让描边呈现粗细变化。下面使用该工具、椭圆工具和"描边"面板制作一个梳妆镜。

01 按下Ctrl+N快捷键，新建一个文档。选择直线段工具 ∕，按住Shift键创建一条竖线，设置描边粗细为20pt，无填色。按下圆头端点按钮 ⌐，如图5-44和图5-45所示。

图5-44   图5-45

02 保持路径的选取状态。选择宽度工具 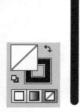，将光标放在路径上，如图5-46所示，然后单击并向右侧拖曳鼠标，将路径拉宽，如图5-47所示。

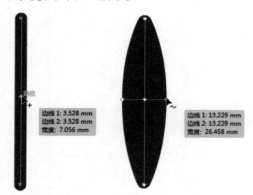

图5-46   图5-47

03 在路径的上半段单击并向左侧拖曳鼠标，将路径调窄，如图5-48和图5-49所示。

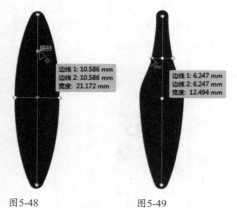

图5-48   图5-49

04 继续调整路径的宽度，如图5-50~图5-52所示。

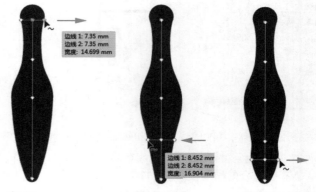

图5-50   图5-51   图5-52

05 调整路径宽度后，会生成新的控制点，拖曳路径外侧的控制点，可以重新调整路径宽窄，如图5-53和图5-54所示。拖曳路径上的控制点，可以移动控制点，如图5-55和图5-56所示。

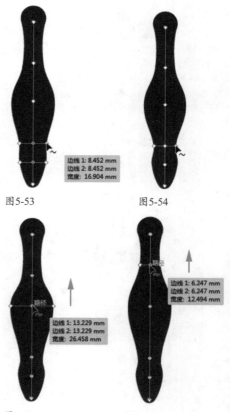

图5-53   图5-54

图5-55   图5-56

06 使用椭圆工具 ⬭ 创建一个椭圆形，设置描边为40pt，无填色，如图5-57所示。保持图形的选取状态，按下Ctrl+C快捷键复制，按下Ctrl+F快捷键粘贴到前面。设置描边颜色为白色，描边宽度为12pt，勾选"描边"面板中的"虚线"选项，并

设置"虚线"为1pt，"间隙"为20pt，如图5-58和图5-59所示。

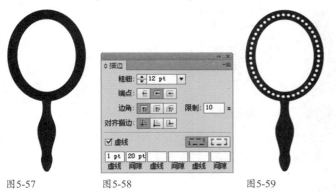

图5-57　　　　　图5-58　　　　　图5-59

5.2.6 实战：双重描边字

01 选择文字工具 **T**，在"字符"面板中设置字体及大小，如图5-60所示，然后在画板中单击并输入文字。设置文字颜色为黑色，描边颜色为浅棕色，描边粗细为2pt，如图5-61所示。

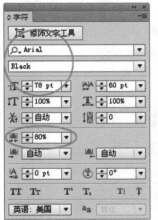

图5-60　　　　　　　　图5-61

02 执行"文字>创建轮廓"命令，将文字转换为图形。打开"外观"面板，双击"内容"选项，如图5-62所示，显示出当前文字图形的描边与填色属性，如图5-63所示。

图5-62　　　　　　　　图5-63

> 🔄 **相关链接**：关于"外观"面板的使用方法，请参阅"11.12 外观属性"。

03 将"描边"属性拖曳到面板下方的 按钮上进行复制，此时"外观"面板有两个"描边"属性，它表示文字具有双重描边，如图5-64所示。选择位于下面的"描边"属性，如图5-65所示。

图5-64　　　　　　　　图5-65

04 设置描边颜色为深棕色，描边粗细为6pt，如图5-66和图5-67所示。

图5-66　　　　　　　　图5-67

05 用钢笔工具 绘制一个图形，如图5-68所示，按下Shift+Ctrl+[快捷键将它移动到最后面作为背景，如图5-69所示。打开一个铅笔素材，如图5-70所示，使用选择工具 将它拖入文字文档中。

图5-68　　　　　图5-69　　　　　图5-70

06 在"透明度"面板中设置它的混合模式为"正片叠底",如图5-71和图5-72所示。最后,使用直线段工具 ／ 在铅笔的右侧创建一条黑色的竖线,再用直排文字工具 ↓T 输入一些文字作为装饰,如图5-73所示。

图5-71

图5-72　　　　图5-73

5.2.7 实战:渐变描边立体字

01 打开光盘中的素材。使用选择工具 ► 单击文字图形,如图5-74所示,按下Ctrl+C快捷键复制,再按下Ctrl+B快捷键将复制的图形粘贴到后面。在控制面板中设置描边粗细为11pt,如图5-75所示。

图5-74

图5-75

02 执行"对象>路径>轮廓化描边"命令,将描边转换为轮廓图形。打开"渐变"面板,为它填充渐变,如图5-76和

图5-77所示。

图5-76

03 选择工具面板中的选择工具 ► ,分别按3下→键和↓键,将图形向右下方移动,如图5-78所示。按下Ctrl+F快捷键,将剪贴板中的文字图形粘贴到前面,再按下Shift+Ctrl+] 快捷键,将图形调整到最顶层,如图5-79所示。

图5-78　　　　图5-79

04 设置描边粗细为6pt,删除填色,如图5-80所示。执行"对象>路径>轮廓化描边"命令,将描边转换为轮廓图形,为它填充渐变,如图5-81和图5-82所示。

图5-80

图5-81

图5-82

05 按下Ctrl+F快捷键，将剪贴板中的文字图形粘贴到前面，并删除填色，设置描边颜色为黄色，描边粗细为1pt，如图5-83所示。按下Ctrl+B快捷键，将剪贴板中的文字图形粘贴到后面，再按下Shift+Ctrl+[快捷键，调整到最底层，设置填色为黑色，描边粗细为10pt，最后将它向右下方移动，作为投影，如图5-84所示。

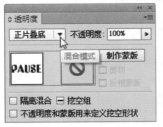 

图5-83    图5-84

06 在"透明度"面板中设置混合模式为"正片叠底"，如图5-85所示。执行"效果>风格化>羽化"命令，通过羽化使图形的边缘变得柔和，如图5-86和图5-87所示。

图5-85   图5-86

图5-87

07 单击"图层"面板中的 按钮，新建一个图层。使用椭圆工具 创建一些椭圆形，作为转角处的高光，使文字的立体感更强，如图5-88所示。为这些图形填充渐变，如图5-89和图5-90所示。最后，选择"图层1"，使用矩形工具 创建一个矩形，填充渐变颜色作为背景，如图5-91所示。

图5-88

图5-89   图5-90

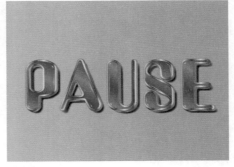

图5-91

> 相关链接：关于渐变颜色的创建与编辑方法，请参阅"6.5 渐变"。

5.2.8 实战：邮票齿孔效果

01 打开光盘中的素材，如图5-92所示。单击"图层1"，如图5-93所示。

图5-92

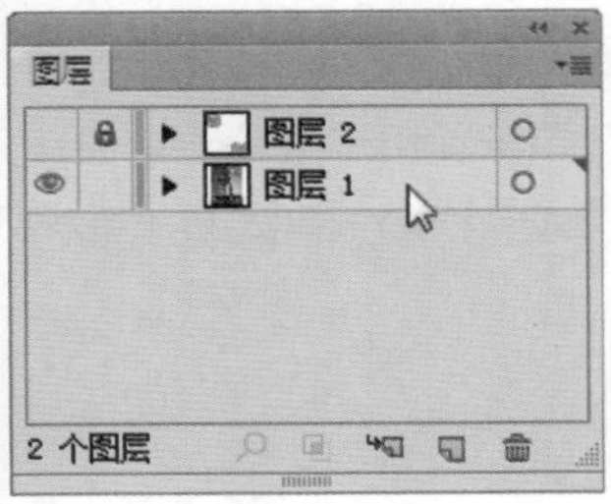

图5-93

02 使用矩形工具 创建一个与图像素材大小相同的矩形，无填色，设置描边颜色为白色，如图5-94所示。在"描边"面板中设置描边粗细为14pt，按下圆头端点按钮 ，勾选"虚线"选项，设置参数如图5-95所示，即可生成邮票齿孔效果。

03 在"图层2"前面单击，显示眼睛图标 ，如图5-96所示，将该图层中的邮戳显示出来。最终效果如图5-97所示。

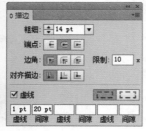

图5-94　　　　　　　图5-95

图5-96　　　　　　　图5-97

5.3 选择颜色

Illustrator提供了各种工具、面板和对话框，可以为图稿选择颜色。如何选择颜色取决于图稿的要求，例如，如果要使用公司认可的特定颜色，可以从公司认可的色板库中选择颜色。如果希望颜色与其他图稿中的颜色匹配，则可以使用吸管拾取对象的颜色，或者在"拾色器""颜色"面板中输入准确的颜色值。

5.3.1 颜色模型和颜色模式

颜色模型用于描述我们在数字图形中看到和用到的各种颜色，每种颜色模型（如 RGB、CMYK 或 HSB）分别表示用于描述颜色及对颜色进行分类的不同方法。在实际操作中，颜色模型用数值来表示可见色谱。例如，Illustrator的"拾色器"中包含了RGB、CMYK和HSB三种颜色模型，如图5-98所示，每种颜色模型都可以通过设置不同的数值来改变颜色，如图5-99所示。由此可知，处理图形的颜色时，实际是在调整文件中的数值。我们可以将一个数字视为一种颜色，但这些数值本身并不是绝对的颜色，而只是在生成颜色的设备的色彩空间内具备一定的颜色含义。

颜色模式决定了用于显示和打印所处理的图稿的颜色方法。颜色模式基于颜色模型，因此，选择某种特定的颜色模式，就等于选用了某种特定的颜色模型。常用的颜色模式有RGB模式、CMYK模式和灰度模式等。

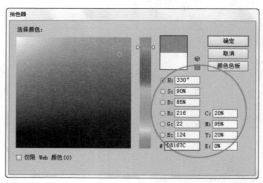

图5-98

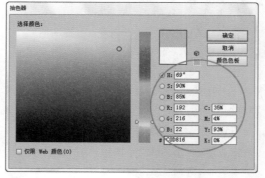

图5-99

5.3.2 RGB模式

RGB模式称为加成色，它通过将3种色光（红色、绿色和蓝色）按照不同的组合添加在一起生成可见色谱中的所有颜色，这些颜色发生重叠，会产生青色、洋红色和黄色，如图5-100所示。图5-101所示为舞台灯光混合原理。计算机显示器、扫描仪、数码相机、电视、幻灯片、网络和多媒体等都采用这种模式。

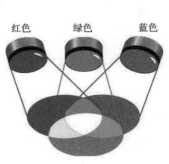

红色　绿色　蓝色

图5-100　　　　　　图5-101

> 📢 提示
>
> 提示：加成色也称色光混合，它是指将不同光源的辐射光投射在一起，产生出新的色光。例如，一堵白墙，在黑暗中我们的眼睛看不到它。如果用红色光照亮它，墙面就会呈现红色；用绿色光照亮时，墙面呈现绿色；用红绿光同时照亮时，则墙面呈现黄色。

使用基于 RGB 颜色模型的 RGB 颜色模式可以处理颜色值。在 RGB 模式下，每种 RGB 成分都可以使用从 0（黑色）到 255（白色）的值。当3种成分值相等时，产生灰色，如图5-102所示。当所有成分的值均为 255 时，结果是纯白色，如图5-103所示。当所有成分的值均为 0 时，结果是纯黑色，如图5-104所示。

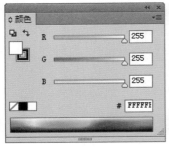

图5-103

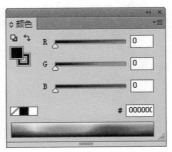

图5-104

> 📢 提示
>
> Illustrator 还提供了Web安全RGB模式，即经过修改的RGB颜色模式，这种模式仅包含适合在Web上使用的RGB颜色。

5.3.3 CMYK模式

CMYK模式是一种减色混合模式，它是指本身不能发光，但能吸收一部分光，将余下的光反射出去的色料混合，如图5-105所示。印刷用油墨、染料和绘画颜料等都属于这种减色混合。图5-106所示为印刷中的分色色版。

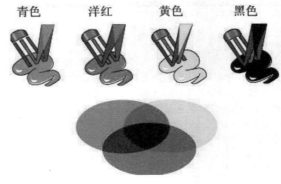

青色　　洋红　　黄色　　黑色

图5-105

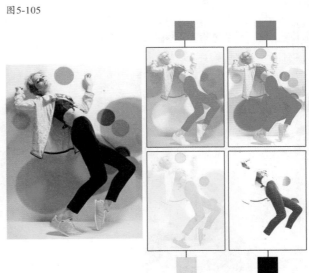

图5-106

在CMYK模式中，C代表青、M代表洋红、Y代表黄、K代表黑色。其中，青色油墨只吸收红光，洋红色油墨只吸收绿光，黄色油墨只吸收蓝光。如果将青色和黄色油墨混合，则光线中的红色和蓝色会被吸收，只有绿色反射出去，我们在纸张上看到的绿色便是这样形成的。由此可知，CMYK模式的原理不是增加光线，而是减去光线。

使用基于 CMYK 颜色模型的 CMYK 颜色模式可以处理

颜色值。每种油墨可使用从 0 至 100% 的值，低油墨百分比更接近白色，如图5-107所示；高油墨百分比更接近黑色，如图5-108所示。我们将这些油墨混合重现颜色的过程称为四色印刷。如果图稿要用于印刷，应使用该模式。

上，按位置度量色相，如图5-110所示。在通常的使用中，色相由颜色名称标识，如红色、橙色或绿色。

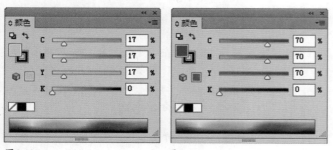

图5-107   图5-108

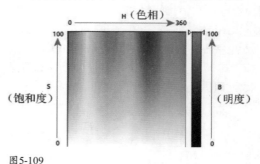

图5-109

◀») 提示

从理论上讲，青、洋红、黄色油墨按照相同的比例混合可以生成黑色，但在实际印刷中，只能产生纯度很低的一种浓灰色，因此，还需要借助黑色油墨（K）才能印刷出黑色。另外，黑色与其他色混合还可以调节颜色的明度和纯度。

5.3.4 HSB 模式

　　HSB模式以人类对颜色的感觉为基础，描述了颜色的3种基本特性：色相、饱和度和明度，如图5-109所示。色相是反射自物体或投射自物体的颜色，在0°到360°的标准色轮

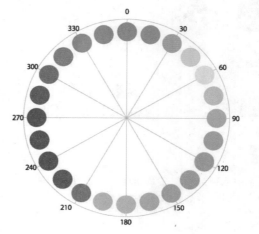

图5-110

23 技术看板：RGB模式、CMYK模式色彩合成方法

RGB模式色彩合成方法：红、绿混合生成黄；红、蓝混合生成洋红；蓝、绿混合生成青。

CMYK模式色彩合成方法：青、洋红混合生成蓝；青、黄混合生成绿；黄、洋红混合生成红。

RGB模式

CMYK模式

饱和度是指颜色的强度或纯度（有时称为色度）。饱和度表示色相中灰色分量所占的比例，它使用从 0%（灰色）至 100%（完全饱和）的百分比来度量，如图5-111和图5-112所示。在标准色轮上，饱和度从中心到边缘递增。

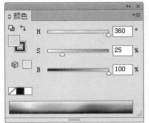
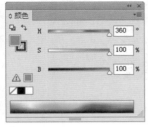

图5-111　　　　　　　图5-112

明度是指颜色的相对明暗程度，通常使用从 0%（黑色）至 100%（白色）的百分比来度量，如图5-113和图5-114所示。

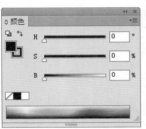
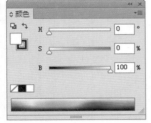

图5-113　　　　　　　图5-114

24 技术看板：色相、饱和度和明度图示

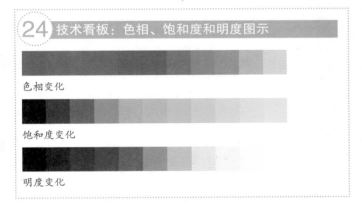

色相变化

饱和度变化

明度变化

5.3.5 灰度模式

灰度模式使用黑色调表示物体，如图5-115所示。每个灰度对象都具有从 0%（白色）到 100%（黑色）的亮度值。灰度模式可以将彩色图稿转换为高质量的黑白图稿，如图5-116和图5-117所示。将灰度对象转换为RGB 模式时，每个对象的颜色值代表对象之前的灰度值。

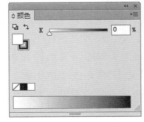

图5-115

图5-116　　　　　　　图5-117

5.3.6 拾色器

双击工具面板、"颜色"面板、"渐变"面板或"色板"面板中的填色或描边图标，都可以打开"拾色器"，如图5-118和图5-119所示。在"拾色器"对话框中，可以通过选择色域和色谱、定义颜色值或单击色板等方式设置填色和描边颜色。

双击

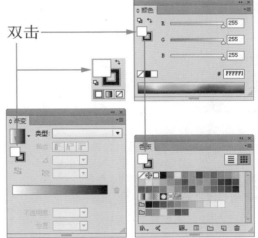

图5-118

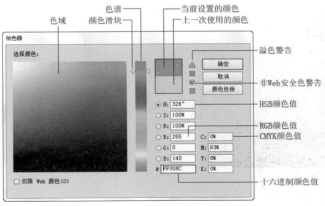

图5-119

● 色谱/颜色滑块： 在色谱中单击或拖曳颜色滑块可以定义色相。

● 色域： 定义色相后， 在色域中拖曳圆形标记可以调整当前设置的颜色的深浅。

● 当前设置的颜色： 显示了当前选择的颜色。

● 上一次使用的颜色： 显示了上一次使用的颜色， 即打开 "拾色器" 前原有的颜色。 如果要将当前颜色恢复为前一个颜色， 可在该色块上单击。

● 溢色警告 ⚠ ： 如果当前设置的颜色无法用油墨准确打印出来 （如霓虹色）， 就会出现溢色警告 ⚠ 。 单击该图标或它下面的颜色块 （Illustrator 提供的与当前颜色最为接近的 CMYK 颜色）， 可将其替换为印刷色， 如图 5-120 和图 5-121 所示。

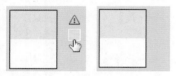

图5-120　　　图5-121

● 非 Web 安全色警告 🔳 ： Web 安全颜色是浏览器使用的 216 种颜色。 如果当前选择的颜色不能在网上准确显示， 就会出现非 Web 安全色警告 🔳 。 单击警告图标或它下面的颜色块， 可以用颜色块中的颜色 （Illustrator 提供的与当前颜色最为接近的 Web 安全颜色） 替换当前颜色， 如图 5-122 和图 5-123 所示。

图5-122　　　图5-123

● 仅限 Web 颜色： 选择该选项后， 色域中只显示 Web 安全色， 如图 5-124 所示， 此时选择的任何颜色都是 Web 安全颜色。 如果图稿要用于网络， 可以在这种状态下调整颜色。

● 颜色色板： 单击该按钮， 对话框中会显示颜色色板。

● HSB 颜色值/RGB 颜色值： 单击各个单选钮， 可以显示不同的色谱， 如图 5-125~图 5-127 所示。 也可以直接输入颜色值来精确定义颜色。

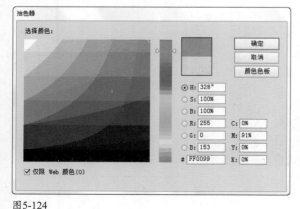

图5-124

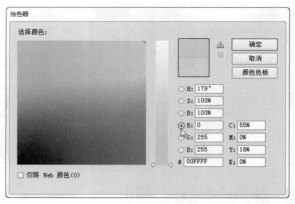

图5-125

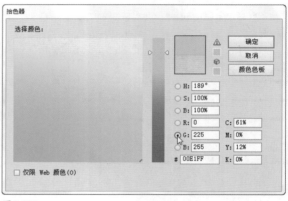

图5-126

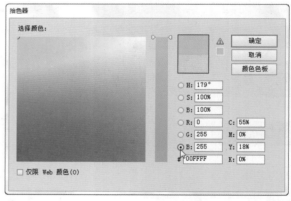

图5-127

● CMYK 颜色值： 可以输入印刷色的颜色值。

● 十六进制颜色值： 可以输入一个十六进制值来定义颜色。 例如， 000000 为黑色， ffffff 为白色， ff0000 为红色。

5.3.7　实战： 使用拾色器

01 双击工具面板底部的填色图标（如果要设置描边颜色， 则单击描边图标）， 打开 "拾色器"。 在色谱上单击， 可定义颜色范围， 如图5-128所示。 在色域中单击并拖曳鼠标， 可调整颜色的深浅， 如图5-129所示。

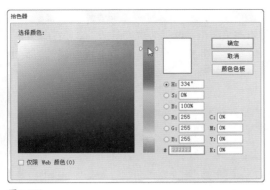

图5-128

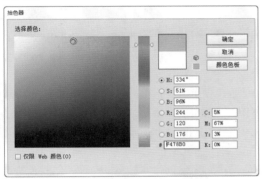

图5-129

02 下面来调整饱和度。先选中S单选钮，如图5-130所示，此时拖曳颜色滑块即可调整饱和度，如图5-131所示。

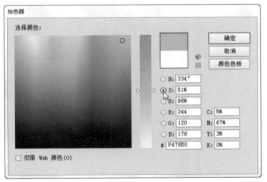

图5-130

图5-131

03 如果要调整颜色的亮度，可以选中B单选钮，如图5-132所示，再拖曳颜色滑块进行调整，如图5-133所示。

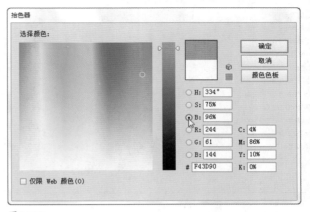

图5-132

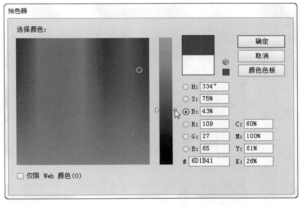

图5-133

04 "拾色器"对话框中有一个"颜色色板"按钮，单击该按钮，对话框中会显示颜色色板，此时可以在色谱上单击，定义颜色范围，如图5-134所示。在左侧的列表中可以选择颜色，如图5-135所示。如果要切换回"拾色器"，可单击"颜色模型"按钮。调整完成后，单击"确定"按钮（或按下回车键）关闭对话框即可。

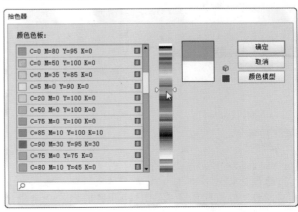

图5-134

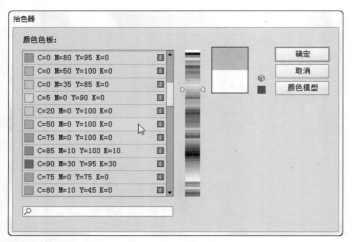

图5-135

5.3.8 实战： "颜色"面板

01 执行"窗口>颜色"命令，打开"颜色"面板，如图5-136所示。单击面板右上角的 ▼≡ 按钮，打开面板菜单，选择CMYK模式，如图5-137所示。

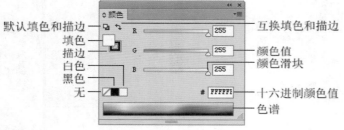

图5-136

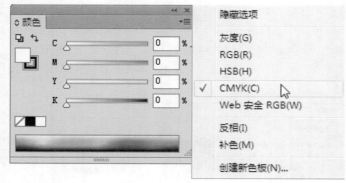

图5-137

提示

当前选择的颜色模式仅是改变了颜色的调整方式，不会改变文档的颜色模式。如果要改变文档的颜色模式，可以使用"文件>文档颜色模式"下拉菜单中的命令来进行操作。

02 "颜色"面板采用类似于美术调色的方式来混合颜色。如果要编辑描边颜色，可单击描边图标，然后在C、M、Y和K文本框中输入数值并按下回车键，也可拖曳颜色滑块进行调整，如图5-138所示。如果要编辑填充颜色，则单击填色图标，然后再进行调整，如图5-139所示。

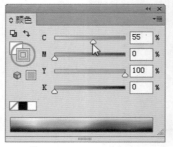
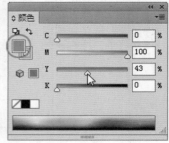

图5-138　　　　　　　图5-139

03 按住Shift键拖曳颜色滑块，可同时移动与之关联的其他滑块（HSB 滑块除外），通过这种方式可以调整颜色的明度，得到更深的颜色，如图5-140所示，或更浅的颜色，如图5-141所示。

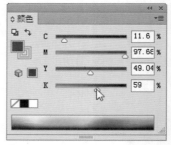
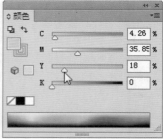

图5-140　　　　　　　图5-141

04 光标在色谱上会变为吸管工具 ，单击并拖曳鼠标，可以拾取色谱中的颜色，如图5-142所示。如果要删除填色或描边颜色，可单击无图标 ，如图5-143所示。如果要选择白色或黑色，可单击色谱左上角的白色和黑色色板。单击 按钮可互换填色和描边颜色，单击 按钮，可恢复为默认的填色和描边。

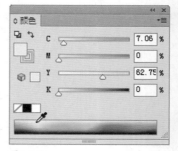

图5-142　　　　　　　图5-143

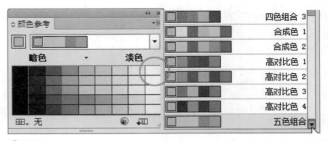

图5-147

图5-148

25 技术看板：调整全局色和专色的明度

如果在"色板"面板中选择一个全局色或专色，则在"颜色"面板中直接拖曳颜色滑块即可调整当前颜色的明度。关于全局色和专色，请参阅"5.3.10 色板面板"。

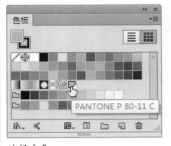
选择专色

调整所选专色的明度

5.3.9 实战："颜色参考"面板

使用"拾色器"和"颜色"面板等设置颜色后，"颜色参考"面板会自动生成与之协调的颜色方案，可作为激发颜色灵感的工具。

01 打开光盘中的素材，如图5-144所示。使用编组选择工具单击背景图形，如图5-145所示。

图5-144

图5-145

02 打开"颜色参考"面板。单击左上角的设置为基色图标，将基色设置为当前颜色，如图5-146所示。单击右上角的 ▼ 按钮，在打开的下拉列表中选择"五色组合"颜色协调规则，然后再单击如图5-147所示的色板，将背景修改为该颜色，如图5-148所示。

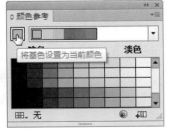
图5-146

03 在画板空白处单击取消选择。将"颜色参考"面板中的色板拖曳到图形上，可直接修改图形的颜色，如图5-149所示。通过这种方法修改其他图形的颜色，如图5-150所示。

图5-149

图5-150

"颜色参考"面板选项

图5-151所示为"颜色参考"面板选项和按钮。

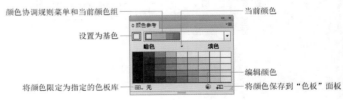

图5-151

● 颜色协调规则菜单和当前颜色组：单击面板顶部的 ▼ 按钮，在打开的下拉列表中选择一个颜色协调规则后，Illustrator 会基于当前选择的颜色自动生成一个颜色方案。例如，选择"单色"颜色协调规则，可创建包含所有相同色相，但饱和度级别不同的颜色组；选择"高对比色"或"五色组合"颜色协调规则，可创建一个带有对比颜色、视觉效果更强烈的颜色组。

- 将颜色限定为指定的色板库 ⊞̲₊：如果要将颜色限定于某一色板库，可单击该按钮，再从打开的下拉菜单中选择色板库。

- 编辑颜色 ⊛：单击该按钮，可以打开"重新着色图稿"对话框。

- 将颜色保存到"色板"面板 ₊⊞：单击该按钮，可以将当前的颜色组或选定的颜色保存为"色板"面板中的颜色组，如图5-152和图5-153所示。

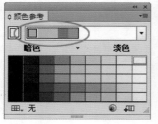
图5-152

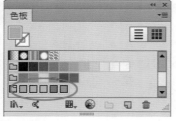
图5-153

26 技术看板：指定颜色变化的数目和范围

从"颜色参考"面板菜单中选择"颜色参考选项"命令，可以打开一个对话框。如果要指定在生成的颜色组中的每种颜色的左侧和右侧显示的颜色数目，例如，如果希望看到每种颜色的6种较深的暗色和6种较浅的暗色，可以将"步骤"选项设置为6。向左拖曳"变量数"滑块可以减少变化范围，减少范围会生成与原始颜色更加相似的颜色；向右拖曳可以增加变化范围。

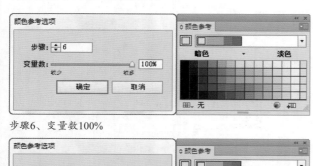
步骤6、变量数100%

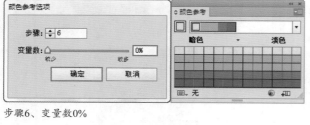
步骤6、变量数0%

5.3.10 "色板"面板

　　"色板"面板中提供了预先设置的颜色、渐变和图案，它们统称为"色板"。单击一个色板，即可将其应用到所选对象的填色或描边中。用户也可以将自己调整颜色、渐变或绘制的图案保存到该面板中。

　　"色板"面板中包含如图5-154所示的选项。选择一个对象时，如果它的填色或描边使用了"色板"面板中的颜色、渐变或图案，则面板中该色板会突出显示。单击列表视图按钮 ☰，或选择"色板"面板菜单中的"小列表"或"大列表"命令，会以列表的形式显示"色板"，如图5-155所示。

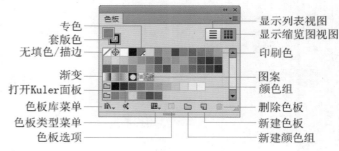
图5-154

图5-155

- 无填色/描边 ☑：单击该图标，可以从对象中删除填色和描边。

- 套版色：利用它填充或描边的对象可以从 PostScript 打印机进行分色打印。例如，套准标记使用"套版色"，印版可以在印刷机上精确对齐。套版色色板是内置色板，不能删除。

- 专色：专色是预先混合的用于代替或补充 CMYK 四色油墨的特殊油墨，如金属色油墨、荧光色油墨和霓虹色油墨等。

- 全局色：编辑全局色时，图稿中所有使用该颜色的对象都会自动更新。

- 印刷色/CMYK 符号：印刷色是使用4种标准的印刷色油墨（青色、洋红色、黄色和黑色）组合成的颜色。在默认情况下，Illustrator 会将新色板定义为印刷色。

- 颜色组/新建颜色组 ☐：颜色组是为某些操作需要而预先设置的一组颜色，可以包含印刷色、专色和全局印刷色，但不能包含图案、渐变、无或套版色色板。按住 Ctrl 键单击多个色板，再单击新建颜色组按钮 ☐，可以将它们创建到一个颜色组中。

- 色板库菜单 ℕ̲₊：单击该按钮，可以在打开的下拉菜单中选择一个色板库。

- 色板类型菜单 ⊞̲₊：打开下拉菜单选择一个选项，可以在面板中单独显示颜色、渐变、图案或颜色组，如图5-156和图5-157所示。

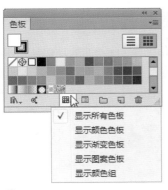

图5-156 　　　　　　　　　　　图5-157

- **色板选项** ：单击该按钮，可以打开"色板选项"对话框。
- **新建色板** ：单击该按钮，可以创建一个新的色板。
- **删除色板** ：在"色板"面板中选择一种颜色后，单击删除色板按钮，可将其删除。

5.3.11 创建色板

　　如果要新建一个色板，可以单击"色板"面板中的新建色板按钮，打开"色板选项"对话框进行操作，如图5-158所示。如果双击"色板"面板中的一个色板，或者选择一个色板后，单击色板选项按钮，也可以打开该对话框，此时可修改所选色板的颜色值、色板名称、颜色类型和颜色模式。

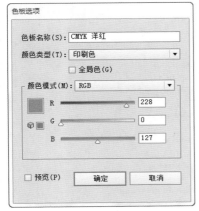

图5-158

- **色板名称** ：可以设置或修改色板的名称。
- **颜色类型** ：如果要创建印刷色色板，可以选择"印刷色"选项。如果要创建专色色板，可以选择"专色"选项。
- **全局色** ：选择该选项后，可以创建全局印刷色色板。编辑全局色时，图稿中所有使用该颜色的对象都会自动更新。
- **颜色模式** ：可以选择在RGB、CMYK、灰度和Lab等模式下调整颜色。
- **预览** ：选择该选项后，可以在应用了当前色板的对象上预览颜色的调整结果。

 相关链接 ：关于全局色的使用方法，请参阅"6.2 全局色"。

27 技术看板：创建渐变色板

　　使用"渐变"面板调整渐变颜色或选择填充了渐变的对象后，单击"色板"面板中的新建色板即可保存渐变色板。

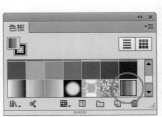

5.3.12 色板分组

　　按住Ctrl键单击各个色板，将它们选择，如图5-159所示，然后单击新建颜色组按钮可以创建颜色组，颜色组可以将所选颜色保留在一起，如图5-160所示。对于现有的颜色组，单击按钮可选择整个颜色组，如图5-161所示。

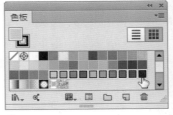

图5-159 　　　　　　　　图5-160

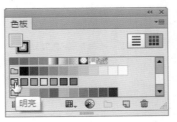

图5-161

5.3.13 复制、替换和合并色板

　　选择一个或多个色板（按住Ctrl键单击可以选择多个色板），将它们拖曳到新建色板按钮上，可以复制所选色板。如果要替换色板，可以按住Alt键将颜色或渐变从"色板"面板、"颜色"面板、"渐变"面板、某个对象或工具

面板拖曳到"色板"面板要替换的色板上，如图5-162和图5-163所示。

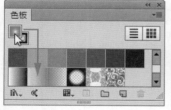 

图5-162　　　　　　　　图5-163

如果要合并多个色板，可以选择两个或更多色板，如图5-164所示，然后从"色板"面板菜单中选择"合并色板"命令。第一个选择的色板名称和颜色值将替换所有其他选定的色板，如图5-165所示。

图5-164　　　　　　　　图5-165

5.3.14　删除色板

将一个或多个色板拖曳到删除色板按钮 🗑 上可将其删除。如果要删除文档中未使用的所有色板，可以从"色板"面板菜单中选择"选择所有未使用的色板"命令，如图5-166所示，然后单击删除色板按钮 🗑，如图5-167所示。

 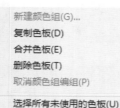

图5-166

图5-167

5.3.15　实战：使用色板库

为方便用户创作，Illustrator提供了大量色板库、渐变库和图案库。

01 打开"窗口>色板库"下拉菜单，或单击"色板"面板底部的 按钮打开下拉菜单，菜单中包含了各种类型的色板库，有纯色色板库、渐变库和图案库，如图5-168所示。其中，"色标簿"下拉菜单中包含了常用的印刷专色，如PANTONE色，如图5-169所示。

图5-168

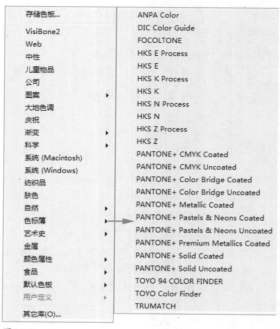

图5-169

02 选择任意一个色板库后，它会出现在一个新的面板中，如图5-170所示。单击面板底部的◀或▶按钮，可以切换到相邻的色板库中，如图5-171所示。

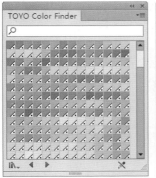
图5-170

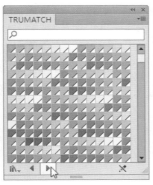
图5-171

03 单击色板库中的一个色板（包括图案和渐变）时，它会自动添加到"色板"面板中，如图5-172和图5-173所示。

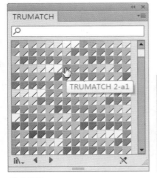
图5-172

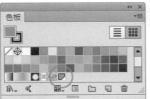
图5-173

◀))) 提示

在色板库中选择、排序和查看色板的方式与在"色板"面板中的操作一样，但是不能在"色板库"面板中添加、删除或编辑色板。

28 技术看板：印刷用专色

PANTONE是最常用的专色。这是一个由美国公司研究出来的配色系统，其英文全名是 Pantone Matching System，简称为 PMS。其专色系统基于3本颜色样本（PANTONE formula guide solid coated、PANTONE formula guide solid uncoated、PANTONE formula guide solid matte），分别是用粉纸、书纸及哑粉纸、用14种基本油墨合成，配成1114种专色。

5.3.16 实战：创建色板库

01 按下Ctrl+N快捷键，新建一个文档。单击如图5-174所示的色板，再按住Shift键单击如图5-175所示的色板，将

这两个色板及中间的所有色板都选中。如果要选择不相邻的色板，可以按住Ctrl键单击它们。

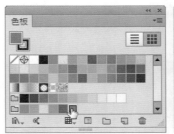
图5-174

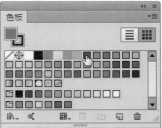
图5-175

02 单击删除色板按钮 🗑，将所选色板删除，如图5-176所示。现在"色板"面板中不需要的色板已经被删除了。从"色板"面板菜单中选择"将色板库存储为ASE"命令，如图5-177所示。

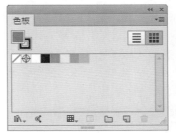
图5-176

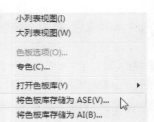
图5-177

03 弹出"另存为"对话框，如图5-178所示，单击"保存"按钮，将色板库保存到默认位置。以后需要用到该色板库时，可以在"窗口>色板库>用户定义"下拉菜单中选择它，如图5-179所示。

图5-178

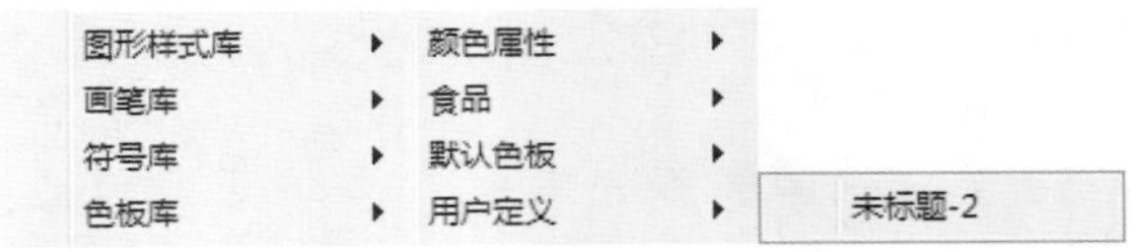

图形样式库 ▶	颜色属性 ▶	
画笔库 ▶	食品 ▶	
符号库 ▶	默认色板 ▶	
色板库 ▶	用户定义 ▶	未标题-2

图5-179

5.3.17 实战：将图稿中的颜色添加到"色板"面板

01 打开光盘中的素材，如图5-180所示。不要选择任何对象，从"色板"面板菜单中选择"添加使用的颜色"命令，即可将文档中所有的颜色都添加到"色板"面板中，如图5-181所示。

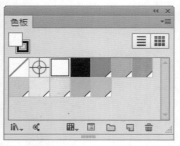

图5-180　　　　　　图5-181

02 如果只想添加部分颜色，可以使用选择工具  选择使用了这些颜色的图形，如图5-182所示，再从"色板"面板菜单中选择"添加选中的颜色"命令，或单击面板中的新建色板按钮 即可，如图5-183所示。

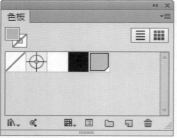

图5-182　　　　　　图5-183

5.3.18 实战：导入其他文档的色板

01 按下Ctrl+N快捷键，新建一个文档。执行"窗口>色板库>其他库"命令，在弹出的对话框中选择光盘中的素材，如图5-184所示，然后单击"打开"按钮，可以在一个新的面板中导入该文档中的所有色板，如图5-185所示。

02 如果要导入部分色板，可以执行"文件>打开"命令，打开该文档，使用选择工具 选择使用了色板的对象，如图5-186所示，然后按下Ctrl+C快捷键复制，按下Ctrl+Tab快捷键切换到新建的文档中，再按下Ctrl+V快捷键粘贴对象，导入的色板就会出现在"色板"面板中，如图5-187所示。

图5-184

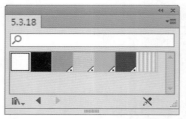

图5-185

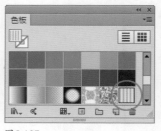

图5-186　　　　　　图5-187

5.4 编辑颜色

"编辑>编辑颜色"下拉菜单中包含与色彩调整有关的各种命令，它们可以编辑矢量图稿或位图图像。

5.4.1 使用预设值重新着色

选择对象后，通过"使用预设值重新着色"下拉菜单中的命令可以选择颜色库或一个预设颜色作业为对象重新着色，如图5-188所示。

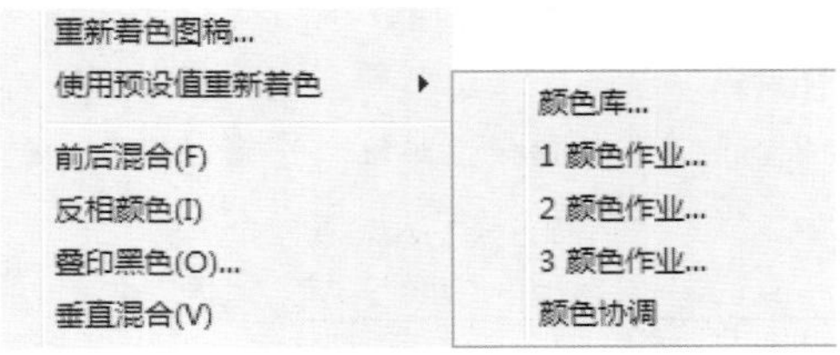

图 5-188

> **相关链接：** 执行"使用预设值重新着色"下拉菜单中的命令时会打开"重新着色图稿"对话框。关于该对话框的使用方法，请参阅"6.3 重新着色图稿"。

图 5-194

> 🔊) **提示**
>
> 以上命令不能编辑用图案、渐变和系统预置的颜色填色的图形。

5.4.2 混合颜色

选择 3 个或更多的填色对象后，使用"编辑>编辑颜色"下拉菜单中的"前后混合""垂直混合"和"水平混合"命令可以创建一系列中间色。混合操作不会影响描边。

● 前后混合：将最前面和最后面对象的颜色混合，为中间对象填色。图 5-189 和图 5-190 所示分别为混合前及混合后的图稿。

图 5-189　　　　　　　　　　图 5-190

● 垂直混合：将最顶端和最底端对象的颜色混合，为中间对象填色。图 5-191 和图 5-192 所示分别为混合前及混合后的图稿。

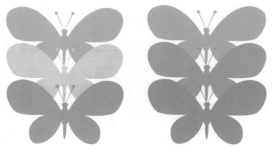

图 5-191　　　　　　　　图 5-192

● 水平混合：将最左侧和最右侧对象的颜色混合，为中间对象填色。图 5-193 和图 5-194 所示分别为混合前及混合后的图稿。

图 5-193

5.4.3 反相颜色

选择对象，如图 5-195 所示，执行"对象>编辑颜色>反相颜色"命令，可以将颜色的每种成分调整为颜色标度上的相反值，进而生成照片负片效果，如图 5-196 所示。反相后，再次执行该命令，可以将对象恢复为原来的颜色。

 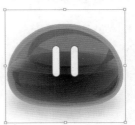

图 5-195　　　　　　图 5-196

5.4.4 叠印黑色

在默认情况下，打印不透明的重叠色时，上方颜色会挖空下方的区域。叠印可用来防止挖空，并使最顶层的叠印油墨相对于底层油墨显得透明。如果要叠印图稿中的所有黑色，可以选择要叠印的所有对象，然后执行"编辑>编辑颜色>叠印黑色"命令，在打开的对话框中输入要叠印的黑色百分数，并勾选将叠印应用于"填色"或"描边"，如图 5-197 所示。

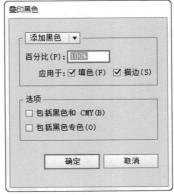

图 5-197

如果要叠印包含青色、洋红色或黄色以及指定百分比黑色的印刷色，可以选择"包括黑色和CMY"。如果要叠印其等价印刷色中包含指定百分比黑色的专色，可以选择"包括黑色专色"。如果要叠印包含印刷色以及指定百分比黑色的专色，应同时选择这两个选项。

5.4.5 调整色彩平衡

如果要调整对象颜色的色彩平衡，可以选择对象，如图5-198所示，执行"编辑>编辑颜色>调整色彩平衡"命令，打开"调整颜色"对话框，然后单击"颜色模式"右侧的 ▼ 按钮，在打开的下拉列表中选择颜色模式，如图5-199所示。选择不同的颜色模式，可设置的选项也不同。

图5-198

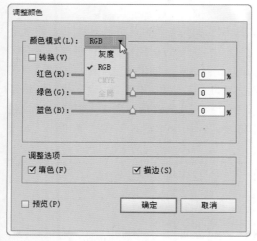

图5-199

- 灰度：如果想要将选择的颜色转换为灰度，可以选择"灰度"模式，然后勾选"转换"选项，再使用滑块调整黑色的百分比，如图5-200和图5-201所示。
- RGB：选择"RGB"模式后，可以使用滑块调整红色、绿色和蓝色的百分比，如图5-202和图5-203所示。
- CMYK：选择"CMYK"模式后，可以使用滑块调整青色、洋红色、黄色和黑色的百分比。

- 全局：选择"全局"选项后，可以调整全局印刷色和专色，不会影响非全局印刷色。
- 填色/描边：如果当前选择的是矢量对象，选择"填色"选项后，可以调整它的填充颜色；选择"描边"选项，则可以调整描边颜色。

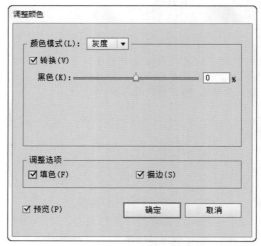

图5-200

图5-201

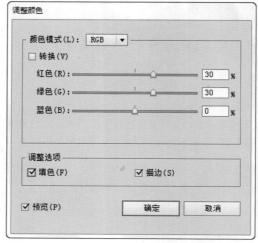

图5-202

图5-203

![提示] 提示

如果要选择全局印刷色或专色，并希望转换为非全局印刷色，可在该选项的下拉列表中选择"CMYK"或"RGB"（具体选项取决于文档的颜色模式），然后选择"转换"选项，之后再使用滑块调整颜色。

相关链接：采用链接方式置入位图时，需要将图像嵌入文档才能对其使用"调整颜色"命令。要将链接的位图转换为嵌入的图像，请参阅"2.3.3 使用链接面板管理图稿"。

5.4.6 调整饱和度

选择对象，如图5-204所示，执行"编辑>编辑颜色>调整饱和度"命令，输入-100%至100%之间的值，可以调整颜色或专色的色调，进而影响颜色的饱和度，如图5-205和图5-206所示。

图5-204

图5-205

图5-206

5.4.7 将颜色转换为灰度

选择对象，如图5-207所示，执行"编辑>编辑颜色>转换为灰度"命令，可以将颜色转换为灰度，如图5-208所示。

图5-207

图5-208

5.4.8 转换为 CMYK 或 RGB

选择灰度对象，执行"编辑>编辑颜色>转换为CMYK"或"转换为RGB"（取决于文档的颜色模式）命令，可以将灰度对象转换为彩色模式。

![提示] 提示

如果要修改文档的颜色模式，可以执行"文件>文档颜色模式>CMYK颜色"或"RGB颜色"命令。

第6章 高级上色工具

6.1 "Kuler"面板与Kuler网站

将计算机连接到互联网后，可以通过"Kuler"面板访问由在线设计人员社区所创建的数千个颜色组，为配色提供参考，用户也可以下载其中一些主题进行编辑。

6.1.1 "Kuler"面板

执行"窗口>Kuler"命令，打开"Kuler"面板，如图6-1所示。

按名称搜索主题
主题文件夹图标 —— 主题名称
—— 启动Kuler网站
刷新 —— 更改指示无法编辑主题的图标

图6-1

- 按名称搜索主题：在文本框中输入主题名称、标签或创建者，按下回车键后可在线查找相应的主题。
- 主题文件夹图标：显示了颜色主题文件夹中包含的色板。
- 主题名称：显示了颜色主题的名称。
- 刷新 ：单击该按钮，可以刷新Kuler社区中的颜色主题。
- 启动Kuler网站 ：单击该按钮，可以登录Kuler网站。

6.1.2 实战：创建自定义的颜色主题

在Kuler网站上，用户可以选择不同的颜色规则，使用色轮、亮度以及不同颜色模式的滑块调整颜色。

01 打开"Kuler"面板，单击面板底部的 按钮，登录Kuler网站，如图6-2所示。在窗口左侧的"色彩规则"下拉列表中选择一个颜色规则，如图6-3所示。

02 单击一种颜色，将其设置为基色，如图6-4所示。拖曳基色颜色条上的滑块调整颜色，如图6-5所示，也可以在CMYK文本框中输入数值，精确定义颜色。调整基色时，另外4个关联颜色会基于颜色规则所设定的方式自动生成颜色。

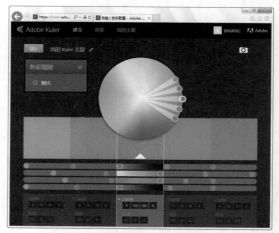

图6-2

本章是进阶Illustrator色彩高手的必经阶段。与前一章所介绍的基本上色方法相比，本章更加突出专业性。具体体现在两个方面，一是介绍了Kuler网站和"Kuler"面板；二是详细解读了全局色、实时上色、渐变和渐变网格功能。

在Illustrator中，渐变网格是表现真实效果的最佳工具，无论是复杂的人像、汽车、电器，还是简单的水果、杯子、鼠标，使用渐变网格都可以惟妙惟肖地表现出来，其真实效果甚至可以与照片相媲美。渐变网格通过网格点控制颜色的范围和混合位置，具有灵活度高、可控性强等特点。但使用者必须能够熟练编辑锚点和路径。对路径还没有完全掌握的读者，可以先看"第4章 高级绘图方法"，再学习本章内容。

学习重点 Learning Objectives

实战：从Kuler网站下载颜色主题/P168	重新着色图稿/P173	"渐变"面板/P185
实战：创建全局色/P170	创建实时上色组/P179	渐变网格与渐变的区别/P193

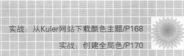 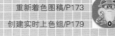

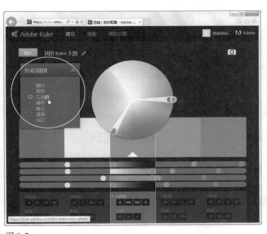

图6-3

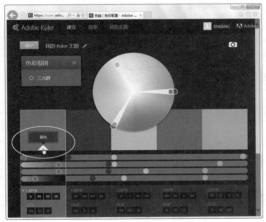

图6-4

图6-5

03 直接拖曳色轮上的滑块，可以更加灵活地定义基色并同时调整颜色，如图6-6和图6-7所示。

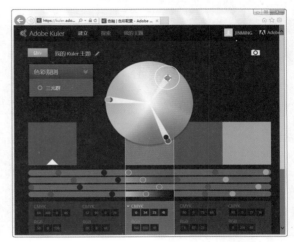

图6-6

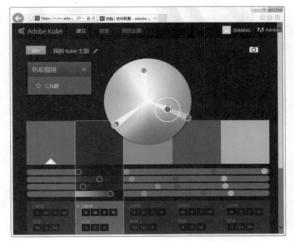

图6-7

04 单击窗口左上角的"储存"按钮，如图6-8所示，将当前颜色组保存起来，如图6-9所示。

图6-8

图6-9

6.1.3 实战：从 Kuler 网站下载颜色主题

01 单击"Kuler"面板底部的刷新按钮 ⟳，可以将我们前面在Kuler网站上创建的色板组下载下来，如图6-10所示。

02 由于"Kuler"面板中的色板是只读的，虽然在绘图时可以直接使用，但要想修改其中的某些颜色，则要将其添加到"色板"面板中，在该面板中进行修改。操作方法很简单，只需单击色板组，如图6-11所示，打开面板菜单选择"添加到色板"命令即可，如图6-12和图6-13所示。

图6-10 图6-11

图6-12 图6-13

> 相关链接：登录Kuler 网站需要网络连接。从Kuler 网站下载颜色主题需要Adobe ID。关于Adobe ID 的注册方法，请参阅"1.3.2 实战：下载及安装Illustrator CC"。

6.1.4 实战：搜索颜色主题

01 单击"Kuler"面板底部的 ➡⟨ 按钮，登录Kuler 网站。单击窗口顶部的"搜索"菜单，切换到搜索界面，如图6-14

所示。单击 ⌄ 按钮展开列表，如图6-15所示。

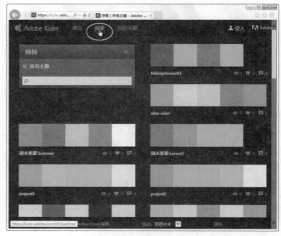

图6-14

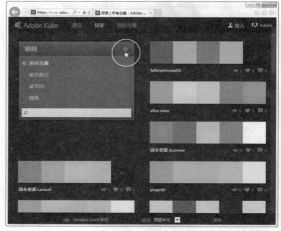

图6-15

02 单击一个选项，可以定义搜索范围，如图6-16所示。也可以在搜索文本框中输入关键字（如Aa~Zz、0~9），按回车键，进行更加细致的查找，如图6-17所示。

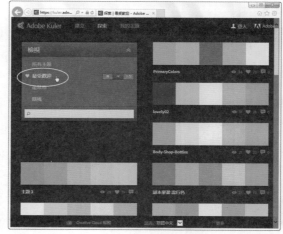

图6-16

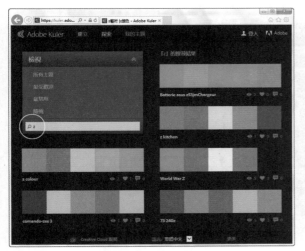

图6-17

03 将光标放在一组色板上，会显示如图6-18所示的按钮，单击相应的按钮，可以编辑颜色、下载颜色或将其标注为喜爱的颜色。例如，单击"编辑"按钮，可对所选颜色组进行重新编辑，如图6-19所示。操作方法请参阅"6.1.2 实战：创建自定义的颜色主题"。

图6-18

图6-19

6.1.5 实战： 从图片中提取颜色主题

01 单击"Kuler"面板底部的按钮，登录Kuler 网站。单击窗口右上角的相机图标，如图6-20所示，在弹出的对话框中选择计算机中的任意一张图片，如图6-21所示。

图6-20

图6-21

02 单击 "打开"按钮，将其上传到Kuler网站，Kuler会自动分析图片并从中提取主要颜色，如图6-22所示。将光标放在窗口左上角的按钮上展开列表，此时可以选择其他颜色规则，如图6-23所示。

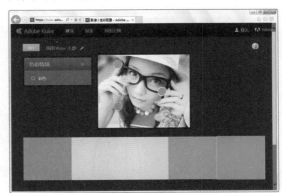

图6-22

图6-23

03 单击窗口右上角的 ⊙ 按钮，如图6-24所示，可以重新编辑当前颜色组，如图6-25所示。

图6-24

◀))提示

Kuler网站支持的图片格式包括TIFF、JPEG、GIF、PNG和BMP。

图6-25

6.2 全局色

全局色是十分特别的颜色，修改此类颜色时，画板中所有使用了它的对象都会自动更新到与之相同的状态。全局色对于经常修改颜色的对象非常有用。

6.2.1 实战：创建全局色

01 按下Ctrl+N快捷键，新建一个文档。使用椭圆工具 ◯ 创建一个椭圆形，如图6-26所示。使用锚点工具 ▷ 单击椭圆顶部和底部的锚点，如图6-27所示，将平滑点转换为角点，如图6-28所示。

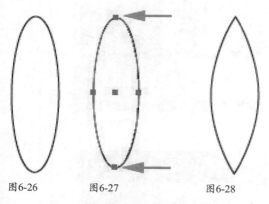

图6-26　　图6-27　　　　图6-28

相关链接：关于角点和平滑点，请参阅"4.1.1 认识锚点和路径"。

02 保持图形的选取状态，按下Ctrl+C快捷键复制，再按下Ctrl+F快捷键粘贴到前面。拖曳控制点，将图形的宽度调窄，如图6-29所示。按下Ctrl+A快捷键全选，单击"对齐"面板中的 ♣ 按钮，使图形居中对齐，如图6-30和图6-31所示。

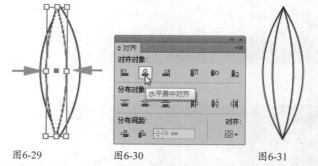

图6-29　　　　图6-30　　　　　　图6-31

03 单击"色板"面板底部的 ▣ 按钮，打开"新建色板"对话框，勾选"全局色"选项并调整参数，如图6-32所示，然后单击"确定"按钮关闭对话框，将所选颜色定义为全局色。单击 ▣ 按钮，再创建一个全局色，如图6-33所示。

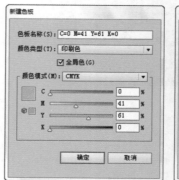　

图6-32　　　　　　　　图6-33

04 为后面的图形填充浅橘红色全局色，并设置描边为无，如图6-34所示。用深红色全局色对前面的图形进行描边，如图6-35所示。

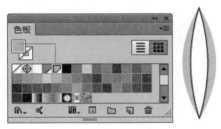

图6-34

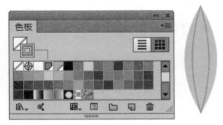

图6-35

05 分别选取这两个图形，在"透明度"面板中设置混合模式为"正片叠底"，如图6-36和图6-37所示。

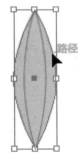

图6-36

图6-37

06 按下Ctrl+A快捷键全选，再按下Ctrl+G快捷键编组。保持图形的选取状态，执行"效果>扭曲和变换>变换"命令，打开"变换效果"对话框，设置"角度"为15°，"副本"为23，然后单击参考点定位符下面位于中间的小方块，

将参考点定位到图形下方，如图6-38所示，最后单击"确定"按钮，旋转并复制图形，如图6-39所示。

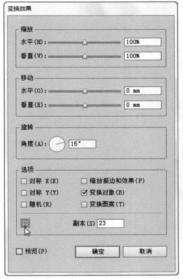

图6-38

图6-39

07 按下Ctrl+C快捷键复制图形，再按下Ctrl+F快捷键粘贴到前面。双击比例缩放工具，在打开的对话框中设置缩放比例为150%，如图6-40所示。设置图形的混合模式为"滤色"，"不透明度"为80%，如图6-41和图6-42所示。

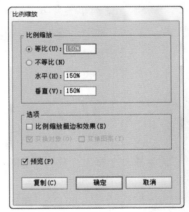

图6-40

图6-41

图6-42

08 按下Ctrl+C快捷键复制图形，再按下Ctrl+B快捷键粘贴到后面。双击比例缩放工具，在打开的对话框中设置缩放比例为150%，如图6-43和图6-44所示。

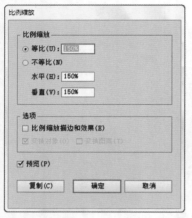

图6-43

图6-44

09 按下Ctrl+A快捷键全选，单击"对齐"面板中的 按钮对齐图形，如图6-45和图6-46所示。按下Shift+Ctrl+S快捷键保存文件。

图6-45

图6-46

6.2.2 实战：编辑全局色

01 打开前面保存的文件。下面来修改全局色，看一看对图稿会产生怎样的影响。双击一个全局色，如图6-47所示，在弹出的"色板选项"对话框中修改颜色，如图6-48所示，然后单击"确定"按钮关闭对话框，可以看到，所有使用该颜色的图形都会随之改变颜色，如图6-49所示。

图6-47

图6-48

图6-49

02 双击另一个全局色，修改它的颜色，如图6-50~图6-52所示。

图6-50

图6-51

图6-52

◀)) 提示

修改全局色时，可以选择"预览"选项，此时拖曳滑块，可在画板中预览图稿的颜色变化情况。

6.3 重新着色图稿

为图稿上色后，可以通过"重新着色图稿"命令创建和编辑颜色组，以及重新指定或减少图稿中的颜色。

6.3.1 打开"重新着色图稿"对话框

"重新着色图稿"对话框有几种打开方法，如果要编辑一个对象的颜色，可将其选取，执行"编辑>编辑颜色>重新着色图稿"命令打开该对话框；如果选择的对象包含两种或更多颜色，可单击控制面板中的 ⬤ 按钮，打开该对话框；如果要编辑"颜色参考"面板中的颜色或将"颜色参考"面板中的颜色应用于当前选择的对象，可单击"颜色参考"面板中的 ⬤ 按钮，打开该对话框；如果要编辑"色板"面板中的颜色组，可以选择该颜色组，然后单击 ⬤ 按钮，打开"重新着色图稿"对话框。

6.3.2 实战：为图稿重新着色

01 打开光盘中的素材，如图6-53所示。使用选择工具 ▶ 选择花朵背景，如图6-54所示。

图6-53

图6-54

02 执行"编辑>编辑颜色>重新着色图稿"命令，打开"重新着色图稿"对话框。"当前颜色"列表中显示了所选图稿使用的全部颜色，如果要修改一种颜色，可单击它，如图6-55所示，再拖曳下方的HSB滑块进行调整，如图6-56和图6-57所示。

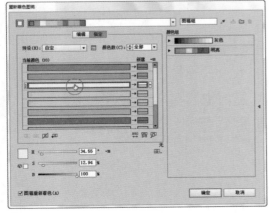
图6-55

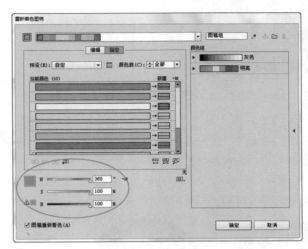
图6-56

图6-57

03 单击对话框顶部的 ▼ 按钮打开下拉列表，列表中包含预设的颜色组，可以用来替换所选图稿的整体颜色。例如，图6-58和图6-59所示为选择"暗色"颜色组后的效果。

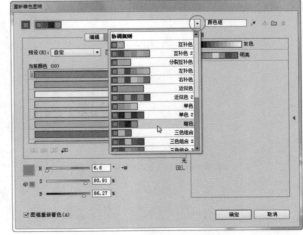
图6-58

图6-59

6.3.3 实战：使用预设的色板库着色

Illustrator提供了大量预设的色板库，使用"重新着色图稿"命令时，可以用这些色板库来修改对象的颜色。

01 打开光盘中的素材，如图6-60所示。按下Ctrl+A快捷键选择所有对象，如图6-61所示。

02 执行"编辑>编辑颜色>重新着色图稿"命令，打开"重新着色图稿"对话框。单击 ⊞ 按钮打开下拉菜单，选择"艺术史>流行艺术风格"色板库，如图6-62和图6-63所示。

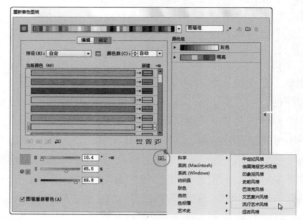

图6-62

图6-60   图6-61

图6-63

6.3.4 "编辑"选项卡

"重新着色图稿"对话框中包含"编辑""指定"和"颜色组"3个选项卡。其中，"编辑"选项卡可以创建新的颜色组或编辑现有的颜色组，或者使用颜色协调规则菜单和色轮对颜色协调进行试验，如图6-64所示。色轮可以显示颜色在颜色协调中是如何关联的，同时还可以通过颜色条查看和处理各个颜色值。

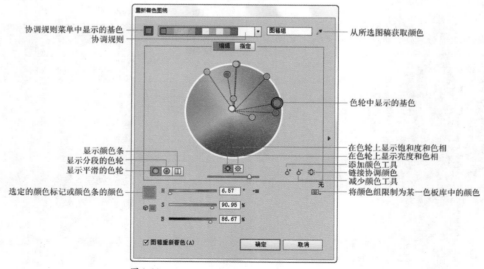

图6-64

● 协调规则： 单击 按钮， 可以打开下拉列表选择一个颜色协调规则， 基于当前选择的颜色自动生成一个颜色方案。 该选项与 "颜色参考" 面板的用途相同。

● 修改基色： 选择对象后， 单击从所选图稿获取颜色按钮 ， 可以将所选对象的颜色设置为基色。 如果要修改基色的色相， 可围绕色轮移动标记或调整 H 值， 如图 6-65 所示； 如果要修改颜色的饱和度， 可以在色轮上将标记向里和向外移动或调整 S 值， 如图 6-66 所示； 如果要修改颜色的明度， 可调整 B 值， 如图 6-67 所示。

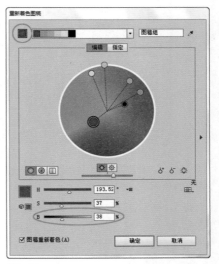

图6-67

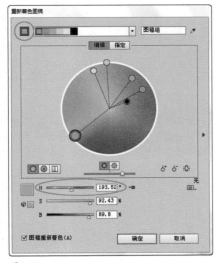

图6-65

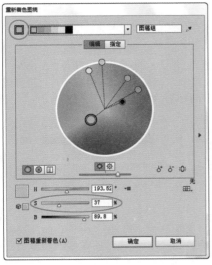

图6-66

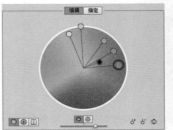

图6-68

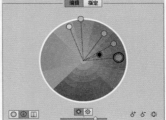

图6-69

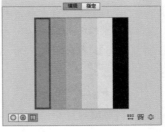

图6-70

● 显示平滑的色轮 ： 在平滑的圆形中显示色相、 饱和度和亮度， 如图 6-68 所示。

● 显示分段的色轮 ： 将颜色显示为一组分段的颜色片， 如图 6-69 所示。 在该色轮中可以轻松查看单个颜色， 但是它所提供的可选颜色没有连续色轮中提供得多。

● 显示颜色条 ： 仅显示颜色组中的颜色， 并且这些颜色显示为可以单独选择和编辑的实色颜色条， 如图 6-70 所示。

● 添加颜色工具 ／减少颜色工具 ： 当显示为平滑的色轮和分段的色轮时， 如果要向颜色组中添加颜色， 可单击 按钮， 如图 6-71 所示， 然后在色轮上单击要添加的颜色， 如图 6-72 所示。 如果要删除颜色组中的颜色， 可单击 按钮， 然后单击要删除的颜色标记， 如图 6-73 和图 6-74 所示。 基色标记不能删除。

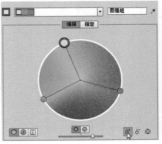

图6-71

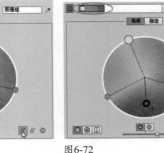

图6-72

175

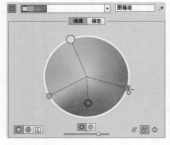

图6-73　　　　　　　　　　　图6-74

● 在色轮上显示饱和度和色相 ⬡：单击该按钮，可以在色轮上查看饱和度和色相，如图6-75所示。

● 在色轮上显示亮度和色相 ⬡：单击该按钮，可以在色轮上查看亮度和色相，如图6-76所示。

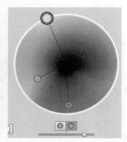

图6-75　　　　　　　　图6-76

● 链接协调颜色 ⬡：在处理色轮中的颜色时，选定的颜色协调规则会继续控制为该组生成的颜色。如果要解除颜色协调规则并自由编辑颜色，可单击该按钮。

● 将颜色组限制为某一色板库中的颜色 ⊞：如果要将颜色限定于某一色板库，可单击该按钮，并从列表中选择该色板库。

● 图稿重新着色：勾选该项后，可以在画板中预览对象的颜色效果。

6.3.5 "指定"选项卡

打开一个文件，如图6-77所示。选择对象后打开"重新着色图稿"对话框，单击"指定"选项卡，可以显示如图6-78所示的选项。在该选项卡中可以指定用哪些新颜色来替换当前颜色、是否保留专色以及如何替换颜色，还可以控制如何使用当前颜色组对图稿重新着色或减少当前图稿中的颜色数目。

图6-77

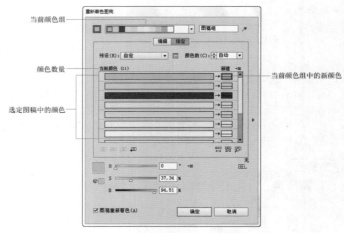

图6-78

● 预设：在该选项的下拉列表中可以选择一个预设的颜色作业。

● 颜色数："当前颜色"选项右侧的数字代表了文档中正在使用的颜色的数量。打开"颜色数"下拉列表可以修改颜色的数量，例如，可以将当前颜色减少到指定的数目，如图6-79和图6-80所示。

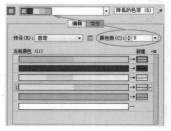

图6-79　　　　　　　　　　　图6-80

● 将颜色合并到一行中 ⬚⬚⬚：按住 Shift 键单击两个或多个颜色，将它们选择，如图6-81所示，然后单击 ⬚⬚⬚ 按钮，可以将所选颜色合并到一行中，如图6-82所示。

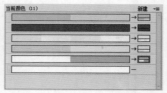

图6-81　　　　　　　　　　　图6-82

● 将颜色分离到不同的行中 ⬚⬚⬚：当多种颜色位于一行时，如果想要将各个颜色分离到单独的行中，可以按住 Shift 键单击它们，如图6-83所示，再单击 ⬚⬚⬚ 按钮，如图6-84所示。

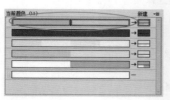

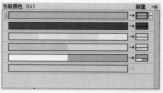

图6-83　　　　　　　　　　　图6-84

● 排除选定的颜色以便不会将它们重新着色 ⊘ ： 如果想要保留某种颜色， 而不希望它被修改， 可以选择这一颜色， 如图 6-85 所示， 然后单击 ⊘ 按钮， "当前" 颜色列中便不会出现该颜色，如图 6-86 所示。

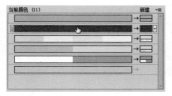 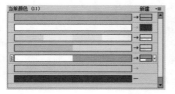

图6-85　　　　　　　图6-86

● 从 "当前颜色" 列中排除颜色： 在 "当前颜色" 列右侧， 每个颜色都包含一个 → 状箭头， 单击一个颜色的箭头后， 该颜色仍会保留在 "当前颜色" 列中， 但修改颜色时它不会受到影响。 例如， 排除背景图形颜色后， 如图 6-87 所示， 修改颜色协调规则时， 背景色不会受到影响， 如图 6-88 所示。 如果要重新影响该颜色， 可单击虚线。

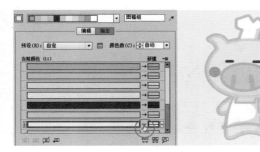

图6-87

图6-88

● 新建行 ▥ ： 单击该按钮， 可以向 "当前颜色" 列添加一行。

● 随机更改颜色顺序 ▦ ： 单击该按钮， 可随机更改当前颜色组的顺序， 如图 6-89 和图 6-90 所示。

图6-89

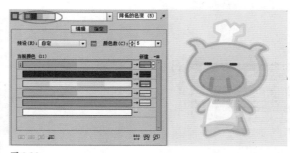

图6-90

● 随机更改饱和度和亮度 ▨ ： 单击该按钮， 可以在保留色相的同时随机更改当前颜色组的亮度和饱和度， 如图 6-91 所示。

● 单击上面的颜色以在图稿中查找它们 ⌕ ： 如果要在指定新颜色时查看原始颜色在图稿中的显示位置， 可以单击该按钮， 然后单击 "当前颜色" 列中的颜色， 使用该颜色的图稿会以全色的形式显示在画板中， 如图 6-92 所示。

图6-91

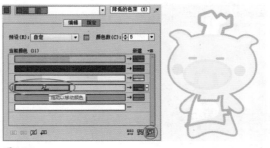

图6-92

● 指定不同的颜色： 如果要将当前颜色指定为不同的颜色， 可以在 "当前颜色" 列中将其向上或向下拖曳至靠近所需的新颜色， 如图 6-93 和图 6-94 所示； 如果一个行包含多种颜色， 要移动这些颜色， 可单击该行左侧的选择器条 ▌， 并将其向上或向下拖曳， 如图 6-95 和图 6-96 所示； 如果要为当前颜色的其他行指定新颜色， 可以在 "新建" 列中将新颜色向上或向下拖曳。

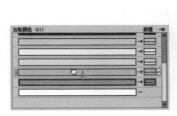 

图6-93

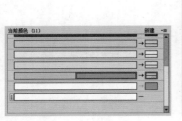

图6-94

图6-99

6.3.6 "颜色组"选项卡

"颜色组"选项卡为打开的文档列出了所有存储的颜色组,如图6-100所示,它们也会在"色板"面板中显示,如图6-101所示。使用"颜色组"选项卡可以编辑、删除和创建新的颜色组。所做的修改都会反映在"色板"面板中。

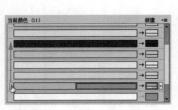

图6-95

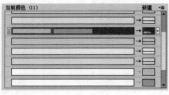

图6-96

● 在"新建"列修改颜色:在"新建"列的一个颜色上单击右键,打开下拉菜单,选择"拾色器"命令,如图6-97所示,可以打开"拾色器"修改颜色,如图6-98和图6-99所示。

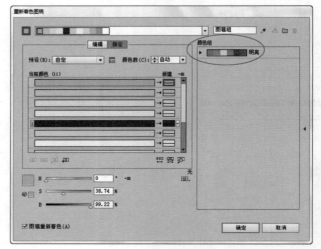

图6-100

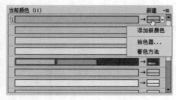

图6-97

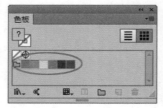

图6-101

● 将更改保存到颜色组 ：如果要编辑颜色组,可以在列表中单击它,如图6-102所示,再切换到"编辑"选项卡中对颜色组做出修改,如图6-103所示,然后单击 按钮,如图6-104所示。

● 新建颜色组 ：如果要将新颜色组添加到"颜色组"列表,可创建或编辑颜色组,然后在"协调规则"菜单右侧的"名称"框中输入一个名称并单击 按钮。

● 删除颜色组 ：选择颜色组后,单击 按钮可将其删除。

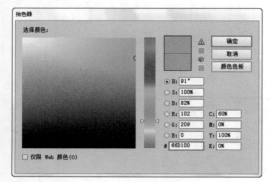

图6-98

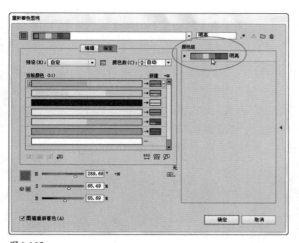

图6-102

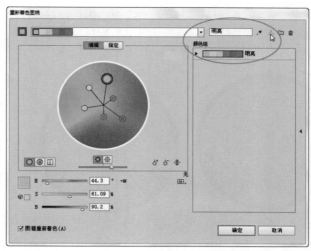

图6-104

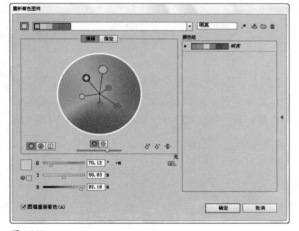

图6-103

提示

单击"重新着色图稿"对话框右侧中间的 ▶ 按钮，可以显示或隐藏"颜色组"选项卡。

6.4 实时上色

实时上色是一种为图形上色的特殊方法。它的基本原理是通过路径将图稿分割成多个区域，每一个区域都可以上色、每个路径段都可以描边。上色和描边过程就犹如在涂色簿上填色，或是用水彩为铅笔素描上色。

6.4.1 创建实时上色组

选择多个图形，执行"对象>实时上色>建立"命令，即可创建实时上色组，所选对象会编为一组。在实时上色组中，可以上色的部分分为边缘和表面。边缘是一条路径与其他路径交叉后处于交点之间的路径，表面是一条边缘或多条边缘所围成的区域。边缘可以描边，表面可以填色。例如，图6-105所示为由一个圆形和一条曲线路径创建的实时上色组，图6-106所示为对表面和边缘分别进行填色后的效果。

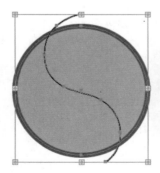

图6-105

图6-106

建立了实时上色组后，每条路径都可以编辑，并且移动或改变路径的形状时，Illustrator会自动将颜色应用于由编辑后的路径所形成的新区域，如图6-107和图6-108所示。

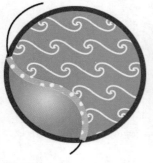 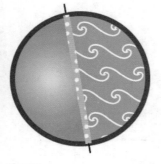

图6-107　　　　　　　　　图6-108

6.4.2 实战：为表面上色

01 按下Ctrl+O快捷键，打开光盘中的素材，如图6-109所示。使用选择工具 ↖ 按住Shift键单击蝴蝶翅膀图形，将它们选取，如图6-110所示。

图6-109　　　　　　　　　图6-110

02 执行"对象>实时上色>建立"命令，创建实时上色组，如图6-111所示。执行"选择>取消选择"命令，取消选择。在"渐变"面板中设置渐变颜色，如图6-112所示。

图6-111　　　　　　　　　图6-112

 提示

创建实时上色组后，可以在"颜色""色板"和"渐变"面板中设置颜色，再用实时上色工具 为对象填色。

相关链接： 关于渐变的创建和编辑方法，请参阅"6.5渐变"。

03 选择实时上色工具 ，将光标放在对象上，检测到表面时会显示红色的边框，同时，工具上方还会出现当前设定的颜色及其在"色板"面板中的相邻颜色（按下←键和→键可切换到相邻颜色），单击鼠标可填充当前颜色，如图6-113所示。在另一个翅膀上单击，填充相同颜色的渐变，如图6-114所示。

图6-113　　　　　　　　　图6-114

04 对单个图形表面进行着色时不必选择对象。如果要同时对多个表面着色，可以使用实时上色选择工具 按住Shift键单击这些表面，将它们选择，如图6-115所示，再单击鼠标进行填色，如图6-116所示。

图6-115　　　　　　　　　图6-116

05 "色板"面板中提供了预设的渐变颜色，为蝴蝶翅膀和蝴蝶身体填充这些渐变，如图6-117和图6-118所示。

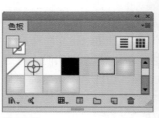 

图6-117　　　　　　　　　图6-118

06 使用选择工具 ↖ 单击实时上色组，如图6-119所示，在"透明度"面板中设置"混合模式"为"叠加"，如图6-120和图6-121所示。

图6-119

图6-120

图6-121

6.4.3 实战：为边缘上色

01 按下Ctrl+N快捷键，新建一个文档。使用椭圆工具 ⬭ 按住Shift键创建一个圆形，如图6-122所示。用选择工具 ▶ 按住Alt+Shift键拖曳图形进行复制，如图6-123所示。

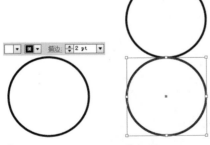

图6-122　　　　　图6-123

02 在这两个圆形外侧创建一个大圆，如图6-124所示。按下Ctrl+A快捷键全选，执行"对象>实时上色>建立"命令，创建实时上色组。在"颜色"面板中设置颜色，如图6-125所示。

> **◄)) 提示**
>
> 创建圆形时，可以借助智能参考线来对齐图形。执行"视图>智能参考线"命令（该命令前面出现一个"√"），可以启用智能参考线。

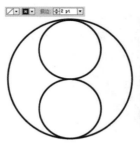

图6-124　　　　　图6-125

03 使用实时上色工具 ⬚ 在图形上单击，进行填色，如图6-126所示。在"颜色"面板中将颜色调整为普蓝色，为左侧的图形填色，如图6-127所示。

图6-126　　　　　图6-127

04 使用实时上色选择工具 ⬚ 单击边缘，将其选择，如图6-128所示，然后单击"色板"或"颜色"面板中的 ☒ 按钮，删除描边颜色，如图6-129和图6-130所示。选择另一处描边，删除颜色，如图6-131所示。

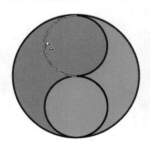

图6-128　　　　　图6-129

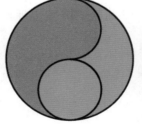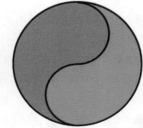

图6-130　　　　　图6-131

05 使用实时上色选择工具 ⬚ 按住Shift键单击其他边缘，将它们同时选取，如图6-132所示，然后设置描边颜色为白色，如图6-133所示。

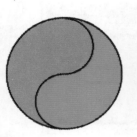

图6-132 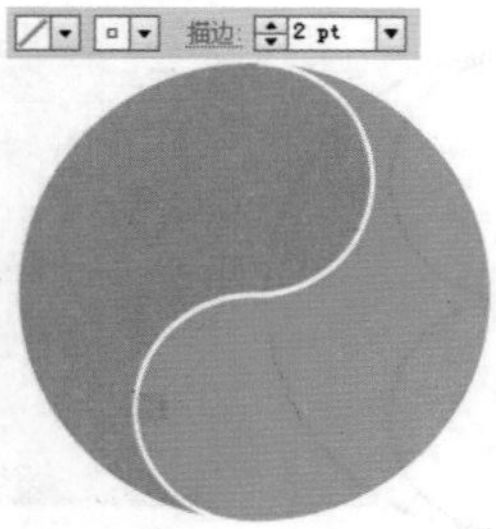　　　　　　图6-133

06 使用椭圆工具 ⬭ 按住Shift键创建一个圆形，填充白色，无描边，如图6-134所示。保持图形的选取状态，执行"效果>风格化>投影"命令，为图形添加投影，如图6-135和图6-136所示。使用选择工具 ▶ 按住Alt键拖曳鼠标，复制该图形，如图6-137所示。

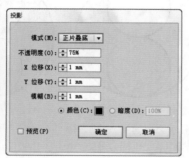

图6-134　　　　　　图6-135

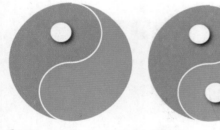

图6-136　　　　　　图6-137

6.4.4 实战：在实时上色组中添加路径

创建实时上色组后，可以向其中添加新的路径，从而生成新的表面和边缘。

01 打开光盘中的素材，如图6-138所示。选择直线段工具 ╱，按住Shift键创建两条直线，无填色、无描边，如图6-139所示。

图6-138

图6-139

02 使用选择工具 ▶ 单击并拖出一个选框，将这两条直线和实时上色组（"NBA"文字图形）同时选取，如图6-140所示，然后单击控制面板中的"合并实时上色"按钮，或执行"对象>实时上色>合并"命令，将这两条路径合并到实时上色组中，如图6-141所示。

图6-140

图6-141

03 执行"选择>取消选择"命令，取消选择。使用吸管工具 ⌖ 单击蓝色图形，拾取颜色，如图6-142所示。用实时上色工具 ⬢ 为实时上色组中新分割出的表面上色，如图6-143所示。

图6-142

图6-143

04 将填充颜色设置为黄色，继续为实时上色组填色，如图6-144和图6-145所示。

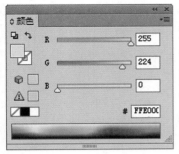

图6-144

图6-148

图6-149

02 由于图稿中的路径之间存在间隙，如图6-150所示，因此，填色时颜色会渗漏到相邻的图形区域。按下Ctrl+A快捷键选取实时上色组，执行"对象>实时上色>间隙选项"命令，在"上色停止在"选项中选择"大间隙"，如图6-151所示。勾选"预览"选项，可以看到画面中路径间的空隙已被封闭，如图6-152所示。单击"确定"按钮关闭对话框。

图6-145

05 向实时上色组中添加路径后，使用编组选择工具 移动路径或使用锚点工具 修改路径的形状，都可以改变上色区域，如图6-146和图6-147所示。

图6-146

图6-150

图6-151

图6-147

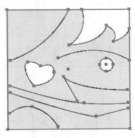

图6-152

6.4.5 实战：封闭实时上色间隙

实时上色组中的间隙是路径之间的小空间，当颜色填充到了不应上色的对象上时，便有可能是因为图稿中存在间隙。执行"视图>显示实时上色间隙"命令，可根据当前所选的实时上色组中设置的间隙选项，突出显示该组中的间隙。下面介绍怎样封闭实时上色间隙。

01 打开光盘中的素材，如图6-148所示。按下Ctrl+A快捷键全选，执行"对象>实时上色>建立"命令，创建实时上色组。选择实时上色工具 ，设置填充颜色为黄色，为图形填色，如图6-149所示。

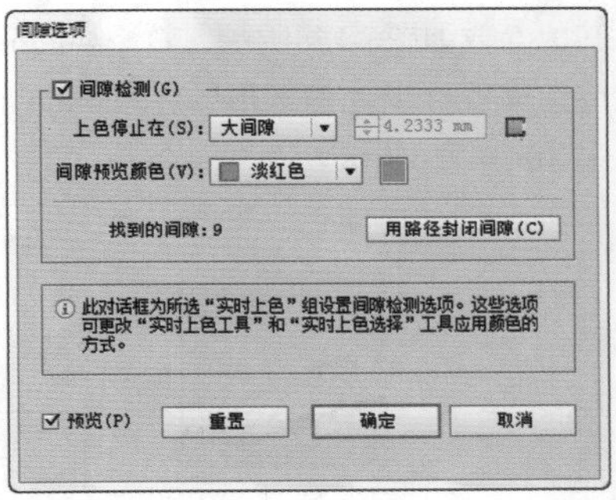

03 设置描边粗细为2pt，如图6-153所示。继续为对象填色，如图6-154所示。

图6-153

图6-154

04 使用矩形工具 绘制两个大小不同的矩形，分别填充灰色与白色。选择白色矩形，执行"效果>风格化>投影"

命令，添加投影效果，如图6-155和图6-156所示。

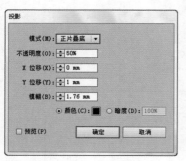

图6-155　　　　　　　　　图6-156

05 使用铅笔工具 ✐ 在画面书写一个"秀"字，设置描边颜色为白色，描边宽度为6pt，无填色，如图6-157所示。执行"效果>风格化>外发光"命令，将发光颜色设置为深灰色，其他参数如图6-158所示，效果如图6-159所示。在文字上添加一些填充线性渐变的圆形，并在画面下方输入文字，完成后的效果如图6-160所示。

图6-157　　　　　　　　　图6-158

图6-159　　　　　　　　　图6-160

6.4.6　实时上色工具选项

　　双击实时上色工具 ⚄ 和双击实时上色选择工具 ⚃ ，都可以打开相应的工具选项对话框，如图6-161和图6-162所示。在对话框中可以设置这两个工具的工作方式，以及当工

具移动到对象表面和边缘上时光标如何突出显示。

图6-161　　　　　　　　　图6-162

- 填充上色：对实时上色组的表面上色。

- 描边上色：对实时上色组的边缘上色。

- 光标色板预览：选择该选项后，实时上色工具的光标会显示3个颜色的色板，如图6-163所示，其中，位于中间的是当前选择的颜色，两侧的是"色板"面板中紧靠该颜色左侧和右侧的两种颜色，如图6-164所示。按下←键或→键，可以切换到相邻的颜色，如图6-165所示。

 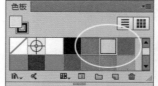 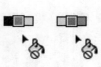

图6-163　　图6-164　　　　　　　　图6-165

- 突出显示：选择该选项后，当光标在实时上色组表面或边缘的轮廓上时，将用粗线突出显示表面，如图6-166所示；用细线突出显示边缘，如图6-167所示。

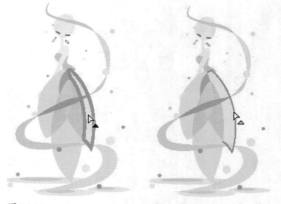

图6-166　　　　　　图6-167

- 颜色：用来设置突出显示的线的颜色。默认为红色。

- 宽度：用来指定突出显示的轮廓线的粗细。

6.4.7　释放实时上色组

　　选择实时上色组，如图6-168所示，执行"对象>实时上色>释放"命令，可以释放实时上色组，对象会变为0.5pt黑色描边、无填色的普通路径，如图6-169所示。

图6-168　　　　　　图6-169

6.4.8 扩展实时上色组

选择实时上色组，如图6-170所示，执行"对象>实时上

色>扩展"命令，可以将其扩展为由多个图形组成的对象。用编组选择工具 🔖 可以选择其中的路径进行编辑，图6-171所示为删除部分路径后的效果。

图6-170　　　　　　图6-171

6.5 渐变

渐变可以在对象中创建平滑的颜色过渡效果。Illustrator提供了大量预设的渐变库，还允许用户将自定义的渐变存储为色板，以便应用于其他对象。

6.5.1 "渐变"面板

选择一个图形对象，单击工具面板底部的渐变按钮 ⬛，即可为它填充默认的黑白线性渐变，如图6-172所示，并弹出"渐变"面板，如图6-173所示。

图6-172

● 渐变填色框：显示了当前渐变的颜色。单击它可以用渐变填充当前选择的对象。

● 渐变菜单：单击 ▾ 按钮，可在打开的下拉菜单中选择一个预设的渐变。

● 类型：在该选项的下拉列表中可以选择渐变类型，包括线性渐变（见图6-172），"径向"渐变，如图6-174所示。

● 反向渐变 🔳：单击该按钮，可以反转渐变颜色的填充顺序，如图6-175所示。

图6-174

图6-175

图6-173

185

● 描边： 如果使用渐变色对路径进行描边，则按下 ▊ 按钮，可在描边中应用渐变，如图6-176所示；按下 ▊ 按钮，可沿描边应用渐变，如图6-177所示；按下 ▊ 按钮，可跨描边应用渐变，如图6-178所示。

图6-176

图6-177

图6-178

● 角度 △： 用来设置线性渐变的角度，如图6-179所示。

图6-179

● 长宽比 ⬚： 填充径向渐变时，可在该选项中输入数值创建椭圆渐变，如图6-180所示，也可以修改椭圆渐变的角度来使其倾斜。

● 中点/渐变滑块/删除滑块： 渐变滑块用来设置渐变颜色和颜色的位置，中点用来定义两个滑块中颜色的混合位置。如果要删除滑块，可单击它，然后单击 🗑 按钮。

● 不透明度： 单击一个渐变滑块，调整不透明度值，可以使颜色呈现透明效果。

● 位置： 选择中点或渐变滑块后，可以在该文本框中输入 0 到 100 之间的数值来定位其位置。

图6-180

🔄 **相关链接**： 如果要在对象之间创建颜色、不透明度和形状混合，可以使用"混合"命令或混合工具来操作。具体方法请参阅"7.6 混合"。

6.5.2 实战： 编辑渐变颜色

对于线性渐变，渐变颜色条最左侧的颜色为渐变色的起始颜色，最右侧的颜色为终止颜色。对于径向渐变，最左侧的渐变滑块定义了颜色填充的中心点，它呈辐射状向外逐渐过渡到最右侧的渐变滑块颜色。

01 打开光盘中的素材。用选择工具 ▸ 选择渐变对象，如图6-181所示，在工具面板中将填色设置为当前编辑状态，"渐变"面板中会显示图形使用的渐变颜色，如图6-182所示。

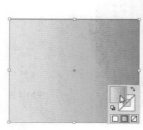

图6-181　　　　　　　图6-182

02 单击一个渐变滑块将其选择，如图6-183所示，拖曳"颜色"面板中的滑块可以调整渐变颜色，如图6-184和图6-185所示。

图6-183　　　　　　　图6-184

图6-185

03 按住Alt键单击"色板"面板中的一个色板，可以将该色板应用到所选滑块上，如图6-186所示。未选择滑块时，可直接将一个色板拖曳到滑块上，如图6-187所示。

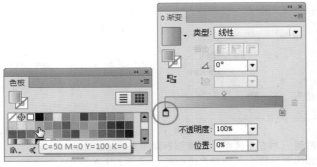

图6-186

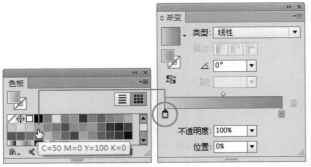

图6-187

◀)) 提示

双击一个渐变滑块，可以弹出一个下拉面板，在该面板中也可以修改渐变颜色。此外，单击下拉面板中的 ⊞ 按钮可切换面板，这时可以选择一个色板来修改滑块的颜色。

04 如果要增加渐变颜色的数量，可以在渐变色条下单击，添加新的滑块，如图6-188所示。将"色板"面板中的色板直接拖曳至"渐变"面板中的渐变色条上，则可以添加一个该色板颜色的渐变滑块，如图6-189所示。如果要减少颜色数量，可单击一个滑块，然后按下 🗑 按钮进行删除，也可直接将其拖曳到面板外。

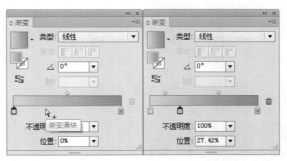

图6-188

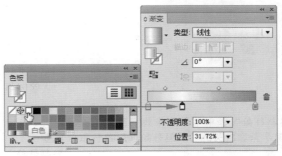

图6-189

05 按住Alt键拖曳一个滑块，可以复制它，如图6-190所示。如果按住Alt键将一个滑块拖曳到另一个滑块上，则可交换这两个滑块的位置，如图6-191所示。

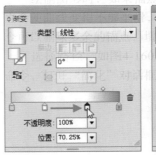

图6-190

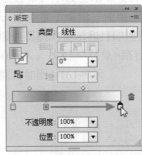

图6-191

06 拖曳滑块可以调整渐变中各个颜色的混合位置，如图6-192所示。在渐变色条上，每两个渐变滑块的中间（50%处）都有一个菱形的中点滑块，移动中点可以改变它两侧渐变滑块的颜色混合位置，如图6-193所示。

图6-192

图6-193

29 技术看板：保存渐变

调整好渐变颜色后，单击"色板"面板中的 🔲 按钮，打开"新建色板"对话框，输入渐变的名称，然后单击"确定"按钮，可以将渐变保存到"色板"面板中。以后需要使用它时，可通过"色板"面板来应用。

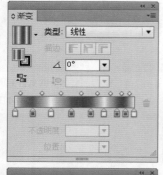

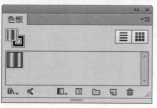

30 技术看板：拉宽渐变面板

在默认情况下，"渐变"面板的区域比较小，当滑块数量较多时，不太容易编辑。遇到这种情况时，可以将光标放在面板右下角的 图标上，单击并拖曳鼠标将面板拉宽。

6.5.3 实战：编辑线性渐变

01 打开光盘中的素材。用选择工具 ▶ 选择渐变对象，如图6-194所示。选择渐变工具 ■ ，图形上会显示渐变批注者，如图6-195所示。

图6-194　　　　图6-195

◀) 提示

执行"视图"菜单中的"显示/隐藏渐变批注者"命令，可以显示或隐藏渐变批注者。

02 左侧的圆形图标是渐变的原点，拖曳它可以水平移动渐变，如图6-196所示。拖曳右侧的圆形图标可以调整渐变的半径，如图6-197所示。

图6-196　　　　　　　　图6-197

03 将光标放在右侧的圆形图标外，光标会变为 ↻ 状，此时单击并拖曳鼠标可旋转渐变，如图6-198所示。

04 将光标放在渐变批注者下方，可以显示渐变滑块，如图6-199所示。将滑块拖曳到图形外侧，可将其删除，如图6-200所示。移动滑块，可以调整渐变颜色的混合位置，如图6-201所示。

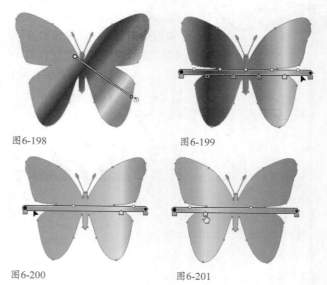

图6-198　　　　　　　　图6-199

图6-200　　　　　　　　图6-201

提示

选择渐变对象后，使用渐变工具 在画板中单击并拖曳鼠标，可以更加灵活地调整渐变的位置和方向。如果要将渐变的方向设置为水平、垂直或45°角的倍数，可以在拖曳鼠标时按住Shift键。

6.5.4 实战：编辑径向渐变

01 打开光盘中的素材。用选择工具 选择渐变对象，然后选择渐变工具 ，图形上会显示渐变批注者，如图6-202所示。拖曳左侧的圆形图标可以调整渐变的覆盖范围，如图6-203所示。

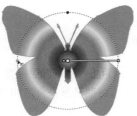

图6-202 　　　　　　　　　图6-203

02 拖曳中间的圆形图标可以水平移动渐变，如图6-204所示。拖曳它左侧的空心圆可同时调整渐变的原点和方向，如图6-205所示。

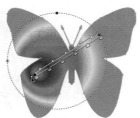

图6-204 　　　　　　　　　图6-205

03 将光标放在图6-206所示的图标上，单击并向下拖曳可调整渐变半径，生成椭圆渐变，如图6-207所示。

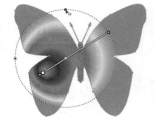
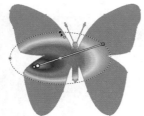

图6-206 　　　　　　　　　图6-207

6.5.5 实战：用渐变制作郁金香花

01 打开光盘中的素材，如图6-208所示。使用选择工具 单击并拖出一个选框，选择郁金香花瓣，如图6-209所示。

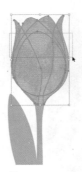

图6-208 　　　　　　　　　图6-209

02 单击"色板"面板中预设的渐变色板，为花瓣填色，如图6-210和图6-211所示。

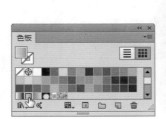

图6-210 　　　　　　　　　图6-211

03 在"渐变"面板中设置渐变角度为80°，如图6-212所示。在"透明度"面板中设置混合模式为"正片叠底"，如图6-213所示。

图6-212

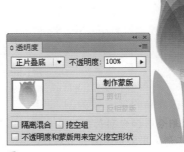

图6-213

04 分别选择叶子和花径，为它们填充渐变颜色，如图6-214
和图6-215所示。

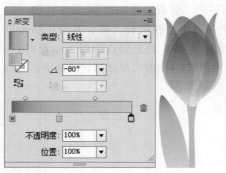

图6-214

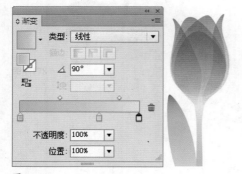

图6-215

31 技术看板：多图形渐变填充技巧

选择多个图形后，单击"色板"面板中预设的渐变，每一
个图形都会填充相应的渐变。如果再使用渐变工具 ▨ 在
这些图形上方单击并拖曳鼠标，重新为它们填充渐变，则
这些图形将作为一个整体应用渐变。

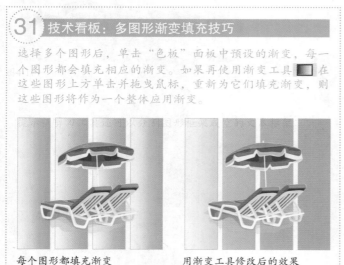

每个图形都填充渐变　　　　用渐变工具修改后的效果

6.5.6 实战：使用渐变库

01 打开光盘中的素材，如图6-216所示。按下Ctrl+A快捷键
全选。单击"色板"面板底部的色板库菜单按钮 ▨▾，
打开下拉菜单，其中的"渐变"下拉菜单中包含了Illustrator提
供的各种渐变库，如图6-217所示。

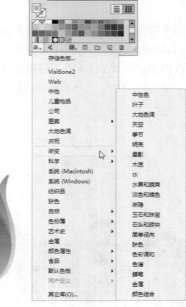

图6-216　　　　图6-217

02 选择"色谱"渐变库，它会出现在一个单独的面板中。
单击"亮色色谱"渐变，如图6-218所示，在"渐变"面
板中设置角度为90°，效果如图6-219所示。可以尝试使用渐变
库中的其他渐变为图形填色，如图6-220所示。

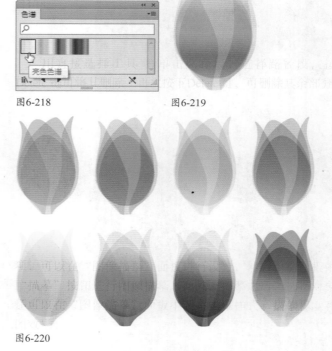

图6-218　　　　图6-219

图6-220

6.5.7 实战：UI设计

01 使用钢笔工具 ✐ 绘制一个图形，填充径向渐变，如图 6-221和图6-222所示。

图6-221　　　　　　　图6-222

02 保持图形的选取状态。选择镜像工具 ，将光标放在如图6-223所示的位置，按住Alt键单击，弹出"镜像"对话框，选择"垂直"选项，单击"复制"按钮镜像复制图形，如图6-224和图6-225所示。选择这两个图形，按下Ctrl+G快捷键，将它们编为一组。

图6-223　　　　　　　图6-224

图6-225

03 用椭圆工具 ◯ 按住Shift键创建一个圆形，填充径向渐变，如图6-226和图6-227所示。按下Ctrl+C快捷键复制图形，按下Ctrl+F快捷键粘贴到前面，然后按住Shift+Alt键拖曳控制点，以圆心为中心向内缩小图形，再将图形适当旋转，如图6-228所示。

图6-226

图6-227　　　　　　　图6-228

04 用钢笔工具 ✐ 绘制两个图形，填充渐变作为高光，如图6-229和图6-230所示。

图6-229　　　　　　　图6-230

05 将这两个图形选取，打开"透明度"面板，设置混合模式为"滤色"、不透明度为50%，如图6-231和图6-232所示。

图6-231　　　　　　　图6-232

06 按下Ctrl+F快捷键，将剪贴板中的圆形粘贴到前面，再按住Shift键拖曳定界框上的控制点，将图形适当缩小，如图6-233所示。按下Ctrl+F快捷键再粘贴一个图形，按住Shift+Alt键拖曳控制点，以圆心为中心向内缩小，修改它的渐变颜色，如图6-234和图6-235所示。

图6-233　　　　　　　图6-234

图6-235

07 绘制几个黑色和白色的圆形，作为瞳孔，如图6-236所示。选择所有眼珠图形，按下Ctrl+G快捷键编组。使用选择工具 ▶ 按住Shift+Alt键向右侧拖曳，进行复制，如图6-237所示。

图6-236　　　　　　　　　　图6-237

08 使用编组选择工具 ▶⁺ 选择太阳头部和两个高光图形，如图6-238所示，按下Ctrl+C快捷键复制，再按下Ctrl+V快捷键粘贴，将图形缩小，作为太阳的鼻子，如图6-239所示。

图6-238　　　　　　　　　　图6-239

09 用圆角矩形工具 ▢ 创建两个图形，如图6-240所示，设置它们的不透明度为50%，如图6-241和图6-242所示。将这两个图形编为一组。

图6-240　　　　　　　　　　图6-241

图6-242

10 使用钢笔工具 ✐ 绘制两个重叠的图形，一个稍大，一个稍小，如图6-243所示，然后将它们选择，单击"路径查找器"面板中的 ⬚ 按钮进行运算，得到眼镜框图形，填充渐变，如图6-244和图6-245所示。

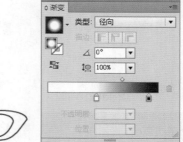

图6-243　　　　　　　　　　图6-244

图6-245

11 将它复制到右侧，再添加几个图形，制作为完整的眼镜，如图6-246和图6-247所示。按下Ctrl+A快捷键全选，再按下Ctrl+C快捷键复制。

图6-246　　　　　　　　　　图6-247

12 打开光盘中的素材，如图6-248所示。这个提示板也是用基本图形填充渐变颜色制作的。按下Ctrl+V快捷键粘贴图形，如图6-249所示。

图6-248　　　　　　　　　　图6-249

13 使用矩形工具 ▢ 创建一个矩形，按下Shift+Ctrl+[快捷键调整到最底层。单击"色板"面板中的图案，为图形填充该图案，如图6-250和图6-251所示。图6-252所示为使用椭

圆工具 ⬭ 和钢笔工具 🖋 绘制图形并填充渐变颜色制作的其他 UI图标。

图6-250　　　　图6-251

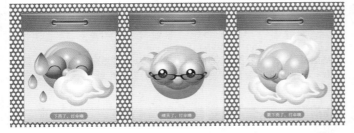

图6-252

6.5.8 将渐变扩展为图形

选择渐变对象，如图6-253所示，执行"对象>扩展"命令，打开"扩展"对话框，选择"填充"选项，在"指定"文本框中输入数值，即可将渐变填充扩展为指定数量的图形，如图6-254和图6-255所示。这些图形会编为一组，并通过剪切蒙版控制显示区域，如图6-256所示。

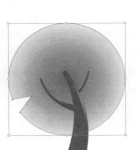

图6-253

图6-254

图6-255

图6-256

6.6 渐变网格

渐变网格是一种特殊的渐变填色功能，它通过网格点和网格片面接受颜色，通过网格点精确控制渐变颜色的范围和混合位置，具有灵活度高和可控性强等特点。

6.6.1 渐变网格与渐变的区别

渐变网格由网格点、网格线和网格片面构成，如图6-257所示。由于网格点、网格片面都可以着色，并且颜色之间会平滑过渡，因此，可以制作出写实效果的作品，如图6-258所示，图6-259所示为机器人复杂的网格结构。

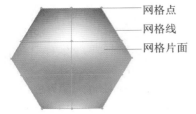

——网格点
——网格线
——网格片面

图6-257

图6-258

图6-259

渐变网格与渐变填充的工作原理基本相同，它们都能在对象内部创建各种颜色之间平滑过渡的效果。二者的区别在于，渐变填充可以应用于一个或者多个对象，但渐变的方向只能是单一的，不能分别调整，如图6-260和图6-261所示；而渐变网格只能应用于一个图形，但却可以在图形内产生多个渐变，并且渐变也可以沿不同的方向分布，如图6-262所示。

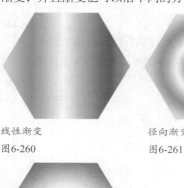

线性渐变

图6-260

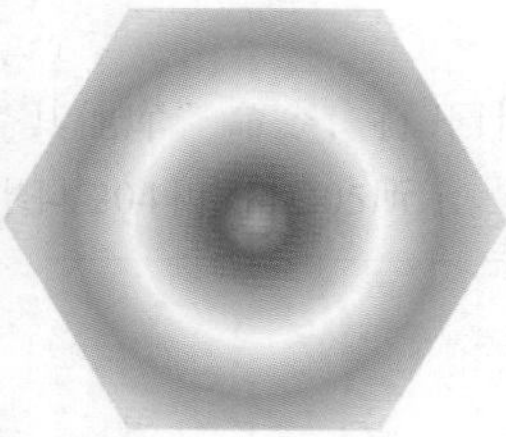

径向渐变

图6-261

渐变网格

图6-262

6.6.2 实战：用网格工具创建渐变网格

01 打开光盘中的素材，如图6-263所示。在"色板"或"颜色"面板中为网格点设置颜色，如图6-264所示。

图6-263

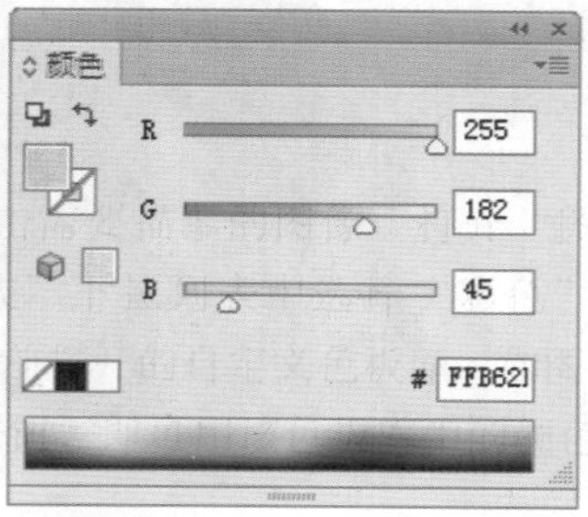

图6-264

02 选择网格工具 ，将光标放在图形上（光标会变为 状），如图6-265所示，单击鼠标，可将其转换为一个具有最低网格线数的网格对象，如图6-266所示。

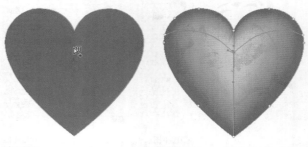

图6-265　　　　　　　　图6-266

03 继续单击可添加其他网格点，如图6-267所示。按住Shift 键单击可添加网格点而不改变当前的填充颜色。在"颜色"面板中可调整该网格点的颜色，如图6-268和图6-269所示。

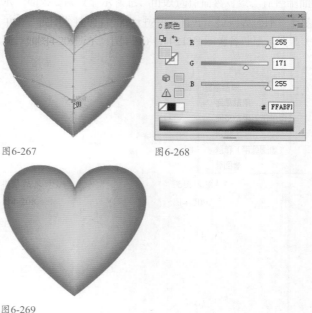

图6-267　　　　　　图6-268

图6-269

◀)) 提示

位图图像、复合路径和文本对象不能创建为网格对象。此外，复杂的网格会使系统性能大大降低，因此，最好创建若干小且简单的网格对象，而不要创建单个复杂的网格。

6.6.3 用命令创建渐变网格

如果要按照指定数量的网格线创建渐变网格，可以选择图形，如图6-270所示，执行"对象>创建渐变网格"命令，打开"创建渐变网格"对话框进行设置，如图6-271所示。

使用该命令还可以将无描边、无填色的图形转换为渐变网格对象。

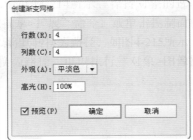

图6-270　　　　　　　　　图6-271

- 行数/列数：用来设置水平和垂直网格线的数量，范围为1～50。
- 外观：用来设置高光的位置和创建方式。选择"平淡色"，不会创建高光，如图6-272所示；选择"至中心"，可以在对象中心创建高光，如图6-273所示；选择"至边缘"，可以在对象的边缘创建高光，如图6-274所示。

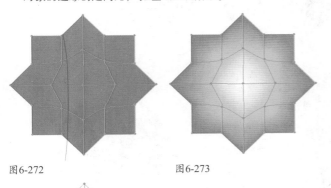

图6-272　　　　　　　　图6-273

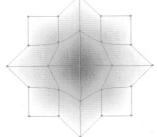

图6-274

- 高光：用来设置高光的强度。该值为0%时，不会应用白色高光。

6.6.4 将渐变图形转换为渐变网格

使用渐变颜色填充的图形可以转换为渐变网格对象。但如果直接使用网格工具 单击渐变图形，则会丢失渐变颜色，如图6-275和图6-276所示。如果要保留渐变，可以选择对象，执行"对象>扩展"命令，在打开的对话框中选择"填充"和"渐变网格"两个选项即可，如图6-277所示。扩

展以后，再使用网格工具 在图形上单击，渐变颜色不会有任何改变，如图6-278所示。

图6-275　　　　　　　　图6-276

图6-277　　　　　　　　图6-278

6.6.5 实战：为网格点着色制作相机图标

为网格点或网格片面着色前，需要先单击工具面板中的填色按钮 ，切换到填色编辑状态（可按下X键切换填色和描边状态）。

01 按下Ctrl+N快捷键，新建一个文档。先制作相机镜头。选择椭圆工具 ，在画板中单击，弹出"椭圆"对话框，设置参数如图6-279所示，创建一个圆形，设置填色为黑色，无描边，如图6-280所示。

图6-279　　　　　　　　　　图6-280

02 保持图形的选取状态。执行"对象>创建渐变网格"命令，设置参数如图6-281所示，将图形转换为网格对象，如图6-282所示。

图6-281　　　　　　　　　　　图6-282

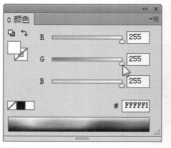

图6-288　　　　　　　　　　　图6-289

03 单击工具面板中的填色按钮□，切换到填色编辑状态，如图6-283所示。选择网格工具 ，在网格点上单击，将其选择，如图6-284所示，然后单击"色板"面板中的一个色板，即可为其着色，如图6-285和图6-286所示。

05 使用网格工具 在网格线上单击，添加一个网格点，如图6-290所示，然后按住Shift键单击并向下拖曳该点，如图6-291所示。调整它的颜色，如图6-292和图6-293所示。

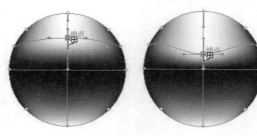

图6-290　　　　　　　　　　　图6-291

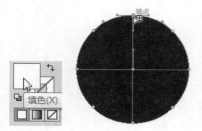

图6-283　　　图6-284

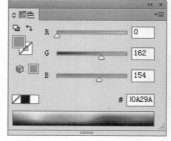

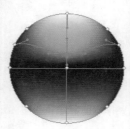

图6-292　　　　　　　　　　　图6-293

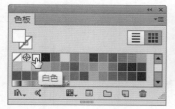

图6-285　　　　　　　　图6-286

06 再添加一个网格点并调整颜色，如图6-294和图6-295所示。

> **提示**
>
> 直接将"色板"面板中的色板拖曳到一个网格点上，也可为其着色。此外，选择网格点后，使用吸管工具 单击一个单色对象，可拾取该对象的颜色并将其应用到所选网格点上。

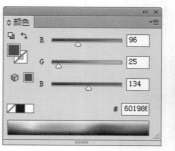

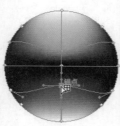

图6-294　　　　　　　　　　　图6-295

04 选择一个网格点，如图6-287所示，拖曳"颜色"面板中的滑块，可以调整所选网格点的颜色，如图6-288和图6-289所示。

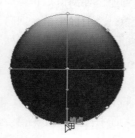

图6-287

> **提示**
>
> 为网格点着色后，使用网格工具 在网格区域单击，新生成的网格点将与上一个网格点使用相同的颜色。如果按住Shift键单击，则可添加网格点，但不改变其填充颜色。

07 使用选择工具 🔖 单击网格对象，执行"效果>风格化>内发光"命令，添加内发光效果，设置发光颜色为青色，其他参数如图6-296所示，效果如图6-297所示。

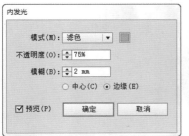

图6-296

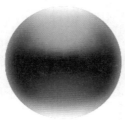

图6-297

08 使用椭圆工具 ⬭ 创建一个椭圆形，填充渐变，无描边，如图6-298和图6-299所示。设置它的混合模式为"滤色"，不透明度为42%，如图6-300和图6-301所示。

图6-298

图6-299

图6-300

图6-301

09 在图形下方再创建一个椭圆，填充渐变，调整混合模式和不透明度，如图6-302~图6-304所示。

图6-302　　　　　图6-303

图6-304

10 使用椭圆工具 ⬭ 按住Shift键创建一个圆形，按下Shift+Ctrl+[快捷键移动到最底层。设置描边宽度为8pt，描边为渐变颜色，如图6-305和图6-306所示。

图6-305

图6-306

11 再创建一个大一些的圆形，按下Shift+Ctrl+[快捷键移动到最底层，设置描边为10pt，描边和填色均为渐变，如图6-307~图6-309所示。

图6-307

图6-308

图6-309

12 保持该图形的选取状态，执行"效果>风格化>投影"命令，为它添加投影，如图6-310和图6-311所示。

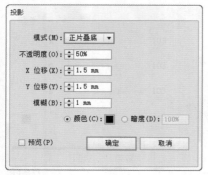

图6-310

图6-311

13 下面制作相机机身。使用圆角矩形工具 创建一个圆角矩形，填充渐变，无描边，如图6-312和图6-313所示。

图6-312

图6-313

14 使用椭圆工具 创建一个白色的圆形，再使用矩形工具 创建一个绿色的矩形，如图6-314所示。将这3个图形选择，按下Ctrl+G快捷键编组，然后移动到相机镜头处，按下Shift+Ctrl+[快捷键调整到最底层，如图6-315所示。

图6-314

图6-315

6.6.6 实战：为网格片面着色

01 打开光盘中的素材，如图6-316所示。在"图层1"的眼睛图标 上单击，隐藏该图层，如图6-317所示。单击

"图层2"，如图6-318所示。

图6-316

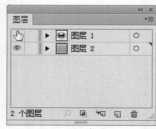

图6-317

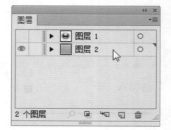

图6-318

02 使用矩形工具创建一个与相机机身大小相同的矩形，如图6-319所示。执行"对象>创建渐变网格"命令，设置参数如图6-320所示，将矩形转换为网格对象，如图6-321所示。

图6-319

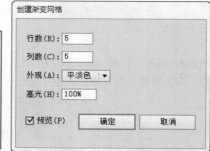

图6-320

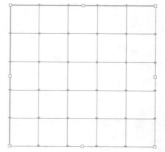

图6-321

03 使用直接选择工具 在网格片面上单击，将其选择，如图6-322所示。拖曳"颜色"面板中的滑块，可调整所选网格片面的颜色，如图6-323和图6-324所示。

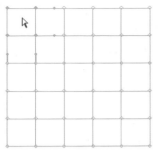

图6-322

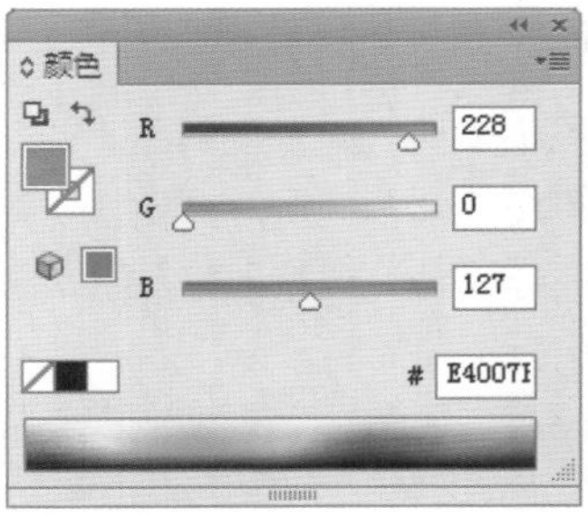

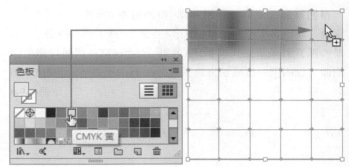

图6-323

图6-328

图6-324

04 选择另一处网格片面，如图6-325所示，单击"色板"面板中的色板，也可为其着色，如图6-326和图6-327所示。

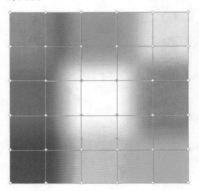

图6-329

图6-325

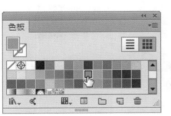

图6-326

◀)) 提示

选择网格片面后，使用吸管工具 ✐ 在一个单色填充的对象上单击，可拾取该对象的颜色并将其应用到所选网格片面上。

06 使用选择工具 ▶ 单击网格图形，按下Shift+Ctrl+[快捷键，将其移动到相机图形的下方，如图6-330所示。单击相机图形，如图6-331所示，再单击"图层"面板底部的 ▣ 按钮创建剪切蒙版，用相机图形控制渐变网格的显示范围，如图6-332和图6-333所示。

图6-327

05 在未选择网格片面的情况下，可通过直接将"色板"面板中的色板拖曳到网格片面上的方法来为其着色，如图6-328所示。采用以上介绍的方法，为其他网格片面着色，如图6-329所示。

图6-330

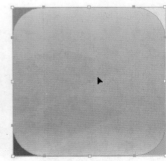

图6-331

07 在"图层1"原眼睛图标 ◉ 处单击，如图6-334所示，显示镜头图形，如图6-335所示。

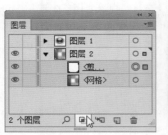

图6-332

图6-333

图6-334

图6-335

32 技术看板：网格点与网格片面着色的区别

在网格点上应用颜色时，颜色以该点为中心向外扩散。在网格片面中应用颜色时，则以该区域为中心向外扩散。

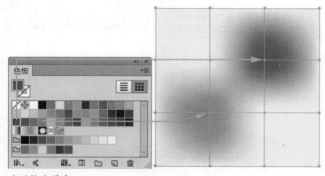

为网格点着色

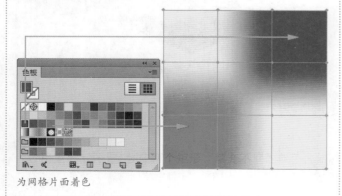

为网格片面着色

6.6.7 编辑网格点

渐变网格对象的网格点与锚点的属性基本相同，只是增加了接受颜色的功能。网格点可添加、可删除，也可以像锚点一样移动。调整网格点上的方向线，可以对颜色的变化范围进行精确控制。

● 选择网格点：选择网格工具 ，将光标放在网格点上（光标变为 状），单击即可选择网格点，选中的网格点为实心方块，未选中的为空心方块，如图6-336所示。使用直接选择工具 在网格点上单击，也可以选择网格点，按住Shift键单击其他网格点，可选择多个网格点，如图6-337所示。如果单击并拖出一个矩形框，则可以选择矩形框范围内的所有网格点，如图6-338所示。此外，使用套索工具 可以在网格对象上绘制不规则的选区，并选择网格点，如图6-339所示。

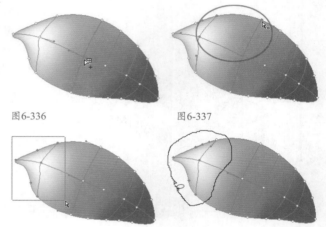

图6-336

图6-337

图6-338

图6-339

● 移动网格点和网格片面：选择网格点后，按住鼠标按键拖曳即可进行移动，如图6-340所示。如果按住 Shift 键拖曳，则可将移动范围限制在网格线上，如图6-341所示。采用这种方法沿一条弯曲的网格线移动网格点时，不会扭曲网格线。使用直接选择工具 在网格片面上单击并拖曳鼠标，可以移动网格片面，如图6-342所示。

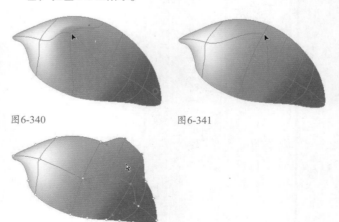

图6-340

图6-341

图6-342

● 调整方向线：网格点的方向线与锚点的方向线完全相同，使用网格工具 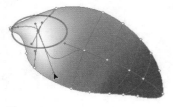 和直接选择工具  都可以移动方向线，调整方向线可以改变网格线的形状，如图6-343所示。如果按住 Shift 键拖曳方向线，则可同时移动该网格点上的所有方向线，如图6-344所示。

图6-343　　　　　　图6-344

● 添加与删除网格点：使用网格工具 在网格线或网格片面上单击，都可以添加网格点，如图6-345所示。如果按住 Alt 键，光标会变为 ⊞ 状，如图6-346所示，单击网格点可将其删除，由该点连接的网格线也会同时删除，如图6-347所示。

图6-345　　　　　　图6-346

图6-347

33 技术看板：锚点与网格点的区别

网格点是网格线相交处的特殊锚点。网格点以菱形显示，它具有锚点的所有属性，而且可以接受颜色。网格中也可以出现锚点（区别在于其形状为正方形而非菱形），但锚点不能着色，它只能起到编辑网格线形状的作用，并且添加锚点时不会生成网格线，删除锚点时也不会删除网格线。

6.6.8　从网格对象中提取路径

将图形转换为渐变网格对象后，它将不再具有路径的某些属性，例如，不能创建混合、剪切蒙版和复合路径等。如果要保留以上属性，可以采用从网格中提取对象原始路径的方法来操作。

选择网格对象，如图6-348所示，执行"对象>路径>偏移路径"命令，打开"偏移路径"对话框，将"位移"值设置为0，如图6-349所示，然后单击"确定"按钮，即可得到与网格图形相同的路径。新路径与网格对象重叠在一起，使用选择工具 将网格对象移开，便能看到它，如图6-350所示。

图6-348

图6-349

图6-350

第7章 改变对象形状

7.1 变换对象

在Illustrator中，变换操作包括对对象进行移动、旋转、镜像、缩放和倾斜等。通过"变换"面板、"对象>变换"命令以及使用专用的工具都可以进行变换操作。

7.1.1 定界框、中心点和控制点

使用选择工具 ▶ 单击对象时，其周围会出现一个定界框，定界框四周的小方块是控制点，如图7-1所示。如果这是一个单独的图形，则其中心还会出现 ■ 状的中心点。

使用旋转工具 ↻、镜像工具 ⊠、比例缩放工具 ⊡ 和倾斜工具 ⊿ 时，中心点上方会出现一个参考点（◇ 状图标），此时进行变换操作，对象会以参考点为基准产生变换。例如，图7-2所示为缩放对象时的效果。在参考点以外的其他区域单击，可以重新定义参考点（◇ 状图标），如图7-3所示，此时进行变换操作，对象会以该点为基准变换，如图7-4所示。如果要将中心点重新恢复到对象的中心，可双击旋转、镜像和比例缩放等变换工具，在打开的对话框中单击"取消"按钮。

Illustrator是矢量软件，绘图是它最主要的应用。Illustrator中既有可以绘制矩形、椭圆和星形等简单图形的工具，也有可以绘制复杂图形和曲线的钢笔工具。除此之外，我们还可以对现有的图形进行编辑，通过变换、变形、封套、混合和组合等方法，改变其形状，进而得到所需的图形。在Illustrator中，看似简单的几何图形通过几步操作便可以组合为复杂的图形。本章我们就来为您解读这其中的奥妙。

用刻刀工具、橡皮擦工具，以及"分割下方对象"命令分割图形时会破坏对象的结构，也就是说，对象无法恢复为原状。而使用"路径查找器"面板分割图形，则可确保对象的结构保持完整并可恢复，它是一种非破坏性的编辑工具。

定界框

控制点

图7-1

参考点

图7-2

图7-3

图7-4

34 技术看板：修改定界框的颜色

在Illustrator中，定界框可以是红色、黄色和蓝色等不同颜色，这取决于图形所在图层是什么样的颜色。因此，修改图层的颜色时，定界框的颜色也会随之改变。关于图层颜色的设置方法，请参阅"8.1.2 图层面板"。如果要隐藏定界框，可以执行"视图>隐藏定界框"命令。

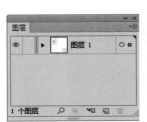

图层和定界框同为蓝色

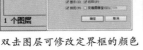

双击图层可修改定界框的颜色

7.1.2 实战：使用选择工具进行变换操作

使用选择工具 ▶ 选择对象后，只需拖曳定界框上的控制点便可以进行移动、旋转、缩放和复制对象的操作。

01 打开光盘中的素材。使用选择工具 ▶ 单击对象，如图7-5所示，将光标放在定界框内，单击并拖曳鼠标可以移动对象，如图7-6所示。如果按住Shift键拖曳鼠标，则可以按照水平、垂直或对角线方向移动。在移动时按住Alt键（光标变为 ▶▶ 状），可以复制对象。

图7-5　　　　　　　　图7-6

02 按下Ctrl+Z快捷键撤销移动操作。将光标放在定界框中央的控制点上，如图7-7所示，单击并向图形另一侧拖曳鼠标可以翻转对象，如图7-8所示。拖曳时按住Alt键，可原位翻转，如图7-9所示。

图7-7　　　　　　　　图7-8

图7-9

03 按下Ctrl+Z快捷键撤销操作。将光标放在控制点上，当光标变为↔、↕、⤢、⤡状时，单击并拖曳鼠标可以拉伸对象，如图7-10所示。按住Shift键操作，可以进行等比缩放，如图7-11所示。

04 将光标放在定界框外，当光标变为 ↻ 状时，单击并拖曳鼠标可以旋转对象，如图7-12所示。按住Shift键操作，可以将旋转角度限制为45°的倍数。

203

图7-10　　　　　图7-11

图7-12

◀) 提示

如果要隐藏定界框，可以执行"视图>隐藏定界框"命令。当定界框被隐藏时，被选择的对象不能直接进行旋转和缩放等变换操作。如果要重新显示定界框，可以执行"视图>显示定界框"命令。

相关链接：进行变换操作时，可以使用"信息"面板来查看该对象的当前尺寸和位置，相关内容请参阅"3.5.11 信息面板"。

7.1.3 实战：使用自由变换工具

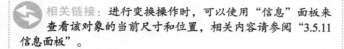

使用自由变换工具 进行移动、旋转和缩放时，操作方法与通过定界框操作基本相同。该工具的特别之处是可以进行斜切、扭曲和透视变换。

01 打开光盘中的素材，使用选择工具 选择对象，如图7-13所示。选择自由变换工具 ，画板中会显示一个类似于工具面板状的窗格，其中包含4个按钮，如图7-14所示。

图7-13

图7-14

02 按下自由变换按钮 ，单击并拖曳位于定界框中央的控制点（光标会变为 状和 状），可以沿水平或垂直方向拉伸对象，如图7-15和图7-16所示；单击并拖曳边角的控制点（光标会变为 状和 状），可以动态拉伸对象，如图7-17所示。按下限制按钮 ，然后再拖曳边角的控制点，可进行等比缩放，如图7-18所示。如果同时按住Alt键，还能以中心点为基准进行等比缩放。

图7-15

图7-16

图7-17

图7-18

03 按下透视扭曲按钮 ⬜，单击边角的控制点（光标会变为 ↘ 状和 ↗ 状）并拖曳鼠标，可以进行透视扭曲，如图 7-19 和图 7-20 所示。

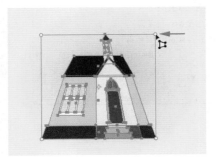

图7-19

图7-20

04 按下自由扭曲按钮 ⬜，单击边角的控制点（光标会变为 ↘ 状和 ↗ 状）并拖曳鼠标，可以自由扭曲对象，如图 7-21 所示。如果单击以后，按住Alt键拖曳鼠标，则可以产生对称的倾斜效果，如图7-22所示。

图7-21

图7-22

05 无论按下哪一个按钮，将光标放在定界框外（光标会变为 ↺、↻、↕、↘和↙状），单击并拖曳鼠标可以旋转对象，如图7-23所示。将光标放在对象内部（光标会变为 ▶ 状），单击并拖曳鼠标可以移动对象，如图7-24所示。

图7-23

图7-24

🔊 **提示**

进行旋转操作时，按住Shift键可以将旋转角度限制为45°的倍数。进行移动操作时，按住Shift键可以沿水平或垂直方向移动。

35 技术看板：用快捷键配合自由变换

使用自由变换工具 ▦ 时，可以不必按下窗格中的按钮，而通过相应的快捷键来进行变换操作。

● 倾斜：在边角的控制点上单击（光标会变为 ↘ 状和 ↗ 状），按住鼠标按键拖曳，同时按住Ctrl键，可以倾斜对象。

● 斜切：在边角的控制点上单击（光标会变为 ↘ 状和 ↗ 状），按住Ctrl+Alt键拖曳鼠标，可以产生对称的倾斜效果。

● 透视扭曲：在边角的控制点上单击（光标会变为 ↘ 状和 ↗ 状），按住Ctrl+Alt+Shift键拖曳鼠标，可以创建透视扭曲效果。

7.1.4 实战：再次变换

进行移动、缩放、旋转、镜像和倾斜操作后，保持对象的选取状态，执行"再次变换"命令，可以重复前一个变换。在需要对同一变换操作重复数次，或复制对象时，该命令特别有用。

01 打开光盘中的素材，如图7-25所示。使用选择工具 ▶ 在文字上单击，将其选取，如图7-26所示。

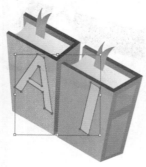

图7-25　　　　　　　　　图7-26

02 按住Alt键向左下角拖曳鼠标，复制文字，如图7-27所示。不要取消选择。连续执行"对象>变换>再次变换"命令，或连续按下Ctrl+D快捷键（10次左右），即可连续移动并复制文字，生成立体字，如图7-28所示。

图7-27　　　　　　　　　图7-28

7.1.5 实战：分形艺术

分形（fractal）这个词是由分形创始人曼德尔布诺特于20世纪70年代提出来的，他下的定义是：一个集合形状，可以细分为若干部分，而每一部分都是整体的精确或不精确的相似形。分形图案是纯计算机艺术，它是数学、计算机与艺术的完美结合，被广泛地应用于服装面料、工艺品装饰、外观包装、书刊装帧、商业广告、软件封面和网页等设计领域。

01 打开光盘中的素材，如图7-29所示。使用选择工具 ▶ 选中小蜘蛛人，执行"效果>风格化>投影"命令，打开"投影"对话框，为对象添加投影，如图7-30和图7-31所示。

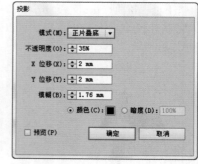

图7-29　　　　　　　　　图7-30

图7-31

02 执行"效果>扭曲和变换>变换"命令，打开"变换效果"对话框，设置缩放、移动和旋转角度，副本份数设置为40，单击参考点定位器 ▦ 右侧中间的小方块，将变换参考点定位在定界框右侧边缘的中间处，如图7-32所示，然后单击"确定"按钮，复制出40个小蜘蛛人。它们每一个都较前一个缩小90%、旋转-15度并移动一定的距离，这样就生成了如图7-33所示的分形特效。

03 使用选择工具 ▶ 将小蜘蛛人移动到右侧的画板上，这里有一个背景素材。最终效果如图7-34所示。

图7-32

图7-33

图7-34

 相关链接：关于效果的更多创建和使用方法，请参阅"第11章 效果、外观与图形样式"。

7.1.6 实战：分别变换

选择对象后，如果要同时应用移动、旋转和缩放，可以通过"分别变换"命令来进行操作。

01 新建一个文档。使用直线段工具 ∕ 按住Shift键创建一条直线，设置描边颜色为红色，粗细为1pt，无填色，如图7-35所示。使用椭圆工具 ⬭ 按住Shift键创建一个圆形，填充红色，无描边，如图7-36所示。按下Ctrl+A快捷键将这两个图形选取，再按下Ctrl+G快捷键编组。

图7-35 　　　　　　　　　　图7-36

02 保持图形的选取状态。选择旋转工具 ↻ ，按住Alt键在直线的端点单击，如图7-37所示，弹出"旋转"对话框，设置旋转角度，然后单击"复制"按钮，如图7-38所示，复制图形，如图7-39所示。

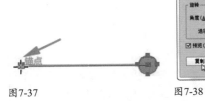

图7-37 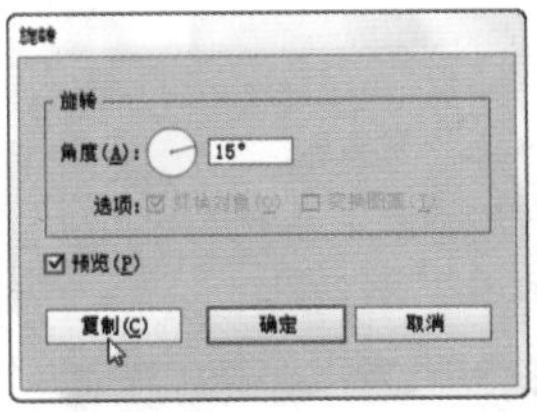　　　　　　图7-38

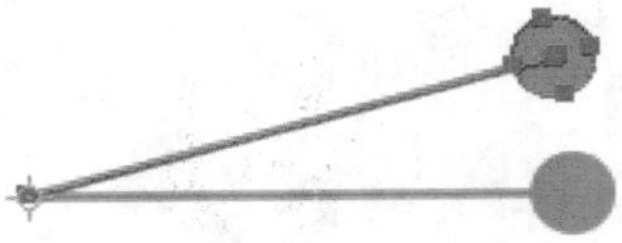

图7-39

03 连按10下Ctrl+D快捷键复制图形，如图7-40所示。使用选择工具 ▸ 单击右侧最底部的图形，按下Delete键删除，如图7-41所示。按下Ctrl+A快捷键全选，再按下Ctrl+G快捷键编组。

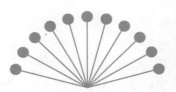

图7-40　　　　　　　　　　　　图7-41

04 选择极坐标网格工具 ⊛ ，在画板中单击，弹出"极坐标网格工具选项"对话框，设置"宽度"和"高度"均为200mm，"径向分割线"为4，如图7-42所示，然后单击"确定"按钮创建网格，如图7-43所示。

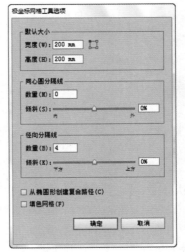

图7-42　　　　　　　　图7-43

05 执行"视图>智能参考线"命令，启用智能参考线（该命令前面出现一个"√"时表示启用）。将前面绘制的图形移动到极坐标网格上方，如图7-44所示，与网格顶点和中心对齐时，会出现智能参考线。保持图形的选取状态，选择旋转工具 ↻ ，将光标放在网格中心，如图7-45所示。捕捉到中心点后，也会出现智能参考线。

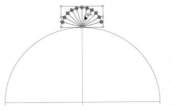
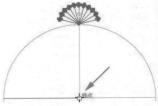

图7-44　　　　　　　图7-45

06 按住Alt键单击鼠标，弹出"旋转"对话框，设置"角度"为30°，然后单击复制按钮，如图7-46所示，复制图形，如图7-47所示。连按10下Ctrl+D快捷键继续复制图形，如图7-48所示。

07 使用编组选择工具 ▸⁺ 单击极坐标网格内部的十字线路径，按下Delete键删除，只保留圆环，如图7-49所示。按下Ctrl+A快捷键全选，再按下Ctrl+G快捷键编组。

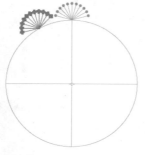

图7-46　　　　　　　　图7-47

图7-52

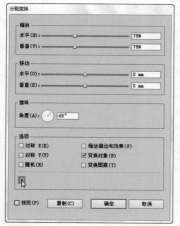

图7-48　　　　　　　　图7-49

08 保持图形的选取状态。执行"变换>分别变换"命令，打开"分别变换"对话框，设置缩放比例为75%，旋转角度为45°，单击参考点定位器 ▦ 中间的小方块，将变换参考点定位在图形中心，如图7-50所示，然后单击"复制"按钮复制图形，如图7-51所示。连按8下Ctrl+D快捷键复制图形，如图7-52所示。

7.1.7　单独变换图形、图案、描边和效果

使用旋转工具 ⟳、镜像工具 ⨝、比例缩放工具 ⟑ 和倾斜工具 ⤢ 进行变换操作时，在画板中单击，可以打开相应的选项对话框。如果所选对象设置了描边、填充了图案或添加了效果，则可在对话框中设置选项，单独对描边、图案和效果应用变换而不影响图形，也可以单独变换图形，或同时变换所有内容。例如，图7-53所示的图稿中，圆形包含图案、描边和投影效果，对它进行缩放时，可以设置以下选项，如图7-54所示。

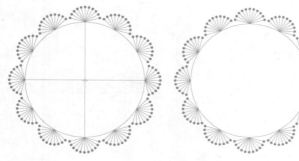

图7-50　　　　　　　　图7-51

图7-53　　　　　　　　图7-54

● 比例缩放描边和效果：选择该选项后，描边和效果会与对象一同缩放（图案保持原有比例），如图7-55所示。取消选择时，仅缩放对象，描边和效果（包括图案）的比例不变，如图7-56所示。

🔊 提示

在"分别变换"对话框中可以设置水平和垂直的缩放比例，另外还可以同时设置水平和垂直方向的移动距离，以及对象的旋转角度。选择"对称X"或"对称Y"选项时，可基于X轴或Y轴镜像对象。选择"随机"选项，则可在指定的变换数值内随机变换对象。

图7-55　　　　　　　　图7-56

- 变换对象/变换图案：选择"变换对象"选项时，仅缩放对象，如图7-57所示；选择"变换图案"选项时，仅缩放图案，如图7-58所示；两项都选择，则对象和图案会同时缩放（描边和效果比例保持不变），如图7-59所示。

图7-57

图7-58　　　　　　图7-59

> 相关链接：关于填色与描边的更多内容，请参阅"5.1 填色与描边"。关于效果，请参阅"第11章 效果、外观与图形样式"。

7.1.8 "变换"面板

选择对象后，在"变换"面板的选项中输入数值并按下回车键，可以让对象按照设定的参数进行精确变换，如图7-60所示。此外，选择菜单中的命令，还可对图案、描边等单独应用变换，如图7-61所示。

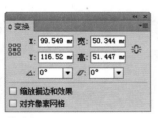

图7-60

隐藏选项(O)

水平翻转(H)
垂直翻转(V)

缩放描边和效果(S)

使新建对象与像素网格对齐(A)

仅变换对象(O)
仅变换图案(P)
✓ 变换两者(B)

✓ 使用符号的套版色点(R)

图7-61

- 参考点定位器　：进行移动、旋转或缩放操作时，对象以参考点为基准进行变换。在默认情况下，参考点位于对象的中心，如果要改变它的位置，可单击参考点定位器上的空心小方块。

- X/Y：分别代表了对象在水平和垂直方向上的位置。在这两个选项中输入数值，可精确定位对象在画板上的位置。

- 宽/高：分别代表了对象的宽度和高度。在这两个选项中输入数值，可以将对象缩放到指定的宽度和高度。如果按下选项右侧的　按钮，则可进行等比缩放。

- 旋转　：可输入对象的旋转角度。

- 倾斜　：可输入对象的倾斜角度。

- 缩放描边和效果：对描边和效果应用变换。

- 对齐像素网格：将对象对齐到像素网格上，使对齐效果更加精准。

- 仅变换对象：如果对象填充了图案，则仅变换对象，图案保持不变。

- 仅变换图案：如果对象填充了图案，仅变换图案，对象保持不变。

- 变换两者：如果对象填充了图案，对象和图案会同时变换。

7.1.9 重置定界框

进行旋转操作后，对象的定界框也会随之发生旋转，如图7-62所示。执行"对象>变换>重置定界框"命令，可以将定界框恢复到水平方向，如图7-63所示。

图7-62　　　　　　图7-63

7.2 缩放、倾斜与扭曲

Illustrator为缩放、旋转、倾斜等变换操作提供了专门的工具，此外，用户还可通过液化类工具（变形、旋转扭曲和收拢等工具）创建特殊的扭曲效果。

7.2.1 实战：使用镜像工具制作倒影

镜像工具　可以旋转对象，也可以基于参考点翻转对象。

01 打开光盘中的素材，如图7-64所示。使用选择工具　选择对象，如图7-65所示。

图7-64

图7-65

02 选择镜像工具 ，按住Alt键在图形底部单击，如图7-66
所示，打开"镜像"对话框，选择"水平"选项，如图
7-67所示，然后单击"复制"按钮，镜像并复制对象，使之成为
汽车的倒影，如图7-68所示。

图7-66

图7-67

图7-68

◀)) 提示

执行"对象>变换>对称"命令，也可以打开"镜像"对话
框。在"镜像"对话框中还可以准确定义镜像轴和旋转角度。

03 使用矩形工具 创建一个矩形，填充黑白线性渐变，如
图7-69和图7-70所示。

图7-69

图7-70

04 使用选择工具 单击并拖出一个选框，选中矩形和汽
车倒影，如图7-71所示，然后单击"透明度"面板中的
"制作蒙版"按钮，如图7-72所示，创建不透明度蒙版，如图
7-73所示。

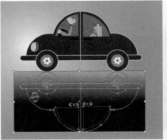

图7-71

图7-72

图7-73

相关链接：不透明度蒙版可以使对象呈现透明效果。
更多内容请参阅"8.4 不透明度蒙版"。

36 技术看板：镜像工具使用技巧

● 选择对象后，使用镜像工具 在画板中单击并拖曳鼠标
可自由旋转对象。按住Shift键拖曳鼠标，可限制旋转角度为
45°的倍数。

● 使用镜像工具 在画板中单击，指定镜像轴上的一点
（不可见），放开鼠标按键，在另一处位置单击，确定镜
像轴的第二个点，所选对象会基于定义的轴翻转。

7.2.2 实战：使用旋转工具

01 打开光盘中的素材。使用选择工具 选择对象，如图
7-74所示。

02 选择旋转工具 ，对象的中心会显示参考点 ，在画
板中单击并拖曳鼠标可基于参考点旋转对象，如图7-75
所示。按住Shift键拖曳鼠标，可以将旋转角度限制为45°的倍
数。如果要进行小幅度的旋转，可在远离对象参考点的位置拖
曳鼠标。

图7-74 图7-75

03 如果要设置精确的旋转角度，可以双击旋转工具 🔄，或执行"对象>变换>旋转"命令，打开"旋转"对话框，输入旋转的角度后，单击"确定"按钮，即可按照指定的角度旋转对象，如图7-76和图7-77所示。当旋转角度为正值时，对象沿逆时针方向旋转，为负值时，沿顺时针方向旋转。单击"复制"按钮，则可旋转并复制出一个对象。

图7-76 图7-77

🔊 提示

提示：选择旋转工具 🔄 后，按住Alt键单击，可以将单击点设置为参考点，同时打开"旋转"对话框。如果在拖曳鼠标后按住Alt键，则可以复制对象，并旋转对象的副本。

7.2.3 实战：使用比例缩放工具

比例缩放工具 🔲 能够以对象的参考点为基准缩放对象。

01 打开光盘中的素材。使用选择工具 ▶ 选择对象，如图7-78所示。选择比例缩放工具 🔲，对象上会显示参考点。

02 在画板中单击并拖曳鼠标可自由缩放对象，如图7-79所示。按住Shift键操作，可进行等比缩放，如图7-80所示。如果要进行小幅度的缩放，可在离对象较远的位置拖曳鼠标。

03 如果要按照精确的比例缩放对象，可在选中对象后，双击比例缩放工具 🔲，或执行"对象>变换>缩放"命令，打开"比例缩放"对话框，如图7-81所示。选择"等比"选项后，可在"比例缩放"选项内输入百分比值，进行等比缩放。如果选择"不等比"选项，则可以分别指定"水平"和"垂直"缩放比例，进行不等比缩放。

图7-78 图7-79

图7-80

图7-81

7.2.4 实战：使用倾斜工具制作Logo

倾斜工具 ⏢ 能够以对象的参考点为基准，将对象向各个方向倾斜。

01 打开光盘中的素材，如图7-82所示。按下Ctrl+A快捷键全选，执行"对象>变换>倾斜"命令，或双击倾斜工具 ⏢，打开"倾斜"对话框，设置倾斜角度为17°，如图7-83所示，然后单击"确定"按钮，文字的倾斜效果如图7-84所示。

图7-82 图7-83

图7-84

02 选择钢笔工具 ✐，按照数字的外形绘制一个闭合式路径，设置填充颜色为黑色，无描边，按下Shift+Ctrl+[快捷键将其移动到底层，如图7-85所示。选择星形工具 ☆，在画板中单击，打开"星形"对话框，设置参数如图7-86所示，创建一个五角星，如图7-87所示。

图7-85

图7-86

图7-87

🔄 **相关链接**：关于钢笔工具的使用方法，请参阅"4.3 用钢笔工具绘图"。

03 保持图形的选取状态，双击倾斜工具 ⬛，在打开的对话框中设置倾斜角度为39°，如图7-88和图7-89所示。

图7-88

图7-89

04 为图形填充红色，设置描边宽度为4pt，并单击"描边"面板中的使描边内侧对齐按钮 ⌐，使描边位于路径的内侧，如图7-90和图7-91所示。

图7-90

图7-91

05 将图形移动到数字"3"的上方，按两次Ctrl+[快捷键，将它向后移动两个位置，如图7-92所示。使用直接选择工具 ▷ 在五角星路径上单击，显示锚点，移动右下角的锚点，如图7-93所示；移动中间的锚点，如图7-94所示。

图7-92

图7-93

图7-94

06 使用钢笔工具 ✐ 绘制一个闭合式路径图形，填充红色，设置描边宽度为4pt，并单击使描边内侧对齐按钮 ⌐，使描边位于路径的内侧，如图7-95和图7-96所示。再绘制一个闭合式路径图形，填充橘红色，如图7-97所示。

图7-95

图7-96

图7-97

07 使用选择工具 ▷ 选取数字"65"，如图7-98所示，按下Shift+Ctrl+] 快捷键将其移动到顶层，如图7-99所示。

图7-98　　　　　　　　图7-99

37 技术看板：倾斜技巧

● 选择对象后，使用倾斜工具 ㋆ 在画板上单击，向左、右拖曳鼠标（按住 Shift 键可保持其原始高度）可沿水平轴倾斜对象；向上、下拖曳鼠标（按住 Shift 键可保持其原始宽度）可沿垂直轴倾斜对象。

● 如果要按照精确的参数倾斜对象，可以打开"倾斜"对话框，首先选择沿哪条轴（"水平""垂直"或指定轴的"角度"）倾斜对象，然后在"倾斜角度"选项内输入倾斜的角度，单击"确定"按钮，即可按照指定的轴向和角度倾斜对象。如果单击"复制"按钮，则可倾斜并复制对象。

7.2.5 实战：使用液化类工具修改发型

变形工具 ㋎、旋转扭曲工具 ㋐、缩拢工具 ㋑、膨胀工具 ㋒、扇贝工具 ㋓、晶格化工具 ㋔ 和皱褶工具 ㋕ 都属于液化类工具，如图7-100所示。使用这些工具时，在对象上单击并拖曳鼠标即可扭曲对象。在单击时，按住鼠标按键的时间越长，变形效果越强烈。

图7-100

01 打开光盘中的素材。使用选择工具 ㋡ 单击头发图形，如图7-101所示。

图7-101

02 双击变形工具 ㋎，在打开的对话框中设置"宽度"和"高度"均为15mm，如图7-102所示。选择变形工具 ㋎，该工具适合创建比较随意的变形效果。在图形上单击并拖曳鼠标扭曲图形，制作波浪发效果，如图7-103所示。

图7-102　　　　　　图7-103

03 使用选择工具 ㋡ 选择另一个素材中的头发图形。选择旋转扭曲工具 ㋐，该工具可以创建漩涡状变形效果。在图形上单击并拖曳鼠标扭曲图形，制作卷发效果，如图7-104所示。

04 选择下一个头发图形。选择缩拢工具 ㋑，该工具可通过向十字线方向移动控制点的方式收缩对象，使图形产生向内收缩的变形效果。在图形上单击并拖曳鼠标进行扭曲，制作束发效果，如图7-105所示。

图7-104　　　　　　图7-105

05 选择下一个头发图形。选择膨胀工具 ㋒，该工具可通过向远离十字线方向移动控制点的方式扩展对象，创建与缩拢工具相反的膨胀效果。在图形上单击并拖曳鼠标进行扭曲，创建蓬松的烫发效果，如图7-106所示。

06 选择下一个头发图形。选择扇贝工具 ㋓，该工具可以向对象的轮廓添加随机弯曲的细节，创建类似贝壳表面的纹路效果。在图形上单击并拖曳鼠标进行扭曲，如图7-107所示。

图7-106　　　　　　图7-107

213

07 选择下一个头发图形。选择晶格化工具 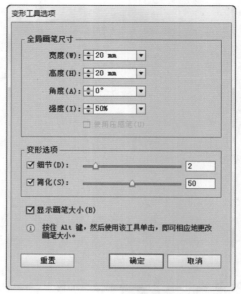，该工具可以向对象的轮廓添加随机锥化的细节，生成与扇贝工具相反的效果（扇贝工具产生向内的弯曲，而晶格化工具产生向外的尖锐凸起）。在图形上单击并拖曳鼠标进行扭曲，如图7-108所示。

08 选择下一个头发图形。选择皱褶工具 ，该工具可以向对象的轮廓添加类似于皱褶的细节，产生不规则的起伏。在图形上单击并拖曳鼠标进行扭曲，如图7-109所示。

图7-108　　　　图7-109

---

38 技术看板：液化类工具的使用技巧

● 使用液化类工具时，按住Alt键在画板空白处单击并拖曳鼠标，可以调整工具的大小。

● 液化工具可以处理未选取的图形，如果要将扭曲限定为一个或者多个对象，可在使用液化工具之前先选择这些对象。

● 液化工具不能用于链接的文件或包含文本、图形或符号的对象。

7.2.6 液化类工具选项

双击任意一个液化类工具，都可以打开"变形工具选项"对话框，如图7-110所示。

图7-110

● 宽度/高度：用来设置使用工具时画笔的大小。

● 角度：用来设置使用工具时画笔的方向。

● 强度：可以设置扭曲的改变速度。该值越高，扭曲对象时的速度越快。

● 使用压感笔：当计算机配置了数位板和压感笔时，该选项可用。选择该选项后，可通过压感笔的压力控制扭曲强度。

● 细节：可以设置引入对象轮廓的各点间的间距（值越高，间距越小）。

● 简化：可以减少多余锚点的数量，但不会影响形状的整体外观。该选项用于变形、旋转扭曲、收缩和膨胀工具。

● 显示画笔大小：选择该选项后，可以在画板中显示工具的形状和大小。

● 重置：单击该按钮，可以将对话框中的参数恢复为 Illustrator 默认状态。

7.3 封套扭曲

封套扭曲是Illustrator中最灵活、最具可控性的变形功能，它可以使对象按照封套的形状产生变形。封套是用于扭曲对象的图形，被扭曲的对象叫做封套内容。封套类似于容器，封套内容则类似于水，将水装进圆形的容器时，水的边界就会呈现为圆形，装进方形容器时，水的边界又会呈现为方形，封套扭曲也与之类似。

7.3.1 实战：用变形建立封套扭曲

Illustrator提供了15种预设的封套形状，通过"用变形建立"命令可以使用这些形状来扭曲对象。

01 新建一个文档。选择文字工具 **T**，在"字符"面板中选择字体，设置大小如图7-111所示。在画板中单击并输入文字，设置填色为橙色，描边为蓝色，描边粗细为1.5pt，如图7-112所示。

图7-111

图7-112

相关链接：关于文字的创建与编辑方法，请参阅"第12章 文字"。

03 单击工具面板中的选择工具 ，执行"对象>封套扭曲>用变形建立"命令，打开"变形选项"对话框，在"样式"下拉列表中选择"拱形"，其他参数如图7-116所示，效果如图7-117所示。

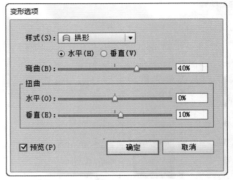

图7-116

02 使用文字工具 在字母"K"上单击并拖曳鼠标，将其选取，如图7-113所示，在控制面板中设置文字大小为90pt，如图7-114所示。选择字母"S"，将文字大小也调整为90pt，如图7-115所示。

图7-113

图7-117

04 执行"效果>3D>凸出和斜角"命令，打开"3D凸出和斜角选项"对话框，设置X轴旋转22°，"透视"为120°，"凸出厚度"为90pt，如图7-118所示。单击对话框底部的"更多选项"按钮，显示隐藏的选项，然后单击并拖曳灯光图标，移动灯光的位置，如图7-119所示。

图7-114

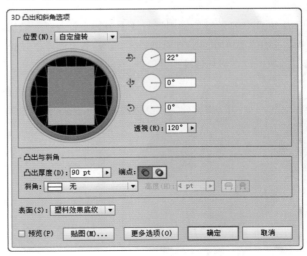

图7-118

图7-115

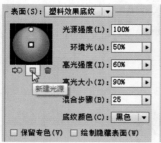

图7-119

05 单击 ⬚ 按钮，新建一个灯光，如图7-120所示，调整它的位置，如图7-121所示。再创建一个灯光，如图7-122所示。单击"确定"按钮关闭对话框，文字效果如图7-123所示。

图7-120   图7-121

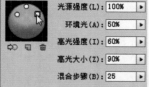

图7-122   图7-123

06 打开光盘中的素材，使用选择工具 ➤ 将文字拖入该文档，如图7-124所示。使用选择工具 ➤ 单击篮球，按下 Shift+Ctrl+] 快捷键，将其移动到最顶层，如图7-125所示。

图7-124

图7-125

"变形选项"对话框

"变形选项"对话框中包含15种封套形状，如图7-126所示，选择其中的一种以后，可以拖曳下面的滑块来调整变形参数，修改扭曲程度、创建透视效果。

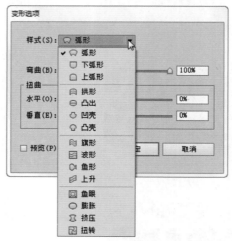

图7-126

● **样式**：可在该选项的下拉列表中选择一种变形样式。图7-127所示为原图形及各种样式的扭曲效果。

原图形   弧形

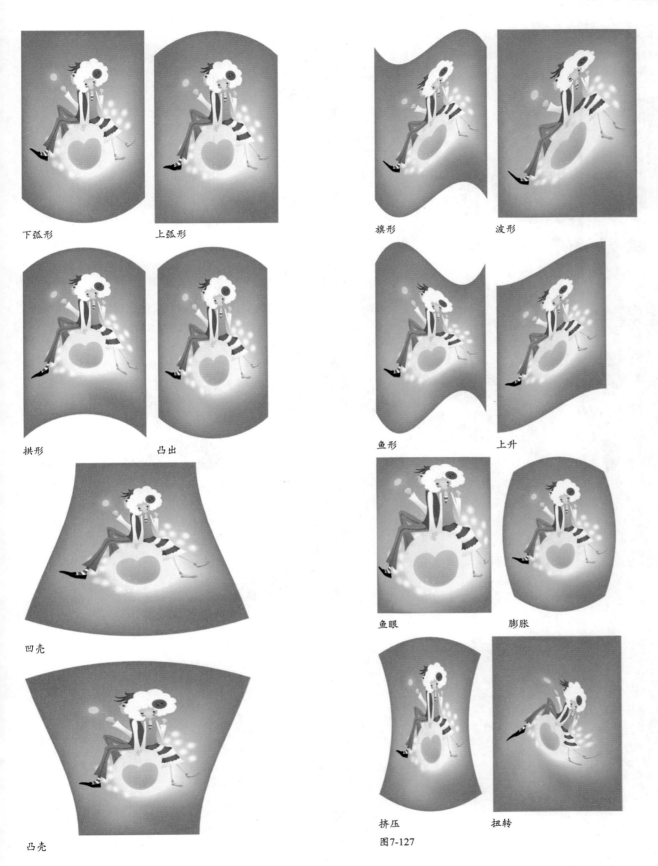

下弧形　　　　　　上弧形

旗形　　　　　　波形

拱形　　　　　　凸出

鱼形　　　　　　上升

凹壳

鱼眼　　　　　　膨胀

挤压　　　　　　扭转

凸壳

图7-127

● 弯曲：用来设置扭曲的程度。该值越高，扭曲强度越大。

● 扭曲：包括"水平"和"垂直"两个扭曲选项，可以创建透视扭曲效果，如图7-128所示。

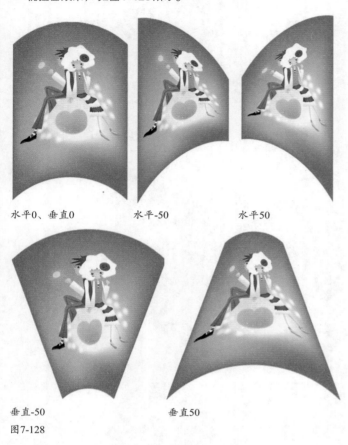

水平0、垂直0　　　水平-50　　　水平50

垂直-50　　　垂直50

图7-128

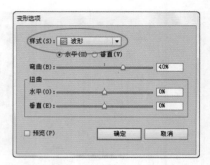

除图表、参考线和链接对象外，可以对任何对象进行封套扭曲。

7.3.2 实战：用网格建立封套扭曲

用网格建立封套扭曲是指在对象上创建变形网格，然后通过调整网格点来扭曲对象。该功能比Illustrator预设的封套（"用变形建立"命令）可控性更强。

01 打开光盘中的素材，如图7-129所示。选择文字工具 **T**，在画板中单击并输入文字，如图7-130所示。

图7-129

图7-130

39 技术看板：修改变形效果

使用"对象>封套扭曲>用变形建立"命令扭曲对象以后，可以选择对象，执行"对象>封套扭曲>用变形重置"命令，打开"变形选项"对话框修改变形参数，也可选择使用其他封套扭曲对象。

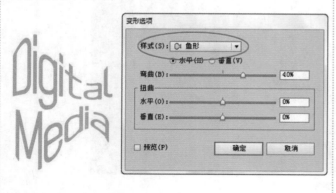

02 保持文字的选取状态，执行"对象>封套扭曲>用网格建立"命令，打开"封套网格"对话框，设置参数如图7-131所示，生成变形网格，如图7-132所示。

图7-131

图7-132

03 使用直接选择工具 ▷ 单击最左侧的网格，按住鼠标按键向下拖曳，如图7-133和图7-134所示。

图7-133

图7-134

04 单击如图7-135所示的网格点，按住鼠标按键向左上方拖曳，如图7-136所示。

图7-135

图7-136

05 继续对文字进行变形处理，如图7-137所示。单击并拖曳网格可以移动网格，单击并拖曳锚点可以移动锚点。此外，单击锚点会显示方向线，拖曳方向点可以将网格调整为曲线。最终效果如图7-138所示。

图7-137

图7-138

219

40 技术看板：重新设置网格

通过网格建立封套扭曲后，使用选择工具 ↖ 选择对象，可以在控制面板中修改网格线的行数和列数，也可以单击"重设封套形状"按钮，将网格恢复为原有的状态。

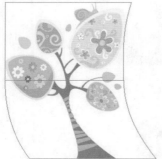
封套效果

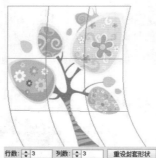
修改网格数量

重设封套形状

7.3.3 实战：用顶层对象建立封套扭曲

用顶层对象建立封套扭曲是指在对象上方放置一个图形，用它扭曲下面的对象。

01 打开光盘中的素材，如图7-139所示。使用选择工具 ↖ 单击文字，如图7-140所示，按下Ctrl+C快捷键复制，再按下Ctrl+F快捷键粘贴到前面。在"图层"面板中位于底层的文字前单击，隐藏该图层，如图7-141所示。

图7-139

图7-140

图7-141

02 使用椭圆工具 ⬭ 按住Shift键创建一个圆形，填充黑色，无描边，如图7-142所示。按下Ctrl+C快捷键复制。按住Shift键在"图层"面板中文字图层的选择列单击，将文字与圆形同时选取，如图7-143所示。

图7-142

图7-143

03 单击"透明度"面板中的"制作蒙版"按钮，创建不透明度蒙版，取消"剪切"选项的勾选，如图7-144所示，效果如图7-145所示。

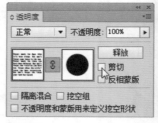
图7-144

图7-145

相关链接：通过"剪切"选项可以控制不透明度蒙版的遮盖区域。关于不透明度蒙版，请参阅"8.4 不透明度蒙版"。

04 在隐藏的文字图层前面单击，显示该图层，如图7-146所示。按下Ctrl+F快捷键，将前面复制的圆形粘贴到画板中，如图7-147所示。

05 按住Shift键在文字图层的选择列单击，将文字与圆形同时选取，如图7-148和图7-149所示，执行"对象>封套扭曲>用顶层对象建立"命令，创建封套扭曲，如图7-150所示。使用选择工具 ↖ 将画板外侧的放大镜拖曳到文字上方，如图7-151所示。

图7-146

图7-147

图7-148

图7-149

图7-150

图7-151

图7-152

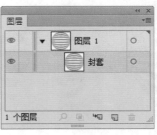

图7-153

41 技术看板：转换封套扭曲

●如果当前选择的封套扭曲对象是使用"用变形建立"命令创建的，则执行"对象>封套扭曲>用网格重置"命令时，打开"重置封套网格"对话框，通过设置网格的行数和列数，可以将对象转换为使用网格制作的封套扭曲。

●如果当前选择的封套扭曲对象是使用"用网格建立"命令制作的，则执行"对象>封套扭曲>重置弯曲"命令时，打开"变形选项"对话框，在对话框中选择一个变形选项，可以将对象转换为用变形制作的封套扭曲。

7.3.4 实战：编辑封套内容

创建封套扭曲后，所有封套对象会合并到同一个图层上，封套和封套内容可分别编辑。

01 打开光盘中的素材，如图7-152所示。这是一个用顶层对象创建的封套扭曲。在"图层"面板中，封套对象都合并到"封套"子图层中，如图7-153所示。

02 下面来编辑封套内容。使用选择工具 单击对象，单击控制面板中的编辑内容按钮 ，或执行"对象>封套扭曲>编辑内容"命令，将封套内容释放出来，如图7-154所示，此时可对其进行编辑。使用编组选择工具 分别选择各个图形，单击"色板"面板中的色板，修改图形的颜色，如图7-155~图7-157所示。修改完成后，单击 按钮恢复封套扭曲。

图7-154

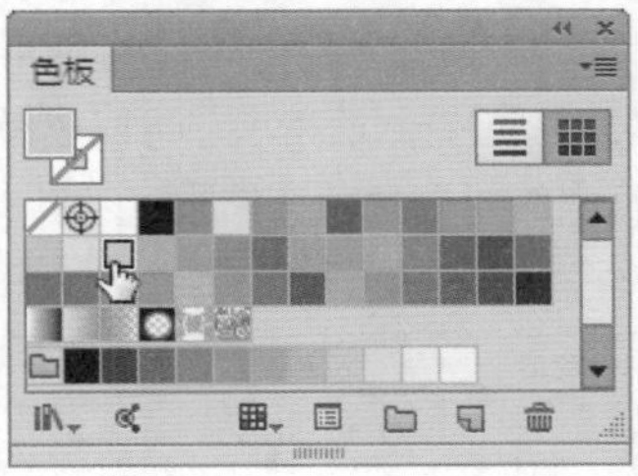

图7-155

图7-156

图7-157

03 如果要编辑封套，可以使用选择工具 单击封套扭曲对象，将其选取，如图7-158所示。此时可使用锚点编辑工具（如锚点工具 和直接选择工具 等）对封套进行修改，封套内容的扭曲效果也会随之改变。例如，使用直接选择工具 将上面的锚点向下拖曳，将下面的锚点向上拖曳，可以制作成蝴蝶结，如图7-159~图7-161所示。

图7-158

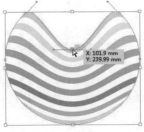

图7-159

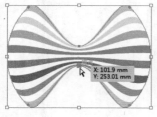

图7-160

图7-161

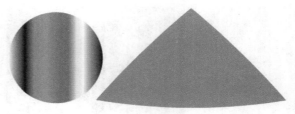

图7-163

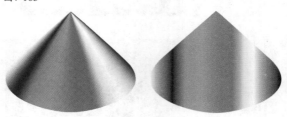

图7-164　　　　　　　图7-165

通过"用变形建立"和"用网格建立"命令创建的封套扭曲，可以直接在控制面板中选择其他的样式，也可以修改参数和网格的数量。

7.3.5 设置封套选项

封套选项决定了以何种形式扭曲对象，以便使之适合封套。要设置封套选项，可以选择封套扭曲对象，然后单击控制面板中的封套选项按钮，或执行"对象>封套扭曲>封套选项"命令，打开"封套选项"对话框进行设置，如图7-162所示。

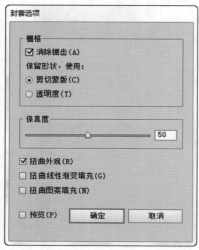

图7-162

- 消除锯齿：使对象的边缘变得更加平滑。这会增加处理时间。

- 剪切蒙版/透明度：用非矩形封套扭曲对象时，可以指定栅格以怎样的形式保留形状。选择"剪切蒙版"，可在栅格上使用剪切蒙版；选择"透明度"，则对栅格应用 Alpha 通道。

- 保真度：指定封套内容在变形时适合封套图形的精确程度。该值越高，封套内容的扭曲效果越接近于封套的形状，但会产生更多的锚点，同时也会增加处理时间。

- 扭曲外观：如果封套内容添加了效果或图形样式等外观属性，选择该选项，可以使外观与对象一起扭曲。

- 扭曲线性渐变填充：如果被扭曲的对象填充了线性渐变，如图7-163所示，选择该选项可以将线性渐变与对象一起扭曲，如图7-164所示。图7-165所示为未选择选该项时的扭曲效果。

- 扭曲图案填充：如果被扭曲的对象填充了图案，如图7-166所示，选择该选项可以使图案与对象一起扭曲，如图7-167所示。图7-168所示为未选择该选项时的扭曲效果。

图7-166

图7-167　　　　　　　图7-168

7.3.6 释放封套扭曲

如果要取消封套扭曲，可以选择对象，如图7-169所示，执行"对象>封套扭曲>释放"命令，对象会恢复为封套前的状态，如图7-170所示。如果封套扭曲是使用"用变形建立"命令或"用网格建立"命令制作的，还会释放出一个封套形状图形，它是一个单色填充的网格对象，如图7-171所示。

7.3.7 扩展封套扭曲

选择封套扭曲对象，执行"对象>封套扭曲>扩展"命令，可以将它扩展为普通的图形，如图7-172所示。对象仍保持扭曲状态，并且可以继续编辑和修改，但无法恢复为封套前的状态。

图7-169

图7-170

图7-171

图7-172

7.4 组合对象

在Illustrator中创建基本图形后，可以通过不同的方法将多个图形组合为复杂的图形。组合对象时，可以通过"路径查找器"面板操作，也可以使用复合路径和复合形状。

7.4.1 "路径查找器"面板

选择两个或多个重叠的图形后，单击"路径查找器"面板中的按钮，可以对它们进行合并、分割和修剪等操作。图7-173所示为"路径查找器"面板。

● 联集 ：将选中的多个图形合并为一个图形。合并后，轮廓线及其重叠的部分融合在一起，最前面对象的颜色决定了合并后的对象的颜色，如图7-174和图7-175所示。

图7-173

图7-174　　　　图7-175

● 减去顶层 ：用最后面的图形减去它前面的所有图形，可保留后面图形的填充和描边，如图7-176和图7-177所示。

图7-176

图7-177

● 交集 ：只保留图形的重叠部分，删除其他部分，重叠部分显示为最前面图形的填色和描边，如图7-178和图7-179所示。

图7-178

图7-179

● 差集 ：只保留图形的非重叠部分，重叠部分被挖空，最终的图形显示为最前面图形的填色和描边，如图7-180和图7-181所示。

223

图7-180 图7-181

● 分割 ：对图形的重叠区域进行分割，使之成为单独的图形，分割后的图形可保留原图形的填色和描边，并自动编组。图7-182所示为在图形上创建的多条路径，图7-183所示为对图形进行分割后填充不同颜色的效果。

图7-182 图7-183

● 修边 ：将后面图形与前面图形重叠的部分删除，保留对象的填色，无描边，如图7-184和图7-185所示。

图7-184

图7-185

● 合并 ：不同颜色的图形合并后，最前面的图形保持形状不变，与后面图形重叠的部分将被删除。图7-186所示为原图形，图7-187所示为合并后将图形移动开的效果。

图7-186 图7-187

● 裁剪 ：只保留图形的重叠部分，最终的图形无描边，并显示为最后面图形的颜色，如图7-188和图7-189所示。

图7-188 图7-189

● 轮廓 ：只保留图形的轮廓，轮廓的颜色为它自身的填色，如图7-190和图7-191所示。

图7-190 图7-191

● 减去后方对象 ：用最前面的图形减去它后面的所有图形，保留最前面图形的非重叠部分及描边和填色，如图7-192和图7-193所示。

图7-192

图7-193

> 相关链接："效果"菜单中包含各种"路径查找器"效果，使用它们组合对象后，仍然可以选择和编辑原始对象，并可通过"外观"面板修改或删除效果。但这些效果只能应用于组、图层和文本对象。关于路径查找器效果，请参阅"11.9 路径查找器"。

7.4.2 实战：使用"路径查找器"面板制作标志

01 新建一个文档。执行"视图>显示网格"命令，在画板中显示网格。执行"编辑>首选项>参考线和网格"命令，打开"首选项"对话框，设置"网格线间隔"为18mm，"二次分隔线"为8，如图7-194所示。在文档窗口底部设置窗口的视图比例为400%。按下Ctrl+R快捷键显示标尺，将光标放在水平标尺上，按住Shift键（可以使参考线与刻度对齐）单击并拖出一条水平参考线，再用同样的方法在垂直标尺上拖出一条垂直参考线，如图7-195所示。

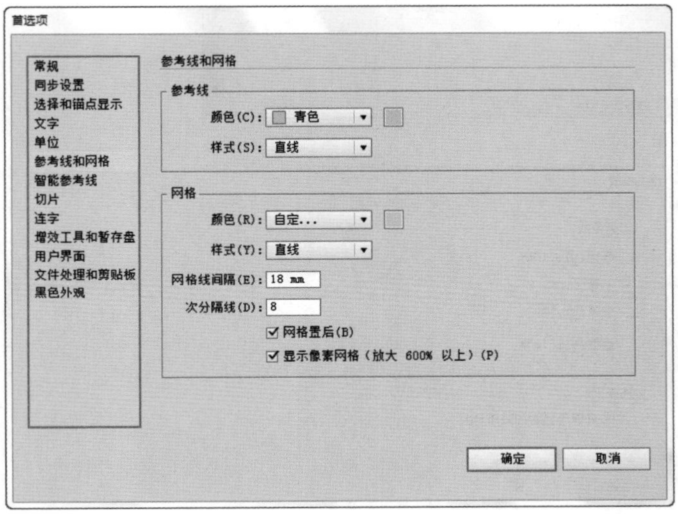

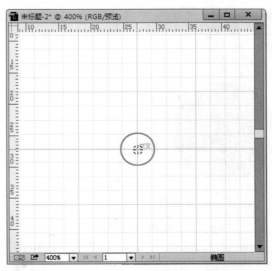

图7-196

图7-197

图7-194

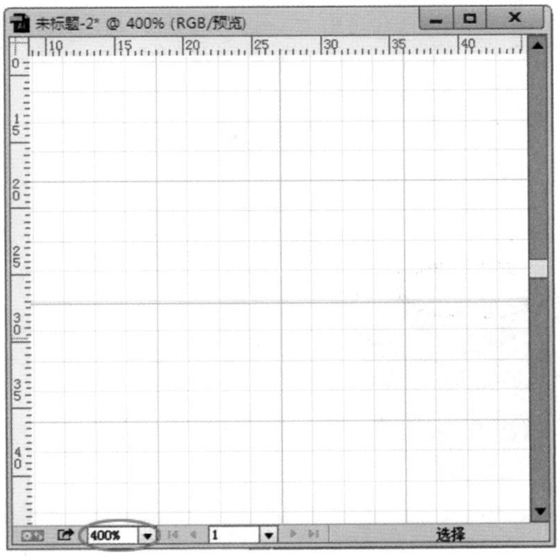

图7-195

02 选择椭圆工具，将光标放在水平参考线与垂直参考线的交叉点上，按住Alt键单击鼠标，如图7-196所示，打开"椭圆"对话框，设置参数如图7-197所示，然后以该点为中心创建一个圆形，如图7-198所示。

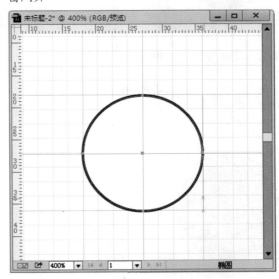

图7-198

03 为该图形填充红色，删除描边。在水平标尺上拖出一条水平参考线，放在一个网格线处，如图7-199所示。使用椭圆工具按住Alt键在垂直参考线与该参考线的交叉点上单击，如图7-200所示，弹出"椭圆"对话框，设置"宽度"为12mm，"高度"为4.5mm，然后以该点为圆心创建椭圆形，设置描边颜色为黑色，无填色，如图7-201所示。

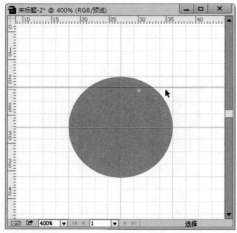

图7-199

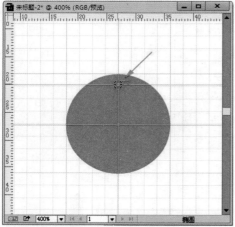

图7-200

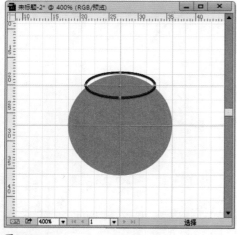

图7-201

比缩放对象，如图7-204所示。

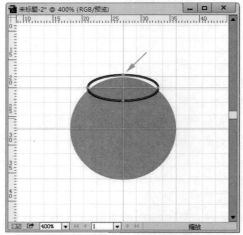

图7-202

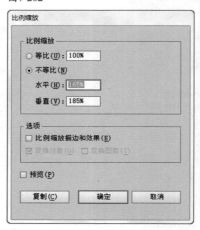

图7-203

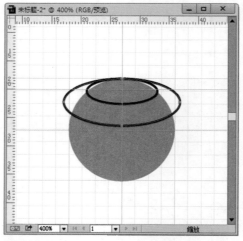

图7-204

04 保持椭圆形的选取状态。选择比例缩放工具，椭圆形上会显示出参考点，在圆形顶部按住Alt键单击，如图7-202所示，弹出"比例缩放"对话框，选择"不等比"选项，设置参数如图7-203所示，然后单击"复制"按钮，复制并不等

05 使用比例缩放工具按住Alt键在参考点上单击，在打开的对话框中选择"等比"选项，设置缩放比例为140%，单击"复制"按钮进行复制，如图7-205和图7-206所示。

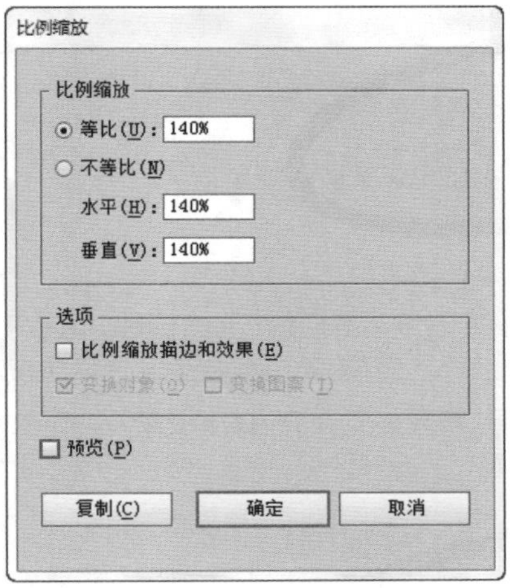

比例缩放

比例缩放
- ⦿ 等比(U): 140%
- ○ 不等比(N)
  - 水平(H): 140%
  - 垂直(V): 140%

选项
- ☐ 比例缩放描边和效果(E)
- ☑ 变换对象(O) ☐ 变换图案(T)

☐ 预览(P)

[复制(C)] [确定] [取消]

图7-205

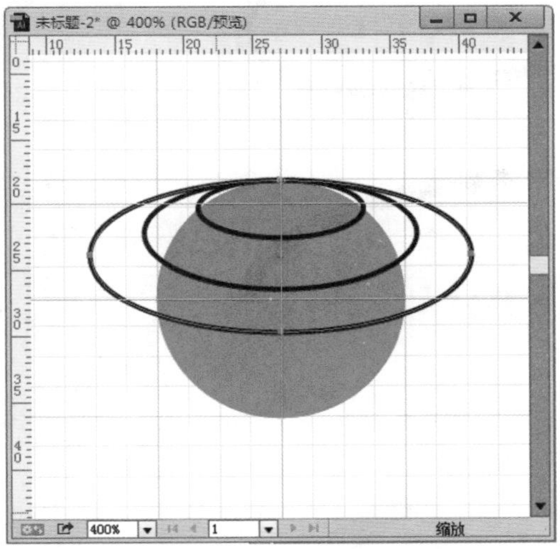

图7-206

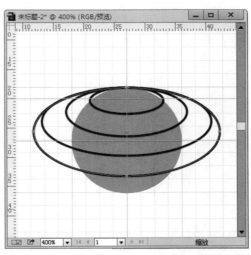

图7-208

06 按住Alt键在参考点◇上再次单击，在打开的对话框中选择"不等比"选项，设置参数如图7-207所示，然后单击"复制"按钮进行复制，如图7-208所示。

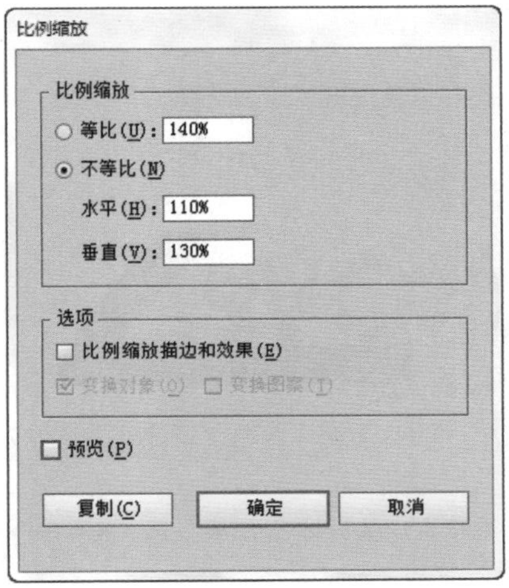

比例缩放

比例缩放
- ○ 等比(U): 140%
- ⦿ 不等比(N)
  - 水平(H): 110%
  - 垂直(V): 130%

选项
- ☐ 比例缩放描边和效果(E)
- ☑ 变换对象(O) ☐ 变换图案(T)

☐ 预览(P)

[复制(C)] [确定] [取消]

图7-207

07 使用选择工具 ▶ 按住Shift键单击这几个椭圆，将它们全部选取，设置描边粗细为4pt，如图7-209所示。执行"对象>路径>轮廓化描边"命令，将描边转换为轮廓，如图7-210所示。按下Ctrl+;快捷键隐藏参考线，按下Ctrl+"快捷键隐藏网格。

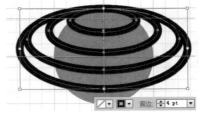

图7-209

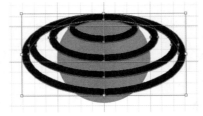

图7-210

08 使用选择工具 ▶ 按住Shift键单击并向下移动红色圆形，使圆形顶部与黑色椭圆底边对齐，如图7-211所示。按下Ctrl+A快捷键全选，然后单击"路径查找器"面板中的减去顶层按钮 ◻，如图7-212和图7-213所示。

图7-211

227

图7-212

图7-213

09 使用编组选择工具 按住Shfit键单击球形中的第2个和第4个图形，将它们选择，填充橙色，如图7-214所示。按下Ctrl+A快捷键全选，使用旋转工具 按住Shift键单击并向上拖曳鼠标，将图形旋转-45°，如图7-215所示。

图7-214　　　　　　　　图7-215

10 选择椭圆工具 ，在画板中单击，打开"椭圆"对话框，设置"宽度"为62mm，"高度"为24mm，创建一个椭圆形，如图7-216所示。双击旋转工具 ，设置旋转角度为-10°，如图7-217和图7-218所示。

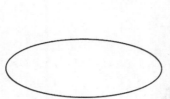
图7-216　　　　　　　　图7-217

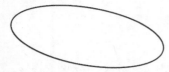
图7-218

11 设置描边粗细为8pt，将它放在球形上，如图7-219所示。打开光盘中的文字素材，将它拖入标志文档中，如图7-220所示。

图7-219

图7-220

12 选择椭圆形，使用剪刀工具 在它的左侧和右侧单击，剪断路径，如图7-221所示。使用编组选择工具 单击椭圆形的下半部分路径，按下Delete键删除，如图7-222所示。

图7-221

图7-222

13 使用直接选择工具 单击并向右下方移动锚点，如图7-223所示。拖曳方向点，使路径更加平滑，如图7-224所示。

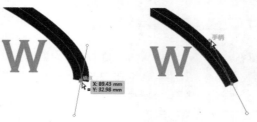
图7-223　　　　　　　　图7-224

14 使用钢笔工具 单击右下角的锚点，如图7-225所示，再按住Shift键在字母"O"的下方单击，延长路径，如图7-226所示。

图7-225　　　　　　　　图7-226

 相关链接： 关于路径的具体编辑方法，请参阅"4.4 编辑锚点"和"4.5 编辑路径"。

15 执行"对象>路径>轮廓化描边"命令，将描边转换为轮廓，原来的开放式路径变成了闭合式路径。使用删除锚点工具 单击如图7-227所示的锚点，将其删除，如图7-228所示。用直接选择工具 向右侧移动如图7-229所示的锚点。

廓都完好无损。

图7-227

图7-228

图7-229

16 最后，再将编辑后的图形填充为橙色，如图7-230所示。

图7-230

7.4.3 实战：创建复合形状

01 打开光盘中的素材，如图7-231所示。按下Ctrl+A快捷键全选。

02 下面通过两种方法组合图形。第一种方法是直接单击"路径查找器"面板"形状模式"选项组中的按钮，这样操作在组合对象的同时会改变图形的结构。例如，单击减去顶层按钮 ，如图7-232所示，会合并所有图形，如图7-233所示。

图7-231

图7-232

03 按下Ctrl+Z快捷键撤销操作。按住Alt键单击减去顶层按钮 ，创建复合形状。复合形状能够保留原图形各自的轮廓，它对图形的处理是非破坏性的，如图7-234所示。可以看到，图形的外观虽然变为一个整体，但各个图形的轮

图7-233

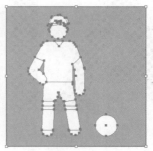

图7-234

7.4.4 实战：编辑复合形状

01 打开光盘中的素材，如图7-235所示。按下Ctrl+A快捷键全选，按住Alt键单击"路径查找器"面板中的减去顶层按钮 ，创建复合形状，如图7-236所示。

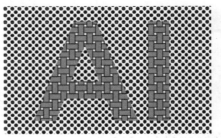

图7-235

图7-236

02 创建复合形状后，可以修改其中各对象的形状模式。使用编组选择工具 在文字"AI"上双击，将其选取，如图7-237所示，然后按住Alt键单击"路径查找器"面板中的交集按钮 ，即可修改所选图形的形状模式，效果如图7-238所示。

图7-237

图7-238

图7-241

03 使用选择工具 ▶ 选择复合形状，单击"路径查找器"面板中的"扩展"按钮，可扩展复合形状，删除多余的路径，使之成为一个图形。根据所使用的形状模式，在"图层"面板中，复合形状的名称会转换为"路径"或"复合路径"。如果要释放复合形状，即将原有图形重新分离出来，可以选择对象，打开"路径查找器"面板菜单，选择"释放复合形状"命令，如图7-239和图7-240所示。

图7-242

02 执行"对象>复合路径>建立"命令，创建复合路径，如图7-243所示。复合路径中的各个对象会自动编组，并在"图层"面板中显示为"<复合路径>"，如图7-244所示。

图7-239

图7-243

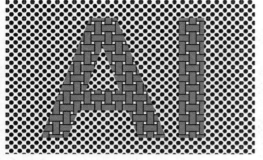

图7-240

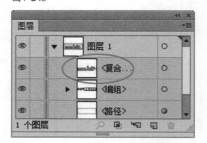

图7-244

◀)) 提示

复合形状是可编辑的对象，可以使用直接选择工具 ▶ 或编组选择工具 ▶+ 选取其中的对象，也可以使用锚点编辑工具修改对象的形状，或者修改复合形状的填色、样式或透明度属性。

◀)) 提示

创建复合路径时，所有对象都使用最后面的对象的填充内容和样式。不能改变单独一个对象的外观属性、图形样式和效果，也无法在"图层"面板中单独处理对象。如果要使复合路径中的孔洞变成填充区域，可以选择要反转的部分，打开"属性"面板，单击 ⇄ 按钮。

7.4.5 实战：创建和编辑复合路径

复合路径是由一条或多条简单的路径组合而成的图形，常用来制作挖空效果，即可以在路径的重叠处呈现孔洞。

01 打开光盘中的素材，如图7-241所示。使用选择工具 ▶ 按住Shift键单击文字和斗牛图形，如图7-242所示。

03 选择编组选择工具 ▶+，将光标放在斗牛图形的边界上，如图7-245所示，单击并移动图形的位置，孔洞区域也会随之改变，如图7-246所示。此外，可以使用锚点编辑工具对锚点进行编辑和修改。

04 如果要释放复合路径，可以选择对象，执行"对象>复合路径>释放"命令。各个对象都将恢复为原来各自独立的

状态，但这些路径不能恢复为创建复合路径前的颜色。

图7-245

图7-246

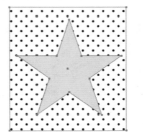

释放复合形状　　　　释放复合路径

● 在复合路径中，各个路径的形状虽然可以处理，但无法改变各个对象的外观属性、图形样式或效果，并且无法在"图层"面板中单独处理这些对象。因此，如果希望更灵活地创建复合路径，可以创建一个复合形状，然后将其扩展。

42 技术看板：复合形状与复合路径的区别

● 复合形状是通过"路径查找器"面板组合的图形，可以生成相加、相减和相交等不同的运算结果，复合路径只能创建挖空效果。

● 图形、路径、编组对象、混合、文本、封套、变形和复合路径，以及其他复合形状都可以用来创建复合形状，而复合路径则由一条或多条简单的路径组成。

● 由于要保留原始图形，复合形状要比复合路径生成的文件大，并且在显示包含复合形状的文件时，计算机要一层一层地从原始对象读到现有的结果，屏幕的刷新速度会变慢。如果要制作简单的挖空效果，可以用复合路径代替复合形状。

原图形

● 释放复合形状时，其中的各个对象可以恢复为创建前的效果；释放复合路径时，所有对象可以恢复为原来各自独立的状态，但它们不能恢复为创建复合路径前的填充内容和样式。

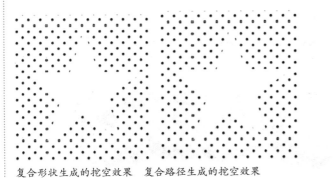

复合形状生成的挖空效果　复合路径生成的挖空效果

7.4.6 实战：用形状生成器工具构建新形状

形状生成器工具 可以合并或删除多个简单图形，从而生成复杂形状。它非常适合处理简单的路径。

01 打开光盘中的素材，如图7-247所示。这是由单独的圆形和矩形组成的烧杯。按下Ctrl+A快捷键全选。

02 选择形状生成器工具 ，将光标放在一个图形上方（光标会变为 ▶ 状），单击并拖曳鼠标至另一个图形，如图7-248所示，放开鼠标后，即可将这两个图形合并，如图7-249所示。

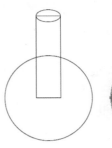 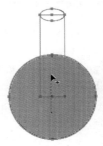 

图7-247　　　图7-248　　　图7-249

03 按住Alt键（光标会变为 ▶_ 状）单击边缘，如图7-250所示，可删除边缘，如图7-251所示。如果按住Alt键单击一个图形（也可是多个图形的重叠区域），则可删除图形。最后，使用编组选择工具 选择图形并填充蓝色，删除描边，效果如图7-252所示。

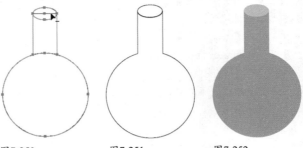

图7-250　　　图7-251　　　图7-252

形状生成器工具选项

双击形状生成器工具 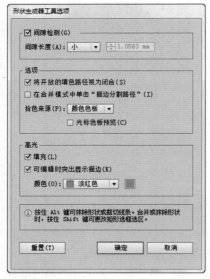，可以打开"形状生成器工具选项"对话框，如图7-253所示。

图7-253

● 间隙检测/间隙长度：勾选"间隙检测"选项后，可以在"间隙长度"下拉列表设置间隙长度，包括小（3点）、中（6点）和大（12点）。如果想要定义精确的间隙长度，可选择该下拉列表中的"自定义"选项，然后设置间隙数值，此后Illustrator会查找仅接近指定间隙长度值的间隙，因此应确保间隙长度值与实际间隙长度接近（大概接近）。例如，如果设置间隙长度为12点，然而需要合并的形状包含了3点的间隙，则Illustrator可能无法检测此间隙。

● 将开放的填色路径视为闭合：为开放的路径创建一个不可见的边缘以封闭图形，单击图形内部时，会创建一个形状。

● 在合并模式中单击"描边分割路径"：在进行合并图形操作时，单击描边可分割路径。在拆分路径时，光标会变为 状。

● 拾色来源/光标色板预览：在该选项的下拉列表中，选择"颜色色板"选项，可以从颜色色板中选择颜色来给对象上色，此时可勾选"光标色板预览"选项预览和选择颜色，Illustrator会提供实时上色风格光标色板，它允许使用方向键循环选择色板面板中的颜色。选择"图稿"选项，则从当前图稿所用的颜色中选择颜色。

● 填充：勾选该选项后，当光标位于可合并的路径上方时，路径区域会以灰色突出显示。

● 可编辑时突出显示描边/颜色：勾选该选项后，当光标位于图形上方时，Illustrator会突出显示可编辑的描边。在"颜色"选项中可以修改显示颜色。

● 重置：单击该按钮，可以恢复为Illustrator默认的参数。

7.4.7 实战：用斑点画笔工具绘制和合并路径

斑点画笔工具 可以绘制用颜色或图案进行填充、无

描边的形状。该工具的特别之处是绘制的图形能与具有相同颜色（无描边）的其他形状进行交叉与合并。将斑点画笔工具 与橡皮擦工具 及平滑工具 结合使用，可以实现自然绘图。

01 打开光盘中的素材，如图7-254所示。使用选择工具 单击文字图形，执行"效果>3D>凸出和斜角"命令，设置参数如图7-255所示。

图7-254

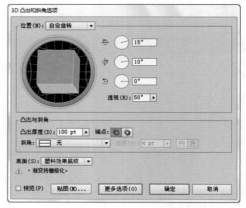

图7-255

02 单击对话框底部的"更多选项"按钮，显示光源设置选项。设置"环境光"为0%，单击 按钮，添加一个光源，然后单击并拖曳光源，调整它们的位置，如图7-256所示。单击"确定"按钮关闭对话框，效果如图7-257所示。

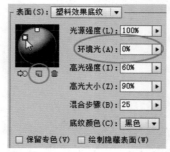

图7-256

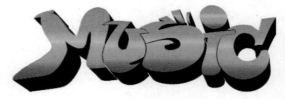

图7-257

03 在"图层"面板中，将<编组>子图层拖曳到面板底部的 ⬜ 按钮上进行复制，如图7-258所示。在下方图层的眼睛图标 👁 上单击，隐藏该图层，如图7-259所示。

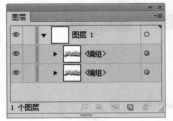

图7-258　　　　图7-259

04 使用选择工具 ▶ 单击文字图形，执行"对象>扩展外观"命令，将3D效果扩展为图形，如图7-260所示。使用编组选择工具 ▶ 按住Shift键单击填充了渐变颜色的图形（即文字正面图形，不包含黑色部分），将它们选取，如图7-261所示，按下Ctrl+X快捷键剪切。

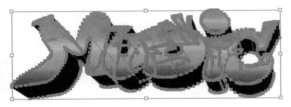

图7-260

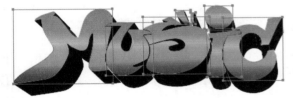

图7-261

05 按下Ctrl+A快捷键选取剩余的图形，如图7-262所示，按下Delete键删除。按下Ctrl+F快捷键粘贴图形，如图7-263所示，再按下Ctrl+G快捷键编组。

图7-262

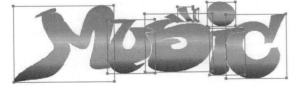

图7-263

06 将填色设置为绿色，如图7-264所示。选择斑点画笔工具 ✒，在文字上方单击并拖曳鼠标，绘制如图7-265所示的图形。在绘制过程中可以放开鼠标按键，多次绘制，这些线条只要重合，就会自动合并。

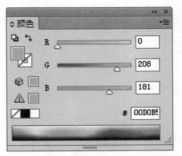

图7-264

图7-265

07 按下Ctrl+[快捷键，将该图形移动到文字后方，如图7-266所示。按下Ctrl+A快捷键全选，单击"透明度"面板中的"制作蒙版"按钮，创建不透明度蒙版，如图7-267和图7-268所示。

图7-266

图7-267

图7-268

08 在“图层”面板中隐藏的图层前方单击，显示该图层，如图7-269和图7-270所示。

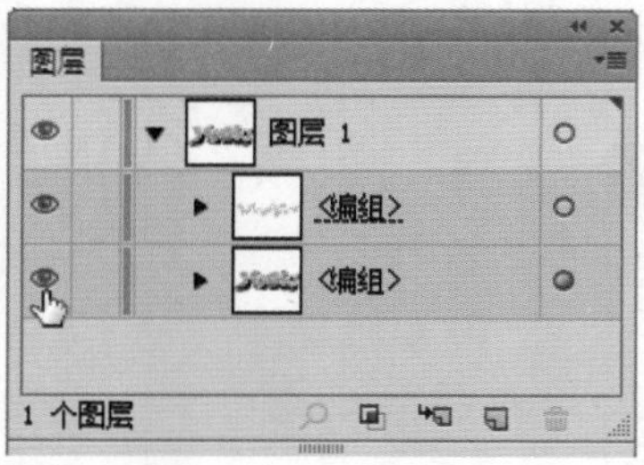

图7-269

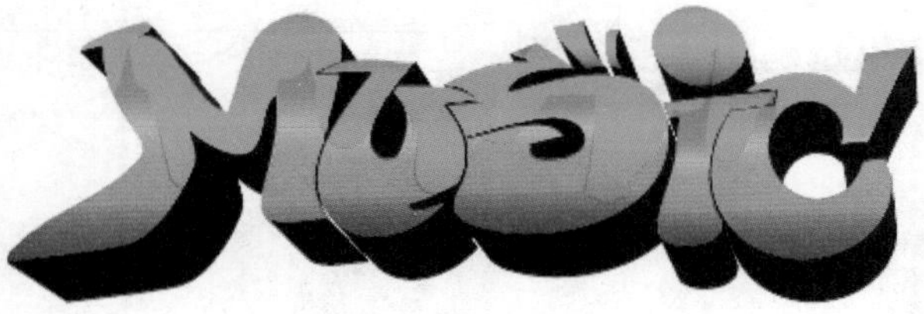
图7-270

09 使用斑点画笔工具绘制图形，如图7-271所示。使用选择工具将其选取，如图7-272所示，然后按下Shift+Ctrl+[快捷键，将图形移动到最后方，如图7-273所示。

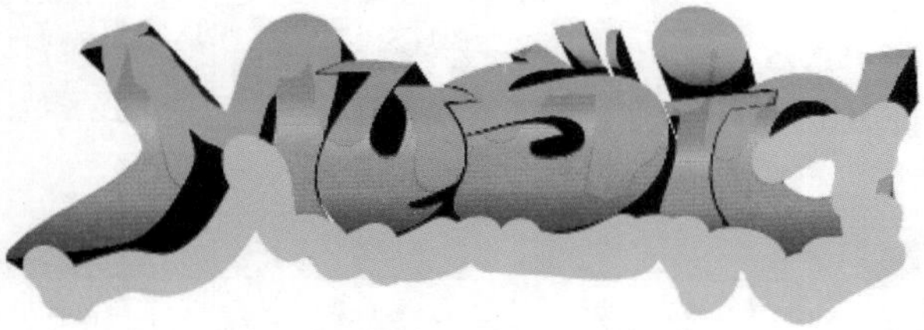
图7-271

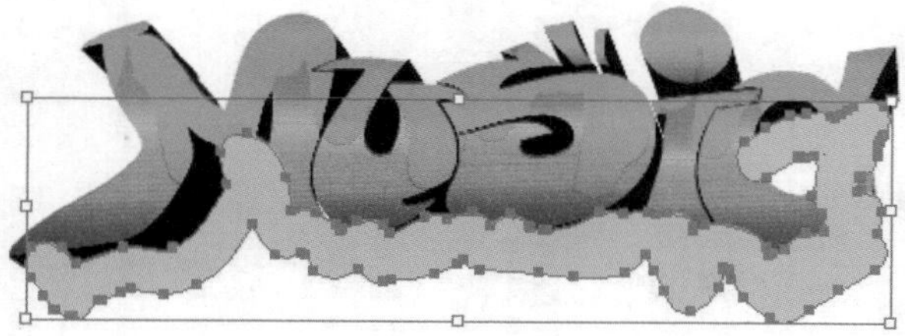
图7-272

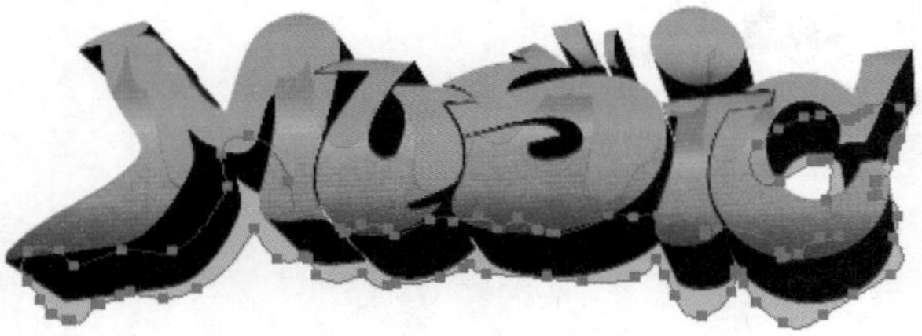
图7-273

10 使用变形工具在图形底部单击并向下拖曳鼠标，制作油漆流淌效果，如图7-274所示。设置图形的描边颜色为深绿色，描边宽度为2pt，效果如图7-275所示。

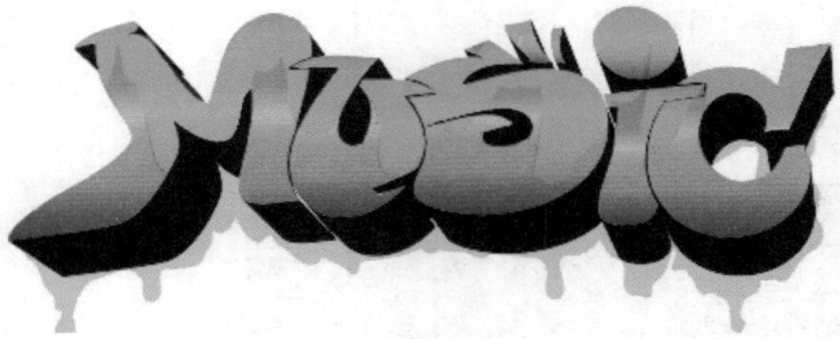
图7-274

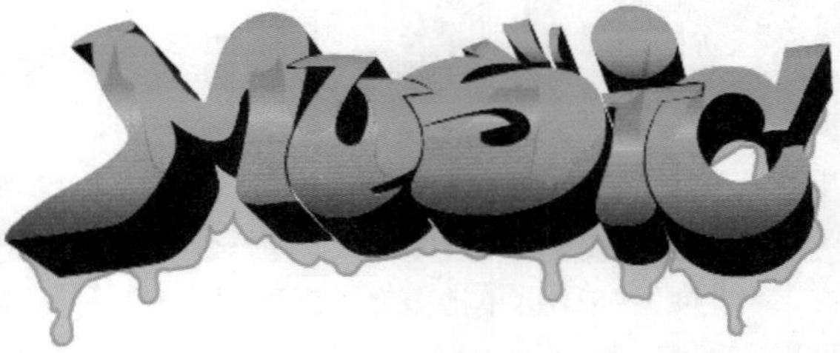
图7-275

> **提示**
> 使用斑点画笔工具时，可以按下] 键将笔尖调大，按下 [键将笔尖调小。

斑点画笔工具选项

双击斑点画笔工具，可以打开“斑点画笔工具选项”对话框，如图7-276所示。

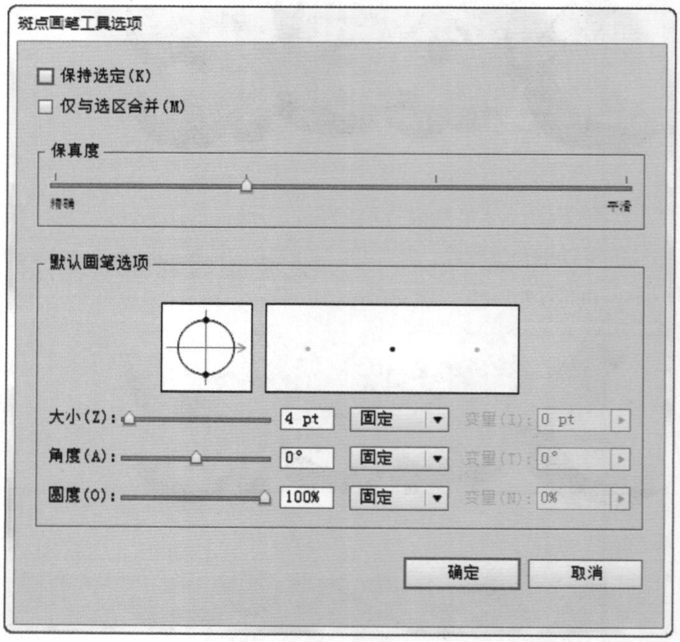

图7-276

- **保持选定**：绘制并合并路径时，所有路径都将被选中，并且在绘制过程中保持选取状态。该选项在查看包含在合并路径中的全部路径时非常有用。

- 仅与选区合并：仅将新笔触与目前已选中的路径合并，新笔触不会与其他未选中的交叉路径合并。

- 保真度：控制必须将鼠标移动多大距离，Illustrator才会向路径添加新锚点。例如，保真度值为 2.5，表示小于 2.5 像素的工具移动将不生成锚点。保真度的范围可介于 0.5 至 20 像素之间。该值越大，路径越平滑，复杂程度越小。

- 大小：可以调整画笔的大小。

- 角度：可以调整画笔旋转的角度。拖移预览区中的箭头，或在"角度"文本框中输入一个值。

- 圆度：可以调整画笔的圆度。将预览中的黑点朝向或背离中心方向拖移，或者在"圆度"文本框中输入一个值。该值越大，圆度越大。

7.5 剪切和分割对象

Illustrator可以通过不同的方式剪切和分割图形，例如，可以将对象分割为网格、用一个对象分割另一个对象，以及擦除图形等。

7.5.1 实战：用刻刀工具制作玻璃裂痕

使用刻刀工具 ✐ 可以裁剪图形。如果是开放式的路径，裁切后会成为闭合式路径。使用刻刀工具 ✐ 裁剪填充了渐变颜色的对象时，如果渐变的角度为0°，则每裁切一次，Illustrator就会自动调整渐变角度，使之始终保持0°，因此，裁切后对象的颜色会发生变化。下面就通过这种方法制作玻璃裂痕效果。

01 打开光盘中的素材，如图7-277所示。选择刻刀工具 ✐（使用该工具时无需选择对象），在玻璃文字上单击并拖曳鼠标，光标经过的路线即为刻刀工具的裁切线，如图7-278所示，裁切后的玻璃文字会产生裂纹，如图7-279所示。

图7-277

图7-278

图7-279

02 使用刻刀工具 ✐ 分割玻璃板，图7-280中的红色路径为裁切线。每条裁切线都会把玻璃板分割出一部分，形成单独的图形，如图7-281所示，它们可以单独移动。

图7-280

图7-281

03 文字"CS"是由两层文字叠加而成的，裁切之后颜色变化较大。使用直接选择工具 ▷ 按住Shift键选择文字中的部分图形，按下Delete键删除，使文字的颜色变浅，如图7-282和图7-283所示。选择玻璃板边角上的图形，进行移动或删除，如图7-284所示。

图7-282

图7-283

图7-284

图7-288

图7-289

7.5.2 用橡皮擦工具擦除图形

用橡皮擦工具 ✐ 在图形上方单击并拖曳鼠标，可以擦除对象，如图7-285和图7-286所示。如果要将擦除方向限制为垂直、水平或对角线方向，可按住Shift键操作；如果要围绕一个区域创建选框并擦除选框内的内容，可按住Alt键操作，如图7-287所示；如果要将选框限制为正方形，可按住Alt+Shift键操作。

图7-285

7.5.4 将对象分割为网格

使用"分割为网格"命令可以将对象分割为矩形网格。在进行分割时，可以精确地设置行和列之间的高度、宽度和间距大小。选择要分割的对象，如图7-290所示，执行"对象>路径>分割为网格"命令，打开"分割为网格"对话框，如图7-291所示。

图7-290

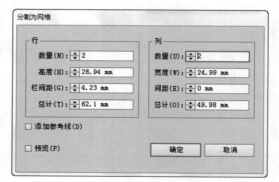

图7-291

图7-286

图7-287

> 🔊 **提示**
>
> 选择橡皮擦工具后，按下] 键和 [键，可以增加或缩小画笔直径。该工具可擦除图形的任何区域，而不管它们是否属于同一对象或是否在同一图层。并且，它可以擦除路径、复合路径、实时上色组内的路径和剪贴路径。

7.5.3 使用"分割下方对象"命令剪切对象

选择一条路径，如图7-288所示，执行"对象>路径>分割下方对象"命令，可以用所选路径分割它下面的对象，图7-289所示为用编组选择工具 ▷+ 将图形移开的效果。"分割下方对象"命令与刻刀工具 ✐ 产生的效果相同，但更容易控制。

● "行"选项组：在"数量"选项内可以设置矩形的行数；"高度"选项用来设置矩形的高度；"栏间距"选项用来设置行与行之间的间距；"总计"选项用来设置矩形的总高度，增加该值时，Illustrator会增加每一个矩形的高度，从而达到增加整个矩形高度的目的。图7-292所示是设置"总计"为30mm的网格，图7-293所示是设置该值为50mm的网格，此时每一个矩形及矩形的总高度都增加了，但行与行之间的间距没有改变。

图7-292　　　　　　　图7-293

● "列"选项组：在"数量"选项内可以设置矩形的列数；"宽度"选项用来设置矩形的宽度；"间距"选项用来设置列与列的间距；"总计"选项用来设置矩形的总宽度，增加该值时，Illustrator会增加每一个矩形的宽度，从而达到增加整个矩形宽度的目的。图7-294所示是设置"总计"为50mm的网格，图7-295所示是设置该值为100mm的网格，此时每个矩形及矩形的总宽度都增加了，但列与列之间的间距没有改变。

- 添加参考线：选择该选项后，会以阵列的矩形为基准创建类似参考线状的网格，如图7-296所示。

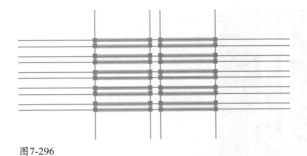

图7-296

图7-294　　　　图7-295

7.6 混合

混合功能可以在两个或多个对象之间生成一系列的中间对象，使之产生从形状到颜色的全面过渡效果。用于创建混合的对象既可以是图形、路径和混合路径，也可以是使用渐变和图案填充的对象。

7.6.1 实战：用混合工具创建混合

01 打开光盘中的素材，如图7-297所示。这几个图形用了不同的颜色描边，没有填色。下面来制作线状特效字"WOW"。

02 选择混合工具，将光标放在如图7-298所示的图形上，当捕捉到对象后，光标会变为状，单击鼠标，再将光标放在另一个图形上方，当光标变为状时，如图7-299所示，单击鼠标创建混合，如图7-300所示。

图7-297

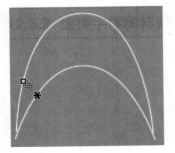

图7-298

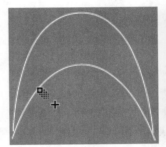 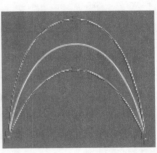

图7-299　　　　图7-300

03 双击混合工具，打开"混合选项"对话框，设置间距为"指定的步数"，步数为17，如图7-301所示，然后单击"确定"按钮关闭对话框，混合效果如图7-302所示。

 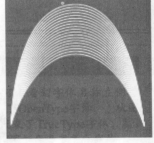

图7-301　　　　图7-302

相关链接：关于"混合选项"的详细参数介绍，请参阅"7.6.7 设置混合选项"。

04 执行"选择>取消选择"命令，取消选择。使用混合工具 单击如图7-303所示的两条线，创建混合，效果如图7-304所示。双击混合工具，修改参数如图7-305所示，效果如图7-306所示。

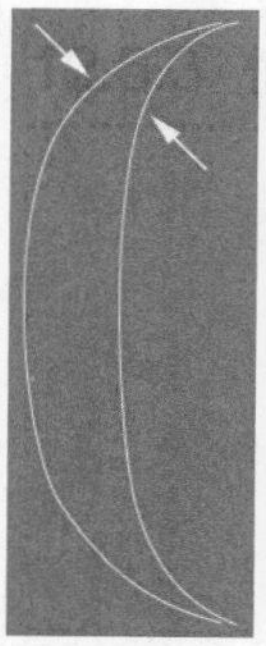

图7-303

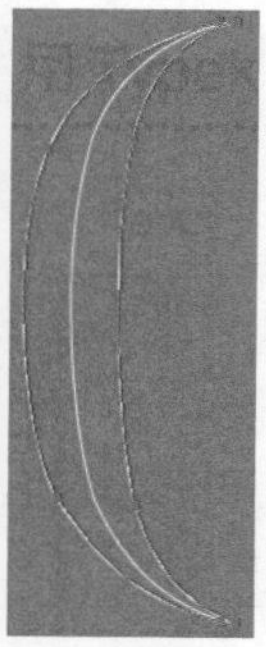

图7-304

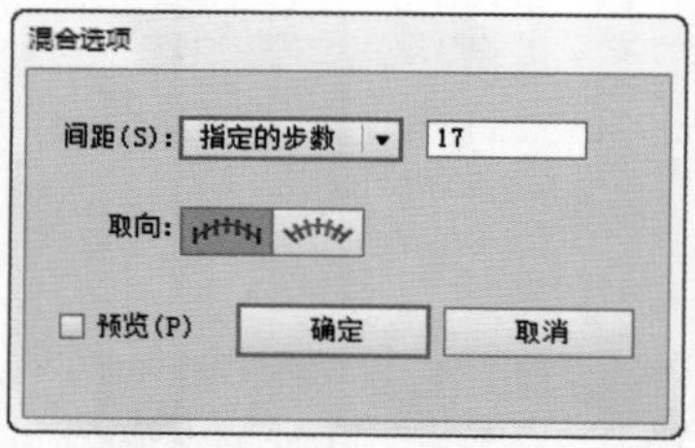

图7-305

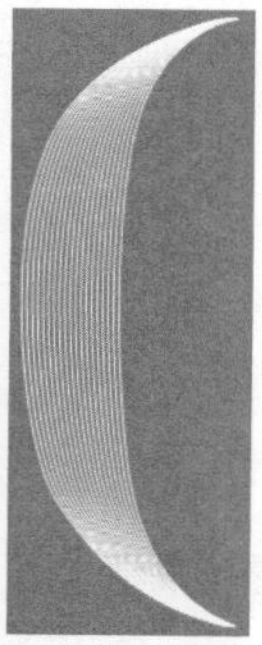

图7-306

05 使用选择工具 移动图形，然后按住Shift键单击另一个图形，将它们选取，如图7-307所示。双击旋转工具，打开“旋转”对话框，设置角度为180°，如图7-308所示，然后单击“复制”按钮，复制图形，如图7-309所示。使用选择工具 按住Shift键移动图形，如图7-310所示。这样，字母“O”就制作好了。

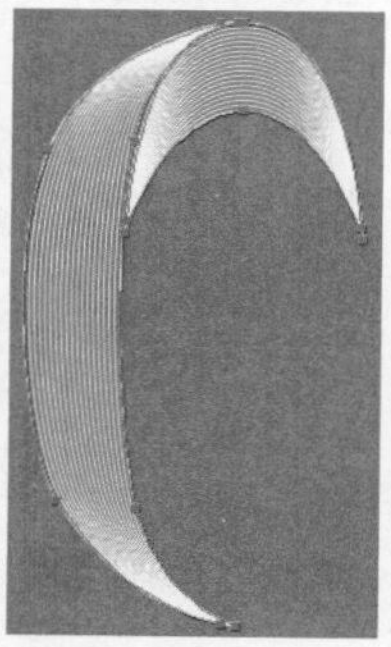

图7-307

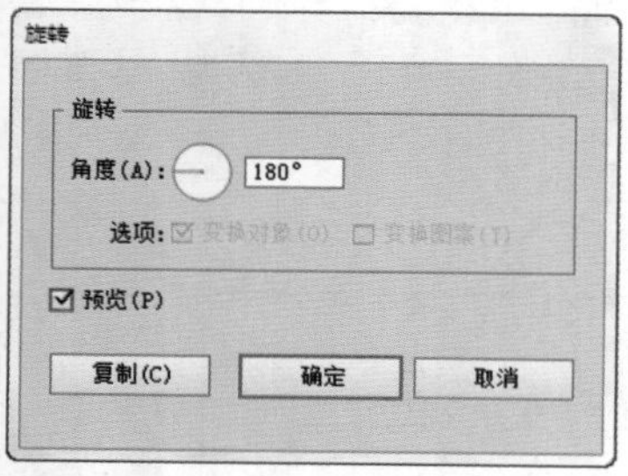

图7-308

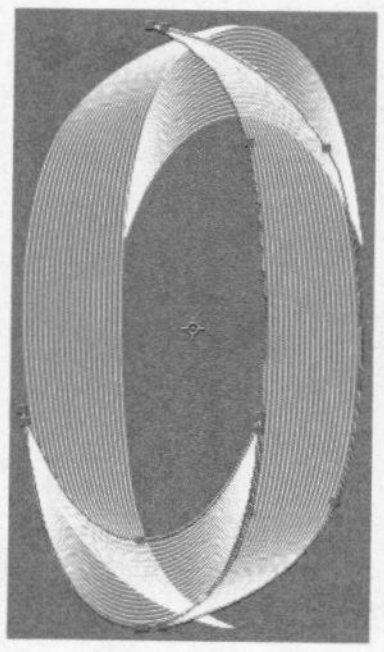

图7-309

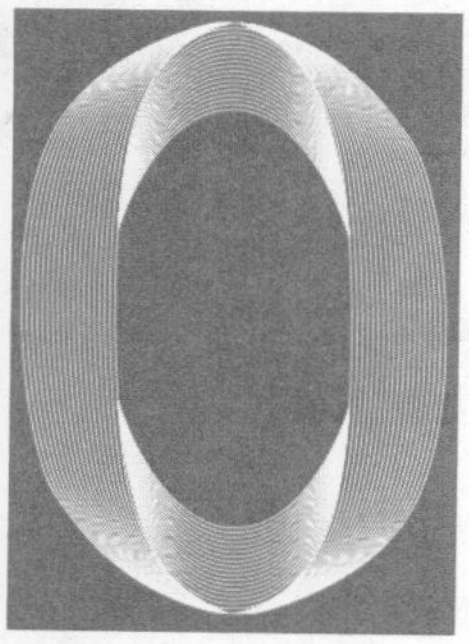

图7-310

06 在画板的空白处单击，取消选择。使用混合工具 单击如图7-311所示的两条线，创建混合。双击混合工具，参数如图7-312所示，完成字母“W”的制作，如图7-313所示。使用选择工具 按住Shift+Alt键单击并拖曳该图形，进行复制，如图7-314所示。

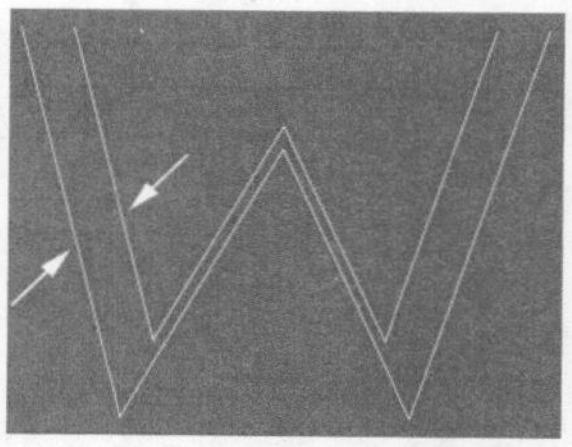

图7-311

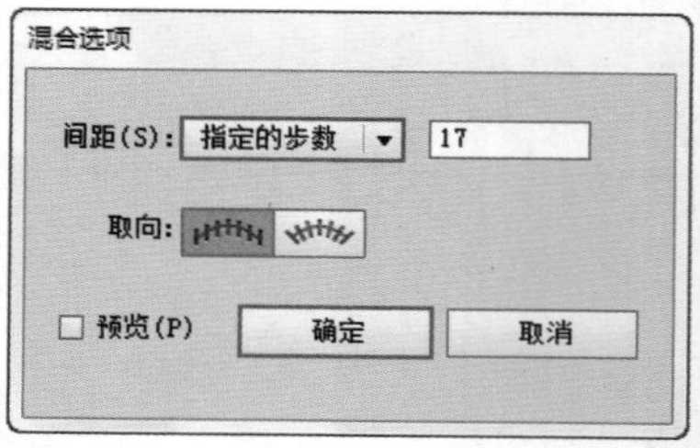

图7-312

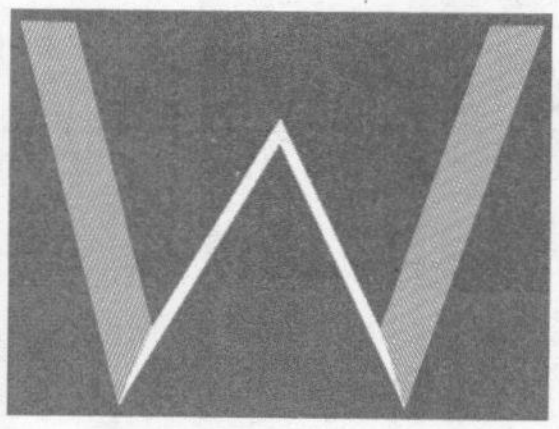

图7-313

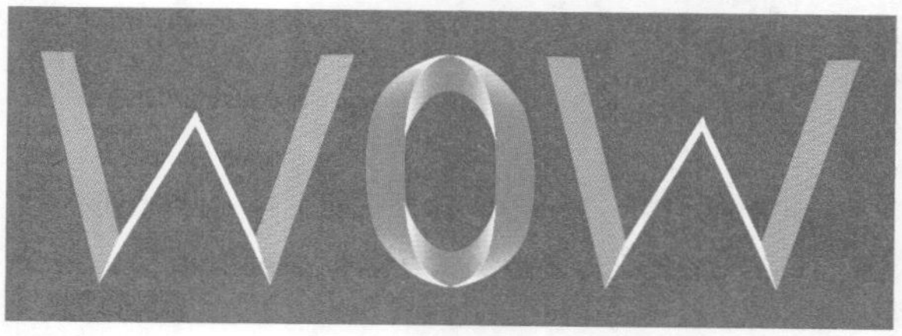

图7-314

7.6.2 实战：用混合命令创建混合

如果用于创建混合的图形较多或比较复杂，则使用混合工具 很难正确地捕捉锚点，创建混合效果时可能会发生扭曲。使用混合命令操作可以避免出现这种情况。

01 新建一个文档。使用文字工具 T 在画板中单击并输入文字“SODA”，如图7-315所示。使用选择工具 按住Alt键向上拖曳文字进行复制，将复制后的文字的填色与描边都设置为白色，调整描边粗细为2pt，如图7-316所示。

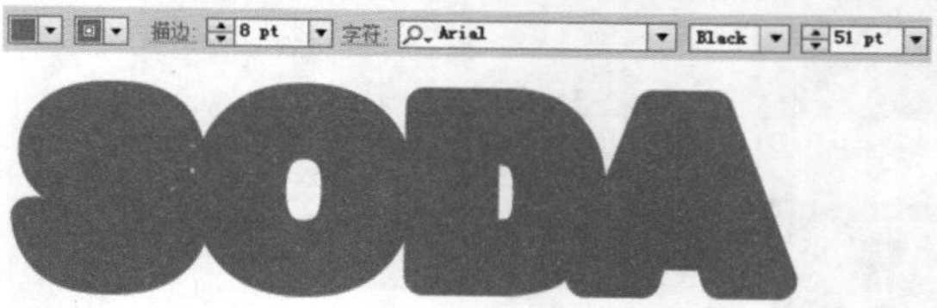

图7-315

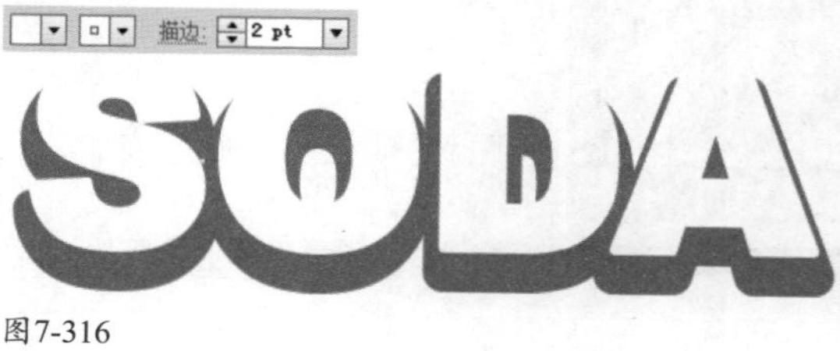

图7-316

02 按下Ctrl+A快捷键全选，执行"对象>混合>建立"命令，或按下Alt+Ctrl+B快捷键，创建混合。双击混合工具 ，在打开的对话框中选择"指定的步数"，设置混合步数为5，如图7-317和图7-318所示。

图7-317

图7-318

03 使用编组选择工具 单击白色的文字，按下Ctrl+C快捷键复制，再按下Ctrl+F快捷键粘贴到最前面，并调整文字的填色和描边，如图7-319所示。在空白处单击取消选择，然后按下Ctrl+B快捷键将文字粘贴到最后面，按几下"↓"键，将文字向下轻移。调整文字的描边颜色以及描边粗细，如图7-320所示。

图7-319

图7-320

04 打开光盘中的素材，使用选择工具 将制作好的特效字拖入该文档，如图7-321所示。使用编组选择工具 单击位于最顶部的文字，修改填充颜色，可以得到更加丰富的立体效果，如图7-322所示。

图7-321

图7-322

7.6.3 实战：编辑混合对象

基于两个或多个图形创建混合后，混合对象会成为一个整体，如果移动了其中的一个原始对象、为其重新着色或编辑原始对象的锚点，则混合效果也会随之发生改变。

01 使用星形工具 按住Shift+Alt快捷键拖曳鼠标，创建一个五角星，如图7-323所示。使用选择工具 按住Shift+Alt键向右拖曳该图形进行复制，并修改描边，如图7-324所示。

图7-323   图7-324

02 按下Ctrl+A快捷键全选，按下Alt+Ctrl+B快捷键创建混合。双击混合工具 ，在打开的对话框中选择"指定的步数"，设置混合步数为15，如图7-325和图7-326所示。

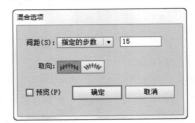

图7-325

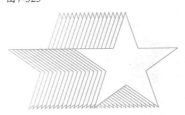

图7-326

03 使用编组选择工具
↳ 单击左侧的五
角星，将其选取，如图
7-327所示。使用比例缩放
工具 ⬚ 按住Shift键拖曳图
形进行等比缩放，由混合
生成的中间图形也会发生

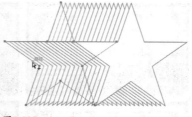

图7-327

改变，如图7-328所示。使用其他工具也可以变换图形，例如，图
7-329所示为选择前方的五角星后，使用旋转工具 ↻ 旋转的效果。

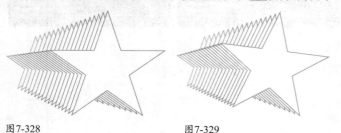

图7-328 　　　　　　　　　图7-329

04 使用编组选择工具 ↳ 选择图形后，可以修改填充和描边
颜色，如图7-330所示。

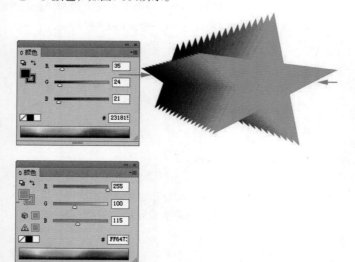

图7-330

05 使用选择工具 ▸ 单击混合对象，将其选取。双击混合工
具 ⬚，可以在打开的对话框中修改混合选项，如图7-331
和图7-332所示。

图7-331

图7-332

7.6.4 实战：编辑混合轴

　　创建混合后，会自动生成一条用于连接对象的路径，即
混合轴。在默认情况下，混合轴是一条直线路径，拖曳混合
轴上的锚点或路径段，可以调整混合轴的形状。此外，混合
轴上也可以添加或删除锚点。

01 打开光盘中的素材，如图7-333所示。选择直接选择工具
▸，将光标放在混合对象上方，捕捉到混合轴时，单击
鼠标将其选取，如图7-334所示。

图7-333

图7-334

02 选择锚点工具 ⭢，将光标放在混合轴上，如图7-335所示，
单击并拖曳鼠标，将其修改为曲线路径，如图7-336所示。

图7-335

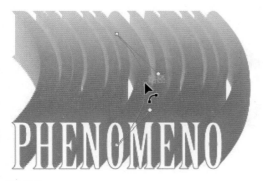

图7-336

7.6.5 实战：替换混合轴

01 新建一个文档。执行"窗口>符号库>自然"命令，打开该符号库。将蜻蜓符号拖曳到画板中，如图7-337所示。

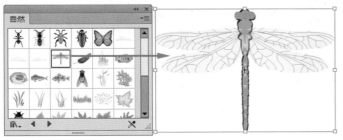

图7-337

02 使用选择工具 ▶ 按住Alt键向右侧拖曳蜻蜓进行复制。按住Shift键拖曳控制点，将复制后的蜻蜓放大，如图7-338所示。选择这两个蜻蜓，按下Alt+Ctrl+B快捷键创建混合。双击混合工具 ，在打开的"混合选项"对话框中设置"间距"为"指定的步数"，然后指定步数为12，效果如图7-339所示。

图7-338

图7-339

03 使用直接选择工具 ▶ 在图形中间单击，显示混合轴，如图7-340所示。此时可以修改路径，例如，可以用添加锚点工具 在路径上单击添加锚点，然后用直接选择工具 ▶ 移动锚点的位置，改变路径形状，如图7-341所示。

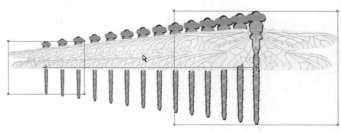

图7-340

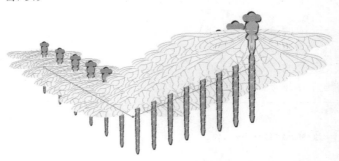

图7-341

04 下面来替换混合轴。使用螺旋线工具 创建一个螺旋线（绘制过程中可按下键盘中的方向键调整螺旋），如图7-342所示。按下Ctrl+A快捷键选择所有图形，执行"对象>混合>替换混合轴"命令，用螺旋线替换原有的混合轴，效果如图7-343所示。

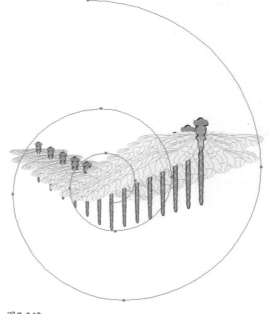

图7-342

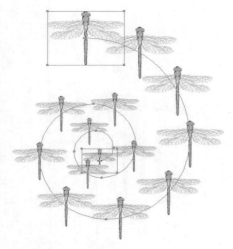

图7-343

05 双击混合工具 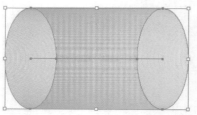，在打开的对话框中按下对齐路径按钮
 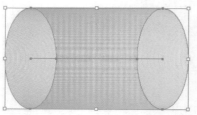，如图7-344所示，然后单击"确定"按钮，使蜻蜓
沿路径的垂直方向排列，如图7-345所示。

图7-344

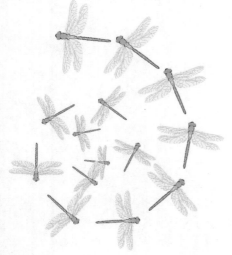

图7-345

7.6.6 实战：反向混合与反向堆叠

01 打开光盘中的素材，如图7-346所示。使用选择工具 选
择混合对象，执行"对象>混合>反向混合轴"命令，可

以颠倒混合轴上的混合顺序，如图7-347所示。

图7-346

图7-347

02 按下Ctrl+Z快捷键撤销操作。执行"对象>混合>反向堆
叠"命令，可以颠倒对象的堆叠顺序，让后面的图形排
到前面，如图7-348所示。

图7-348

7.6.7 设置混合选项

创建混合后，可以通过"混合选项"命令修改图形的
方向和颜色的过渡方式。选择混合对象，如图7-349所示，
双击混合工具 ，打开"混合选项"对话框，如图7-350
所示。

图7-349

图7-350

- 间距：选择"平滑颜色"选项，可自动生成合适的混合步数，创建平滑的颜色过渡效果，如图7-351所示；选择"指定的步数"选项，可以在右侧的文本框中输入混合步数，如图7-352所示；选择"指定的距离"选项，可以输入由混合生成的中间对象之间的间距，如图7-353所示。

图7-351

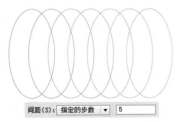

图7-352

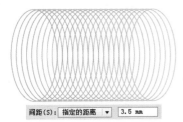

图7-353

- 取向：如果混合轴是弯曲的路径，单击对齐页面按钮 ，对象的垂直方向与页面保持一致，如图7-354所示；单击对齐路径按钮 ，对象垂直于路径，如图7-355所示。

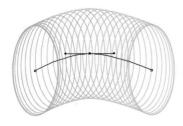

图7-354

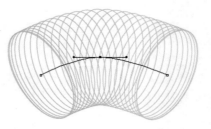

图7-355

📢 提示

创建混合时生成的中间对象越多，文件就越大。

7.6.8 扩展混合对象

创建混合以后，原始对象之间生成的新图形无法选择，也不能进行修改。如果要编辑这些图形，可以选择混合对象，如图7-356所示，执行"对象>混合>扩展"命令，将图形扩展出来，如图7-357所示。这些图形会自动编组，可以选择其中的任意对象单独进行编辑。

图7-356

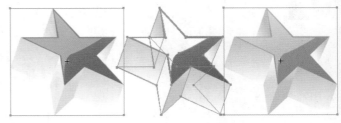

图7-357

7.6.9 释放混合对象

选择混合对象，执行"对象>混合>释放"命令，可以取消混合，将原始对象释放出来，并删除由混合生成的新图形。此外，还会释放出一条无填色、无描边的混合轴（路径）。

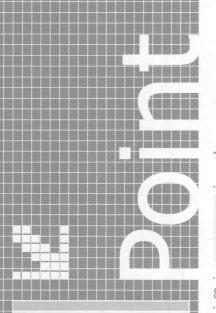

第8章 图层与蒙版

8.1 图层概述

图层用来管理对象，它就像是结构清晰的文件夹，包含了所有图稿内容。图层可以控制对象的堆叠顺序、显示模式，以及进行锁定和删除等，此外，还可以创建剪切蒙版。绘制复杂的图稿时，使用图层可以有效地选择和管理对象，提高工作效率。

8.1.1 图层的原理

图层是Illustrator中非常重要的功能，它承载了图形和效果。并且，如果没有图层，那么所有的对象都将处于同一个平面上，不仅图稿的复杂程度大大提高，更会增加对象的选择难度。蒙版用于遮盖对象，使其不可见或呈现透明效果，但不会删除对象，因此，它是一种非破坏性的编辑功能。

图层并非Illustrator专有，例如，同为矢量软件的CorelDraw中也有图层，其原理以及承担的功能与Illustrator基本相同。此外，其他设计软件，如Photoshop、Painter、Flash、InDesign、AutoCAD和ZBrush等也都有图层功能。

从管理图稿的角度来看，图层就像是"文件夹"， 我们可以将图形的各个部分放置在不同的文件夹（图层）中；从图稿合成的角度来看，图层就如同堆叠在一起的透明纸，每一张纸（图层）上都保存着不同的对象，透过上面图层的透明区域可以看到下面图层中的对象，如图8-1所示。

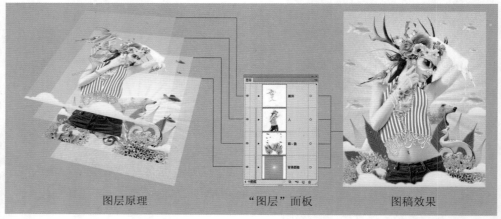

图层原理　　　　　"图层"面板　　　　　图稿效果

图8-1

在Illustrator中新建一个文档时，会自动创建一个图层，即"图层1"。在开始绘制图形后，会添加一个子图层。子图层包含在图层之内，对图层进行隐藏和锁定等操作时，子图层也会同时被隐藏和锁定，将图层删除时，子图层也会被删除。单击图层前面的 ▶ 图标展开（或关闭）图层列表，可以查看到图层中包含的子图层。

每一个图层中的对象都是独立的，可单独处理而不会影响其他图层中的对象，如图8-2所示为单独修改背景颜色时的效果。图层可以调整堆叠顺序，进而影响图稿的显示效果，如图8-3所示。

图8-2

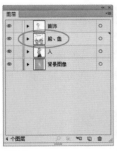 

图8-3

　　图层名称左侧是图层的缩览图，它显示了图层中包含的图稿内容。图层前面的眼睛图标 👁 可以控制图层的可视性，让图层中的对象隐藏或显示。

---

44 技术看板：调整图层缩览图的大小

单击"图层"面板右上角的 ▼☰ 按钮，打开面板菜单，选择"面板选项"命令，打开"图层面板选项"对话框，在该对话框中可以调整图层缩览图的大小。

8.1.2　"图层"面板

　　执行"窗口>图层"命令，打开"图层"面板，面板中列出了当前文档中包含的所有图层和子图层，如图8-4和图8-5所示。

图8-4

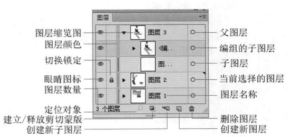

图8-5

● **定位对象** 🔍：选择一个对象后，如图8-6所示，单击该按钮，可以选择对象所在的图层或子图层，如图8-7所示。当文档中图层、子图层和组的数量较多时，通过这种方法可以快速找到所需的图层。

 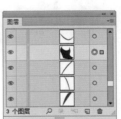

图8-6　　　　　　图8-7

● **建立/释放剪切蒙版** ▣：单击该按钮，可以创建或释放剪切蒙版。

● **父图层**：单击创建新图层按钮 ⬚，可以创建一个图层（即父图层），新建的图层总是位于当前选择的图层之上。将一个图层或者子图层拖曳到 ⬚ 按钮上，可以复制该图层。

● **子图层**：单击创建新子图层按钮 ↳⬚，可以在当前选择的父图层内创建一个子图层。

● **图层名称/颜色**：按住Alt键单击 ⬚ 按钮，或双击一个图层，可以打开"图层选项"对话框设置图层的名称和颜色。当图层数量较多时，给图层命名可以更加方便地查找和管理对象；为图层选择一种颜色后，当选择该图层中的对象时，对象的定界框、路径、锚点和中心点都会显示与图层相同的颜色，这有助于在选择时区分不同图层上的对象。

● **眼睛图标** 👁：单击该图标可进行图层显示与隐藏的切换。有该图标的图层为显示的图层，无该图标的图层为隐藏的图层。被隐藏的图层不能进行编辑，也不能打印出来。

● **切换锁定**：在一个图层的眼睛图标右侧单击，可以锁定该图

245

层。被锁定的图层不能再做任何编辑，并且会显示出一个 🔒 状图标。如果要解除锁定，可单击该图标。

● 删除图层 🗑️：按住 Alt 键单击 🗑️ 按钮，或将图层拖曳到该按钮上，可直接删除图层。如果图层中包含参考线，则参考线也会同时删除。删除父图层时，会同时删除它的子图层。

> 🔄 **相关链接**：编辑复杂的图稿时，小图形经常会被大的图形遮盖，想要选择被遮盖的对象比较困难。遇到这种情况时，可以通过"图层"面板来选择对象。具体方法请参阅"3.6.6 实战：用图层面板选择对象"。

8.1.3 创建图层和子图层

单击"图层"面板中的创建新图层按钮 🔲，可以在当前选择的图层上方新建一个图层，如图8-8所示。单击创建新子图层按钮 🔁，则可在当前选择的图层中创建一个子图层，如图8-9所示。

图8-8

图8-9

> 🔄 **相关链接**：按住 Ctrl 键单击创建新图层按钮 🔲，可以在"图层"面板的顶部新建一个图层。按住 Alt 键单击创建新图层按钮 🔲，可以打开"图层选项"对话框，在对话框中可以设置图层的名称和颜色等，详细内容请参阅"8.2.1 设置图层选项"。

8.1.4 复制图层

在"图层"面板中，将一个图层、子图层或组拖至面板底部的创建新图层按钮 🔲 上，即可复制它，如图8-10和图8-11所示。按住 Alt 键向上或向下拖曳图层、子图层或组，可以将其复制到指定位置，如图8-12和图8-13所示。

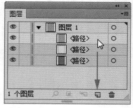

图8-10

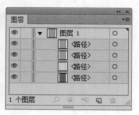

图8-11

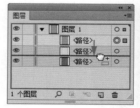

图8-12

图8-13

8.2 编辑图层

图层可以调整顺序、修改命名、设置易于识别的颜色，也可以隐藏、合并和删除。

8.2.1 设置图层选项

双击"图层"面板中的图层，如图8-14所示，或单击一个图层后，执行面板菜单中的"（图层名称）图层的选项"命令，可以打开"图层选项"对话框，如图8-15所示。

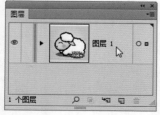

图8-14

图8-15

● 名称：可以修改图层的名称。在图层数量较多的情况下，给图层命名可以更加方便地查找和管理对象。

● 颜色：在该选项的下拉列表中可以为图层选择一种颜色，如图8-16所示，也可以双击选项右侧的颜色块，打开"颜色"对话框设置颜色。在默认情况下，Illustrator 会为每一个图层指定一种颜色，该颜色将显示在"图层"面板图层缩览图的前面，如图8-17所示，选择该图层中的对象时，所选对象的定界框、路径、锚点及中心点也会显示与此相同的颜色，如图8-18所示。

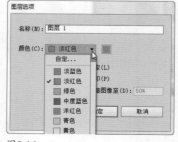

图8-16

图8-17　　　　　　　图8-18

● 模板：选择该选项后，可以将当前图层创建为模板图层。模板图层前会显示 状图标，图层的名称为倾斜的字体，并自动处于锁定状态（有 状图标），如图8-19所示。模板不能被打印和导出。取消该选项的选择时，可以将模板图层转换为普通图层。

> **提示**
>
> 选择"模板"选项后，"视图>隐藏模板"命令可用，执行该命令可以隐藏模版图层。

● 显示：选择该选项，当前图层为可见图层，图层前会显示眼睛图标 。取消选择时，则隐藏图层。

● 预览：选择该选项时，当前图层中的对象为预览模式，图层前会显示 状图标，如图8-20所示。取消选择时，图层中的对象为轮廓模式，图层前会显示 状图标，如图8-21所示。

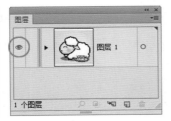

图8-19　　　　　　　图8-20

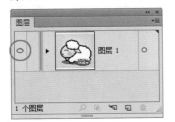

图8-21

> **相关链接**：按住Ctrl键单击图层前的眼睛图标 ，可以将该图层中的对象切换为轮廓模式（眼睛图标会变为 状），具体效果请参阅"1.6.2 实战：切换轮廓模式与预览模式"。

● 锁定：选择该选项，可以将当前图层锁定，图层前方会出现 状图标。

● 打印：选择该选项，表示当前图层可进行打印。如果取消选择，则该层中的对象不能被打印，图层的名称也会变为斜体，

如图 8-22 所示。

● 变暗图像至：选择该选项，然后再输入一个百分比值，可以淡化当前图层中位图图像和链接图像的显示效果。该选项只对位图有效，矢量图形不会发生任何变化。这一功能在描摹位图图像时十分有用。图 8-23 所示为未选择该选项的图稿（嘴巴是位图），图 8-24 所示为选择该选项并设置百分比为 50% 后的效果。

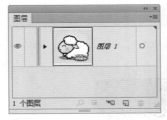

图8-22　　　　　　　图8-23

图8-24

8.2.2 选择图层

　　单击"图层"面板中的一个图层，即可选择该图层，如图8-25所示，所选图层称为"当前图层"。开始绘图时，创建的对象会出现在当前图层中。如果要同时选择多个图层，可以按住Ctrl键单击它们，如图8-26所示。如果要同时选择多个相邻的图层，可以按住Shift键单击最上面和最下面的图层，如图8-27和图8-28所示。

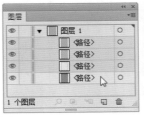
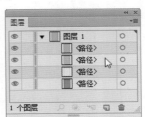

图8-25　　　　　　　图8-26

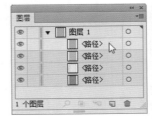
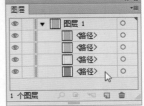

图8-27　　　　　　　图8-28

8.2.3 调整图层的堆叠顺序

在"图层"面板中，图层的堆叠顺序与绘图时在画板中创建的对象的堆叠顺序是一致的，因此，"图层"面板中最顶层的对象在文档中也位于所有对象的最前面，最底层的对象在文档中位于所有对象的最后面，如图8-29所示。

单击并将一个图层、子图层或图层中的对象拖曳到其他图层（或子图层）的上面或下面，可以调整图层的堆叠顺序，如图8-30所示。如果将图层拖至另外的图层内，则可将其设置为目标图层的子图层。

图8-29

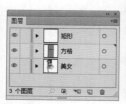

图8-30

图8-31

图8-32

> 📢 **提示**
>
> 选择多个图层后，执行"图层"面板菜单中的"反向顺序"命令，可以反转它们的堆叠顺序。

8.2.4 将对象移动到其他图层

在文档中选择一个对象后，"图层"面板中该对象所在的图层的缩览图右侧会显示一个 ■ 状图标，如图8-31所示。将该图标拖曳到其他图层，可以将当前选择的对象移动到目标图层中，如图8-32所示。■ 状图标的颜色取决于当前图层的颜色，由于Illustrator会为不同的图层分配不同的颜色，因此，将对象调整到其他图层后，该图标的颜色也会变为目标图层的颜色。

> 🔄 **相关链接**：关于图层颜色的设置方法，请参阅"8.2.1 设置图层选项"。

> 📢 **提示**
>
> 选择一个对象后，单击"图层"面板中目标图层的名称，然后执行"对象>排列>发送至当前图层"命令，可以将对象移动到目标图层中。

8.2.5 定位对象

在文档窗口中选择对象后，如图8-33所示，如果想要了解所选对象在"图层"面板中的位置，可单击定位对象按钮 ，或执行"图层"面板菜单中的"定位对象"命令，如图8-34所示。该命令对于定位复杂图稿，尤其是重叠图层中的对象非常有用。

图8-33

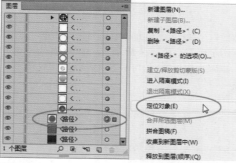

图8-34

8.2.6 显示与隐藏图层

编辑复杂的图稿时，将暂时不用的对象隐藏，可以减少干扰，同时还能加快屏幕的刷新速度。在"图层"面板中，图层、子图层和组前面有眼睛图标 👁 的，表示对象在画板中为显示状态，如图8-35所示。单击一个子图层或组前面的眼睛图标 👁，可以隐藏对象，如图8-36所示。单击图层前面的眼睛图标 👁，可以隐藏图层中的所有对象，这些对象的眼睛图标会变为灰色 ⬭，如图8-37所示。如果要重新显示图层、子图层和组，可在原眼睛图标处单击。

按住Alt键单击一个图层的眼睛图标 👁，可以隐藏其他图层，如图8-38所示。在眼睛图标 👁 列单击并拖曳鼠标，可同时隐藏多个相邻的图层，如图8-39所示。采用相同的方法操作，可以重新显示图层。

图8-35

图8-36

图8-37

图8-38

图8-39

45 技术看板：显示与隐藏对象的命令

- 隐藏所选对象：选择对象后，执行"对象>隐藏>所选对象"命令，可以隐藏当前选择的对象。

- 隐藏上方所有图稿：选择一个对象后，执行"对象>隐藏>上方所有图稿"命令，可以隐藏同一图层中位于该对象上面的所有对象。

- 隐藏其他图层：选择对象后，执行"对象>隐藏>其他图层"命令，可以隐藏所选对象以外的其他所有的图层。

- 显示全部：执行"对象>显示全部"命令，可以显示所有被隐藏的对象。

46 技术看板：隔离组和子图层

编辑复杂的图稿时，可以通过隔离模式隔离不相关的组或子图层。在隔离模式下，只有隔离组中的对象可以编辑，Illustrator会自动锁定其他对象，此时可轻松选择和编辑特定对象或对象的部分内容，而不会受到其他对象的影响，也不会影响到其他对象。相关操作请参阅"3.8.2 实战：隔离模式"。

8.2.7 锁定图层

编辑对象、尤其是修改锚点时，为了不破坏其他对象，或避免其他对象的锚点影响当前操作，可以将这些对象锁定，即将其保护起来。被锁定的对象不能被选择和修改，但它们是可见的，能够被打印出来。

如果要锁定一个对象，可单击其眼睛图标 👁 右侧的方块，该方块中会显示出一个 🔒 状图标，如图8-40所示。如果要锁定一个图层，可单击该图层眼睛图标 👁 右侧的方块，当锁定父图层时，可同时锁定其中的组和子图层，如图8-41所示。如果要解除锁定，可以单击锁状图标 🔒。

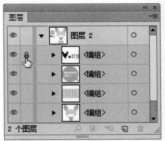
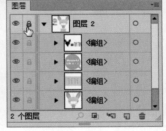

图8-40　　　　　　　　图8-41

8.2.8 粘贴时记住图层

　　选择一个对象，如图8-42所示，按下Ctrl+C快捷键复制，再选择一个图层，如图8-43所示，按下Ctrl+V快捷键，可以将对象粘贴到所选图层中，如图8-44所示。

　　如果要将对象粘贴到原图层，可以在"图层"面板菜单中选择"粘贴时记住图层"命令，然后再进行粘贴操作，对象会粘贴至原图层中，而不管该图层在"图层"面板中是否处于选择状态，如图8-45所示，并且对象将位于画板的中心。

图8-42 　　　　　　　　　　　图8-43

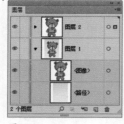

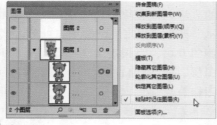

图8-44 　　　　　　　　图8-45

8.2.9 将对象释放到单独的图层

　　Illustrator可以将图层中的所有对象重新分配到各图层中，并根据对象的堆叠顺序在每个图层中构建新的对象。该功能可用于制作Web 动画文件，尤其是创建累积动画顺序时非常有用。

　　制作好动画元素后，如图8-46所示，在"图层"面板中

单击其所在的图层或组的名称，如图8-47所示，打开面板菜单，选择"释放到图层（顺序）"命令，可以将每一个对象都释放到单独的图层中，如图8-48所示。如果选择"释放到图层（累积）"命令，则释放到图层中的对象是递减的，此时最底部的对象将出现在每个新建的图层中，最顶部的对象仅出现在最顶层的图层中，如图8-49所示。

图8-46 　　　　　　　　　图8-47

图8-48 　　　　　　　　　图8-49

8.2.10 合并与拼合图层

　　在"图层"面板中按住Ctrl键单击要合并的图层或组，将它们选择，如图8-50所示。打开面板菜单，选择"合并所选图层"命令，所选对象会合并到最后一次选择的图层或组中，如图8-51所示。

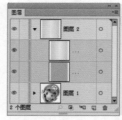

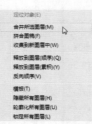

图8-50 　　　　　　　　　图8-51

　　如果要将所有图稿都拼合到某一个图层中，可单击该图层，如图8-52所示，然后从"图层"面板菜单中选择"拼合图稿"命令，如图8-53所示。

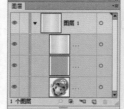

图8-52 　　　　　　　　　图8-53

提示

合并图层时，图层只能与"图层"面板中相同层级上的其他图层合并。同样，子图层也只能与相同层级上的其他子图层合并。而对象无法与其他对象合并。此外，合并图层与拼合图层操作都可以将对象、组和子图层合并到同一图层或组中。合并图层时，可以选择都要合并哪些对象。拼合图层时，则只能将图稿中的所有可见对象合并到同一图层中。无论使用哪种方式合并图层，图稿的堆叠顺序都保持不变，但其他的图层及属性（如剪切蒙版属性）将不会保留。

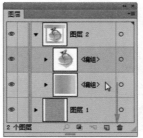 

图8-54   图8-55

图8-56

8.2.11 删除图层

在"图层"面板中选择一个图层、子图层或组，单击删除图层按钮 🗑 即可将其删除。此外，将它们拖曳到 🗑 按钮上，可直接删除。删除子图层和组时，不会影响图层和图层中的其他子图层，如图8-54和图8-55所示。删除图层时，会同时删除图层中包含的所有对象，如图8-56所示。

8.3 不透明度与混合模式

选择图形或图像后，可以在"透明度"面板中设置它的混合模式和不透明度。混合模式决定了当前对象与它下面的对象堆叠时是否混合，以及采用什么方式混合。不透明度决定了对象的透明程度。

8.3.1 "透明度"面板

"透明度"面板用来设置对象的不透明度和混合模式，并可以创建不透明度蒙版和挖空效果。打开该面板后，选择面板菜单中的"显示选项"命令，可以显示全部选项，如图8-57所示。在"透明度"面板中，"制作蒙版"按钮，以及"剪切"和"反相蒙版"选项用于创建和编辑不透明度蒙版，相关内容请参阅"8.4 不透明度蒙版"。下面介绍其他选项。

图8-57

● 混合模式：单击面板左上角的 ▼ 按钮，可在打开的下拉列表中为当前对象选择一种混合模式。

● 不透明度：用来设置所选对象的不透明度。

● 隔离混合：勾选该选项后，可以将混合模式与已定位的图层或组进行隔离，以使它们下方的对象不受影响。例如，在图8-58所示的图稿中，星形和圆形为编组对象，为它们设置混合模式并勾选"隔离混合"选项后，底层的条纹图形不会受到混合模式的影响。而取消该选项的勾选时，则混合模式会影响条纹，如图8-59所示。要进行隔离混合操作，可以在"图层"面板中选择一个组或图层，然后在"透明度"面板中选择"隔离混合"选项。

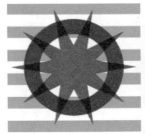 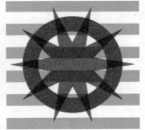

图8-58   图8-59

● 挖空组 ： 选择该选项后， 可以保证编组对象中单独的对象或图层在相互重叠的地方不能透过彼此而显示， 如图 8-60 所示。 图 8-61 所示为取消选择时的编组对象。

图8-60   图8-61

● 不透明度和蒙版用来定义挖空形状 ： 用来创建与对象不透明度成比例的挖空效果。 在接近 100% 不透明度的蒙版区域中， 挖空效果较强； 在具有较低不透明度的区域中， 挖空效果较弱。 例如， 如果使用渐变蒙版对象作为挖空对象， 则会逐渐挖空底层对象， 就好像它被渐变遮住了一样， 此时可以使用矢量和栅格对象来创建挖空形状。 该技巧对于使用除 "正常" 模式以外的混合模式的对象最为有用。 图 8-62 所示为原始图稿， 图 8-63 所示是为文字 "PEARS" 设置了 "变暗" 模式并选择了 "挖空组" 选项后的效果， 图 8-64 所示是选择了 "不透明度和蒙版用来定义挖空形状" 选项后的效果。

图8-62   图8-63

图8-64

🔊 提示

如果要使用不透明度蒙版来创建挖空形状， 可以选择不透明度蒙版对象， 然后将其与要挖空的对象进行编组。

8.3.2 混合模式演示

选择一个或多个对象， 单击 "透明度" 面板顶部的 ▼ 按钮打开下拉列表， 选择一种混合模式， 所选对象会采用这种模式与下面的对象混合。 Illustrator 提供了 16 种混合模式， 它们分为 6 组， 如图 8-65 所示， 每一组中的混合模式都有着相近的用途。

在图 8-66 所示的文件中， 默认状态下图形为 "正常" 模式， 此时对象的不透明度为 100%， 它会完全遮盖下面的对象， 如图 8-67 所示。 选择红、 绿、 蓝和黑白渐变图形并调整混合模式， 可以让它们与下面的人物图像产生混合效果， 具体效果参见下表。 此外， 有几个色彩术语需要了解， 它们是混合色、 基色和结果色。 混合色是选定的对象、 组或图层的原始色彩， 基色是图稿的底层颜色， 结果色是混合后得到的颜色。

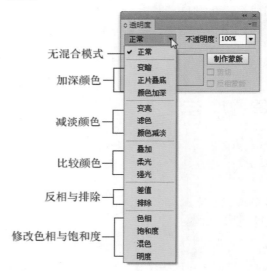

图8-65

图8-66   图8-67

混合模式/效果	混合模式/效果	混合模式/效果
变暗：选择基色或混合色中较暗的一个作为结果色。比混合色亮的区域会被结果色所取代，比混合色暗的区域将保持不变。	正片叠底：将基色与混合色相乘。得到的颜色总是比基色和混合色都要暗一些。将任何颜色与黑色相乘都会产生黑色。将任何颜色与白色相乘则颜色保持不变。其效果类似于使用多个魔术笔在页面上绘图	颜色加深：加深基色以反映混合色。与白色混合后不产生变化 
变亮：选择基色或混合色中较亮的一个作为结果色。比混合色暗的区域将被结果色所取代。比混合色亮的区域将保持不变	滤色：将混合色的反相颜色与基色相乘。得到的颜色总是比基色和混合色都要亮一些。用黑色滤色时颜色保持不变。用白色滤色将产生白色。此效果类似于多个幻灯片图像在彼此之上投影 	颜色减淡：加亮基色以反映混合色。与黑色混合则不发生变化 
叠加：对颜色进行相乘或滤色，具体取决于基色。图案或颜色叠加在现有的图稿上，在与混合色混合以反映原始颜色的亮度和暗度的同时，保留基色的高光和阴影	柔光：使颜色变暗或变亮，具体取决于混合色。此效果类似于漫射聚光灯照在图稿上。如果混合色（光源）比50%灰色亮，图片将变亮，就像被减淡了一样。如果混合色（光源）比50%灰度暗，则图稿变暗，就像加深后的效果。使用纯黑或纯白上色会产生明显的变暗或变亮区域，但不会出现纯黑或纯白	强光：对颜色进行相乘或过滤，具体取决于混合色。此效果类似于耀眼的聚光灯照在图稿上。如果混合色（光源）比50%灰色亮，图片将变亮，就像过滤后的效果。这对于给图稿添加高光很有用。如果混合色（光源）比50%灰度暗，则图稿变暗，就像正片叠底后的效果。这对于给图稿添加阴影很有用。用纯黑色或纯白色上色会产生纯黑色或纯白色
差值：从基色减去混合色或从混合色减去基色，具体取决于哪一种的亮度值较大。与白色混合将反转基色值。与黑色混合则不发生变化	排除：创建一种与"差值"模式相似但对比度更低的效果。与白色混合将反转基色分量。与黑色混合则不发生变化	色相：用基色的亮度和饱和度以及混合色的色相创建结果色 
饱和度：用基色的亮度和色相以及混合色的饱和度创建结果色。在无饱和度（灰度）的区域上用此模式着色不会产生变化 	混色：用基色的亮度以及混合色的色相和饱和度创建结果色。这样可以保留图稿中的灰阶，对于给单色图稿上色以及给彩色图稿染色都会非常有用 	明度：用基色的色相和饱和度以及混合色的亮度创建结果色。此模式可创建与"颜色"模式相反的效果 

相关链接："差值""排除""色相""饱和度""颜色"和"明度"模式都不能与专色相混合，而且对于多数混合模式而言，指定为100% K 的黑色会挖空下方图层中的颜色。因此，不要使用100% 黑色，应改为使用 CMYK 值来指定复色黑。关于专色，请参阅"5.3.10 色板面板"。

8.3.3 调整不透明度

在默认情况下，Illustrator中的对象的不透明度为100%，如图8-68所示。选择对象后，在"透明度"面板的"不透明度"文本框中输入数值，或单击 ▼ 按钮拖曳滑块调整参数，可以使其呈现透明效果。图8-69和图8-70所示是将京剧人物的不透明度设置为50%后的效果。

图8-68

图8-69

图8-70

相关链接：执行"视图>显示透明度网格"命令，显示透明度网格，在透明度网格上可以更加清晰地观察图稿中的透明区域。更多内容请参阅"3.5.9 实战：使用透明度网格"。

8.3.4 调整编组对象的不透明度

调整编组对象的不透明度时，会因选择方式的不同而有所区别。例如，图8-71所示的3个圆形为一个编组对象，此时它的不透明度为100%。图8-72所示为单独选择黄色圆形并设置它的不透明度为50%的效果。图8-73所示为使用编组选择工具 选择每一个图形，再单独设置不透明度为50%的效果，此时所选对象重叠区域的透明度将相对

于其他对象改变，同时会显示出累积的不透明度。图8-74所示为使用选择工具 选择组对象，然后设置不透明度为50%的效果，此时组中的所有对象都会被视为单一对象来处理。

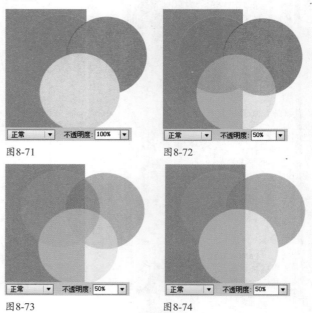

图8-71 图8-72

图8-73 图8-74

只有位于图层或组外面的对象及其下方的对象可以通过透明对象显示出来。如果将某个对象移入此图层或组，它就会具有此图层或组的不透明度；若将某一对象从图层或组中移出，则其不透明度设置也将被去掉，不再保留。

8.3.5 调整填色和描边的不透明度

打开一个文件，如图8-75所示，执行"视图>显示透明度网格"命令，在画板中显示透明度网格。选择对象，调整不透明度时，它的填色和描边的不透明度将同时被修改，如图8-76所示。如果只想调整填色内容的不透明度，可以在"外观"面板中单击"填色"选项，然后在"透明度"面板中调整，如图8-77所示。如果只想调整描边的不透明度，可单击"描边"选项，再进行调整，如图8-78所示。

图8-75 图8-76

图8-77　　　　　　　图8-78

相关链接：关于"外观"面板，请参阅"11.12 外观属性"。

8.3.6 调整填色和描边的混合模式

　　如果想要单独调整填色或描边的混合模式，可以选择对象，在"外观"面板中选择"填色"或"描边"属性，然后在"透明度"面板中修改混合模式。例如，图8-79所示为原图形效果，图8-80所示为只修改填色的混合模式的效果，图8-81所示为只修改描边的混合模式的效果。

图8-79

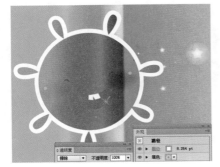

图8-80

图8-81

8.3.7 实战： 隐身术

01 打开光盘中的素材，如图8-82所示。使用选择工具 单击图像，将其选取，再按下Ctrl+C快捷键复制，后面会用到。

02 执行"文件>置入"命令，选择光盘中的素材，取消"链接"选项的勾选，如图8-83所示，单击"置入"按钮，然后在画板中单击，置入图像。这是一个PSD格式的去除背景的人像素材，如图8-84所示。

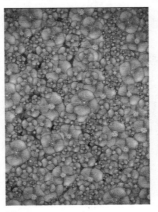

图8-82

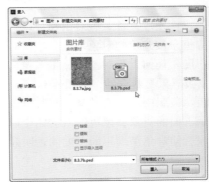

图8-83

图8-84

03 使用钢笔工具 ✐ 沿人物的裙子绘制路径，如图8-85所示。按下Ctrl+B快捷键，将图像粘贴到裙子图形后面，如图8-86所示。

图8-85

图8-86

图8-87

图8-88

04 按住Shift键在衣服路径的选择列单击，如图8-87所示，将它与粘贴的图像一同选取。按下Ctrl+7快捷键创建剪切蒙版，用蒙版将衣服图形之外的图像隐藏，如图8-88所示。现在第一种效果制作好了。如果将剪切组的混合模式设置为"颜色加深"，还可以显示裙子的细节，如图8-89和图8-90所示。

图8-89

图8-90

8.4 不透明度蒙版

蒙版用于遮盖对象，但不会删除对象。Illustrator中可以创建两种蒙版，即不透明度蒙版和剪切蒙版。不透明度蒙版可以改变对象的不透明度，使对象产生透明效果，因此创建合成效果时，常会用到该功能。剪切蒙版可以通过一个图形来控制其他对象的显示范围。

8.4.1 不透明度蒙版原理

制作不透明度蒙版前，首先应具备蒙版对象和被遮盖的对象，并且蒙版对象应位于被遮盖的对象之上。蒙版对象定义了透明区域和透明度。任何着色对象或栅格图像都可作为蒙版对象。如果蒙版对象是彩色的，则Illustrator会使用颜色的等效灰度来表示蒙版中的不透明度。蒙版对象中的白色区域会完全显示下面的对象，黑色区域会完全遮盖下面的对象，灰色区域会使对象呈现不同程度的透明效果，如图8-91所示。

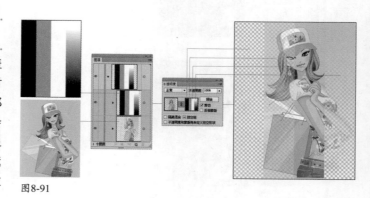

图8-91

8.4.2 实战：制作镂空树叶

01 打开光盘中的素材，如图8-92所示。使用选择工具 单击人物图形，设置填色为黑色，无描边，如图8-93所示。

图8-92　　　　　　图8-93

02 按住Shift键单击树叶，将它与人物一同选取，如图8-94所示。单击"透明度"面板中的"制作蒙版"按钮，创建不透明度蒙版，取消"剪切"选项的勾选，如图8-95和图8-96所示。

图8-94　　　　　　图8-95

图8-96

03 保持对象的选取状态，执行"效果>风格化>投影"命令，为树叶添加投影，如图8-97和图8-98所示。

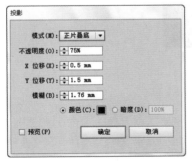

图8-97

图8-98

04 在"图层"面板中，将"运动员"图层拖曳到"树叶图像"图层的下方，如图8-99所示。创建不透明度蒙版后，运动员图形被合并到"树叶图像"图层中，因此，现在它是一个空的图层。下面在该图层中制作运动员投影。使用斑点画笔工具 沿运动员图形轮廓内部左侧边界绘制投影图形，如图8-100所示。

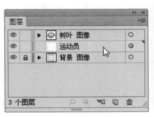

图8-99　　　　　　图8-100

> **提示**
>
> 按 [键和] 键可以调整画笔大小。此外，绘制过程中，可以使用橡皮擦工具 擦除多余的图形。

05 在"运动员"图层的选择列单击，如图8-101所示，将绘制的图形选取，然后执行"效果>风格化>羽化"命令，添加羽化效果，如图8-102和图8-103所示。

图8-101　　　　　　图8-102

图8-103

06 选择投影图形并放置不透明为80%，如图8-104和图8-105所示。

图8-104　　　　　　　图8-105

8.4.3 实战： 用多个图形制作蒙版

01 打开光盘中的素材，如图8-106所示。选择矩形网格工具 ▦，在蝴蝶图像左上方单击并拖曳鼠标创建矩形网格，操作过程中按下→、←、↑、↓键，设置水平和垂直分隔线均为6，设置描边粗细为2pt，如图8-107所示。

图8-106

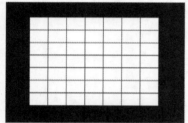

图8-107

02 保持图形的选取状态，单击"路径查找器"面板中的 按钮，分割图形，如图8-108所示。为图形填充黑白渐变，如图8-109和图8-110所示。

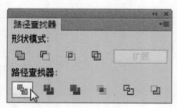

图8-108

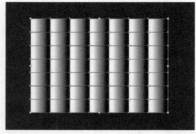

图8-109　　　　　　　图8-110

03 按住Ctrl键在蝴蝶图像的选择列 ◯ 状图标处单击，将它与网格图形一同选取，如图8-111所示。单击"透明度"面板中的"制作蒙版"按钮，创建不透明度蒙版，如图8-112所示。

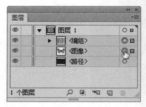

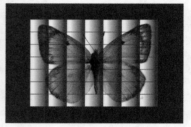

图8-111　　　　　　　图8-112

04 使用矩形工具 创建一个矩形，无填色，设置描边粗细为1pt，如图8-113所示。执行"窗口>画笔库>边框>边框_原始"命令，打开该画笔库，单击如图8-114所示的画笔，用它为路径描边，如图8-115所示。

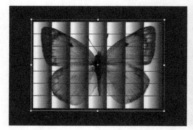

图8-113　　　　　　　图8-114

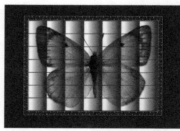

图8-115

8.4.4 实战： 制作CD封套

01 按下Ctrl+N快捷键，创建一个大小为125mm×125mm，CMYK模式的文档。执行"文件>置入"命令，选择光盘中的素材，取消"链接"选项的勾选，置入图像，如图8-116所示。使用矩形工具 ▭ 创建一个与画板大小相同的矩形，单击"图层"面板中的 ▣ 按钮，创建剪切蒙版，如图8-117所示。在蒙版图形前方单击，将蒙版所在图层锁定，如图8-118所示。

图8-116

图8-117

图8-118

02 再置入一个图像，如图8-119所示。该图像超出了画板范围，但是有蒙版的限定，所以只显示画板内的图像。设置它的混合模式为"柔光"，如图8-120和图8-121所示。

图8-119

图8-120

图8-121

03 按下Ctrl+A快捷键全选，再按Ctrl+G快捷键编组。单击"透明度"面板中的"制作蒙版"命令，创建不透明度蒙版，取消"剪切"选项的勾选，单击蒙版缩览图，进入蒙版的编辑状态，如图8-122所示。用钢笔工具 ✎ 在人物面部左侧绘制一个图形，图形边缘应尽量与纹理的裂缝一致，填充黑色，

无描边，如图8-123所示。单击图像缩览图，结束蒙版的编辑，如图8-124所示。

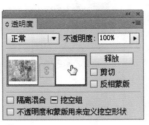

图8-122

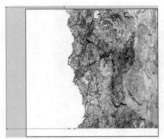

图8-123

图8-124

04 将"编组"图层拖至创建新图层按钮 ▣ 上进行复制，如图8-125所示。选择"图像"图层中的对象，如图8-126所示，将混合模式改为"强光"，如图8-127和图8-128所示。

图8-125

图8-126

图8-127

图8-128

05 执行"选择>取消选择"命令，取消选择。用选择工具 ▸ 在图像上单击，将其选择，然后单击"透明度"面板中的蒙版缩览图，进入蒙版编辑状态，如图8-129所示。单击画板中的蒙版图形，如图8-130所示，按Ctrl+X快捷键剪切，后面的操作中会用到。使用矩形工具 ▭ 创建一个略大于人物的矩形，填充渐变，如图8-131所示，该图形会替换原来的蒙版图形，如图8-132和图8-133所示。

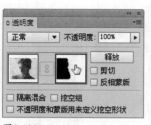

图8-129

图8-131

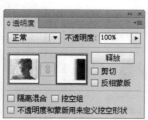

图8-130

图8-132

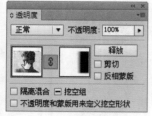

图8-133

06 在图像缩览图上单击，结束蒙版的编辑，如图8-134所示。按下Ctrl+F快捷键粘贴图形，在"图层"面板中将该图形所在的"路径"图层拖曳到背景图像上方，如图8-135和图8-136所示。

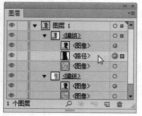

图8-134

图8-135

图8-136

07 将该图形的填充颜色设置为白色，混合模式设置为"叠加"，如图8-137所示。最后，打开光盘中的素材，它包含条码和文字，按下Ctrl+A快捷键全选，再按下Ctrl+C快捷键复制，然后切换到CD文档，单击"图层"面板底部的 🗋 按钮新建一个图层，按下Ctrl+V快捷键粘贴素材，效果如图8-138所示。

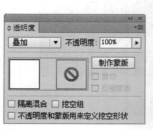

图8-137

图8-138

8.4.5 编辑蒙版对象

创建不透明度蒙版后，"透明度"面板中会出现两个缩览图，左侧是被蒙版遮盖的图稿缩览图，右侧是蒙版对象缩览图，如图8-139所示。在默认情况下，图稿缩览图周围有一个蓝色的矩形框，表示图稿处于编辑状态，此时可以对图稿进行编辑，例如，可以修改其填色和描边等，如图8-140所示。

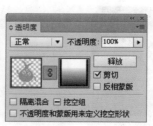

图8-139

图8-140

单击蒙版对象缩览图可进入蒙版编辑状态，蓝色矩形框会转移到该缩览图上，如图8-141所示，此时可以选择蒙版对象，修改它的形状和位置，也可以通过修改它的填充颜色来改变蒙版的遮盖效果，如图8-142所示。编辑完成后，可单击图稿缩略图，退出编辑状态，如图8-143所示。如果按住Alt键单击蒙版对象缩览图，则可在文档窗口中单独显示蒙版对象，如图8-144所示，在这种状态下编辑对象，可以减少很多干扰。按住Alt键再次单击蒙版对象缩览图，可恢复显示所有对象。

图8-141

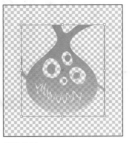

图8-142

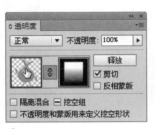

图8-143

图8-144

◄)) 提示

处于蒙版编辑模式时无法进入隔离模式，而处于隔离模式时，同样无法进入蒙版编辑模式。

8.4.6 停用和激活不透明度蒙版

选择不透明度蒙版对象，按住 Shift 键单击"透明度"面板中的蒙版对象缩览图（右侧的缩览图），可以停用蒙版，蒙版缩览图上会显示一个红色的"×"，如图8-145所示。如果要激活不透明度蒙版，可以按住Shift键单击蒙版对象缩览图，如图8-146所示。

图8-145

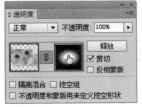

图8-146

8.4.7 取消链接和重新链接不透明度蒙版

创建不透明度蒙版后，在"透明度"面板中，蒙版对象与被蒙版的图稿之间有一个 ⑧ 状的链接图标，如图8-147所示，它表示蒙版与被其遮盖的对象保持链接，此时移动、旋转或变换对象时，蒙版会同时变换，因此，被遮盖的区域不会改变。单击 ⑧ 图标取消链接后，可单独移动对象或蒙版，也可进行其他编辑操作，图8-148所示为移动蒙版时的效果。如果要重新建立链接，可在原图标处单击，重新显示链接图标 ⑧ 。

图8-147

图8-148

◄)) 提示

在链接状态下，移动或变换对象时，蒙版会同时变换。如果单击蒙版对象缩览图，然后移动或变换蒙版对象，则被蒙版的图稿不会随之移动。

8.4.8 剪切不透明度蒙版

在默认情况下，新创建的不透明度蒙版为剪切状态，即蒙版对象以外的内容都被剪切掉了，此时在"透明度"面板中，"剪切"选项为选择状态，如图8-149所示。如果取消"剪切"选项的勾选，则可在遮盖对象的同时，让蒙版对象以外的内容显示出来，如图8-150所示。

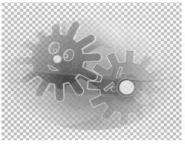

图8-149

图8-151

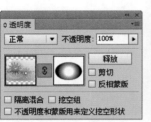

图8-150

图8-152

8.4.9 反相不透明度蒙版

在默认情况下，蒙版对象中的白色区域会完全显示下面的对象，黑色区域会完全遮盖下面的对象，灰色区域会使对象呈现透明效果，如图8-151所示。如果在"透明度"面板中选择"反相蒙版"选项，则可以反相蒙版的明度值，如图8-152所示。取消选择"反相蒙版"选项，可以将蒙版恢复为正常状态。

8.4.10 释放不透明度蒙版

选择不透明度蒙版对象，单击"透明度"面板中的"释放"按钮，可以释放不透明度蒙版，蒙版对象会重新出现在被蒙版的对象的上方，即使对象恢复到蒙版前的状态。

8.5 剪切蒙版

不透明度蒙版用来控制对象的透明程度，而剪切蒙版用来控制对象的显示区域。它可以通过蒙版图形的形状来遮盖其他对象。

8.5.1 剪切蒙版原理

剪切蒙版使用一个图形的形状来隐藏其他对象，位于该图形范围内的对象显示，位于该图形以外的对象会被蒙版遮盖而不可见，如图8-153所示。

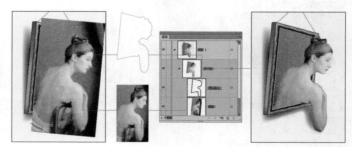

图8-153

在"图层"面板中，蒙版图形和被蒙版遮盖的对象统称为剪切组合。只有矢量对象可以作为蒙版对象（此对象被称为剪贴路径），但任何对象都可以作为被遮盖的对象。如果使用图层或组来创建剪切蒙版，则图层或组中的第一个对象将会遮盖图层或组中的所有内容。此外，无论蒙版对象属性如何，创建剪切蒙版后，都会变成一个无填色和描边的对象。

8.5.2 创建剪切蒙版

剪切蒙版可以通过两种方法来创建。第一种方法是选择对象，如图8-154所示，单击"图层"面板中的 ▣ 按钮进行创建，此时蒙版会遮盖同一图层中的所有对象，如图8-155所示。

图8-154

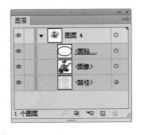

图8-155

第二种方法是在选择对象后，执行"对象>剪切蒙版>建立"命令来进行创建，此时蒙版只遮盖所选的对象，不会影响其他对象，如图8-156所示。

图8-156

◄»)) 提示

在同一图层中制作剪切蒙版时，蒙版图形（剪贴路径）应该位于被遮盖对象的上面。如果图形位于不同的图层，则制作剪切蒙版时，应将蒙版图形（剪贴路径）所在的图层调整到被遮盖对象的上层。

48 技术看板：从多个对象的重叠区域创建剪切蒙版

如果要从两个或多个对象的重叠区域创建剪切蒙版，即用重叠区域遮盖其他对象，可以先将这些对象选择，然后按下Ctrl+G快捷键编组，再创建剪切蒙版。

选择两个圆形并编组　　　　创建剪切蒙版

8.5.3 在剪切组中添加或删除对象

在"图层"面板中，创建剪切蒙版时，蒙版图形和被其遮盖的对象会移到<剪切组>内，如图8-157所示。如果将其他对象拖入包含剪切路径的组或图层，可以对该对象进行遮盖，如图8-158所示。如果将剪切蒙版中的对象拖至其他图层，则可排除对该对象的遮盖。

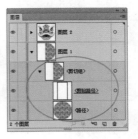

图8-157

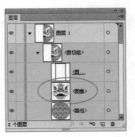

图8-158

263

8.5.4 实战：编辑剪切蒙版

01 打开光盘中的素材，如图8-159所示。使用选择工具 ▶ 将蜘蛛人脸谱移动到人像面部，如图8-160所示。

图8-159

图8-160

02 使用矩形工具 ▣ 创建一个矩形。按住Shift键单击脸谱，将它与矩形一同选取，如图8-161所示，然后按下Ctrl+7快捷键创建剪切蒙版，如图8-162所示。

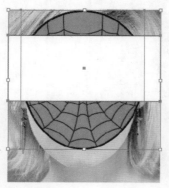

图8-161 图8-162

03 创建剪切蒙版后，蒙版图形剪贴路径和被遮盖的对象都可以编辑。使用编组选择工具 ▶+ 单击蒙版图形，如图8-163所示，选择钢笔工具 ✍，将光标放在路径上，光标变为 ✍+ 状时单击鼠标，添加锚点，如图8-164所示。在下方路径上也添加一个锚点，如图8-165所示。

图8-163 图8-164

图8-165

◀)) 提示

使用编组选择工具 ▶+ 选择蒙版对象后，可以使用选择工具 ▶ 移动蒙版图形。

04 使用直接选择工具 ▶ 单击并拖曳新添加的锚点，移动锚点，如图8-166所示。图8-167所示为采用同样方法制作的不同面孔。

图8-166 图8-167

◀)) 提示

选择剪切蒙版对象，执行"对象>剪切蒙版>编辑内容"命令，可以选中被蒙版遮盖的对象，此时可对其进行编辑。

8.5.5 实战：制作滑板

01 打开光盘中的素材，如图8-168所示。画板中包含两组素材，其中，上面的一组通过剪切蒙版制作成滑板，下面还要用到不透明度蒙版功能。使用选择工具 单击滑板图形，如图8-169所示，按下Ctrl+C快捷键复制。

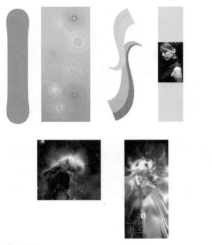

图8-168   图8-169

02 按下Ctrl+V快捷键粘贴滑板图形，然后移动到花纹图形上方，如图8-170所示。按住Ctrl键单击花纹图形，将它与滑板一同选取，如图8-171所示，然后按下Ctrl+7快捷键创建剪切蒙版，如图8-172所示。后面两个画板也采用同样的方法制作，如图8-173所示。其中条纹效果滑板制作好以后，可以用编组选择工具 单击它的滑板图形，设置描边为黑色、描边粗细为1pt。

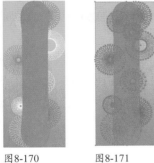

图8-170   图8-171

图8-172   图8-173

03 下面的两个滑板需要用到不透明度蒙版。制作方法是：先按下Ctrl+V快捷键粘贴滑板图形，然后修改填充颜色为黑色，按下Shift+Ctrl+[快捷键移动到图像后方。单击滑板图形，如图8-174所示，按下Ctrl+C快捷键复制，按下Ctrl+F键粘贴到前面，再按下Shift+Ctrl+] 快捷键移动到图像前方，为它添加渐变颜色，如图8-175所示。

图8-174   图8-175

04 按住Shift键单击图像，将它与滑板图形同时选取，如图8-176所示，然后单击"透明度"面板中的"制作蒙版"按钮，创建不透明度蒙版，效果如图8-177所示。采用同样的方法制作最后一个滑板，效果如图8-178所示。

图8-176   图8-177   图8-178

8.5.6 释放剪切蒙版

选择剪切蒙版对象，执行"对象>剪切蒙版>释放"命令，或单击"图层"面板中的建立/释放剪切蒙版按钮 ，即可释放剪切蒙版，使被剪贴路径遮盖的对象重新显示出来。如果将剪切蒙版中的对象拖至其他图层，也可释放该对象，使其显示出来。

第9章 画笔与图案

9.1 画笔

画笔可以为路径描边，添加不同风格的外观，也可以模拟类似毛笔、钢笔、油画笔等笔触效果。画笔描边可以通过画笔工具和"画笔"面板来进行添加。

9.1.1 "画笔"面板

执行"窗口>画笔"命令，打开"画笔"面板，如图9-1所示。面板中包含了5种类型的画笔，即书法画笔、散点画笔、毛刷画笔、图案画笔和艺术画笔。

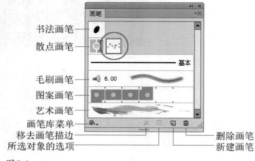

图9-1

● 画笔类型：画笔分为5类，如图9-2所示。其中，书法画笔可以模拟传统的毛笔，创建书法效果的描边；散点画笔可以将一个对象（如一只瓢虫或一片树叶）沿着路径分布；毛刷画笔可以创建具有自然笔触的描边；图案画笔可以将图案沿路径重复拼贴；艺术画笔可以沿着路径的长度均匀拉伸画笔或对象的形状，模拟水彩、毛笔和炭笔等效果。

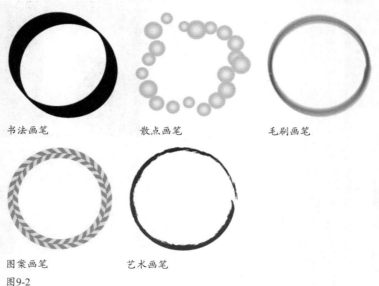

书法画笔　　　　　散点画笔　　　　　毛刷画笔

图案画笔　　　　　艺术画笔

图9-2

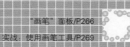
● 画笔库菜单 ▥▾：单击该按钮，可以打开下拉列表选择预设的画笔库。

● 移去画笔描边 ✖：选择一个对象，单击该按钮可删除应用于对象的画笔描边。

● 所选对象的选项 ▤：单击该按钮，可以打开"画笔选项"对话框。

● 新建画笔 ▱：单击该按钮，可以打开"新建画笔"对话框。如果将面板中的一个画笔拖至该按钮上，则可复制画笔。

● 删除画笔 🗑：选择面板中的画笔后，单击该按钮可将其删除。

◀》 提示

"画笔"面板中显示了当前文件用到的所有画笔。每个Illustrator文件都可以在其"画笔"面板中包含一组不同的画笔。

49 技术看板：图案画笔与散点画笔的区别

图案画笔和散点画笔通常可以达到同样的效果。它们之间的区别在于，图案画笔会完全依循路径，散点画笔则会沿路径散布。此外，在曲线路径上，图案画笔的箭头会沿曲线弯曲，散点画笔的箭头会保持直线方向。

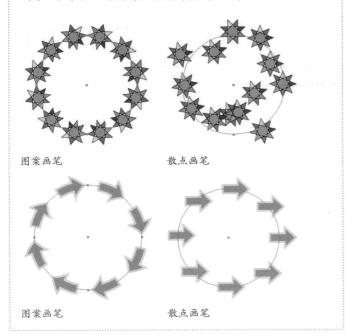

图案画笔   散点画笔

图案画笔   散点画笔

9.1.2 调整"画笔"面板的显示方式

在默认情况下，"画笔"面板中的画笔以列表视图的形式显示，即显示画笔的缩览图，不显示名称，只有将光标放在一个画笔样本上，才能显示它的名称，如图9-3所示。如果选择面板菜单中的"列表视图"命令，则可同时显示画笔的名称和缩览图，并以图标的形式显示画笔的类型，如图9-4所示。此外，也可以选择面板菜单中的命令，单独显示某一类型的画笔。例如，选择"显示毛刷画笔"，面板中会隐藏除该种画笔之外的其他画笔，如图9-5所示。

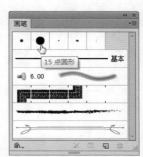

图9-3

图9-4

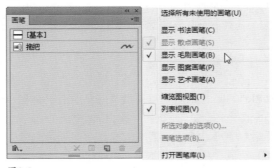

图9-5

🔄 相关链接：从画笔库中选择画笔时，会自动将其添加到"画笔"面板中。关于画笔库，请参阅"9.1.4 实战：使用画笔库制作涂鸦字"。

267

9.1.3 实战：为图形添加画笔描边

画笔描边可以应用于任何绘图工具或形状工具创建的线条，如钢笔工具和铅笔工具绘制的路径，矩形和弧形等工具创建的图形。

01 打开光盘中的素材，如图9-6所示。使用选择工具 ▶ 单击如图9-7所示的图形，将其选取。

图9-6　　　　　　　　　图9-7

02 单击"画笔"面板中的一个画笔，添加画笔描边，如图9-8和图9-9所示。如果单击其他画笔，则新画笔会替换旧画笔。

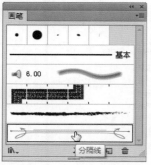 

图9-8　　　　　　　　　图9-9

> 🔊 提示
>
> 在未选择对象的情况下，将画笔从"画笔"面板中拖曳到路径上，可直接为其添加画笔描边。

9.1.4 实战：使用画笔库制作涂鸦字

画笔库是Illustrator提供的一组预设画笔。单击"画笔"面板中的画笔库按钮 ▣·，或执行"窗口>画笔库"命令，在打开的下拉菜单中可以选择画笔库。选择一个画笔库后，可以打开单独的面板。如果要将画笔库中的画笔添加到"画笔"面板，可选择该画笔并将其拖至"画笔"面板中。此外，在对所选的图形应用画笔库中的画笔时，该画笔也会自动添加到"画笔"面板中。

01 打开光盘中的素材，如图9-10所示。

图9-10

02 执行"窗口>画笔库>艺术效果>艺术效果_粉笔炭笔铅笔"命令，打开该画笔库，单击如图9-11所示的画笔，然后使用画笔工具 ✏ 书写文字，设置描边粗细为2pt，如图9-12所示。

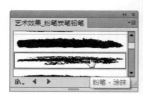 

图9-11　　　　　　　　　图9-12

03 执行"窗口>画笔库>艺术效果>艺术效果_油墨"命令，打开该画笔库，分别选择油墨泼贱、油墨飞溅和油墨喷溅1画笔，使用画笔工具 ✏ 绘制线条，创建墨水滴落效果，如图9-13和图9-14所示。

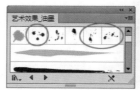 

图9-13　　　　　　　　　图9-14

50 技术看板：创建画笔库

在Illustrator中，用户可以创建自定义的画笔库。操作方法是将所需的画笔添加到"画笔"面板中，并删除不需要的画笔，然后从"画笔"面板菜单中选择"存储画笔库"命令，在打开的对话框中将新的画笔库文件保存在"User/AppData/Roaming/Adobe/Adobe Illustrator CC Settings/Brush"文件夹中。重新启动 Illustrator 时，该画笔库便会显示在"画笔库"菜单中。如果将该文件放在其他文件夹中，则可以通过选择"窗口>画笔库>其他库"命令，选择该画笔库。

9.1.5 实战：使用画笔工具

　　选择画笔工具 ，在"画笔"面板中选择一种画笔，单击并拖曳鼠标可绘制线条并对路径应用画笔描边。如果要绘制闭合式路径，可以在绘制的过程中按住Alt键（光标会变为 状），然后再放开鼠标按键。

01 打开光盘中的素材，如图9-15所示。在控制面板中单击画笔右侧的 按钮，打开"画笔"下拉面板，选择"锥形描边"画笔，设置描边粗细为3pt，如图9-16所示。使用画笔工具 绘制路径，如图9-17所示。

图9-15　　　　　　图9-16

图9-17

02 再添加一笔，形成数字2，如图9-18所示。在数字的边缘绘制一条细小的笔画，设置描边为0.5pt，如图9-19所示。在盘子右侧绘制数字6，使原有的鞭炮图形与路径形成数字"2016"，如图9-20所示。

图9-18　　　　图9-19

图9-20

03 选择"炭笔"画笔，设置描边粗细为1pt，如图9-21所示，然后在画面上方书写文字，如图9-22所示。

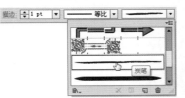

图9-21

图9-22

04 执行"窗口>符号库>污点矢量包"命令，在打开的面板中选择08和10符号样本，如图9-23所示，将它们拖曳到画板中，并适当调整大小和角度，作为数字的装饰墨点，如图9-24所示。

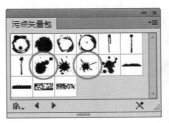

图9-23

图9-24

05 执行"窗口>画笔库>边框>边框新奇"命令，打开该画笔库，使用其中的画笔可以使数字呈现不同的风格，如图9-25和图9-26所示（英文小字的描边粗细为0.25pt）。

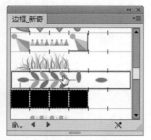

图9-25

图9-26

● 使用画笔工具绘制路径后，保持路径的选取状态，将光标放在路径的端点上，单击并拖曳鼠标可延长路径。将光标放在路径段上，单击并拖曳鼠标可以修改路径的形状。

绘制路径

延长路径

将光标放在路径上

修改路径的形状

● 使用画笔工具绘制的线条是路径，可以使用锚点编辑工具对其进行编辑和修改，也可以在"描边"面板中调整画笔描边的粗细。

● 使用画笔工具时，Illustrator会在绘制时自行设置锚点。锚点的数目取决于路径的长度和复杂度，以及"画笔工具选项"对话框中的"保真度"的设定。

9.1.6 设置画笔工具选项

双击画笔工具 ，可以打开"画笔工具选项"对话框，如图9-27所示。在对话框中可以设置画笔工具的各项参数。

图9-27

● 保真度：用来设置必须将鼠标移动多大距离，Illustrator 才会向路径添加新锚点。例如，保真度值为 2.5，表示小于 2.5 像素的工具移动范围不会生成锚点。保真度的范围可介于 0.5 至 20 像素之间，滑块越靠近 "精确" 一侧，保真度值越高，路径的变化越小；滑块越靠近 "平滑" 一侧，路径越平滑。

● 填充新画笔描边：选择该选项后，可以在路径围合的区域内填充颜色，即使是开放式路径所形成的区域也会填色，如图9-28所示。取消选择时，路径内部无填充，如图9-29所示。

图9-28

图9-29

● 保持选定：绘制出一条路径后，路径自动处于选择状态。

● 编辑所选路径：可以使用画笔工具对当前选择的路径进行修改。方法是沿路径拖曳鼠标即可。

● 范围：用来设置鼠标与现有路径在多大距离之内，才能使用画笔工具编辑路径。该选项仅在选择了 "编辑所选路径" 选项时才可用。

9.2 创建画笔

如果Illustrator提供的画笔不能完全满足要求，用户可以创建自定义的画笔。

9.2.1 设置画笔类型

在新建画笔前首先要设置画笔类型，操作方法是：单击"画笔"面板中的新建画笔按钮 🖫，或执行面板菜单中的"新建画笔"命令，打开"新建画笔"对话框，如图9-30所示，在该对话框中即可选择一个画笔类型。选择画笔类型后，单击"确定"按钮，可以打开相应的画笔选项对话框，设置好参数，单击"确定"按钮即可完成自定义的画笔的创建，画笔会保存到"画笔"面板中，如图9-31所示。在应用新建的画笔时，可以在"描边"面板或控制面板中调整画笔描边的粗细。

图9-30

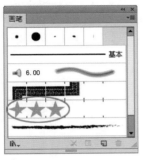

图9-31

如果要创建散点画笔、艺术画笔和图案画笔，则必须先创建要使用的图形，并且该图形不能包含渐变、混合、画笔描边、网格、位图图像、图表、置入的文件和蒙版。此外，对于艺术画笔和图案画笔，图稿中不能包含文字。如果要包含文字，可先将文字转换为轮廓，再使用轮廓图形创建画笔。

9.2.2 创建书法画笔

如果要创建书法画笔，可以在"新建画笔"对话框中选择"书法画笔"选项，打开如图9-32所示的对话框。

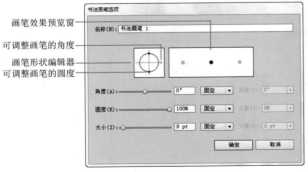

图9-32

● 名称：可输入画笔的名称。

● 画笔形状编辑器：单击并拖曳窗口中的箭头可以调整画笔的角度，如图9-33所示；单击并拖曳黑色的圆形调杆可以调整画笔的圆度，如图9-34所示。

图9-33

图9-34

● 画笔效果预览窗：用来观察画笔的调整结果。如果将画笔的角度和圆度的变化方式设置为"随机"，并调整"变量"参数，则画笔效果预览窗将出现3个画笔，如图9-35所示。中间显示的是修改前的画笔，左侧显示的是随机变化最小范围的画笔，右侧显示的是随机变化最大范围的画笔。

图9-35

角度/圆度/大小

"角度/圆度/大小"选项用来设置画笔的角度、圆度和直径。在这3个选项右侧的下拉列表中包含了"固定""随机"和"压力"等选项，它们决定了画笔角度、圆度和直径的变化方式。如果选择除"固定"以外的其他选项，则"变量"选项可用，通过设置"变量"可以确定变化范围的最大值和最小值。各个选项的具体用途如下。

● 固定：创建具有固定角度、圆度或直径的画笔。

● 随机：创建角度、圆度或直径含有随机变量的画笔。此时可在"变量"框中输入一个值，指定画笔特征的变化范围。例如，当"直径"值为15，"变量"值为5时，直径可以是10或20，或是其间的任意数值。

● 压力：当计算机配置有数位板时，该选项可用。此时可根据压感笔的压力，创建不同角度、圆度或直径的画笔。在"变量"框中输入一个值后，可以指定画笔特性将在原始值的基础上有多大变化。例如，当"圆度"值为75%而"变量"值为25%时，最细的描边为50%，而最粗的描边为100%。压力越小，画笔描边越尖锐。

● 光笔轮：根据压感笔的操纵情况，创建具有不同直径的画笔。

- 倾斜：根据压感笔的倾斜角度，创建不同角度、圆度或直径的画笔。此选项与"圆度"一起使用时非常有用。

- 方位：根据钢笔的受力情况（压感笔），创建不同角度、圆度或直径的画笔。

- 旋转：根据压感笔笔尖的旋转角度，创建不同角度、圆度或直径的画笔。此选项对于控制书法画笔的角度（特别是在使用像平头画笔一样的画笔时）非常有用。

相关链接：使用斑点画笔工具 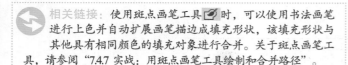 时，可以使用书法画笔进行上色并自动扩展画笔描边成填充形状，该填充形状与其他具有相同颜色的填充对象进行合并。关于斑点画笔工具，请参阅"7.4.7 实战：用斑点画笔工具绘制和合并路径"。

52 技术看板：数位板和压感笔

用电脑绘画有一个很大的困扰，就是鼠标不能像画笔一样听话。鼠标毕竟不是为绘画而专门设计的，因此会有许多局限。使用电脑绘画最好配备一个数位板。数位板由一块板子和一支压感笔组成，用压感笔在数位板上绘画可以模拟各种各样的画笔效果。例如，模拟最常见的毛笔时，当用力的时候毛笔能画出很粗的线条，用力很轻的时候，它又可以画出很细很淡的线条。数位板结合 Illustrator、Painter 和 Photoshop 等绘图软件，可以创作出各种效果的绘画作品。

Wacom 的 Intuos（影拓）系列是数码艺术家和爱好者最钟爱的工具，它可以感知手腕的各种细微动作，对于压力、方向和倾斜度等具有精确的灵敏度，能够表现出各种真实的笔触。Intuos（影拓）的压感笔可以更换不同类型的笔尖。它甚至可以采用传统画笔、钢笔和记号笔的艺术方式，在 iPad 上进行创作。

Wacom 官方网站：http://www.wacom.com.cn

9.2.3 创建散点画笔

创建散点画笔前，先要制作创建画笔时使用的图形，如图9-36所示。选择该图形后，单击"画笔"面板中的新建画笔按钮 ，在弹出的对话框中选择"散点画笔"选项，打开如图9-37所示的对话框。

图9-36

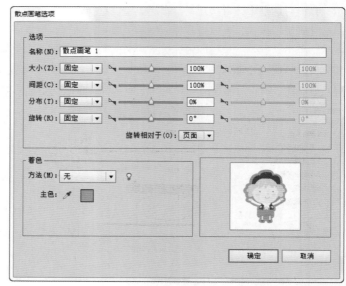

图9-37

- 大小：用来设置散点图形的大小。

- 间距：用来设置路径上图形之间的间距，如图9-38和图9-39所示。

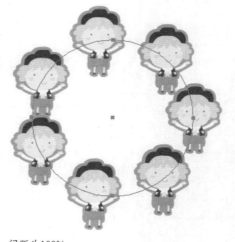

间距为100%

图9-38

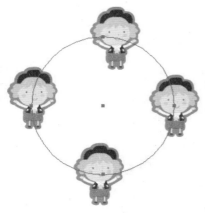

间距为180%

图9-39

● **分布**： 用来设置散点图形偏离路径的距离。 该值越高， 图形离
路径越远， 如图9-40和图9-41所示。

分布为-50%

图9-40

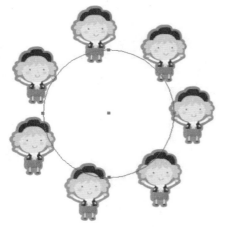

分布为30%

图9-41

● **旋转相对于**： 在 "旋转相对于" 下拉列表中选择一个旋转基准
目标， 可基于该目标旋转图形。 例如， 选择 "页面" 选项，
图形会以页面的水平方向为基准旋转， 如图9-42所示； 选择
"路径" 选项， 则图形会按照路径的走向旋转， 如图9-43所
示。 在 "旋转" 选项中可以设置图形的旋转角度。

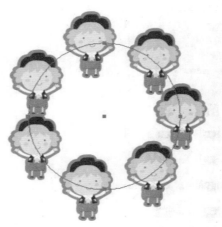

图9-42

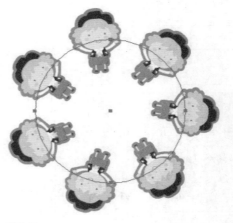

图9-43

> 🔊 **提示**
>
> 在 "大小" "间距" "分布" 和 "旋转" 选项右侧的列表中
> 可以选择画笔的变化方式， 包括 "固定" "随机" 和 "压
> 力" 等， 其作用与新建书法画笔时的选项一样。

● **方法**： 用来设置图形的颜色处理方法， 包括 "无" "色
调" "淡色和暗色" 和 "色相转换"。 选择 "无"， 表示
画笔绘制的颜色与样本图形的颜色一致； 选择 "色调"， 以
浅淡的描边颜色显示画笔描边， 图稿的黑色部分会变为描边
颜色， 不是黑色的部分则会变为浅淡的描边颜色， 白色依旧
为白色； 选择 "淡色和暗色"， 以描边颜色的淡色和暗色
显示画笔描边， 此时会保留黑色和白色， 而黑白之间的所有
颜色则会变成描边颜色从黑色到白色的混合； 选择 "色相
转换"， 画笔图稿中使用主色 （图稿中最突出的颜色） 的每
个部分都会变成描边颜色， 画笔图稿中的其他颜色， 则会变
为与描边色相关的颜色， 画笔中的黑色、 灰色和白色不变。
单击提示按钮💡， 在打开的对话框中可查看该选项的具体说
明， 如图9-44所示。

● **主色**： 用来设置图形中最突出的颜色。 如果要修改主色， 可以
选择对话框中的🖊工具， 然后在右下角的预览框中单击样本图
形， 将单击点的颜色定义为主色， 如图9-45所示。

273

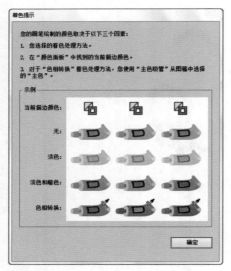

图9-44

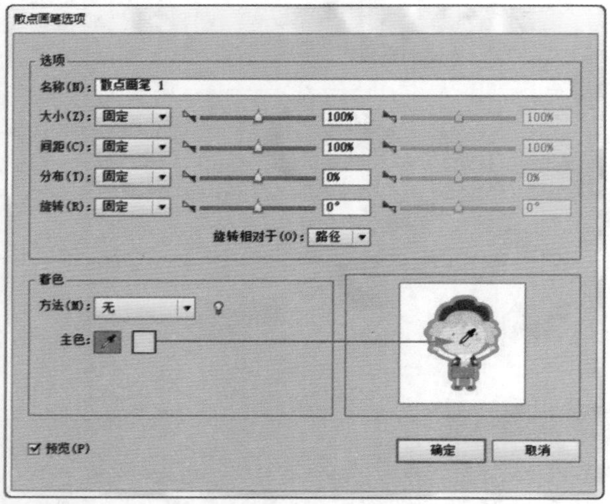

图9-45

9.2.4 创建毛刷画笔

　　毛刷画笔可以创建带有毛刷的自然画笔的外观，模拟出使用实际画笔和媒体效果（如水滴颜色）的自然和流体画笔描边。图9-46所示为使用毛刷画笔绘制的插图。在"新建画笔"对话框中选择"毛刷画笔"选项，可以打开如图9-47所示的对话框。

- **形状**：可以从10个不同画笔模型中选择画笔形状，这些模型提供了不同的绘制体验和毛刷画笔路径的外观，如图9-48所示。

图9-46

- **大小**：可设置画笔的直径。如同物理介质画笔，毛刷画笔直径从毛刷的笔端（金属裹边处）开始计算。

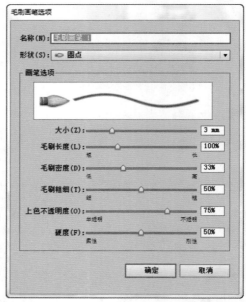

图9-47

图9-48

- **毛刷长度**：从画笔与笔杆的接触点到毛刷尖的长度。

- **毛刷密度**：毛刷颈部指定区域中的毛刷数。

- **毛刷粗细**：可调整毛刷粗细，从精细到粗糙（从 1% 到 100%）。

- **上色不透明度**：可以设置所使用的画图的不透明度。画图的不透明度可以从 1%（半透明）到 100%（不透明）。

- **硬度**：毛刷的坚硬度。如果设置较低的毛刷硬度值，毛刷会很轻便。设置一个较高值时，它们会变得更加坚韧。

> 📢 提示
>
> 毛刷画笔描边由一些重叠、填充的透明路径组成。这些路径就像 Illustrator 中的其他任何已填色路径一样，会与其他对象（包括其他毛刷画笔路径）中的颜色进行混合，但描边上的填色并不会自行混合。也就是说，分层的单个毛刷画笔描边之间会互相混色，因此色彩会逐渐增强。但就地来回描绘的单一描边并不会将自身的颜色混合加深。

9.2.5 创建图案画笔

图案画笔的创建方法与前面几种画笔有所不同，由于要用到图案，因此，在创建画笔前，先要创建图案，再将其拖曳到"色板"面板中，如图9-49所示，然后单击"画笔"面板中的新建画笔按钮 ，在弹出的对话框中选择"图案画笔"选项，打开如图9-50所示的对话框。

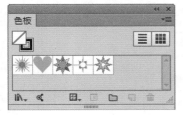

图9-49

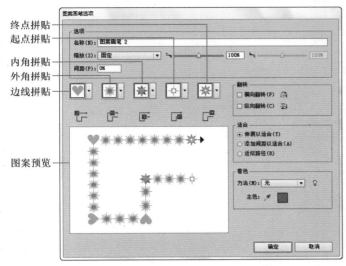

终点拼贴
起点拼贴
内角拼贴
外角拼贴
边线拼贴

图案预览

图9-50

- **拼贴按钮**：对话框中有5个拼贴选项按钮，依次为边线拼贴、外角拼贴、内角拼贴、起点拼贴和终点拼贴，通过这些按钮可以将图案应用于路径的不同部分。操作方法是：单击一个按钮，然后在下面的图案列表中选择一个图案，该图案就会出现在与其对应的路径上。图9-51所示为在拼贴选项中设置的图案，图9-52所示为使用该画笔描边的路径。

图9-51

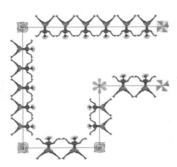

图9-52

- **缩放**：用来设置图案相对于原始图形的缩放比例。
- **间距**：用来设置各个图案之间的间距。
- **横向翻转/纵向翻转**：可以改变图案相对于路径的方向。选择"横向翻转"，图案沿路径的水平方向翻转；选择"纵向翻转"，图案沿路径的垂直方向翻转。
- **适合**：用来设置图案适合路径的方式。选择"伸展以适合"，可自动拉长或缩短图案以适合路径的长度，如图9-53所示，该选项会生成不均匀的拼贴；选择"添加间距以适合"，可增加图案的间距，使其适合路径的长度，以保持图案不变形，如图9-54所示；选择"近似路径"，可以在不改变拼贴的情况下使拼贴适合于最近似的路径，该选项所应用的图案会向路径内侧或外侧移动，以保持均匀的拼贴，而不是将中心落在路径上，如图9-55所示。

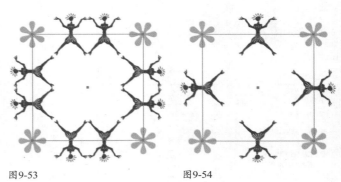

图9-53   图9-54

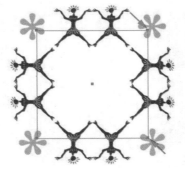

图9-55

> 相关链接：**关于图案的创建方法，请参阅"9.4 图案"。**

9.2.6 创建艺术画笔

创建艺术画笔前，先要有用作画笔的图形，如图9-56所示，将它选择，然后单击"画笔"面板中的新建画笔按钮 ，在弹出的对话框中选择"艺术画笔"选项，打开如图9-57所示的对话框。

- **宽度**：用来设置图形的宽度。
- **画笔缩放选项**：选择"按比例缩放"，可保持画笔图形的比例不变，如图9-58所示；选择"伸展以适合描边长度"，可拉伸画笔图形，以适合路径长度，如图9-59所示；选择"在参考线

之间伸展"，然后在下方的"起点"和"终点"选项中输入数
值，对话框中会出现两条参考线，此时可拉伸或缩短参考线之
间的对象以使画笔适合路径长度，参考线之外的对象比例保持
不变，如图9-60和图9-61所示。通过这种方法创建的画笔为分
段画笔。

图9-56

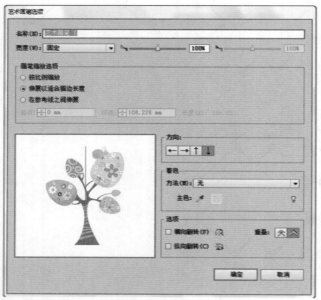

图9-57

图9-60

图9-61

● **方向**： 决定了图形相对于线条的方向。 单击 ← 按钮，可以将
描边端点放在图稿左侧，如图9-62所示；单击 → 按钮，可以
将描边端点放在图稿右侧，如图9-63所示；单击 ↑ 按钮，可
以将描边端点放在图稿顶部；单击 ↓ 按钮，可以将描边端点放
在图稿底部。

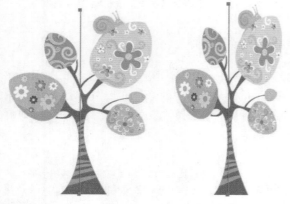

图9-58　　　　　　图9-59

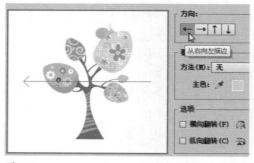

图9-62

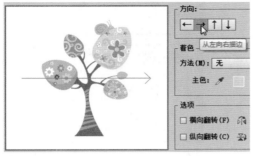

图9-63

● 着色：可以设置描边颜色和着色方法。可使用该下拉列表从不同的着色方法中进行选择，或者选择对话框中的 🖋 工具，在左下角的预览框中单击样本图形拾取颜色。

● 横向翻转/纵向翻转：可以改变图形相对于路径的方向，如图9-64所示。

勾选"纵向翻转"　　　　　　两项全部勾选

图9-64

● 重叠：如果要避免对象边缘的连接和皱折重叠，可以按下该选项中的按钮。

未选择任何选项　　　　　勾选"横向翻转"

> 🔊 提示
>
> 创建艺术画笔的图形中不能包含文字。如果要使用包含文字的画笔描边，可以先执行"文字>创建轮廓"命令，将文字转换为轮廓，再创建为画笔。

9.3　编辑画笔

Illustrator提供的预设画笔以及用户自定义的画笔都可以进行修改，包括缩放、替换和更新图形，重新定义画笔图形，以及将画笔从对象中删除等。

9.3.1　实战：缩放画笔描边

01 打开光盘中的素材。使用选择工具 ▶ 选择添加了画笔描边的对象，如图9-65所示。在默认情况下，通过拖曳定界框上的控制点缩放对象时，描边的比例保持不变，如图9-66所示。

02 如果想要同时缩放对象和画笔描边，可在选择对象后，双击比例缩放工具 🔲，打开"比例缩放"对话框，设置缩放参数并勾选"比例缩放描边和效果"选项，如图9-67和图9-68所示。

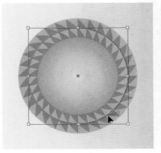 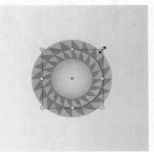

图9-65　　　　　　　　　图9-66

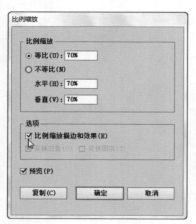

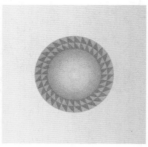

图9-67　　　　　　　　　　　图9-68

03 如果想要单独缩放描边，而不影响对象，可在选择对象后，单击"画笔"面板中的所选对象的选项按钮 圁，在打开的对话框中设置缩放比例，如图9-69和图9-70所示。

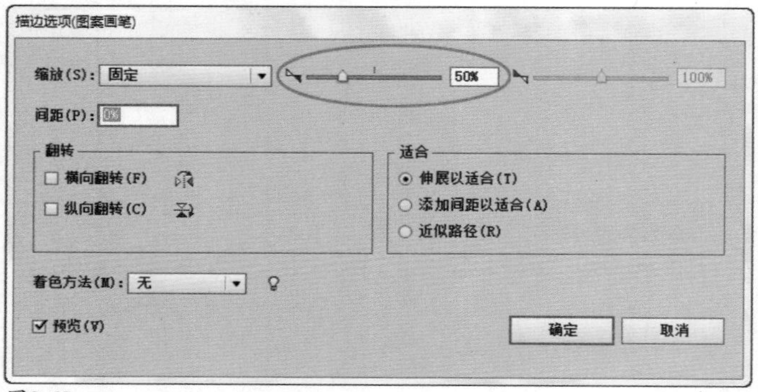

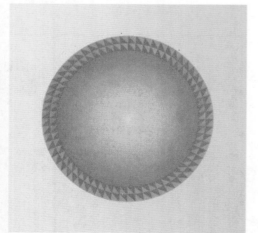

图9-69

图9-70

9.3.2 实战：修改画笔参数

01 打开光盘中的素材，如图9-71所示。箭头是为直线路径添加了画笔描边后生成的。打开"画笔"面板，双击该画笔，如图9-72所示。

图9-71

图9-72

02 在打开的对话框中修改画笔参数，如图9-73所示。单击"确定"按钮关闭对话框，此时会弹出一个提示，如图9-74所示。

03 单击"应用于描边"按钮，可修改画笔描边参数，图形上使用的画笔描边也会同时修改，如图9-75所示。单击"保留描边"按钮，则只更改参数，而不会影响已添加到图形的画笔描边，但以后为图形添加该画笔描边时，会应用修改后的参数设置。

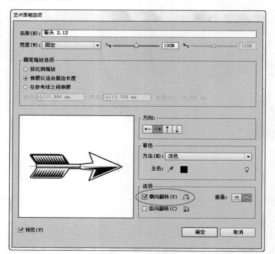

图9-73

图9-74

图9-75

9.3.3 实战：修改画笔样本图形

　　Illustrator可以将图形定义为散点画笔、艺术画笔和图案画笔，并且允许用户修改画笔样本中的图形。如果文档中有使用该画笔描边的对象，则应用到对象中的画笔描边也会随之更新。

01 打开光盘中的素材，如图9-76所示。将画笔样本从"画笔"面板拖曳到画板上，如图9-77所示。

图9-76

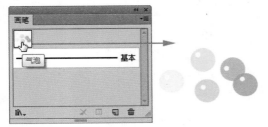

图9-77

> **提示**
>
> 在"画笔"面板或画笔库中，将一个画笔拖曳到画板中，它就会成为一个可编辑的图形。

02 保持该图形的选取状态。执行"编辑>编辑颜色>重新着色图稿"命令，打开"重新着色图稿"对话框，在颜色协调规则下拉列表中选择三色组合，如图9-78所示，用该颜色组修改图形的颜色，然后单击"确定"按钮关闭对话框，如图9-79所示。

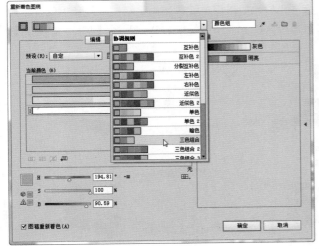

图9-78

图9-79

03 按住Alt键将修改后的画笔图形拖曳到"画笔"面板中的原始画笔上，如图9-80所示，弹出"散点画笔选项"对话框，单击"确定"按钮，弹出一个提示，然后单击"应用于描边"按钮确认修改，如图9-81所示。

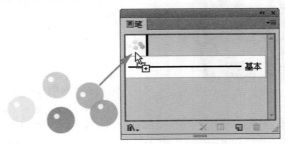

图9-80

图9-81

> **提示**
>
> 如果只想修改使用画笔绘制的线条而不更新原始画笔，可以选择该线条，单击"画笔"面板中的所选对象的选项按钮 ▣，在打开的对话框中修改当前对象上的画笔描边选项参数即可。

9.3.4 实战：移去和删除画笔

01 打开光盘中的素材。使用选择工具 ▶ 单击添加了画笔描边的图形，如图9-82所示，然后单击"画笔"面板中的移去画笔描边按钮 ✕，可移去它的画笔描边，如图9-83所示。如果单击工具面板中的 图标，则可将对象的描边和填色设置为默认的状态。

图9-82

图9-83

图9-88

图9-89

02 如果要删除"画笔"面板中的画笔，可单击它，如图9-84所示，然后单击面板底部的删除画笔按钮 🗑。如果文档中的图形使用了该画笔，如图9-85所示，则会弹出一个对话框，如图9-86所示。

图9-84 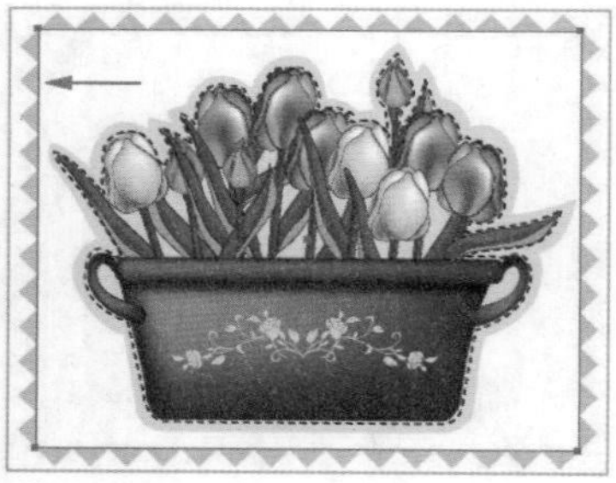 图9-85

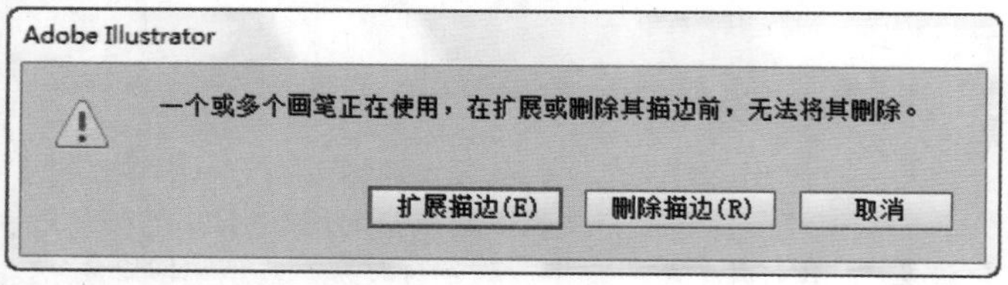

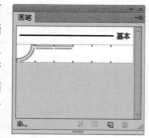

Adobe Illustrator

⚠ 一个或多个画笔正在使用，在扩展或删除其描边前，无法将其删除。

扩展描边(E) 删除描边(R) 取消

图9-86

03 单击"扩展描边"按钮，可删除"画笔"面板中的画笔，如图9-87所示，应用到对象上的画笔会扩展为图形，如图9-88所示。单击"删除描边"按钮，可删除"画笔"面板中的画笔，并从对象上移除描边，如图9-89所示。

图9-87

🔊 提示

如果要删除当前文档中所有未使用的画笔，可以执行"画笔"面板菜单中的"选择所有未使用的画笔"命令，选择这些画笔，再单击"画笔"面板中的 🗑 按钮将其删除。如果要删除一个或几个画笔，可按住Ctrl键单击这些画笔，将它们选择，然后再将它们拖到 🗑 按钮上进行删除。

9.3.5 将画笔描边转换为轮廓

选择一条用画笔工具 ✏ 绘制的线条，或选择添加了画笔描边的路径，如图9-90所示，执行"对象>扩展外观"命令，可以将画笔描边扩展为轮廓，如图9-91所示。为对象添加画笔描边后，如果想要编辑用画笔绘制的线条上的各个组件，可通过这种方式将画笔描边转换为轮廓路径，然后再修改各个组件。

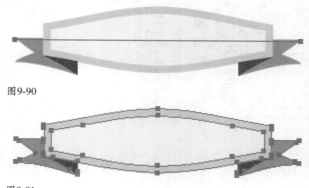

图9-90

图9-91

9.3.6 反转描边方向

为路径添加画笔描边后，使用钢笔工具✏单击路径的端点，如图9-92所示，可以翻转画笔描边的方向，如图9-93所示。

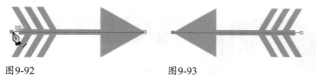

图9-92 　　　　　　　　图9-93

9.3.7 实战：重新定义画笔制作手镯

01 按下Ctrl+N快捷键，新建一个文档。使用椭圆工具⬭按住Shift键创建一个圆形，设置描边粗细为30pt，无填色，如图9-94所示。按下Ctrl+C快捷键复制，再按下Ctrl+F快捷键粘贴到前面，并修改描边颜色和描边粗细，如图9-95所示。

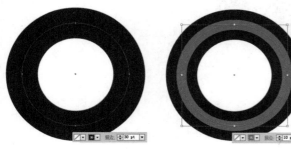

图9-94 　　　　　　　　图9-95

02 按下Ctrl+F快捷键再次粘贴，修改图形的描边颜色和描边粗细，并按住Shift+Alt键拖曳控制点，以圆心为基准等比缩小，如图9-96所示。按下Ctrl+A快捷键选择所有图形，再按下Alt+Ctrl+B快捷键创建混合。双击混合工具💠，打开"混合选项"对话框，在"间距"下拉列表中选择"指定的步数"，设置步数为10，如图9-97所示，效果如图9-98所示。

图9-96

图9-97

图9-98

03 使用椭圆工具⬭创建一个圆形，如图9-99所示。执行"窗口>画笔库>边框>边框_新奇"命令，打开该画笔库，单击"铁丝网"画笔，对路径进行描边，如图9-100所示。设置描边粗细为2pt，效果如图9-101所示。

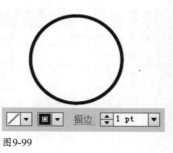

图9-99

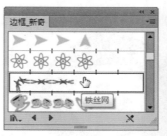

图9-100

图9-101

04 保持该图形的选取状态，单击"画笔"面板中的🗔按钮，弹出"新建画笔"对话框，选择"图案画笔"选项，如图9-102所示，单击"确定"按钮，弹出"图案画笔选项"对话框，将着色方法设置为"色相转换"。选择对话框中的吸管工具🖋，在图案上单击，拾取颜色，如图9-103所示，然后单击"确定"按钮，创建图案画笔，如图9-104所示。

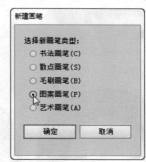

图9-102

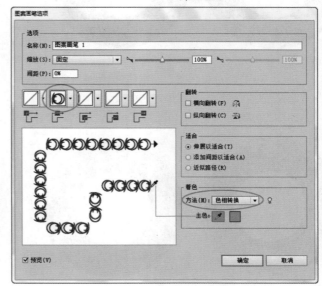

图9-103

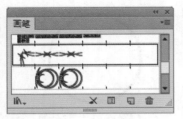

图9-104

05 创建一个圆形，设置描边颜色为米黄色，描边粗细为
0.5pt，无填色，如图9-105所示。单击新创建的图案画
笔，为它添加画笔描边，如图9-106所示。

图9-105 　　　　　　　　 图9-106

06 按下Ctrl+C快捷键复制图形，按下Ctrl+F快捷键粘贴到
前面，然后拖曳定界框上的控制点，旋转图形，如图
9-107所示。再按下Ctrl+F快捷键粘贴图形，并适当旋转，如
图9-108所示。

图9-107 　　　　　　　　 图9-108

07 按下Ctrl+F快捷键粘贴图形，按住Shift+Alt键拖曳控制
点，基于圆形的中心将图形等比放大，如图9-109所示。
修改描边粗细为0.25pt，如图9-110所示。

图9-109 　　　　　　　　 图9-110

08 按下Ctrl+F快捷键粘贴图形，按住Shift+Alt键拖曳控制点
缩小图形，如图9-111所示。单击"铁轨"画笔，使用该
画笔替换原来的描边，设置描边粗细为0.15pt，如图9-112和图
9-113所示。

 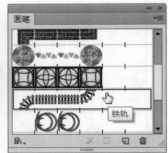

图9-111 　　　　　　　　 图9-112

图9-113

09 选择椭圆工具 ⬭，在画板中单击，弹出"椭圆"对话
框，设置参数如图9-114所示，创建一个圆形。打开"边
框_装饰"画笔库，单击"染色玻璃"画笔，设置描边粗细为
0.1pt，如图9-115和图9-116所示。

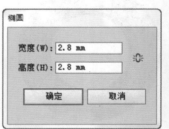 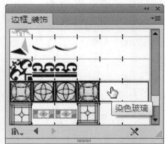

图9-114 　　　　　　　　 图9-115

图9-116

10 按下Ctrl+C快捷键复制图形，按下Ctrl+F快捷键粘贴到前面，再按住Shift+Alt键拖曳控制点缩小图形。使用"宝石"画笔进行描边，如图9-117和图9-118所示。

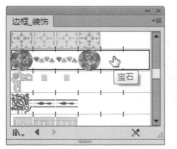

图9-117　　　　　　　　　　图9-118

11 使用选择工具 ↖ 选择这两个图形，按下Ctrl+G快捷键编组。将图形放在手镯上，如图9-119所示，按住Shift+Alt键拖曳图形进行复制，如图9-120所示。

图9-119　　　　　　　　　　图9-120

12 在"图层1"前方单击锁定该图层，再单击 钮 按钮新建一个图层，如图9-121所示。创建两个与手镯外圈和内圈相同大小的圆形，如图9-122所示。

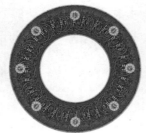

图9-121　　　　　　　　　　图9-122

13 选择这两个图形，单击"路径查找器"面板中的 回 按钮，如图9-123所示，进行图形运算。为图形填充渐变，无描边，如图9-124和图9-125所示。

图9-123

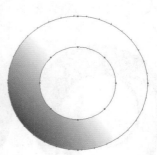

图9-124　　　　　　　　　　图9-125

14 在"透明度"面板中调整图形的混合模式和不透明度，如图9-126所示，通过图形的叠加表现手镯的明暗面，如图9-127所示。

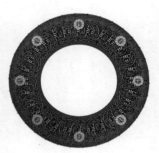

图9-126　　　　　　　　　　图9-127

15 使用钢笔工具 ✍ 绘制一个图形，填充白色，无描边，如图9-128所示。执行"效果>风格化>羽化"命令，添加羽化效果，设置参数如图9-129所示。在"透明度"面板中设置混合模式为"叠加"，表现手镯的高光，如图9-130所示。

图9-128　　　　　　　　　　图9-129

图9-130

16 使用钢笔工具 ✐ 绘制一个图形，如图9-131所示，执行"效果>风格化>羽化"命令，添加羽化效果，再将混合模式设置为"叠加"，效果如图9-132所示。

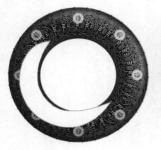

图9-131　　　　　　图9-132

17 使用光晕工具 ◌ 在手镯右上角单击，弹出"光晕工具选项"对话框，设置参数如图9-133所示，创建光晕图形，如图9-134所示。

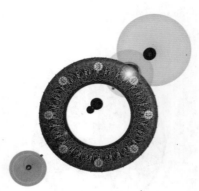

图9-134

18 单击"图层"面板中的 ▢ 按钮，新建一个图层，将它拖曳到"图层1"下方，如图9-135所示。使用矩形工具 ▢ 创建一个矩形，填充渐变，如图9-136和图9-137所示。

光晕工具选项

居中
直径(D)：
不透明度(O)：50%
亮度(B)：30%

光晕
增大(G)：20%
模糊度(F)：50%

☑ 射线(R)
数量(N)：0
最长(L)：300%
模糊度(Z)：100%

☑ 环形(I)
路径(H)：156 pt
数量(M)：18
最大(A)：50%
方向(C)：224°

☑ 预览(P)　　　确定　　取消

图9-133

图9-135　　　　　　图9-136

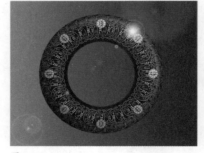

图9-137

9.4 图案

图案可用于填充图形内部，也可进行描边。在Illustrator中创建的任何图形，以及位图图像等都可以定义为图案。用作图案的基本图形可以使用渐变、混合和蒙版等效果。此外，Illustrator还提供了大量的预设图案，可以直接使用。

9.4.1 "图案选项"面板

使用"图案选项"面板可以创建和编辑图案，即使是复杂的无缝拼贴图案，也能轻松制作出来。创建好用于定义图案的对象后，如图9-138所示，将其选择，执行"对象>图案>建立"命令，打开"图案选项"面板，如图9-139所示。

● 图案拼贴工具 ⊞：单击该工具后，画板中央的基本图案周围会出现定界框，如图9-140所示，拖曳控制点可以调整拼贴间距，如图9-141所示。

图9-138 图9-139

十六进制（按列） 十六进制（按行）

图9-142

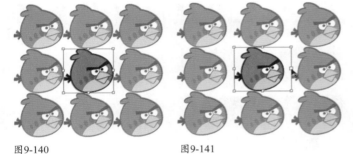

图9-140 图9-141

- 名称：用来输入图案的名称。
- 拼贴类型：可以选择图案的拼贴方式，效果如图9-142所示。如果选择"砖形"，还可以在"砖形位移"选项中设置图形的位移距离。

网格 砖形（按行）

砖形（按列）

- 宽度/高度：可以调整拼贴图案的宽度和高度。如果要进行等比缩放，可以按下 按钮。
- 将拼贴调整为图稿大小：勾选该项后，可以将拼贴调整到与所选图形相同的大小。如果要设置拼贴间距的精确数值，可勾选该项，然后在"水平间距"和"垂直间距"选项中输入数值。
- 重叠：如果将"水平间距"和"垂直间距"设置为负值，则图形会产生重叠，按下该选项中的按钮，可以设置重叠方式，包括左侧在前 ，右侧在前 ，顶部在前 ，底部在前 ，效果如图9-143所示。

左侧在前 右侧在前

顶部在前 底部在前

图9-143

- 份数：可以设置拼贴数量，包括3×3、5×5和7×7等选项。
- 副本变暗至：可以设置图案副本的显示程度。图9-144所示是设置该值为50%时的效果。

图9-144

● 显示拼贴边缘：勾选该项，可以显示基本图案的边界框，如图9-145所示。取消勾选，则隐藏边界框，如图9-146所示。

图9-145   图9-146

53 技术看板：修改拼贴边缘颜色

执行"对象>图案>拼贴边缘颜色"命令，可以在打开的对话框中修改基本图案边界框的颜色。

9.4.2 实战：创建无缝拼贴图案

01 打开光盘中的素材，如图9-147所示。按下Ctrl+A快捷键全选，执行"对象>图案>建立"命令，打开"图案选项"面板，将"拼贴类型"设置为"砖形（按行）"，"份数"设置为"3×3"，如图9-148所示。

图9-147

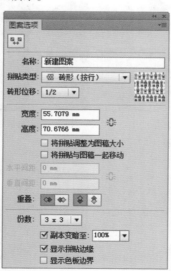

图9-148

02 单击"完成"按钮，如图9-149所示，将图案保存到"色板"面板中，如图9-150所示。

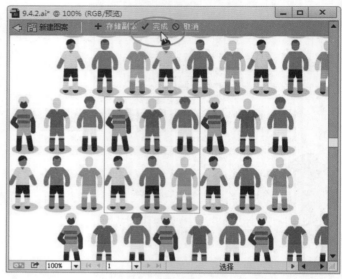

图9-149

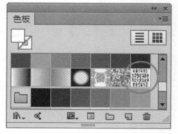

图9-150

03 使用矩形工具 创建一个矩形，设置填色为黑色，无描边，如图9-151所示。保持图形的选取状态，按下Ctrl+C快捷键复制，按下Ctrl+F快捷键粘贴到前面。在工具面板中将填色设置为当前编辑状态，单击"色板"面板中新创建的图案，为矩形填充该图案，如图9-152所示。

图9-151   图9-152

04 执行"文件>置入"命令，选择光盘中的素材，取消"链接"选项的勾选，如图9-153所示，单击"置入"按钮，然后在画板中单击，置入图像，如图9-154所示。

图9-153

图9-154

9.4.3 实战：将图形的局部定义为图案

01 打开光盘中的素材，如图9-155所示。使用矩形工具  绘制一个矩形，无填色、无描边，如图9-156所示。该矩形用来定义图案范围，即只将矩形范围内的图像定义为图案。

图9-155

图9-156

02 执行"对象>排列>置为底层"命令，将矩形调整到最后方。使用选择工具 单击并拖出一个选框，将图案图形与矩形框同时选择，如图9-157所示，然后拖曳到"色板"面板中创建为图案，如图9-158所示。图9-159所示为使用该图案填充的矩形。

图9-157

图9-158

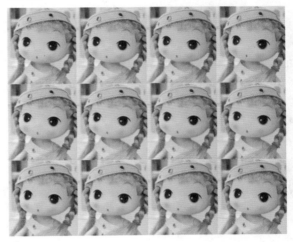

图9-159

9.4.4 实战：使用图案库

01 打开光盘中的素材，如图9-160所示。打开"窗口>色板库>图案"下拉菜单，如图9-161所示，菜单中包含的是Illustrator提供的各种预设的图案库。

图9-160

287

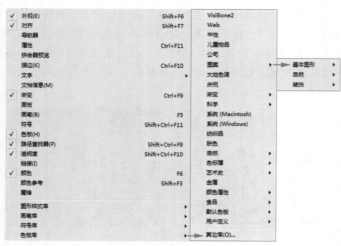

图9-161

图9-165　　　　　　　　　　图9-166

02 在"自然"下拉菜单中选择"自然_动物皮",打开该图案库,它会出现在一个单独的面板中。使用选择工具 选择模特的衣服图形,单击"印度豹"图案,为图形填充该图案,如图9-162和图9-163所示。图9-164所示为填充"斑马"图案的效果。

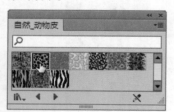

图9-162

图9-167

02 如果要精确变换图案,可以双击旋转工具 ,在打开的对话框中只选择"变换图案"选项,然后设置变换参数,如图9-168和图9-169所示。

图9-163　　　　　图9-164

图9-168

图9-169

> **相关链接**:选择填充了图案的对象,双击任意变换工具(移动、旋转、镜像、比例缩放和倾斜等工具),在打开的变换对话框中设置变换参数并选择"图案"选项,可以按照指定的参数变换图案。关于旋转、缩放等变换操作,请参阅"7.1 变换对象"。

9.4.5 实战:变换图案

为对象填充图案后,使用选择工具 、旋转工具 和比例缩放工具 等进行变换操作时,图案会与对象一同变换。如果想要单独变换图案,可以采用下面的方法。

01 打开光盘中的素材,如图9-165所示。使用选择工具 单击填充了图案的图形,选择旋转工具 ,单击并拖曳鼠标,可旋转图形,图案保持不变,如图9-166所示。如果拖曳鼠标的同时按住~键,则可旋转图案,图形保持不变,如图9-167所示。

9.4.6 实战:使用标尺调整图案位置

01 打开光盘中的素材。按下Ctrl+R快捷键显示标尺,如图9-170所示。执行"视图>标尺>更改为全局标尺"命令,启用全局标尺。

02 将光标放在窗口左上角,单击并拖出十字线,将其放在希望作为图案起始点的位置上,即可调整图案的拼贴位置,如图9-171所示。

03 如果要将图案恢复为原来的拼贴位置，可在窗口左上角水平标尺和垂直标尺的相交处双击，如图9-172所示。

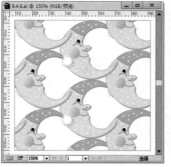

图9-170

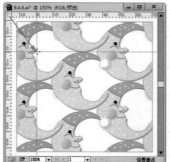

图9-171

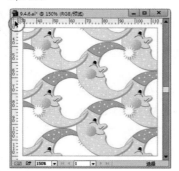

图9-172

相关链接：Illustrator 分别为文档和画板提供了单独的标尺，即全局标尺和画板标尺。关于这两种标尺的区别，请参阅"3.5.2 全局标尺与画板标尺"。

9.4.7 实战：修改和更新图案

01 打开光盘中的素材，如图9-173所示。单击"色板"面板中的一个图案，如图9-174所示，执行"对象>图案>编辑图案"命令，可以打开"图案选项"面板重新编辑图案，如图9-175所示。单击文档窗口左上角的"完成"按钮结束编辑，图案填充效果如图9-176所示。

图9-173

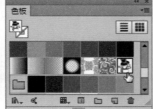

图9-174

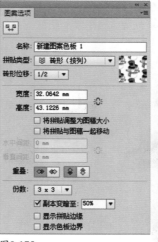

图9-175

图9-176

提示

双击"色板"面板中的一个图案，也可以打开"图案选项"面板。

02 执行"选择>取消选择"命令，确保图稿中未选择任何对象。将"色板"面板中的图案拖曳到画板上，如图9-177所示。保持图形的选取状态，执行"编辑>编辑颜色>重新着色图稿"命令，打开"重新着色图稿"对话框，单击"明亮"颜色组，如图9-178所示，用它替换图稿的颜色。

图9-177

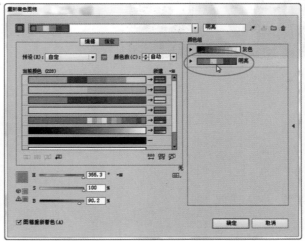

图9-178

$O3$ 按住Alt键，将修改后的图案拖曳到"色板"面板中的旧图案色板上，如图9-179所示，填充该图案的图形会自动更新，如图9-180所示。

图9-179

图9-180

9.4.8 实战：图案特效字

$O1$ 打开光盘中的素材，如图9-181所示。选择椭圆工具 ◯，在画板中单击，弹出"椭圆"对话框，设置参数如图9-182所示，创建一个圆形，如图9-183所示。

图9-181

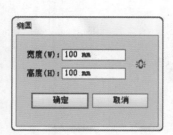

图9-182

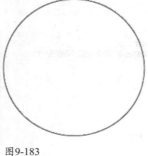

图9-183

$O2$ 在画板中单击鼠标，弹出"椭圆"对话框设置参数，如图9-184所示，再创建一个小圆，设置填充颜色为黄色，无描边。执行"视图>智能参考线"命令，启用智能参考线。使用选择工具 ▶ 将小圆拖曳到大圆上方，圆心对齐到大圆的锚点上，如图9-185所示。

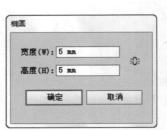

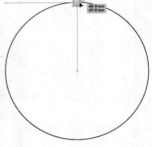

图9-184　　　　　　　图9-185

$O3$ 保持小圆的选取状态。选择旋转工具 ◯，将光标放在大圆的圆心处，当出现"中心点"3个字时，如图9-186所示，按住Alt键单击，弹出"旋转"对话框，设置角度如图9-187所示，然后单击"复制"按钮，复制图形，如图9-188所示。连续按下Ctrl+D快捷键复制图形，令其绕圆形一周，如图9-189所示。选择大圆，按下Delete键删除。

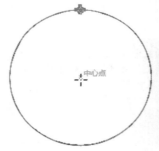

图9-186　　　　　　　图9-187

图9-188　　　　　　　图9-189

$O4$ 选择所有圆形，按下Ctrl+G快捷键编组。按下Ctrl+C快捷键复制，按下Ctrl+F快捷键粘贴，再按住Shift+Alt键拖曳控制点，基于图形中心点向内缩小，如图9-190所示。设置图形的填充颜色为粉色，如图9-191所示。

图9-190　　　　　　图9-191

05 采用同样的方法再复制出几组圆形（即先按下Ctrl+F快捷键粘贴图形，再按住Shift+Alt键拖曳控制点将图形缩小），分别设置填充颜色为绿色、蓝色和红色，如图9-192所示。使用选择工具 单击并拖出一个选框，选择这几组图形，如图9-193所示，按下Ctrl+G快捷键编组。

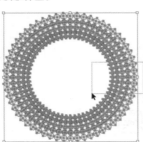

图9-192　　　　　　图9-193

06 按下Ctrl+C快捷键复制，按下Ctrl+F快捷键粘贴，再按住Shift+Alt键拖曳控制点将图形缩小，如图9-194所示。重复粘贴和缩小操作，在圆形内部铺满图案，如图9-195所示。

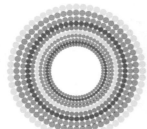

图9-194　　　　　　图9-195

07 选择所有圆形，如图9-196所示，拖曳到"色板"面板中创建为图案，如图9-197所示。

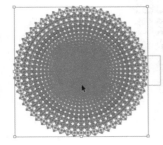

图9-196　　　　　　图9-197

08 使用选择工具 选择文字"S"，如图9-198所示，单击新建的图案，为文字填充图案，如图9-199和图9-200所示。

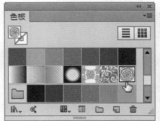
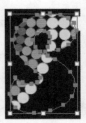

图9-198　　　　图9-199　　　　　　图9-200

09 将光标放在文字图形上方，按住 ~ 键单击并拖曳鼠标移动图案，如图9-201所示。双击比例缩放工具 ，打开"比例缩放"对话框，设置缩放参数为75%，选择"变换图案"选项，单独缩放图案，如图9-202和图9-203所示。

图9-201　　　　图9-202　　　　　　图9-203

10 采用同样的方法为其他文字填充图案，然后用选择工具 （按住 ~ 键）移动图案，用比例缩放工具 缩放图案，最终效果如图9-204所示。

图9-204

291

第10章 符号

10.1 关于符号

符号用于表现文档中大量重复的对象，例如花草、纹样和地图上的标记等。使用符号可以简化复杂对象的制作和编辑过程。

10.1.1 符号概述

符号是一种特殊的对象，任意一个符号样本都可以生成大量相同的对象（它们称为符号实例），每一个符号实例都与"符号"面板或符号库中的符号样本链接，如图10-1所示，当编辑符号样本时，文档中所有与之链接的符号实例都会自动更新，如图10-2所示。

在平面设计和Web设计工作中，经常要绘制包含大量重复对象的图稿，如纹样、地图和技术图纸等。Illustrator为这样的任务提供了一项简便的功能，它就是符号。将一个对象定义为符号后，可以通过符号工具快速生成大量相同的对象，这样不仅节省绘图时间，还能够显著地减少文件占用的存储空间。

我们制作动画时，不妨也可以考虑使用符号。例如，如果一个动画文件中需要大量地出现某些图形，便可将它们创建为符号，这样做的好处是图稿中的符号实例都与"符号"面板中的符号样本链接，修改起来非常方便，并且可以减小文件占用的存储空间，导出的动画文件也很小。符号可以导出为SWF和SVG格式。当以SWF格式导出到Flash时，可以将符号类型设置为"影片剪辑"。在Flash中，还可以选择其他类型。

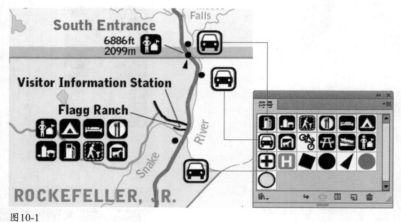

图10-1

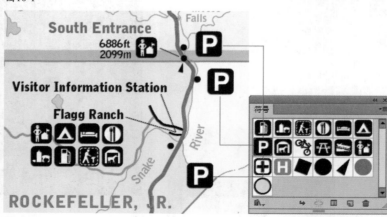

图10-2

Illustrator的工具面板中有8个符号工具，如图10-3所示，其中，符号喷枪工具 用于创建符号，其他工具用于编辑符号。使用符号喷枪工具 创建的一组符号实例称为

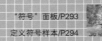
符号组。一个符号组中可以出现不同的符号。如果要编辑其中的符号，例如，调整符号大小、旋转符号以及为符号着色等，需要使用选择工具 ▶ 单击符号组，将其选取，如图10-4所示，然后在"符号"面板中选择符号所对应的符号样本，如图10-5所示，再进行相应的编辑操作。

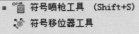

图10-3

图10-4

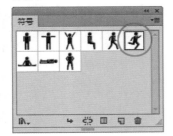

图10-5

当符号组中包含多种符号时，编辑操作仅影响"符号"面板中选择的符号样本所创建的实例，如图10-6所示。如果要同时编辑符号组中的多种实例或所有实例，可先在"符号"面板中按住Ctrl键单击各个符号样本，将它们同时选择，再进行处理，如图10-7和图10-8所示。

图10-6

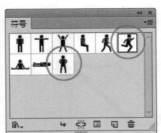

图10-7

图10-8

◀)) 提示

符号可以导出为 SWF 和 SVG 格式。当以SWF格式导出到 Flash 时，可以将符号类型设置为"影片剪辑"。在 Flash 中，还可以选择其他类型。此外，也可以在 Illustrator 中指定 9 格切片缩放，以便将符号用于用户界面组件时能够适当地缩放。

10.1.2 "符号"面板

"符号"面板可以创建、编辑和管理符号。打开一个文件，如图10-9所示。从"符号"面板中可以看到，这幅插画中用到了十几种符号，如图10-10所示。

图10-9

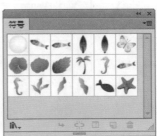

图10-10

● 符号库菜单 ▥▾：单击该按钮，可以打开下拉菜单选择一个预设的符号库。

● 置入符号实例 ↳：选择面板中的一个符号，单击该按钮，即可在画板中创建该符号的一个实例。

● 断开符号链接 ⇌：选择画板中的符号实例，单击该按钮，可

293

以断开它与面板中符号样本的链接，该符号实例便会成为可单独编辑的对象。

- 符号选项 ：单击该按钮，可以打开“符号选项”对话框。
- 新建符号 ：选择画板中的一个对象，单击该按钮，可将其定义为符号。
- 删除符号 ：选择面板中的符号样本，单击该按钮可将其删除。

> **提示**
>
> 执行“文件>新建”命令新建文档时，在“配置文件”选项的下拉列表中提供了不同的文件类型，预设了文件大小、颜色模式以及分辨率等参数，Illustrator也为每种类型的文档设置了相应的“符号”面板，选择不同的配置文件时，“符号”面板的内容是不一样的。

10.2 创建符号

在Illustrator中，绝大多数对象都可以创建为一个符号，不论它是绘制的图形、复合路径、文本、位图图像、网格对象或是包含以上对象的编组对象。

10.2.1 定义符号样本

选择要创建为符号的对象，如图10-11所示，单击“符号”面板中的新建符号按钮 ，打开“符号选项”对话框，如图10-12所示，输入名称，单击“确定”按钮即可将其定义为符号，如图10-13所示。默认情况下，所选对象会变为新符号的实例。如果不希望它变为实例，可通过按住Shift键单击新建符号按钮 的方法来创建符号。

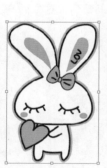

图10-11

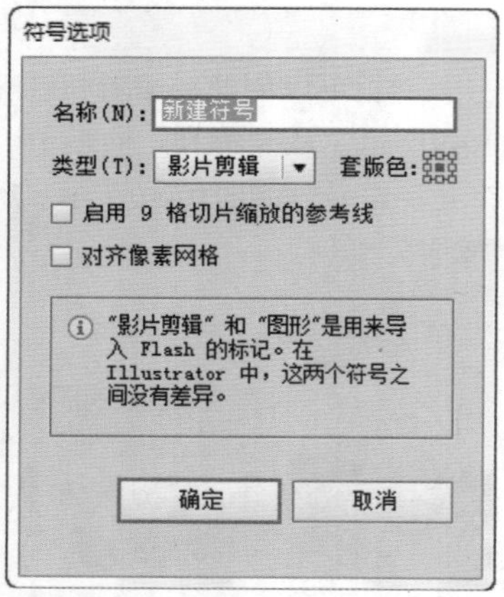

图10-12

图10-13

“符号选项”对话框

- 名称：显示了当前符号的名称。如果要修改一个符号的名称，可在“符号”面板中单击该符号，然后单击面板底部的 ，打开“符号选项”对话框，在“名称”选项中进行修改。
- 类型：包含“影片剪辑”和“图形”两个选项。影片剪辑在Flash 和 Illustrator 中是默认的符号类型。
- 启用9格切片缩放的参考线：如果要在 Flash 中使用 9 格切片缩放，可勾选该选项。
- 对齐像素网格：勾选该选项，可以对符号应用像素对齐属性。

> **提示**
>
> 直接将对象拖曳到“符号”面板中也可以创建为符号。如果不想在创建符号时打开“新建符号”对话框，可按住Alt键单击 按钮。需要注意的是，无法从链接的图稿或一些组（如图表组）中创建符号。

10.2.2 实战：置入符号

01 打开光盘中的素材，如图10-14所示。执行“窗口>符号库>花朵”命令，打开该符号库。单击如图10-15所示的符号，它会加载到“符号”面板中，如图10-16所示。

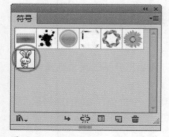

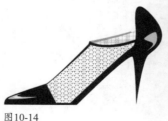

图10-14

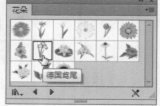

图10-15

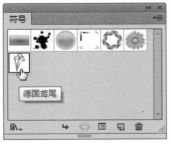

图10-16

02 单击"符号"面板底部的置入符号实例按钮 ↳，将所选符号实例置入到文档窗口中心。使用选择工具 ↖ 将其移动到高跟鞋上，拖曳定界框上的控制点，进行旋转和缩放，如图10-17所示。单击"符号"面板底部的置入符号实例按钮 ↳，再放置一个符号，将其摆放在鞋跟处，如图10-18所示。

图10-17　　　　　　　　图10-18

03 单击并将符号从面板中拖出，可将其放置到文档窗口的任意位置，如图10-19所示。采用置入或直接拖出的方法，为高跟鞋添加花朵符号。最终效果如图10-20所示。

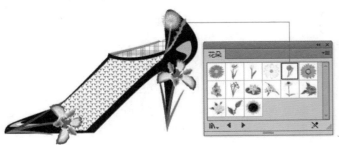

图10-19

图10-20

10.2.3 实战：创建符号组

01 打开光盘中的素材，如图10-21所示。在"符号"面板中选择如图10-22所示的符号。

图10-21

图10-22

02 选择符号喷枪工具 🖱。在画板中单击一次鼠标，可以创建一个符号，如图10-23所示。如果按住鼠标的左键不放，则符号会以鼠标的单击点为中心向外扩散，如图10-24所示。如果按住鼠标按键并拖曳鼠标，则符号会沿着鼠标的运行轨迹分布，如图10-25所示。

图10-23

图10-24

图10-25

> **54** 技术看板：符号工具快捷键
>
> 使用任意一个符号工具时，按下键盘中的] 键，可增加工具的直径；按下 [键，可减小工具的直径；按下 Shift+] 键，可增加符号的创建强度；按下 Shift+[键，则减小强度。

10.3 使用符号工具

创建符号组后，使用符号工具可以移动、缩放、旋转、倾斜或对称符号实例，还可以在"透明度""外观"和"图形样式"面板修改符号的透明度、外观或者为符号添加图形样式，也可以使用"效果"菜单中的命令，为符号实例应用各种特殊效果。

10.3.1 符号工具选项

双击工具面板中的任意符号工具，都可以打开"符号工具选项"对话框，如图10-26所示。对话框的顶部是常规选项。单击各个符号工具图标，可以显示特定于该工具的选项。

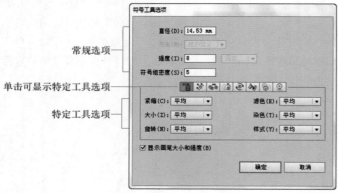

图10-26

常规选项

- 直径：用来设置符号工具的画笔大小。在使用符号工具时，也可以按下 [键减小画笔直径，或按下] 键增加画笔直径。

- 方法：用来指定符号紧缩器、符号缩放器、符号旋转器、符号着色器、符号滤色器和符号样式器工具调整符号实例的方式。选择"用户定义"，可根据光标位置逐步调整符号；选择"随机"，则在光标下的区域随机修改符号；选择"平均"，会逐步平滑符号。

- 强度：用来设置各种符号工具的更改速度。该值越高，更改速度越快。例如，使用符号位移器工具移动符号时，可加快移动速度。

- 符号组密度：用来设置符号组的吸引值。该值越高，符号的数量越多、密度越大，如图10-27和图10-28所示。如果选择了符号组，然后双击任意符号工具打开"符号工具选项"对话框，修改该值时，将影响符号组中所有符号的密度，但不会改变符号的数量。

符号组密度为5
图10-27

符号组密度为7
图10-28

- 显示画笔大小和强度：选择该选项后，光标在画板中会变为一个圆圈，圆圈代表了工具的直径，圆圈的深浅代表了工具的强度，即颜色越浅，强度值越低，如图10-29和图10-30所示。

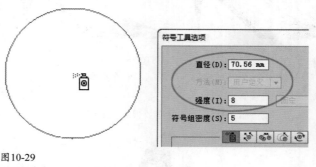

图10-29

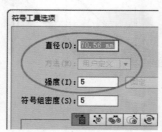

图10-30

特定选项

- 符号喷枪选项：当选择符号喷枪工具时，对话框底部会显示"紧缩""大小""旋转""滤色""染色"和"样式"等选项，如图10-31所示，它们用来控制新符号实例添加到符号组的方式，并且每个选项都提供了两个选择方式。选择"平均"，可以添加一个新符号，它具有画笔半径内现有符号实例的平均值；选择"用户定义"，则为每个参数应用特定的预设值。

● 符号缩放器选项：当选择符号缩放器工具时，对话框底部会显示"符号缩放器"选项，如图10-32所示。选择"等比缩放"，可保持缩放时每个符号实例的形状一致；选择"调整大小影响密度"，在放大时可以使符号实例彼此远离，缩小时可以使符号实例彼此聚拢。

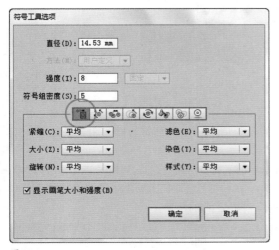

图10-31

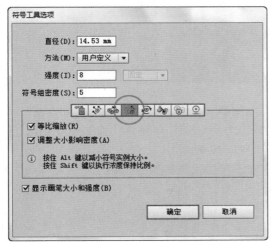

图10-32

10.3.2 实战：添加和删除符号

01 打开光盘中的素材，如图10-33所示。单击"符号"面板中的符号，将其选择，如图10-34所示。

图10-33

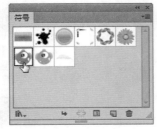

图10-34

02 使用符号喷枪工具 在画板中单击并拖曳鼠标，创建符号组，如图10-35所示。保持符号组的选取状态，单击"符号"面板中的另一个符号，如图10-36所示。使用符号喷枪工具 在画板中单击并拖曳鼠标，即可向组中添加符号，如图10-37所示。

图10-35

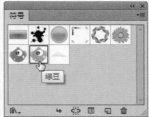

图10-36

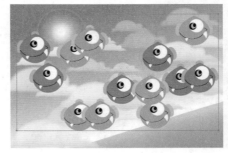

图10-37

03 如果要删除符号实例，可以在符号组选取状态下，在"符号"面板中单击要编辑的符号对应的样本，如图10-38所示，选择符号喷枪工具 ，将光标放在符号上方，如图10-39所示，然后按住Alt键单击一个符号实例，可将其删除，如图10-40所示。按住Alt键单击并拖曳鼠标，可删除出现在光标范围内的符号。

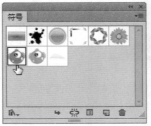

图10-38

图10-39

图10-40

10.3.3 实战：移动符号

符号位移器工具 🔧 可以移动符号、调整符号的堆叠顺序。

01 打开光盘中的素材。使用选择工具 ▶ 选择符号组，如图10-41所示。在"符号"面板中选择符号样本，如图10-42所示，使用符号位移器工具 🔧 在符号上单击并拖曳鼠标，可以移动样本所对应的符号，如图10-43所示。

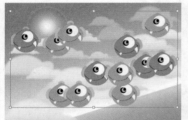
图10-41

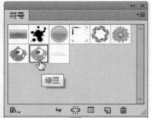
图10-42

图10-43

02 按住Shift键单击一个符号，可将其调整到其他符号的上方，如图10-44和图10-45所示。按住Shift+Alt键单击一个符号，可将其调整到其他符号的下方。

图10-44

图10-45

10.3.4 实战：调整符号密度

符号紧缩器工具 🔧 可以调整符号的间距，使之聚拢或散开。

01 打开光盘中的素材。使用选择工具 ▶ 选择符号组，如图10-46所示。在"符号"面板中按住Shift键单击如图10-47所示的符号样本，将它们同时选择。

图10-46

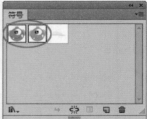
图10-47

02 使用符号紧缩器工具 🔧 在符号上单击或单击并拖曳鼠标，可以聚拢符号，如图10-48所示。按住Alt键操作，可以使符号扩散开，如图10-49所示。

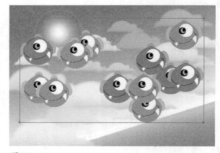
图10-48

图10-49

10.3.5 实战：调整符号大小

符号缩放器工具 ⊙ 可以调整符号的大小，即对符号进行缩放。

01 打开光盘中的素材。使用选择工具 ▶ 选择符号组，如图10-50所示。按住Shift键单击"符号"面板中要调整大小的符号实例所对应的符号样本，如图10-51所示。

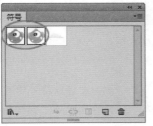

图10-50　　　　　　　　图10-51

02 使用符号缩放器工具 ⊙ 在符号上单击可以放大符号，如图10-52所示。单击并拖曳鼠标，可以放大光标下方的所有符号。如果要缩小符号，可按住Alt键操作，如图10-53所示。

图10-52

图10-53

10.3.6 实战：旋转符号

符号旋转器工具 ⊙ 可以旋转符号。在旋转时，符号上会出现一个带有箭头的方向标识，通过它可以观察符号的旋转方向和角度。

01 打开光盘中的素材。使用选择工具 ▶ 选择符号组，如图10-54所示。在"符号"面板中选择要旋转的符号实例所对应的符号样本，如图10-55所示。

02 使用符号旋转器工具 ⊙ 在符号上单击或单击并拖曳鼠标即可旋转符号，如图10-56所示。

图10-54　　　　　　　　图10-55

图10-56

10.3.7 实战：为符号着色

符号着色工具 ⊘ 可以为符号着色。在着色时，将使用原始颜色的明度和上色颜色的色相生成符号的颜色。具有极高或极低明度的颜色改变很少，黑色或白色对象则完全无变化。

01 打开光盘中的素材。使用选择工具 ▶ 选择符号组，如图10-57所示。在"符号"面板中选择要着色的符号实例所对应的符号样本，如图10-58所示。

图10-57　　　　　　　　图10-58

02 在"色板"或"颜色"面板中设置一种填充颜色，如图10-59所示。选择符号着色器工具 ⊘，在符号上单击，为其着色，如图10-60所示。连续单击，可增加颜色的浓度，直至将符号实例改为上色的颜色，如图10-61所示。

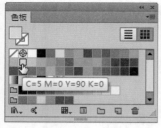

图10-59

图10-60

图10-65

图10-61

03 如果要还原颜色，可以按住Alt键单击符号。连续单击可逐渐还原，直至将其完全恢复为原来的颜色。

10.3.8 实战：调整符号的透明度

使用符号滤色器工具 可以调整符号的透明度，使其呈现半透明状态。

01 打开光盘中的素材。使用选择工具 选择符号组，如图10-62所示。按住Shift键单击"符号"面板中要调整大小的符号实例所对应的符号样本，如图10-63所示。

图10-62

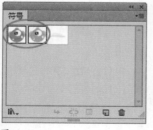

图10-63

02 使用符号滤色器工具 在符号实例上单击或单击并拖曳鼠标可以使符号呈现透明效果，如图10-64所示。连续操作可增加透明度直到符号在画面中消失，如图10-65所示。

图10-64

03 如果要还原符号的透明度，可以按住Alt键在符号上单击或拖曳鼠标。连续操作可逐渐还原，直至将其恢复为原来的状态。

10.3.9 实战：为符号添加图形样式

使用符号样式器工具 可以为符号实例添加不同的样式，使符号呈现丰富的变化。为符号添加样式时，需要配合"图形样式"面板一同操作。

01 打开光盘中的素材，如图10-66所示，选择符号组。在"图形样式"面板中选择一种样式，如图10-67所示，符号组中的所有符号都会应用该样式，如图10-68所示。

图10-66

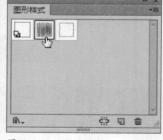

图10-67

图10-68

02 如果只想对符号组中的一种符号应用样式，可以在选择符号组以后，选择符号样式器工具 ，然后在"图形样式"面板中选择一种样式，如图10-69所示，单击"符号"

面板中的符号样本，如图10-70所示，使用符号样式器工具 在符号上单击或拖曳鼠标，即可将所选样式应用到符号中，如图10-71所示。样式的应用量会随着鼠标拖曳或单击次数的增加而增加。

03 如果要减少样式的应用量，或清除样式，可按住Alt键操作。

图10-69

图10-70

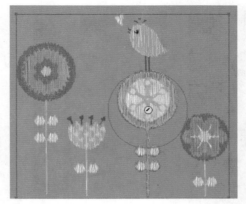

图10-71

相关链接：关于"图形样式"面板，请参阅"11.13 图形样式"。

10.4 编辑符号

创建符号组后，可以复制和替换符号，也可以修改符号并重新定义，或将符号扩展为普通的图形对象。

10.4.1 实战：复制符号

如果对符号进行了旋转、缩放、着色和调整透明度等操作，想要添加经过相同修改的更多实例，可以通过复制的方法来操作。

01 打开光盘中的素材。使用选择工具 选择符号组，如图10-72所示。这些符号实例都进行了旋转。在"符号"面板中选择要复制的实例所对应的符号样本，如图10-73所示。

图10-72

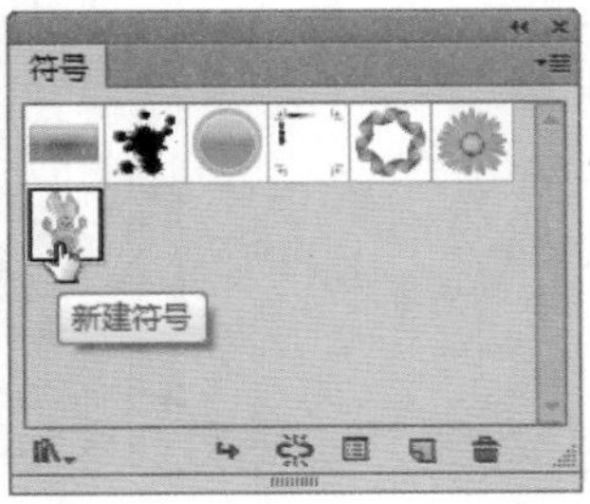

图10-73

02 使用符号喷枪工具 在需要复制的符号上单击，即可复制出相同的符号实例，如图10-74和图10-75所示。

图10-74

图10-75

提示

如果要复制"符号"面板中的符号，可以将符号拖曳到面板底部的 按钮上。

10.4.2 实战：替换符号

01 打开光盘中的素材，如图10-76所示。使用选择工具 按住Shift键单击红衣卡通人符号，将它们全部选择，如图10-77所示。

图10-76

图10-77

02 在"符号"面板中选择圆环样本，打开"符号"面板菜单，选择"替换符号"命令，如图10-78所示，即可用圆环符号替换所选符号实例，如图10-79所示。

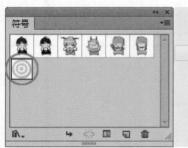

图10-78

图10-79

◀)) 提示

如果符号组中使用了不同的符号，但只想替换其中的一种符号，可以通过重新定义符号的方法来操作。

10.4.3 实战：重新定义符号

01 打开光盘中的素材，如图10-80所示。双击"符号"面板中的符号，如图10-81所示，进入到符号编辑状态，文档窗口中会单独显示符号，如图10-82所示。

图10-80

图10-81

图10-82

02 使用编组选择工具 按住Shfit键单击黄色图形，将它们选取，如图10-83所示，然后单击"色板"面板中的洋红色色板，如图10-84所示，将圆环改为洋红色。

图10-83   图10-84

03 单击窗口左上角的 按钮，结束符号的编辑状态，所有使用该样本创建的符号实例都会更新，其他符号实例保持不变，如图10-85所示。

图10-85

图10-86

图10-87

> **56 技术看板：断开链接、重新定义符号**
>
> 还有一种重新定义符号的方法，即先将符号样本从"符号"面板拖曳到画板中，单击面板中的 ⟳ 按钮，断开实例与样本的链接，此时可对符号实例进行编辑和修改。修改完成后，执行"符号"面板菜单中的"重新定义符号"命令，将它重新定义为符号，同时，文档中所有使用该样本创建的符号实例都会更新。

10.4.4 扩展符号实例

修改"符号"面板中的符号样本时（即重新定义符号），会影响文档中使用该样本创建的所有符号实例。如果只想单独修改符号实例，而不影响符号样本，可以将符号实例扩展。

选择符号实例，如图10-86所示，单击"符号"面板底部的断开符号链接按钮 ⟳，或执行"对象>扩展"命令，即可扩展符号实例，如图10-87所示。此时可以单独对它们进行修改，如图10-88所示。

图10-88

10.5 符号库

Illustrator为用户提供了不同类别的、预设的符号集合，即符号库，包括3D符号、图表、地图、花朵和箭头等。符号库与"符号"面板的相同之处是都可以选择符号、调整符号排序和查看项目，这些操作都与在"符号"面板中的操作一样。但符号库中不能添加、删除符号或编辑项目。

10.5.1 打开符号库

单击"符号"面板底部的符号库菜单按钮 ▥，或执行

"窗口>符号库"命令，在打开的下拉菜单中可以选择一个符号库，如图10-89所示。打开的符号库会出现在一个单独的面板中，如图10-90所示。

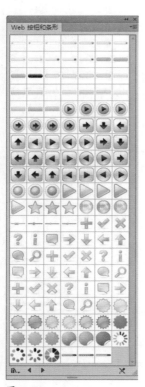

图10-89　　　　　　　　图10-90

使用符号库中的符号时，会将符号自动添加到"符号"面板中。

10.5.2 实战：从另一文档导入符号库

01 按下Ctrl+N快捷键，新建一个文档。执行"窗口>符号库>其他库"命令，选择光盘中的符号库，如图10-91所示，然后单击"打开"按钮，将其打开，它会出现在一个单独的符号库面板中。将如图10-92所示的符号拖曳到画板上，如图10-93所示。

图10-91

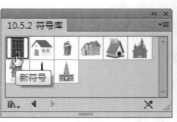

图10-92　　　　　　　　图10-93

02 单击"符号"面板底部的断开符号链接按钮 ⊂⊃，断开符号与实例的链接。执行"效果>风格化>投影"命令，为图形添加投影效果，如图10-94和图10-95所示。使用选择工具 ▶ 将编辑好的图形拖曳到"符号"面板中，定义为一个新的符号，如图10-96所示。

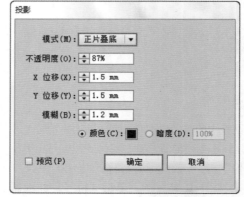

图10-94

图10-95　　　　　　　　图10-96

03 按下Ctrl+A快捷键全选，按下Delete键将画板中的图形删除。将新创建的符号从"符号"面板拖曳到画板中。使用选择工具 ▶ 拖曳定界框上的控制点，将符号适当放大，再按住Alt键拖曳符号进行复制。使用倾斜工具 ☑ 拖曳符号复本，进行倾斜，用这两个图形组成建筑物的两个立面，如图10-97所示。用同样的方法制作其他的建筑物，并适当倾斜为不同的角度，如图10-98和图10-99所示。

图10-97   图10-98

图10-99

04 使用矩形工具 ▢ 创建一个矩形，设置描边粗细为7pt，按下Shift+Ctrl+[快捷键将其移动到后面，如图10-100所示。保持矩形的选取状态，执行"效果>扭曲和变换>变换"命令，打开"变换效果"对话框，将变换数量设置为40份，其他参数如图10-101所示，效果如图10-102所示。

图10-100

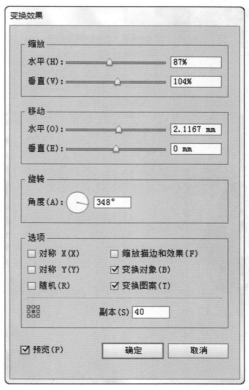

图10-101

图10-102

 相关链接：关于倾斜工具的使用方法，请参阅"7.2.4 实战：使用倾斜工具制作Logo"。

05 在"外观"面板中选择描边选项，如图10-103所示，在"透明度"面板中修改描边颜色和不透明度，如图10-104和图10-105所示。

图10-103

图10-104

图10-108

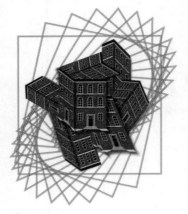

图10-105

06 选择矩形图形，如图10-106所示，执行"效果>风格化>投影"命令，设置参数如图10-107所示，为它添加投影，如图10-108所示。

07 创建一个矩形，填充灰色，按下Shift+Ctrl+[快捷键将它调整到后面，如图10-109所示。再创建一个矩形，设置描边粗细为0.5pt，无填充颜色。执行"窗口>画笔库>边框>边框_框架"命令，打开该画笔库，使用"红木色"画笔描边路径，如图10-110和图10-111所示。

图10-109

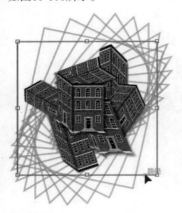

图10-106

图10-107

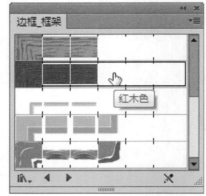

图10-110

图10-111

*08*沿画框内边缘创建一个矩形，设置描边颜色为黑色，描边粗细为7pt，无填色，如图10-112所示。单击"图层"面板底部的 按钮，新建一个图层，使用文字工具 输入一些文字，如图10-113所示。

图10-112

图10-113

10.5.3 创建自定义符号库

在Illustrator中，用户可以创建自定义的符号库。操作方法是：先将符号库中所需的符号添加到"符号"面板中，删除不需要的符号，然后执行"符号"面板菜单中的"存储符号库"命令，打开"将符号存储为库"对话框。如果将符号库存储到Illustrator默认的"符号"文件夹中，则符号库的名称会自动显示在"符号库"下拉菜单和"打开符号库"下拉菜单中。如果将符号库存储到其他文件夹，可以从"符号"面板菜单中选择"打开符号库>其他库"命令将其打开。

第11章 效果、外观与图形样式

11.1 效果概述

效果是用于修改对象外观的功能，例如，可以为对象添加投影、使对象扭曲、呈现线条状，以及创建3D立体效果等。

11.1.1 效果的种类

效果是Illustrator最具吸引力的功能之一。它就像是一个魔术师，随手一变，就能让图形呈现令人赞叹的视觉效果。效果可以为对象添加投影、发光、羽化和变形等特效，并且可以通过"外观"面板随时修改、隐藏和删除，具有非常强的灵活性。此外，使用预设的图形样式库，只需轻点鼠标，便可将复杂的效果应用于对象。

Illustrator的3D效果是从Adobe Dimensions中移植过来的，最早出现在Illustrator CS版本中。3D效果是非常强大的功能，它通过挤压、绕转和旋转等方式让二维图形产生三维效果，还可以调整对象的角度和透视，添加光源，并能够将符号图作为贴图投射到三维对象的表面。3D效果特别适合制作包装效果图和简单的模型。

"效果"菜单中包含两种类型的效果，如图11-1所示。菜单上半部分是矢量效果，其中的3D、SVG 滤镜、变形、变换、投影、羽化、内发光以及外发光可同时应用于矢量和位图，其他效果只能用于矢量对象，或位图对象的填色或描边。菜单下半部分是栅格效果，可应用于矢量对象或位图。

> 相关链接：向对象应用一个效果后，该效果会显示在"外观"面板中。通过"外观"面板可以编辑、移动、复制和删除该效果。关于"外观"面板，请参阅"11.12.1 外观面板"。

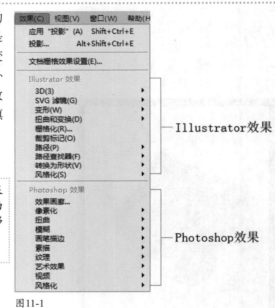

图11-1

11.1.2 应用效果

选择对象，执行"效果"菜单中的命令，弹出相应的对话框，设置效果参数，然后单击"确定"按钮，即可应用效果。应用一个效果命令后，"效果"菜单的顶部会显示该命令的名称。例如，使用"3D>绕转"效果后，菜单顶部会显示"应用绕转"和"绕转"两个命令，如图11-2所示。如果要应用上次使用的效果及其参数设置，可以执行"效果>应用绕转（效果名称）"命令。如果要应用上次使用的效果，但修改它的参数，可以执行"效果>绕转（效果名称）"命令。

图11-2

57 技术看板：为组、图层、填色和描边添加效果

● 为编组对象应用效果：使用选择工具 ▲ 选择组，然后添加效果。

● 为图层应用效果：在"图层"面板中图层右侧的选择列单击，选择图层，然后添加效果。

● 为填色或描边应用效果：选择对象，在"外观"面板中选择填色或描边属性，然后添加效果。

相关链接：如果对链接的位图应用一种效果，则效果将应用于嵌入的位图副本，而非原始位图。如果要对原始位图应用效果，必须将原始位图嵌入文档。关于位图的嵌入方法，请参阅"2.3.3 使用'链接'面板管理图稿"。

11.1.3 效果画廊

Photoshop效果是从Photoshop的滤镜中移植过来的。使用其中的"风格化""画笔描边""扭曲""素描""纹理"和"艺术效果"等效果组，或执行"效果>效果画廊"命令时，会弹出如图11-3所示的对话框。

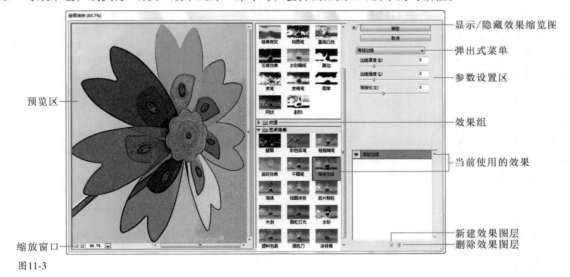

图11-3

● 添加效果：单击一个效果组前面的 ▷ 按钮展开组，单击其中的一个效果即可添加该效果，同时，对话框右侧的参数设置区内会显示选项，此时可调整效果参数，如图 11-4 和图 11-5 所示。

● 新建效果图层：单击"效果画廊"对话框右下角的 🗒 按钮，可以创建一个效果图层，添加效果图层后，可以选取其他效果。

● 删除效果图层：如果要删除一个效果图层，可以单击它，然后单击删除效果图层按钮 🗑。

图11-4

图11-5

图11-6

图11-7

11.1.4 改善效果性能

"玻璃"等效果在使用时可能占用大量内存，特别是在
处理高分辨率的位图图像时，会使计算机的运行速度变慢。
在应用这些效果时，下列技巧可以帮助改善性能。

- 在效果对话框中选择"预览"选项，调整参数的同时观察对话
  框内对象的变化效果，以节省时间并防止出现意外的结果。
- 使用"玻璃"等耗费内存的效果时，可尝试不同的设置以提高
  速度。
- 如果计划在灰度打印机上打印图像，最好在应用效果之前先将
  位图图像的一个副本转换为灰度图像。

11.1.5 修改和删除效果

选择使用效果的对象或组后，如果要修改效果，可以在
"外观"面板中双击它的名称，如图11-6所示，在弹出的效
果对话框修改参数。如果要删除一个效果，可在"外观"面
板选择它，如图11-7所示，然后单击面板底部的删除所选项
目按钮 🗑，如图11-8所示。

图11-8

11.2 3D

3D效果可以将开放路径、封闭路径或是位图对象等转换为可以旋转、打光和投影的三维（3D）对象。在操作时还可
以将符号作为贴图投射到三维对象表面，以模拟真实的纹理和图案。

11.2.1 凸出和斜角

"凸出和斜角"效果会沿对象的z轴凸出拉伸2D对象，
以增加对象的深度，创建3D对象。图11-9所示为一个2D图形
对象，将其选择，执行"对象>3D效果>凸出和斜角"命令，
打开"3D凸出和斜角选项"对话框，如图11-10所示。

图11-9

图11-10

- 位置： 在该选项的下拉列表中可以选择一个旋转角度。 如果想要自由调整角度， 可以拖曳观景窗内的立方体， 如图 11-11 和图 11-12 所示。 如果要设置精确的旋转角度， 可在指定绕 X 轴旋转、 指定绕 Y 轴旋转和指定绕 Z 轴旋转右侧的文本框中输入角度值。

图11-11

图11-12

- 透视： 用来调整对象的透视角度， 使立体感更加真实。 在调整时， 可输入一个介于 0 和 160 之间的值， 或单击选项右侧的 ▼ 按钮， 然后移动显示的滑块进行调整。 较小的角度类似于长焦照相机镜头， 如图 11-13 所示； 较大的角度类似于广角照相机镜头， 如图 11-14 所示。

图11-13　　　　　　图11-14

- 凸出厚度： 用来设置对象的深度。 图 11-15 和图 11-16 所示是分别设置该值为 50pt 和 100pt 时的挤压效果。

图11-15　　　　　　图11-16

- 端点： 按下 ⬤ 按钮， 可以创建实心立体对象， 如图 11-17 所示。 按下 ⬤ 按钮， 可创建空心立体对象， 如图 11-18 所示。

图11-17　　　　　　图11-18

- 斜角： 在该选项的下拉列表中可以为对象的边缘指定一种斜角。 图 11-19 所示为选择不同的斜角创建的 3D 效果。

无　　　　　　　　经典

复杂1　　　　　　复杂2

复杂3　　　　　　复杂4

拱形　　　　　　锯齿形

旋转形　　　　　　　圆形　　　　　　　长圆形

图11-19

● 高度：为对象设置斜角后，可以在"高度"文本框中输入斜角
的高度值。设置高度值后，单击该选项右侧的 🔘 按钮，可以
在保持对象大小的基础上通过增加像素形成斜角，如图11-20所
示。单击 🔘 按钮，则会从原对象上切除部分像素形成斜角，如
图11-21所示。

图11-20　　　　　　　图11-21

● 预览：选择该选项后，可以在文档窗口中预览对象的立体效果。

58 技术看板：自定义斜角

Illustrator允许用户创建自定义的斜角。操作方法是：
打开"Adobe Illustrator CC>Support Files>Required>
Resources>zh_CN"文件夹中的"斜角.ai"文件，在该文件
中创建一个开放式路径。

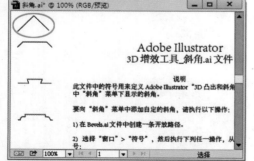

将路径拖曳到"符号"面板中创建为符号。执行"文件>存
储"命令保存文件。退出并重新启动 Illustrator。打开"3D
凸出和斜角选项"对话框，"斜角"菜单中会显示自定义
的斜角。

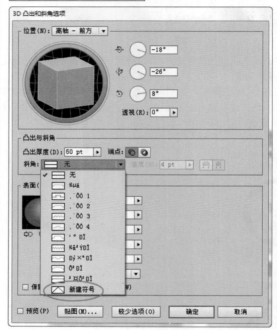

59 技术看板：多图形同时创建为3D对象

由多个图形组成的对象可以同时创建立体效果，操作方法
是：将对象全部选择，执行"凸出和斜角"命令，图形中
的每一个对象都会应用相同程度的挤压。

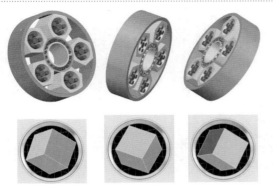

通过这种方式生成立体对象后，可以选择其中任意一个图形，然后双击"外观"面板中的3D属性，在打开的对话框中调整参数。这样操作可单独改变这个图形的挤压效果，而不会影响其他图形。如果先将所有对象编组，再统一制作为3D对象，则编组图形将成为一个整体，不能单独编辑单个图形的效果。

11.2.2 绕转

"绕转"效果可以让路径做圆周运动，从而生成3D对象。由于绕转轴是垂直固定的，因此用于绕转的路径应该是所需3D对象面向正前方时垂直剖面的一半，否则会出现偏差。

图11-22所示为一个酒杯的剖面图形，将它选择，执行"效果>3D>绕转"命令，打开"3D绕转选项"对话框，如图11-23所示。"位置"选项组中的选项与"凸出和斜角"效果基本相同，下面介绍其他选项。

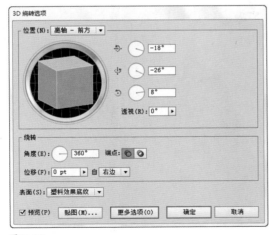

图11-22   图11-23

● 角度：可设置 0~360° 之间的路径绕转度数。默认情况下，角度为360°，此时可生成完整的立体对象，如图11-24所示。如果角度值小于360°，则会出现断面，如图11-25所示（旋转角度为300°）。

图11-24   图11-25

● 端点：按下 ⬤ 按钮，可以生成实心对象；按下 ⬤ 按钮，则生成空心对象。

● 位移：用来设置绕转对象与自身轴心的距离，该值越高，对象偏离轴心越远。图11-26和图11-27所示是分别设置该值为10pt和50pt的效果。

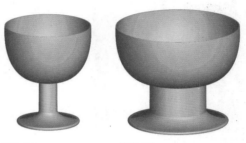

图11-26   图11-27

● 自：用来设置对象绕之转动的轴，包括"左边"和"右边"。如果用于绕转的图形是最终对象的左半部分，应该选择"右边"，如图11-28所示，如果选择从"左边"绕转，则会产生错误的结果，如图11-29所示。如果绕转的图形是对象的右半部分，选择从"左边"绕转才能得到正确的结果。

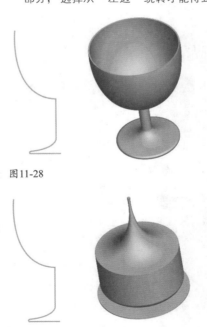

图11-28

图11-29

11.2.3 旋转

使用"旋转"效果可以在三维空间中旋转对象,使其产生透视效果。被旋转的对象可以是一个普通的2D图形或图像,也可以是一个由"凸出和斜角"或"绕转"命令生成的3D对象。

图11-30所示为一个图像,选择它后,执行"效果>3D>旋转"命令即可将其旋转,如图11-31和图11-32所示。该效果的选项与"凸出和斜角"效果的相应选项基本相同。

图11-30

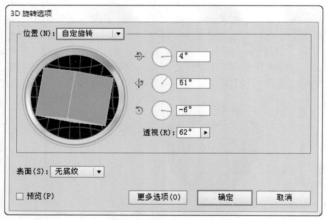

图11-31

图11-32

11.2.4 设置表面底纹

在使用"凸出和斜角""绕转"和"旋转"命令创建3D对象时,可以在对话框中的"表面"选项下拉列表选择表面底纹,如图11-33所示。

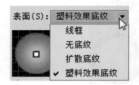

图11-33

● 线框:显示对象几何形状的线框轮廓,并使每个表面透明。如果为对象的表面设置了贴图,则贴图也显示为线框轮廓,如图11-34所示。

● 无底纹:不向对象添加任何新的表面属性,此时3D对象具有与原始2D对象相同的颜色,如图11-35所示。

● 扩散底纹:对象以一种柔和的、扩散的方式反射光,但光影的变化还不够真实和细腻,如图11-36所示。

● 塑料效果底纹:对象以一种闪烁的、光亮的材质模式反射光,可获得最佳的3D效果,但计算机屏幕的刷新速度会变慢,如图11-37所示。

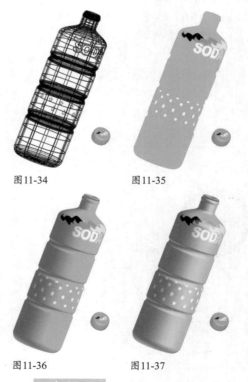

图11-34   图11-35

图11-36   图11-37

◀)) 提示

"表面"选项中的可用项目会随着所选择的效果而变化,如果对象使用"旋转"效果,则可用的"表面"选项只有"扩散底纹"和"无底纹"。

11.2.5 设置光源

使用"凸出和斜角"和"绕转"命令创建3D效果时，如果将对象的表面效果设置为"扩散底纹"或"塑料效果底纹"，则可以在3D场景中添加光源，生成更多的光影变化。单击相应对话框中的"更多选项"按钮，可以显示光源设置选项，如图11-38所示。

图11-38

● 光源编辑预览框：对话框的左侧有一个光源编辑预览框。在默认情况下，预览框中只有一个光源，如果要添加新的光源，可单击 按钮，新建的光源会出现在球体正前方的中心位置，如图11-39所示。单击并拖曳光源可以移动它，如图11-40所示。单击一个光源可将其选择，选择光源后，单击 按钮，可将其移动到对象的后面，如图11-41所示。单击 按钮，可将其移动到对象的前面，如图11-42所示。如果要删除光源，可以选择光源，然后单击 按钮。需要注意的是，场景中至少要保留一个光源。

● 光源强度：范围为0%~100%，该值越高，光照的强度越大。

● 环境光：用来控制全局光照，统一改变所有对象的表面亮度。

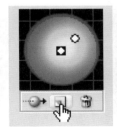

图11-39　　　　　图11-40

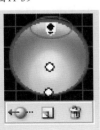

图11-41

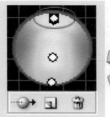

图11-42

● 高光强度：用来控制对象反射光的多少。较低的值会产生黯淡的表面，较高的值会产生较为光亮的表面。

● 高光大小：用来控制高光区域的大小。该值越高，高光的范围越广。

● 混合步骤：用来控制对象表面所表现出来的底纹的平滑程度。步骤数越高，所产生的底纹越平滑，路径也越多。如果该值设置得过高，则系统可能会因为内存不足而无法完成操作。

● 底纹颜色：用来控制对象的底纹颜色。选择"无"，表示不为底纹添加任何颜色，如图11-43所示；"黑色"为默认选项，通过在对象填充颜色的上方叠印黑色底纹来为对象加底纹，如图11-44所示；选择"自定"，可单击选项右侧出现的颜色块，打开"拾色器"选择一种颜色，图11-45所示是将颜色设置为橙色的效果。

图11-43　　　　　　　　图11-44

图11-45

● 保留专色：如果对象使用了专色，选择该选项可确保专色不会发生改变。如果在"底纹颜色"选项中选择了"自定"，则无法保留专色。

● 绘制隐藏表面：可以显示对象的隐藏背面。如果对象透明，或是展开对象并将其拉开时，便能看到对象的背面。如果对象具有透明度，并且要通过透明的前表面来显示隐藏的后表面，应先使用"对象>编组"命令将对象编组，然后再应用3D效果。

 相关链接：关于专色，请参阅"5.3.10 色板面板"。

11.2.6 将图稿映射到3D对象上

使用"凸出和斜角"和"绕转"命令创建的3D 对象由多个表面组成。例如，一个由正方形拉伸生成的立方体具有6个表面：正面、背面以及4个侧面，每一个表面都可以贴图。在进行贴图前，需要先将作为贴图的图稿保存在"符号"面板中，然后在"3D凸出和斜角"和"3D绕转"对话框中单击"贴图"按钮，打开"贴图"对话框进行设置。

图11-46所示为一个未贴图的3D对象，图11-47所示为用于贴图的符号，图11-48所示为打开的"贴图"对话框。在对话框中可以设置以下选项。

图11-46

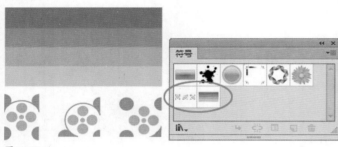

图11-47

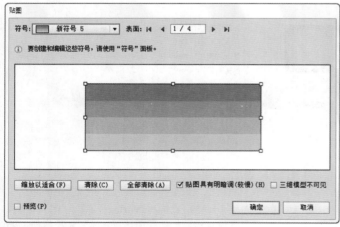

图11-48

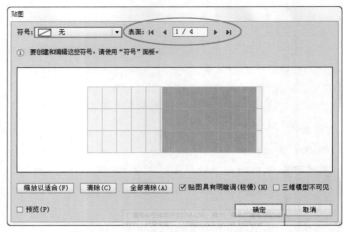

图11-49

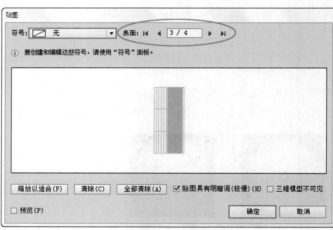

图11-50

● 表面：用来选择要为其贴图的对象表面。可单击第一个 |◀ 、上一个 ◀ 、下一个 ▶ 和最后一个 ▶| 按钮切换表面，或在文本框中输入一个表面编号。切换表面时，被选择的表面在文档窗口中会以红色的轮廓显示，如图 11-49 和图 11-50 所示。

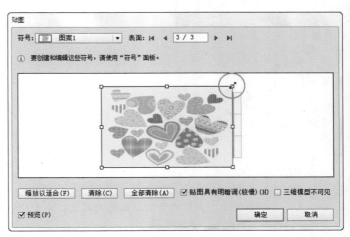

图 11-53

（提示）

在文档窗口中，当前可见的表面上会显示一个浅灰色标记，被对象当前位置遮住的表面上则会显示一个深灰色标记。

● 符号：选择一个表面后，可以在"符号"下拉列表中为它选择一个符号，如图 11-51 所示。如果要移动符号，可在定界框内部单击并拖曳鼠标，如图 11-52 所示；如果要缩放符号，可拖曳位于边角的控制点，如图 11-53 所示；如果要旋转符号，可以将光标放在定界框外侧接近控制点处单击并拖曳鼠标，如图 11-54 所示。

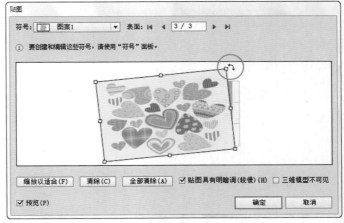

图 11-54

● 缩放以适合：单击该按钮，可以自动缩放贴图，使其适合所选的表面边界。

● 清除/全部清除：如果要删除当前选择的表面的贴图，可单击"清除"按钮。如果要删除所有表面的贴图，可单击"全部清除"按钮。

● 贴图具有明暗调：选择该选项后，可以为贴图添加底纹或应用光照，使贴图表面产生与对象一致的明暗变化，如图 11-55 所示。图 11-56 所示是取消选择时的效果。

● 三维模型不可见：未选择该项时，可以显示立体对象和贴图效果；选择该项后，仅显示贴图，隐藏立体对象，如图 11-57 所示。如果将文本贴到一条凸出的波浪线的侧面，然后选择该选项，可以将文字变形成为一面旗帜。

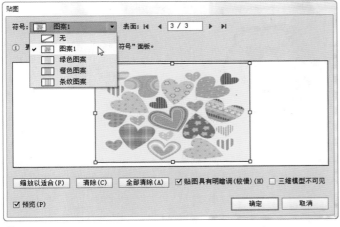

图 11-51

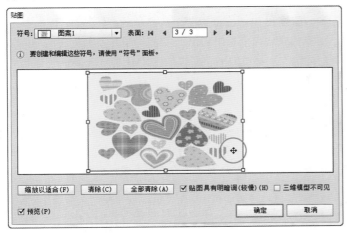

图 11-52

图 11-55　　　　　图 11-56

图11-57

> **相关链接：** 用作贴图的符号可以是路径、复合路径、文本、栅格图像、网络对象以及编组的对象。关于符号的详细内容，请参阅"第10章 符号"。

60 技术看板：3D对象贴图注意事项

- 编辑一个符号实例时，所有贴了此符号的3D对象的表面都会自动更新。

- 在"贴图"对话框中，可以通过定界框和控制点移动、选择和缩放符号。

- 由于符号的位置是相对于对象表面的中心，所以如果表面的几何形状发生变化，符号也会相对于对象的新中心重新用于贴图。

- 采用"凸出和斜角"和"绕转"效果创建3D对象可以贴图，只应用了"旋转"效果的对象不能贴图。

61 技术看板：增加模型的可用表面

如果对象设置了描边，则使用"凸出和斜角""绕转"命令创建3D对象时，描边也可以生成表面，并可为这样的表面贴图。

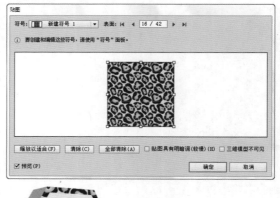

11.3 SVG滤镜

> SVG滤镜是一系列描述各种数学运算的XML属性，生成的效果会应用于目标对象而不是源图形。

11.3.1 关于SVG

GIF、JPEG、WBMP 和 PNG 等用于Web的位图图像格式，都使用像素来描述图像，因而生成的文件较大，在Web上会占用大量带宽，并且由于受到分辨率的限制，图像放大观察时，效果会变得不够清晰。

SVG是将图像描述为形状、路径、文本和滤镜效果的矢量格式。生成的文件很小，可以在 Web、打印甚至资源有限的手持设备上提供较高品质的图像。用户无需牺牲锐利程度、细节或清晰度，便可在屏幕上放大SVG图像的视图。此外，SVG还提供对文本和颜色的高级支持，它可以确保用户

看到的图像和 Illustrator 画板上所显示的一样。

SVG格式完全基于XML，并提供给开发人员和用户许多类似的优点。通过SVG，可以使用XML和JavaScript创建与用户动作对应的Web图形，其中可具有突出显示、工具提示、音频和动画等复杂效果。

> **提示**
>
> 使用"存储""存储为""存储副本"或"存储为 Web 和设备所用格式"命令时，可以以SVG格式存储图稿。"存储为Web和设备所用格式"命令提供了一部分SVG导出选项，这些选项可用于面向Web的作品。

11.3.2 应用SVG效果

Illustrator 提供了一组默认的 SVG 效果，如图11-58所示。

图11-58

- 如果要应用具有默认设置的效果，可以从 "效果 >SVG 滤镜" 下拉菜单的底部选择所需效果。

- 如果要应用具有自定设置的效果，可以执行 "效果 >SVG 滤镜 > 应用 SVG 滤镜" 命令，在打开的对话框中选择一个效果，然后单击编辑 SVG 滤镜按钮 **fx**，编辑默认代码，再单击 "确定" 按钮。

- 如果要创建并应用新效果，可以执行 "效果 >SVG 滤镜 > 应用 SVG 滤镜" 命令，在打开的对话框中单击新建 SVG 滤镜按钮 □，输入新代码，然后单击 "确定" 按钮。

- 如果要从 SVG 文件中导入效果，可以执行 "效果 >SVG 滤镜 > 导入SVG滤镜" 命令。

应用 SVG 滤镜效果时，Illustrator 会在画板上显示效果的栅格化版本，可以通过修改文档的栅格化分辨率设置来控制此预览图像的分辨率。如果对象使用了多个效果，则 SVG 效果必须是最后一个效果，如果 SVG 效果后面还有其他效果，则 SVG 输出将由栅格对象组成。

11.3.3 "SVG 交互" 面板

如果要将图稿导出，并在 Web 浏览器中查看，可以使用 "SVG交互" 面板将交互内容添加到图稿中，如图11-59所示。例如，通过创建一个触发JavaScript命令的事件，用户可以在执行动作（如将鼠标光标移动到对象上）时在网页上快速创建移动，也可以使用 "SVG 交互" 面板查看与当前文件相关联的所有事件和JavaScript文件。

图11-59

- 从 "SVG交互" 面板中删除事件：如果要删除一个事件，可选择该事件，然后单击面板底部的删除所选项目按钮 🗑。

- 列出、添加或删除链接到文件上的事件：单击链接JavaScript文件按钮 □，在弹出的 "JavaScript 文件" 对话框中选择一个 JavaScript项，单击 "添加" 按钮，可以浏览查找其他 JavaScript 文件；单击 "移去" 按钮，可以删除选定的 JavaScript 项。

- 将 SVG 交互内容添加到图稿中：在 "SVG 交互" 面板中选择一个事件，输入对应的 JavaScript 并按下回车键。

11.4 变形

"变形" 效果组中包含了15种效果，如图11-60所示，它们可以扭曲路径、文本、外观、混合以及位图，创建弧形、拱形和旗帜等变形效果。这些效果与Illustrator预设的封套扭曲样式相同，具体效果请参阅 "7.3.1 实战：用变形建立封套扭曲"。

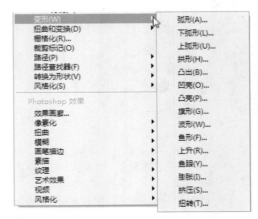

图11-60

11.5 扭曲和变换

"扭曲和变换"效果组中包含7种效果，可以快速改变矢量对象的形状。这些效果不会永久改变对象的基本几何形状，并且可以随时修改或删除。

11.5.1 变换

"变换"效果通过重设大小、移动、旋转、镜像和复制等方法来改变对象的形状。该效果与"对象>变换"下拉菜单中的"分别变换"命令的使用方法相同，详细内容请参阅"7.1.6 实战：分别变换"。

11.5.2 扭拧

"扭拧"效果可以随机地向内或向外弯曲和扭曲路径段。图11-61所示为"扭拧"对话框。图11-62所示为原图形，图11-63所示为扭拧效果。

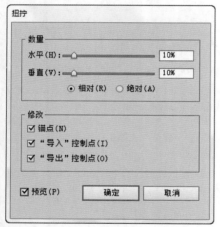

图11-61

图11-62　　　　　　图11-63

- "数量"选项组：可以设置水平和垂直扭曲程度。勾选"相对"选项，可以使用相对量设定扭曲程度；勾选"绝对"选项，可按照绝对量设定扭曲程度。
- "修改"选项组：可以设置是否修改锚点、移动通向路径锚点的控制点（"导入"控制点和"导出"控制点）。

11.5.3 扭转

"扭转"效果可以旋转一个对象，在旋转时，中心的旋转程度比边缘的旋转程度大。图11-64所示为"扭转"对话框。图11-65所示为原图形，输入正值时顺时针扭转，如图11-66所示；输入负值时逆时针扭转，如图11-67所示。

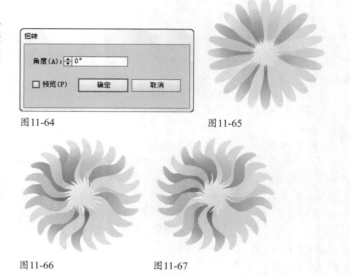

图11-64　　　　　　图11-65

图11-66　　　　　　图11-67

11.5.4 收缩和膨胀

"收缩和膨胀"效果可以将线段向内弯曲（收缩），并向外拉出矢量对象的锚点，或将线段向外弯曲（膨胀），同时向内拉入锚点。图11-68所示为"收缩和膨胀"对话框。当滑块靠近"收缩"选项时，对象将向内收缩，如图11-69所示；滑块靠近"膨胀"选项时，对象会向外膨胀，如图11-70所示。

图11-68

图11-69　　　　　　　图11-70

11.5.5　波纹效果

"波纹"效果可以将对象的路径段变换为同样大小的尖峰和凹谷形成的锯齿和波形数组。图11-71所示是"波纹效果"对话框。图11-72所示为原图形，图11-73所示为波纹效果。

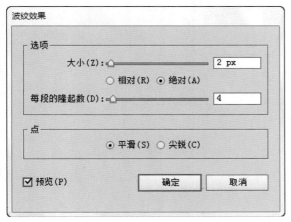

图11-71

图11-72

图11-73

- 大小：用来设置尖峰与凹谷之间的长度。可以选择使用绝对大小或相对大小来进行调整。
- 每段的隆起数：用来设置每个路径段的脊状数量。
- 平滑/尖锐：选择"平滑"，路径段的隆起处为波形边缘，如图11-74所示；选择"尖锐"，路径段的隆起处为锯齿边缘，如图11-75所示。

图11-74

图11-75

11.5.6　粗糙化

"粗糙化"效果可以将矢量对象的路径段变形为各种大小的尖峰和凹谷的锯齿数组。图11-76所示为"粗糙化"对话框。图11-77所示为原图形，图11-78所示为粗糙化效果。

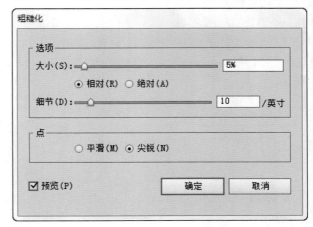

图11-76

- 大小/相对/绝对：可以使用绝对大小或相对大小来设置路径段的最大长度。
- 细节：可以设置每英寸锯齿边缘的密度。

● 平滑/尖锐：可以在圆滑边缘（平滑）和尖锐边缘（尖锐）之
间做出选择。

图11-77

图11-79

图11-80

图11-78

11.5.7 自由扭曲

选择一个对象，如图11-79所示。执行"效果>扭曲和变
换>自由扭曲"命令，打开"自由扭曲"对话框。在对话框中，
拖曳对象四个角的控制点即可改变对象的形状，如图11-80和
图11-81所示。

图11-81

11.6 栅格化

Illustrator提供了两种栅格化矢量图形的方法。第一种方法是使用"对象>栅格化"命令，将矢量对象转换为真正的位
图。第二种方法是使用"效果>栅格化"命令，使矢量对象呈现位图的外观，但不会改变其矢量结构。

11.6.1 栅格化命令

如果要在Illustrator中将矢量对象转换为位图图像，即永
久栅格化，可以选择对象，如图11-82所示，在"外观"面板

中可以看到这是一个编组对象，如图11-83所示。执行"对
象>栅格化"命令，打开"栅格化"对话框进行设置，如图
11-84所示。栅格化以后，Illustrator会将矢量图形和路径转换
为像素，在"外观"面板中显示为位图，如图11-85所示。

图 11-82

图 11-83

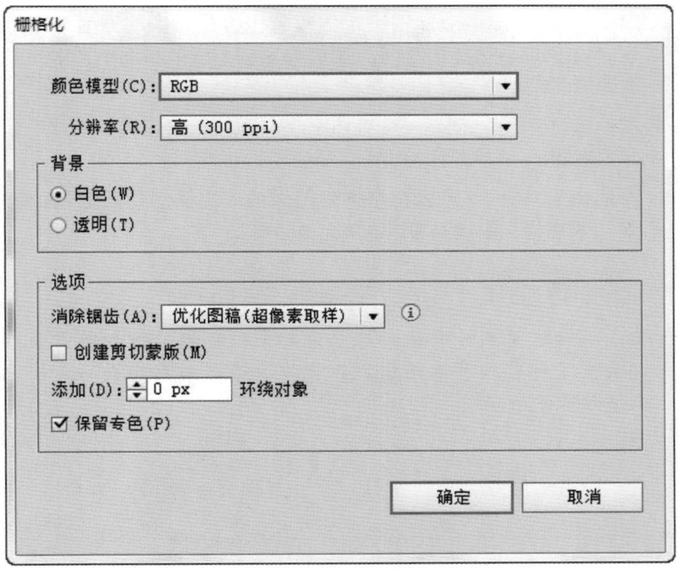

图 11-86

图 11-87

在"效果"菜单中，"SVG 滤镜"和菜单下部区域的所有效果，以及"效果>风格化"下拉菜单中的"投影""内发光""外发光"和"羽化"命令都属于栅格类效果，它们都是用来生成像素（而非矢量数据）的效果。

相关链接：关于"外观"面板及外观的详细内容，请参阅"11.12 外观属性"。关于效果的删除方法，请参阅"11.1.5 修改和删除效果"。

11.6.3 文档栅格效果设置

无论采用哪种方式栅格化矢量对象，Illustrator 都会使用文档的栅格效果设置来确定最终图像的分辨率。这些设置对于最终图稿有着很大的影响，因此，使用"栅格化"命令和"栅格化"效果之前，一定要先检查一下文档的栅格效果设置。

选择一个对象，如图 11-88 所示，执行"效果>文档栅格效果设置"命令，打开"文档栅格效果设置"对话框，如图 11-89 所示。在对话框中可以设置文档的栅格化选项。

图 11-84

图 11-85

相关链接：关于"栅格化"对话框中选项的具体解释，请参阅"11.6.3 文档栅格效果设置"。

11.6.2 栅格化效果

"对象>栅格化"命令可以永久栅格化矢量对象，而"效果>栅格化"命令则可以使矢量对象呈现位图的外观，但不会改变其矢量结构。选择一个对象，如图 11-86 所示，添加"栅格化"效果后，"外观"面板中仍保存着对象的矢量结构，如图 11-87 所示，该效果可以随时删除。

图 11-88

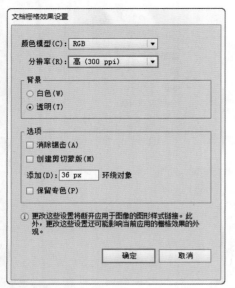

图11-89

图11-90   图11-91

● **颜色模型**：可以选择在栅格化过程中所用的颜色模型。

● **分辨率**：可以选择栅格化图像中的每英寸像素数（ppi）。

● **背景**：可以设置矢量图形的透明区域如何转换。选择"白色"，可用白色像素填充透明区域，如图 11-90 所示；选择"透明"，则创建一个 Alpha 通道，使透明区域保持透明，如图 11-91 所示。如果图稿被导出到 Photoshop 中，则 Alpha 通道将被保留。

● **消除锯齿**：应用消除锯齿可以改善栅格化图像的锯齿边缘外观。如果取消选择该选项，则会保留细小线条和细小文本的尖锐边缘。

● **创建剪切蒙版**：创建一个剪切蒙版，可使栅格化图像的背景显示为透明。

● **添加环绕对象**：可以在栅格化图像的周围添加指定数量的像素，为栅格化图像添加边缘填充或边框。

🔊 **提示**

如果一种效果在计算机屏幕上看起来很不错，但打印出来却丢失了一些细节或是出现锯齿状边缘，则需要提高文档栅格效果分辨率。

11.7 裁剪标记

裁剪标记可以指示纸张的裁剪位置。例如，打印名片时，裁剪标记就非常有用。此外，在对齐已导出到其他应用程序的 Illustrator 图稿时，也会用到裁剪标记。

11.7.1 "创建裁剪标记"命令

选择对象，执行"对象>创建裁切标记"命令，可以围绕对象创建可编辑的切切标记或裁剪标记。如果要删除裁剪标记，可以使用选择工具 ▶ 将其选择，然后按下Delete键。

62 技术看板：裁剪标记与画板的区别

● 画板指定了图稿的可打印边界，裁剪标记不会影响打印区域。

● 每次只能激活一个画板，但可以创建并显示多个裁剪标记。

● 画板由可见但不能打印的标记指示，而裁剪标记可以用套版黑色打印出来。

🔄 **相关链接**：裁剪标记不能取代使用"打印"对话框中的"标记和出血"选项创建的裁切标记。关于"打印"命令，请参阅"第17章 打印与输出"。关于画板，请参阅"1.6.7 画板工具"。

11.7.2 裁剪标记效果

如果要以效果的形式创建裁剪标记，可以选择对象，如图11-92所示，然后执行"效果>裁剪标记"命令，如图11-93所示。

图11-92

图11-93

11.8 路径

"效果>路径"下拉菜单中包含3个命令，分别是"位移路径""轮廓化对象"和"轮廓化描边"，它们用于编辑路径和描边。

11.8.1 位移路径

"位移路径"效果可相对于对象的原始路径偏移并复制出新的路径。图11-94所示为该效果的对话框，设置"位移"为正值时向外扩展路径，如图11-95所示；设置为负值时向内收缩路径，如图11-96所示。"连接"选项用来设置路径拐角处的连接方式，"斜接限制"选项用来设置斜角角度的变化范围。

图11-94

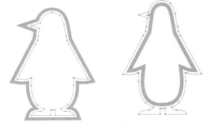

图11-95　　　　图11-96

相关链接： 使用"偏移路径"命令也可以位移出新的路径，详细内容请参阅"4.5.1 偏移路径"。

11.8.2 轮廓化对象

"轮廓化对象"效果可以将对象创建为轮廓。例如，选择一个位图图像，如图11-97所示，该图是一个PSD格式的文件，执行该命令后，就可以像处理图形一样为它填色，如图11-98所示。

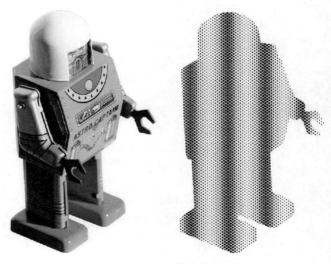

图11-97　　　　　　图11-98

11.8.3 轮廓化描边

"轮廓化描边"效果可将对象的描边转换为轮廓。与使用"对象>路径>轮廓化描边"命令转换轮廓相比，使用该命令转换的轮廓仍可以修改描边粗细。

 相关链接：关于"对象>路径>轮廓化描边"命令，请参阅"5.2.4 轮廓化描边"。

11.9 路径查找器

"效果>路径查找器"下拉菜单中包含"相加""交集""差集"和"相减"等效果，如图11-99所示，它们与"路径查找器"面板的功能相同，如图11-100所示，都可以用来组合多个对象。不同之处在于，路径查找器效果在改变对象外观时不会造成实质性的破坏，但这些效果只能用于处理组、图层和文本对象，而"路径查找器"面板可用于任何对象。

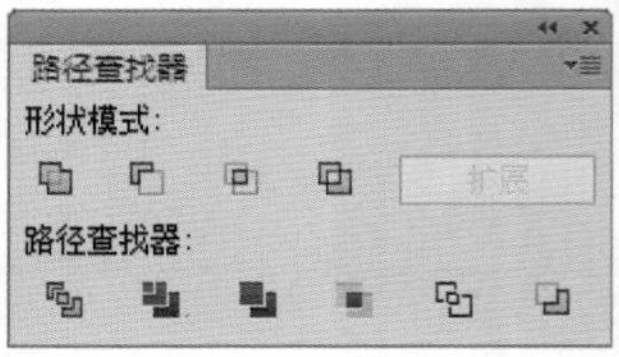

图11-100

 提示

使用"路径查找器"效果组中的命令时，需要先将对象编为一组，否则这些命令不会产生作用。

 相关链接：关于如何使用"路径查找器"面板组合图形的详细内容，请参阅"7.4 组合对象"。

图11-99

11.10 转换为形状

"效果>转换为形状"下拉菜单中包含"矩形""圆角矩形"和"椭圆"3个命令，它们可以将矢量对象转换为矩形、圆角矩形和椭圆形。执行其中的任意一个命令都可以打开"形状选项"对话框。图11-101所示为一个图形对象，图11-102所示为"形状选项"对话框参数，图11-103所示为转换结果。

图11-101

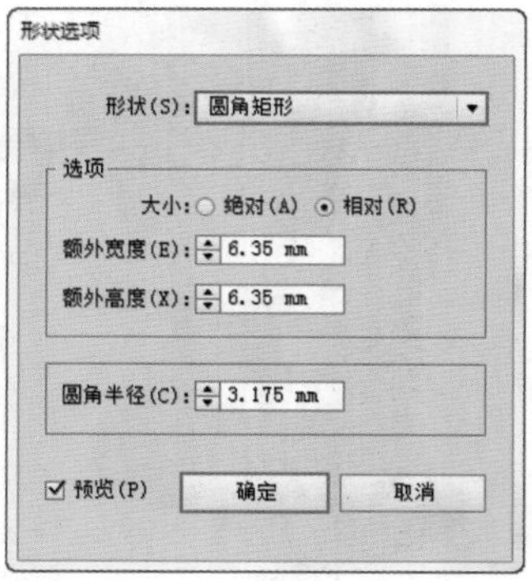

图11-102

图11-103

● 形状： 在该选项下拉列表中可以选择要将对象转换为哪一种形状， 包括 "矩形" "圆角矩形" 和 "椭圆"。 图 11-104 所示为原图形， 图 11-105 所示是转换为矩形的效果， 图 11-106 所示是转换为圆角矩形的效果， 图 11-107 所示是转换为椭圆的效果。

图 11-106 　　　　　　 图 11-107

● 绝对： 选择该选项时， 可以设置转换后的对象的宽度和高度。

● 相对： 选择该选项时， 可以设置转换后的对象相对于原对象扩展或收缩的尺寸。

● 圆角半径： 如果在 "形状" 下拉列表中选择 "圆角矩形"， 则该选项可用， 在该选项中可以输入一个圆角半径值， 以确定圆角边缘的曲率。

图 11-104 　　　　　　 图 11-105

11.11　风格化

"效果>风格化" 下拉菜单中包含 6 种效果， 它们可以为对象添加发光、 投影、 涂抹和羽化等外观样式。

11.11.1　内发光

"内发光" 效果可以在对象内部创建发光效果。 图 11-108 所示为 "内发光" 对话框， 图 11-109 所示为原图形。

图 11-110 　　　　　　 图 11-111

11.11.2　圆角

"圆角" 效果可以将矢量对象的边角控制点转换为平滑的曲线， 使图形中的尖角变为圆角。 图 11-112 所示为 "圆角" 对话框， 通过 "半径" 选项可以设置圆滑曲线的曲率。 图 11-113 所示为原图形， 图 11-114 所示为添加圆角效果后的对象。

图 11-108 　　　　　　 图 11-109

● 模式： 用来设置发光的混合模式。 如果要修改发光颜色， 可单击选项右侧的颜色框， 打开 "拾色器" 进行设置。

● 不透明度： 用来设置发光效果的不透明度。

● 模糊： 用来设置发光效果的模糊范围。

● 中心/边缘： 选择 "中心"， 可以从对象中心产生发散的发光效果， 如图 11-110 所示； 选择 "边缘"， 可以在对象边缘产生发光效果， 如图 11-111 所示。

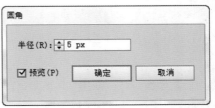

图 11-112

图11-113　　　　　图11-114

11.11.3 外发光

　　"外发光"效果可以在对象的边缘产生向外发光的效果。图11-115所示为"外发光"对话框，其中的选项与"内发光"效果相同。图11-116所示为原图形，图11-117所示为添加外发光后的效果。

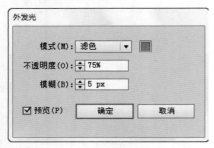

图11-115

图11-116　　　　　　　图11-117

图11-118

图11-119　　　　　　　　　图11-120

● 模式：在该选项的下拉列表中可以选择投影的混合模式。

● 不透明度：用来投影的不透明度。该值为0%时，投影完全透明，为100%时，投影完全不透明。

● X位移/Y位移：用来设置投影偏离对象的距离。

● 模糊：用来设置投影的模糊范围。Illustrator 会创建一个透明栅格对象来模拟模糊效果。

● 颜色：如果要修改投影颜色，可以单击选项右侧的颜色框，在打开的"拾色器"对话框中进行设置。图11-121和图11-122所示是将投影设置为绿色的效果。

◀)) 提示

　　对添加了"内发光"效果的对象进行扩展时，内发光本身会呈现为一个不透明度蒙版。对添加了"外发光"效果的对象进行扩展时，外发光会变成一个透明的栅格对象。

11.11.4 投影

　　"投影"效果可以为对象添加投影，创建立体效果。图11-118所示为"投影"对话框，图11-119和图11-120所示分别为原图形及添加投影后的效果。

图11-121

图11-122

● 暗度：用来设置为投影添加的黑色深度百分比。选择该选项后，将以对象自身的颜色与黑色混合作为阴影。"暗度"为0%时，投影显示为对象自身的颜色，为100%时，投影显示为黑色。

11.11.5 涂抹

"涂抹"效果可以将图形创建为类似素描般的手绘效果。图11-123所示为原图形，将其选择后，执行"效果>风格化>涂抹"命令，打开"涂抹选项"对话框，如图11-124所示。

● 设置：如果要使用Illustrator预设的涂抹效果，可以在该选项的下拉列表中选择一个选项，如图11-125所示，图11-126所示为使用各种预设创建的涂抹效果。如果要创建自定义的涂抹效果，可以从任意一个预设的涂抹效果开始，然后在此基础上设置其他选项。

图11-123

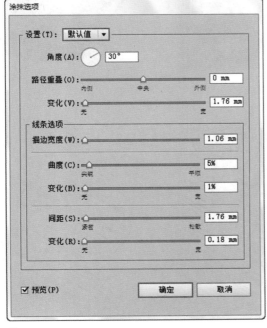

图11-124　　　　图11-125

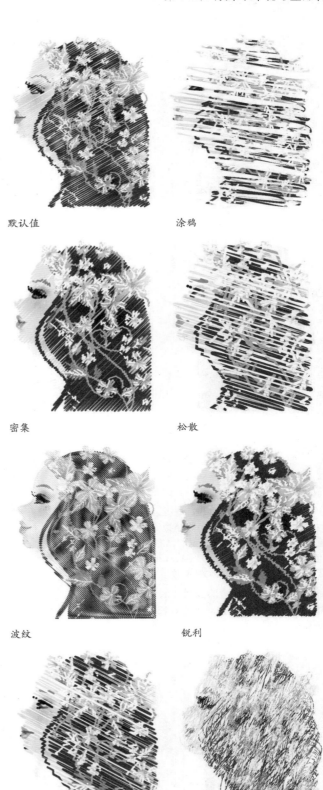

默认值　　　　涂鸦

密集　　　　松散

波纹　　　　锐利

素描　　　　缠结

泼溅

紧密  蜿蜒

图11-126

- **角度：** 用来控制涂抹线条的方向。可单击角度图标中的任意点，也可以围绕角度图标拖曳角度线，或在框中输入一个介于 **-179~180** 的值。

- **路径重叠/变化：** 用来设置涂抹线条在路径边界内部距路径边界的量，或在路径边界外距路径边界的量。负值可以将涂抹线条控制在路径边界内部，如图 **11-127** 所示；正值则将涂抹线条延伸到路径边界的外部，如图 **11-128** 所示。"变化"选项用来设置涂抹线条彼此之间相对的长度差异。

- **描边宽度：** 用来设置涂抹线条的宽度。图 **11-129** 所示是该值为 **0.5mm** 的涂抹效果，图 **11-130** 所示是该值为 **2mm** 的涂抹效果。

图11-129   图11-130

- **曲度/变化：** 用来设置涂抹曲线在改变方向之前的曲度。图 **11-131** 所示是该值为 **1%** 的效果，图 **11-132** 所示是该值为 **100%** 的效果。该选项右侧的 "变化" 选项用来设置涂抹曲线彼此之间的相对曲度的差异大小。

- **间距/变化：** 用来设置涂抹线条之间的折叠间距量。图 **11-133** 所示是该值为 **3mm** 的效果，图 **11-134** 所示是该值为 **5mm** 的效果。"变化"选项用来设置涂抹线条之间的折叠间距的差异量。

图11-131   图11-132

图11-127   图11-128

图11-133   图11-134

63 技术看板：创建马赛克

打开一个位图文件或执行"文件>置入"命令，嵌入一个位图后，选择图像，执行"对象>创建对象马赛克"命令，可以生成一个矢量的马赛克拼贴状图形，原图像保持不变。

- 当前大小：显示了位图图像的宽度和高度。
- 新建大小：可以修改马赛克图形的宽度和高度。
- 拼贴间距：可以设置马赛克块之间的间距。
- 拼贴数量：可以设置马赛克块的数量。
- 约束比例：可以锁定原始位图图像的宽度和高度尺寸。

"宽度"将以相应宽度所需的原始拼贴数为基础，计算达到所需的马赛克宽度需要的相应拼贴数。"高度"将以相应高度所需的原始拼贴数为基础，计算达到所需的马赛克高度需要的相应拼贴数。

- 结果：可以设置马赛克拼贴是彩色的还是黑白的。
- 使用百分比调整大小：通过调整宽度和高度的百分比来修改图像大小。
- 删除栅格：删除原始位图图像。
- 使用比率：利用"拼贴数量"中指定的拼贴数，使拼贴呈方形。

11.11.6 羽化

"羽化"效果可以柔化对象的边缘，使其产生从内部到边缘逐渐透明的效果。图11-135所示为"羽化"对话框，通过"羽化半径"可以控制羽化的范围。图11-136和图11-137所示分别为原图形及羽化结果。

图11-135

图11-136　　　　　　　　　　图11-137

11.12 外观属性

外观属性是一组在不改变对象基础结构的前提下影响对象外观的属性，包括填色、描边、透明度和效果。外观属性应用于对象后，可随时修改和删除。

11.12.1 "外观"面板

"外观"面板可以保存、修改和删除对象的外观属性。打开一个文件，如图11-138所示，选择糖果瓶，它的填色和

描边等属性会显示在"外观"面板中，各种效果按其应用顺序从上到下排列，如图11-139所示。当某个项目包含其他属性时，该项目名称的左上角会出现一个三角形图标 ▶，单击该图标可以显示其他属性。

图11-138

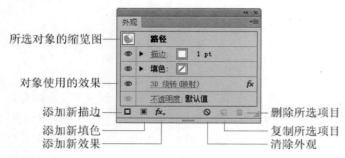

所选对象的缩览图

对象使用的效果

添加新描边
添加新填色
添加新效果

删除所选项目
复制所选项目
清除外观

图11-139

● 所选对象的缩览图：当前选择的对象的缩览图，它右侧的名称标识了对象的类型，例如路径、文字、组、位图图像和图层等。

● 描边：显示并可修改对象的描边属性，包括描边颜色、宽度和类型。

● 填色：显示并可修改对象的填充内容。

● 不透明度：显示并可修改对象的不透明度值和混合模式。

● 眼睛图标 👁：单击该图标，可以隐藏或重新显示效果。

● 添加新描边 ▢：单击该按钮，可以为对象增加一个描边属性。

● 添加新填色 ▣：单击该按钮，可以为对象增加一个填色属性。

● 添加新效果 fx.：单击该按钮，可在打开的下拉菜单中选择一个效果。

● 清除外观 ⃠：单击该按钮，可清除所选对象的外观，使其变为无描边、无填色的状态。

● 复制所选项目 ▤：选择面板中的一个项目后，单击该按钮可以复制该项目。

● 删除所选项目 🗑：选择面板中的一个项目后，单击该按钮可将其删除。

11.12.2 调整外观的堆栈顺序

在"外观"面板中，外观属性按照其应用于对象的先后顺序堆叠排列，这种形式称为堆栈。向上或向下拖曳外观属性，可以调整它们的堆栈顺序。这样操作会影响对象的显

示效果。例如，在图11-140所示的图形中，描边应用了"投影"效果，将"投影"拖曳到"填色"属性中，图形的外观会发生改变，如图11-141所示。

图11-140

图11-141

11.12.3 实战：为图层和组设置外观

在Illustrator中，图层和组也可以添加效果，并且，将对象创建、移动或编入到添加了效果的图层或组中，它便会拥有与图层或组相同的外观。

01 打开光盘中的素材，如图11-142所示。单击"图层2"右侧的 ○ 状图标，选择图层，如图11-143所示。如果要为组添加效果，可以使用选择工具 ▶ 选择编组对象。

图11-142　　　　　图11-143

02 执行"效果>风格化>投影"命令，为图层添加"投影"效果，此时该图层中所有的对象都会添加"投影"效果，如图11-144和图11-145所示。

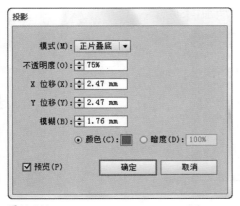

图11-144

图11-145

03 将"图层1"中的图形拖曳到"图层2"中，如图11-146所示，该图形便会拥有与"图层2"相同的"投影"效果，如图11-147所示。

图11-146　　　　图11-147

◄)) 提示

为图层和组添加效果后，如果将其中的一个对象从图层或组中移出，它将失去效果，因为效果属于图层和组，而不属于图层和组内的单个对象。

11.12.4 实战：编辑基本外观和效果

为对象添加效果后，效果会显示在"外观"面板中。通

过"外观"面板可以编辑效果。

01 打开光盘中的素材。选择对象，"外观"面板中会列出它的外观属性，如图11-148所示。此时可单击填色、描边和不透明度等项目，然后进行修改。例如，图11-149所示为将填色设置为图案后的效果。

图11-148

图11-149

02 双击"外观"面板中的效果名称，如图11-150所示，可以在打开的对话框中修改效果参数，如图11-151所示，单击"确定"按钮，可以更新效果，如图11-152所示。

图11-150

图11-151

图11-152

333

11.12.5 实战：创建新的填色和描边

01 打开光盘中的素材，选择人物图形，如图11-153所示。执行"外观"面板菜单中的"添加新填色"命令，可以为对象增加一个新的填色属性，如图11-154所示。

图11-153

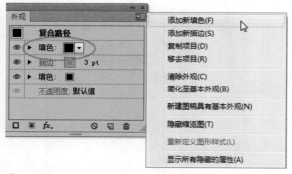

图11-154

02 单击"填色"属性中的 ▾ 按钮，在打开的面板中选择渐变色，如图11-155所示。

图11-155

03 选择面板菜单中的"添加新描边"命令，为对象增加一个新的描边，如图11-156所示。设置描边颜色为白色，粗

细为0.5pt，如图11-157~图11-159所示。

图11-156

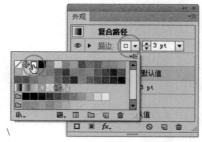

\
图11-157

图11-158　　　　　　　　　图11-159

04 选择渐变填色属性，如图11-160所示，执行"效果>扭曲和变换>波纹效果"命令，设置参数如图11-161所示，该效果仅作用于渐变填充，原图形所具有的黑色填充不受任何影响，如图11-162和图11-163所示。

图11-160

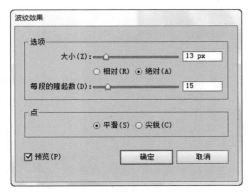

图11-161

图11-162   图11-163

11.12.6 实战：复制外观属性

01 打开光盘中的素材，如图11-164所示。使用编组选择工具 在左侧的标签上单击，选择该图形，如图11-165所示。

图11-164

图11-165

02 将"外观"面板顶部的缩览图拖曳到另外一个对象上，即可将所选对象的外观复制给目标对象，如图11-166和图11-167所示。

图11-166

图11-167

03 使用吸管工具 也可以复制外观。先按下Ctrl+Z快捷键撤销操作。用编组选择工具 选择右侧的绿色标签，如图11-168所示，然后选择吸管工具 ，在红色标签上单击，可以将它的外观直接复制给所选对象，如图11-169所示。

图11-168

图11-169

64 技术看板：复制对象的部分外观属性

在默认情况下，使用吸管工具 ✐ 复制对象的外观属性时，会复制所有属性。如果只想复制部分属性，可以双击吸管工具 ✐，在打开的"吸管选项"对话框中进行设置。此外，在"栅格取样大小"下拉列表中还可以调整取样区域的大小。

相关链接：关于吸管工具的更多使用方法，请参阅"5.1.4 实战：用吸管工具复制填色和描边属性"。

11.12.7 显示和隐藏外观

　　选择对象后，在"外观"面板中单击一个属性前面的眼睛图标 👁，可以隐藏该属性，如图11-170和图11-171所示。如果要重新将其显示出来，可在原眼睛图标处单击。

图11-170

图11-171

11.12.8 扩展外观

　　选择对象，如图11-172所示，执行"对象>扩展外观"命令，可以将它的填色、描边和应用的效果等外观属性扩展为各自独立的对象，这些对象会自动编组。图11-173所示为将投影、填色和描边对象移开后的效果。

图11-172

图11-173

11.12.9 删除外观

　　选择一个对象，如图11-174所示。如果要删除它的一种外观属性，可在"外观"面板中将该属性拖曳到删除所选项目按钮 🗑 上，如图11-175~图11-177所示。

图11-174　　　　　　　　　　图11-175

图11-176　　　　　　　　　　图11-177

　　如果要删除填色和描边之外的所有外观，可以执行面板菜单中的"简化至基本外观"命令，效果如图11-178和图11-179所示。如果要删除所有外观，可单击清除外观按钮 ⊘，对象会变为无填色、无描边状态。

图11-178　　　　　　　　　　图11-179

11.13 图形样式

图形样式是一系列预设的外观属性的集合，可以快速改变对象的外观。例如，可以修改对象的填色和描边、改变透明度，或者同时应用多种效果。

11.13.1 "图形样式"面板

"图形样式"面板用来保存图形样式，也可以创建、命名和应用外观属性，如图11-180所示。在样式缩览图上单击右键，可以查看大缩览图，如图11-181所示。

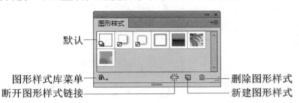

默认

图形样式库菜单
断开图形样式链接

删除图形样式
新建图形样式

图11-180

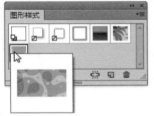

图11-181

- 默认 ▢：单击该样式，可以将所选对象设置为默认的基本样式，即黑色描边、白色填色。
- 图形样式库菜单 ▯▾：单击该按钮，可在打开的下拉菜单中选择图形样式库。
- 断开图形样式链接 ⛓：用来断开当前对象使用的样式与面板中样式的链接。断开链接后，可单独修改应用于对象的样式，而不会影响面板中的样式。
- 新建图形样式 ▢：选择一个对象，如图 11-182 所示，单击该按钮，可将所选对象的外观属性保存到"图形样式"面板中，如图 11-183 所示。将面板中的一个图形样式拖曳到该按钮上，可以复制样式。

图11-182

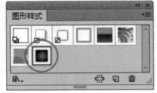

图11-183

- 删除图形样式 🗑：选择面板中的图形样式后，单击该按钮可将其删除。

- 重命名图形样式：双击面板中的一个图形样式，可以打开"图形样式选项"对话框修改它的名称。

📢 提示

"图形样式"面板菜单中包含3个可改变图形样式显示方式的命令。选择"缩览图视图"，面板中会显示缩览图；选择"小列表视图"，会显示带有小缩览图的命名样式列表；选择"大列表视图"，会显示带有大缩览图的命名样式列表。

11.13.2 实战：创建与合并图形样式

01 打开光盘中的素材。选择对象，如图11-184所示，它添加了"凸出和斜角"效果。单击"图形样式"面板中的 ▯ 按钮，将它的外观保存为图形样式，如图11-185所示。如果想要在创建样式时设置名称，可按住Alt键单击 ▯ 按钮，打开"图形样式选项"对话框进行操作。

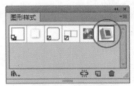

图11-184   图11-185

02 选择对象后，将"外观"面板顶部的缩览图拖曳到"图形样式"面板中，也可以创建图形样式，如图11-186所示。

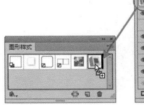

图11-186

03 再来看一下怎样将现有的样式合并为新的样式。按住 Ctrl 键单击两个或多个图形样式，将它们选择，如图11-187所示，执行面板菜单中的"合并图形样式"命令，可基于它们创建一个新的图形样式，它包含所选样式的全部属性，如图11-188所示。

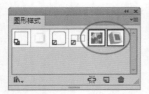
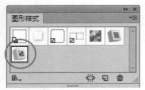

图11-187　　　　图11-188

11.13.3 实战：使用图形样式

01 打开光盘中的素材。使用选择工具 ↖ 选择背景图形，如图11-189所示。单击"图形样式"面板中的一个样式，即可为它添加该样式，如图11-190和图11-191所示。如果再单击其他样式，则新样式会替换原有的样式。

图11-189　　　　图11-190

图11-191

02 在画板以外的空白处单击，取消选择。在没有选择对象的情况下，可以将"图形样式"面板中的样式拖曳到对象上，直接为其添加该样式，如图11-192和图11-193所示。如果对象是由多个图形组成的，可以为它们添加不同的样式。

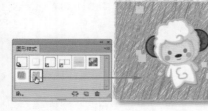

图11-192

图11-193

65 技术看板：图形样式应用技巧

图形样式可以应用于对象、组和图层。将图形样式应用于组或图层时，组和图层内的所有对象都将具有图形样式的属性。我们以一个由 50% 的不透明度组成的图形样式为例来进行讲解选择图层，单击该图形样式，将其应用于图层，则此图层内原有的对象都将显示50%的不透明效果。如果将对象移出该图层，则对象的外观将恢复其以前的不透明度。如果将图形样式应用于组或图层，但样式的填充颜色没有出现在图稿中，则将"填充"属性拖曳到"外观"面板中的"内容"条目上方即可。

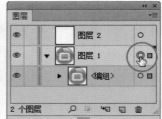

原图形　　　　选择图层

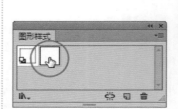

选择图形样式　　　　应用样式

在图层中添加对象（50%不透明度）

将对象移到其他图层（100%不透明度）

11.13.4 实战： 重定义图形样式

01 打开光盘中的素材，如图11-194所示。使用选择工具 选取背景的灰色图形，在"图形样式"面板中选择一个样式，如图11-195所示，为图形添加该样式，如图11-196所示。

图11-194

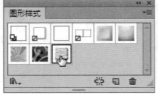

图11-195

图11-196

02 先来修改现有的外观。在"外观"面板中有两个填色属性，选择最上面的"填色"，单击 ▼ 按钮在打开的面板中选择白色，如图11-197所示，效果如图11-198所示。

图11-197

图11-198

03 单击下面的"填色"选项，设置填色为浅灰色，如图11-199和图11-200所示。

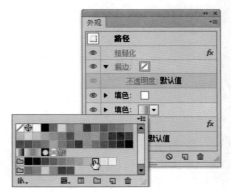

图11-199

图11-200

04 下面再来为图形样式添加新的效果。执行"效果>风格化>投影"命令，在打开的对话框中设置参数，如图11-201所示，然后单击"确定"按钮关闭对话框，即可为当前的图形样式添加"投影"效果，如图11-202所示。

图11-201

图11-202

05 执行"外观"面板菜单中的"重新定义图形样式"命令，如图11-203所示，可以用修改后的样式替换"图形样式"面板中原有的样式，如图11-204所示。

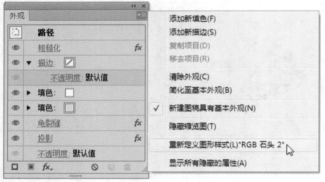

图11-203

图11-204

66 技术看板：在不影响对象的情况下修改样式

如果当前修改的样式已被文档中的对象使用，则对象的外观会自动更新。如果不希望应用到对象的样式发生改变，可以在修改样式前选择对象，单击"图形样式"面板中的 按钮，断开它与面板中的样式的链接，然后再对样式进行修改。

11.13.5 从其他文档中导入图形样式

单击"图形样式"面板中的 按钮，选择"其他库"命令，在弹出的对话框中选择一个AI文件，如图11-205所示，然后单击"打开"按钮，可以导入该文件中使用的图形样式，它会出现在一个单独的面板中，如图11-206所示。

图11-205

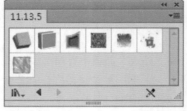

图11-206

11.13.6 实战：使用图形样式库

图形样式库是一组预设的图形样式集合。执行"窗口>图形样式库"命令，或单击"图形样式"面板中的 按钮，在打开的下拉菜单中可以看到各种图像样式库，包括3D效果、图像效果和文字效果等。

01 打开光盘中的素材，如图11-207所示。按下Ctrl+A快捷键全选，执行"窗口>图形样式库>纹理"命令，打开该样式库，选择"RGB细帆布"样式，如图11-208和图11-209所示。同时，该样式会自动添加到"图形样式"面板中。

图 11-207

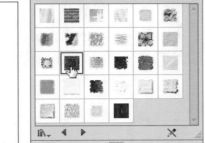

图 11-208

04 用星形工具 ☆ 绘制两个星形，单击"图形样式"面板中的"RGB细帆布"样式，如图11-214所示，将其应用到星形，如图11-215所示。

图 11-209

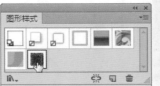

图 11-214　　　　　　　图 11-215

05 打开"符号"面板，如图11-216所示，将钮扣、金属及花朵装饰物拖入画面中，如图11-217所示。

02 使用选择工具 ▶ 按住 Shift 键选取数字及口袋图形，设置混合模式为"滤色"，如图11-210和图11-211所示。

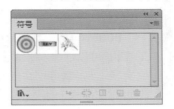

图 11-216

图 11-210

图 11-211

图 11-217

03 再单独选择数字，单击"外观"面板"描边"属性前面的眼睛图标 ◉，隐藏该属性，如图11-212和图11-213所示。

11.13.7　创建自定义的图形样式库

如果要创建自定义的图形样式库，可以在"图形样式"面板中添加所需的图形样式，删除多余的图形样式，然后打开面板菜单，选择"存储图形样式库"命令，在打开的对话框中可以将库文件存储。如果将它存储在默认位置，则重启 Illustrator 时，样式库的名称会出现在"图形样式库"和"打开图形样式库"下拉菜单中。

图 11-212

图 11-213

文字是设计作品的重要组成部分，不仅可以传达信息，还能起到美化版面、强化主题的作用。Illustrator的文字功能非常强大，它支持Open Type字体和特殊字型，可以调整字体大小、间距、控制行和列及文本块等，无论是设计各种字体，还是进行排版，都能应对自如。

12.1 创建文字

在Illustrator中，用户可以通过点文字、段落文字和路径文字3种方法输入文字，如图12-1所示。点文字会从单击位置开始，随着字符输入沿水平或垂直线扩展；区域文字（也称段落文字）会利用对象边界来控制字符排列；路径文字会沿开放或封闭路径的边缘排列文字。

12.1.1 文字工具概述

Illustrator的工具面板中包含7种文字工具，如图12-2所示。文字工具 T 和直排文字工具 ↓T 可以创建水平或垂直方向排列的点文字和区域文字；区域文字工具 ⊤ 和垂直区域文字工具 ↓T 可以在任意的图形内输入文字；路径文字工具 ᐦ 和垂直路径文字工具 ᐦ 可以在路径上输入文字；修饰文字工具 ⊞ 可以创造性地修饰文字，创建美观而突出的信息。

图12-1

图12-2

🔊 提示

使用文字工具时，将光标放在画板中，光标会变为 Ⅰ 状，此时可创建点文字；将光标放在封闭的路径上，光标会变为 ⊗ 状，此时可创建区域文字；将光标放在开放的路径上，光标会变为 ⊀ 状，此时可创建路径文字。

12.1.2 实战：创建点文字

点文字是指从单击位置开始随着字符输入而扩展的一行或一列横排或直排文本。每行文本都是独立的，在对其进行编辑时，该行会扩展或缩短，如果要换行，需要按下回车键。这种方式非常适合输入标题等文字量较少的文本。

01 打开光盘中的素材，如图12-3所示。选择文字工具 T 或直排文字工具 ↓T ，在控制面板中设置字体和文字大小，如图12-4所示。

图12-3

图12-4

02 将光标放在画板中，光标会变为 I 状，靠近这个文字插入指针底部的短水平线标出了该行文字的基线位置，文本都将位于基线上。单击鼠标，单击处会变为闪烁的文字输入状态，如图12-5所示，此时可输入文字，如图12-6所示。

03 按下Esc键，或单击工具面板中的其他工具，可结束文字的输入。

图12-5

图12-6

◄)) 提示

创建点文字时应尽量避免单击图形，否则会将图形转换为区域文字的文本框或路径文字的路径。如果现有的图形恰好位于要输入文本的地方，可以先将该图形锁定或隐藏。

相关链接：关于文字的字体、大小等属性的内容，请参阅"12.5 设置字符格式"。

12.1.3 实战：创建区域文字

区域文字也称段落文字，它利用对象的边界来控制字符排列，既可以横排，也可以直排，当文本到达边界时，会自动换行。如果要创建包含一个或多个段落的文本，例如用于宣传册之类的印刷品时，采用这种输入方式非常方便。

01 打开光盘中的素材。首先基于图形创建区域文字。选择区域文字工具 T（也可以使用文字工具 T、直排文字工具 T 和直排区域文字工具 T），将光标放在一个封闭的图形上，当光标变为 I 状时，如图12-7所示，单击鼠标，删除对象的填色和描边，如图12-8所示。

02 在控制面板中设置文字的颜色和文字的大小，然后输入文字，文字会限定在路径区域内，并自动换行，如图12-9所示。按下Esc键结束文字的输入。

图12-7

图12-8

图12-9

343

03 下面基于矩形框创建区域文字。选择文字工具 **T**，在画板中单击拖出一个矩形框，如图12-10所示，放开鼠标后输入文字，文字会限定在矩形框范围内，如图12-11所示。

图12-10　　　　　　　　　　图12-11

12.1.4 实战：创建路径文字

路径文字是指沿着开放或封闭的路径排列的文字。当水平输入文本时，字符的排列会与基线平行，垂直输入文本时，字符的排列会与基线垂直。

01 打开光盘中的素材，如图12-12所示。

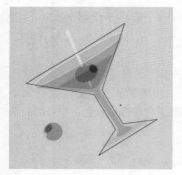

图12-12

02 选择路径文字工具 （或直排路径文字工具 ），在控制面板中设置文字的颜色和大小等属性。将光标放在路径上，如图12-13所示，单击鼠标，删除对象的填色和描边，此时路径上会呈现闪烁的文本输入状态，如图12-14所示。

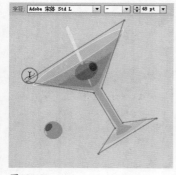
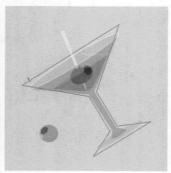

图12-13　　　　　　　　　　图12-14

●)) 提示

使用文字工具 **T** 或直排文字工具 **↓T** 也可以在路径上创建路径文字。但是，如果路径为封闭路径而非开放路径，则必须使用路径文字工具。

03 输入文字，文字会沿该路径排列，如图12-15所示。按下Esc键结束文字的输入状态，即可创建路径文字，如图12-16所示。

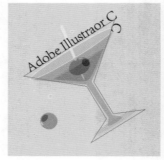
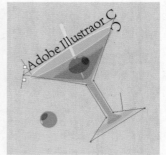

图12-15　　　　　　　　　　图12-16

相关链接：创建区域文本和路径文本时，如果输入的文本长度超过区域或路径的容许量，则文本框右下角会出现内含一个加号（＋）的小方块。调整文本区域的大小或扩展路径可以显示隐藏的文本。此外，也可以将文本串接到另一个对象中。关于串接文本的方法，请参阅"12.3.4 实战：串接文本"。

12.1.5 从其他程序中导入文字

在Illustrator中，用户可以将其他程序创建的文本导入图稿中使用。与直接拷贝文字然后粘贴到Illustrator中相比，导入的文本可以保留字符和段落格式。

将文本导入新建的文档中

执行"文件>打开"命令，在"打开"对话框中选择要打开的文本文件，单击"打开"按钮，可以将文本导入到新建的文件中。

将文本导入现有的文档中

执行"文件>置入"命令，在打开的对话框中选择要导入的文本文件，单击"置入"按钮即可将其置入当前文件中。如果置入的是纯文本（.txt）文件，则可以指定更多的选项，如图12-17所示，包括用以创建文件的字符集和平台。"额外回车符"选项可以确定Illustrator在文件中如何处理额外的回车符。如果希望Illustrator用制表符替换文件中的空格字符串，可以选择"额外空格"选项，并输入要用制表符替换的空格数，然后单击"确定"按钮。

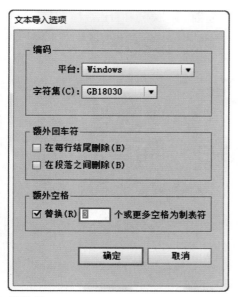

图12-17

12.1.6 导出文字

使用文字工具选择要导出的文本，如图12-18所示，执行"文件>导出"命令，打开"导出"对话框，选择文件位置并输入文件名，选择文本格式（TXT），如图12-19所示，单击"导出"按钮即可导出文字。

图12-18

图12-19

12.2 选择、修改和删除文字

在对文本或文本中的字符进行编辑之前，首先要将需要编辑的文字选择。

12.2.1 选择文本对象

如果要修改文本对象中所有的字符属性，如填色、描边和不透明度等，应首先选择该文字对象。使用选择工具 单击文本，即可选择整个文本对象，如图12-20所示。选择文本对象后，可以进行移动、旋转与缩放操作，如图12-21和图12-22所示。

图12-20

图12-21

图12-22

12.2.2 实战：选择文字

如果要编辑部分文字，应首先选择需要编辑的字符。

01 打开光盘中的素材，如图12-23所示。使用文字工具 **T** 在字符上单击并拖曳可以选择一个或多个字符，如图12-24所示。按住 Shift 键拖曳鼠标，可以扩展或缩小选取范围。

02 将光标放在字符上，双击可以选择相应的字符，三击鼠标可以选择整个段落。

03 选择一个或多个字符后，执行"选择>全部"命令或按下Ctrl+A快捷键，可以选择所有字符，如图12-25所示。

图12-23

图12-24

图12-25

12.2.3 实战：使用修饰文字工具

01 打开光盘中的素材。使用修饰文字工具 单击一个文字，所选文字上会出现定界框，如图12-26所示，拖曳控制点可以对文字进行缩放，如图12-27所示。

图12-26

图12-27

02 使用修饰文字工具 拖动控制点还可以进行旋转、拉伸和移动等操作，从而生成美观而突出的信息，如图12-28和图12-29所示。

图12-28

图12-29

12.2.4 实战：修改和删除文字

01 打开光盘中的素材。使用文字工具 **T** 在文字上单击并拖曳鼠标选择文字，如图12-30所示。在控制面板或"字符"面板中修改字体、大小和颜色等属性，如图12-31所示。

图12-30

图12-31

02 输入文字可修改所选文字内容，如图12-32所示。在文本中单击，可在单击处设置插入点，此时输入文字可在文本中添加文字，如图12-33所示。

图12-32

图12-33

03 如果要删除部分文字，可以将它们选择，然后按下 Delete键。

12.2.5 实战：文字变形

01 新建一个156mm×156mm，CMYK模式的文档。使用文字工具 **T** 输入文字，设置描边粗细为7pt。打开"字符"面板，设置字体、大小及间距，如图12-34和图12-35所示。如果读者没有该实例用到的字体，可以使用光盘中提供的素材文件，从第4步开始进行操作。

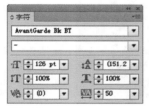

图12-34　　　　　　　　图12-35

02 在文字上双击，进入文本编辑状态，在字母"L"上面拖曳鼠标，将它选择，修改描边粗细为8pt，再选择字母"F"，修改描边粗细为8pt，如图12-36所示。按下Shift+Ctrl+O快捷键，将文字转换为轮廓，如图12-37所示。

图12-36　　　　　　　　图12-37

03 使用编组选择工具 ↳+ 在文字上拖出一个矩形选框，选择单个文字并移动位置，如图12-38和图12-39所示。

图12-38　　　　　　　　图12-39

04 再使用编组选择工具 ↳+ 选择文字，执行"效果>变形>拱形"命令，对它们进行变形处理。其中字母"e""n"和"s"的参数相同，可按住Shift键单击它们，同时选择这3个字母，然后应用"变形"命令，其他字母则需要单独选取，然后按下Alt+Shift+Ctrl+E快捷键，直接打开"变形选项"对话框调整参数，如图12-40所示，完成后的效果如图12-41所示。

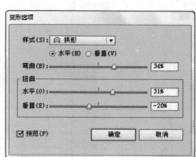

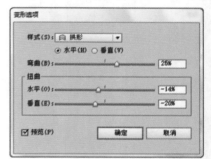

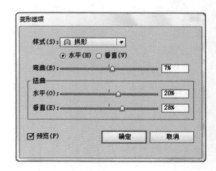

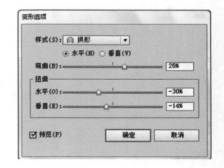

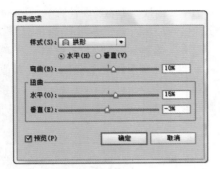

图12-43　　　　　　　　　　图12-44

07 执行"效果>风格化>投影"命令，单击对话框中的颜色块，打开"拾色器"调整投影颜色，如图12-45所示，投影参数如图12-46所示，效果如图12-47所示。打开光盘中的素材，拷贝并粘贴到文字文档中，作为背景，如图12-48所示。

图12-40

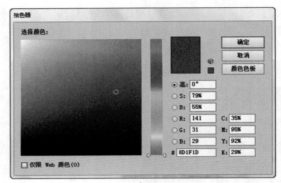

图12-45

图12-41

05 按下Ctrl+A快捷键全选，按下Ctrl+C快捷键复制，按下Ctrl+F快捷键粘贴到前面，设置文字的描边颜色为白色，描边粗细为1pt，如图12-42所示。

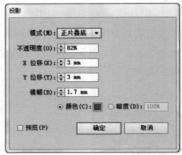

图12-46　　　　　　　　　　图12-47

图12-42

06 按下Ctrl+A快捷键全选，执行"对象>混合>建立"命令，使用两组文字图形创建混合。双击混合工具 ，在打开的对话框中选择"指定的步数"选项，设置混合步数为5，如图12-43和图12-44所示。

图12-48

12.2.6 删除空文字对象

在Illustrator中绘图时，如果无意中单击了文字工具，然后又选择了另一种工具，就会创建空文字对象。使用"对象>路径>清理"命令，可以删除文档中空的文本框和文本路径。删除这些对象可让图稿打印时更加顺畅，同时还可减小文件大小。

12.3 编辑区域文字

区域文字会将文字内容限定在一定的区域中，对文本区域进行编辑时会影响文字内容的显示与排列方式。

12.3.1 设置区域文字选项

使用选择工具 选择区域文字，执行"文字>区域文字选项"命令，打开"区域文字选项"对话框，如图12-49所示。

图12-49

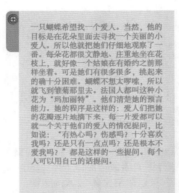

图12-50

图12-51

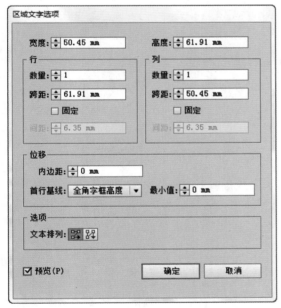

图12-52

- 宽度/高度：可以调整文本区域的大小。如果文本区域不是矩形，则这些值将用于确定对象边框的尺寸。

- "行"选项组：如果要创建文本行，可在"数量"选项内指定希望对象包含的行数，在"跨距"选项内指定单行的高度，在"间距"选项内指定行与行之间的间距。如果要确定调整文字区域大小时行高的变化情况，可通过"固定"选项来设置。选择该选项后，调整区域大小时，只会改变行数和栏数，不会改变高度。如果希望行高随文字区域的大小而变化，则应取消选择此选项。图12-50所示为原区域文字，图12-51所示为"区域文字选项"对话框中设置的参数，图12-52所示为创建的文本行。

- "列"选项组：如果要创建文本列，可在"数量"选项内指定希望对象包含的列数，在"跨距"选项内指定单列的宽度，在"间距"选项内指定列与列之间的间距。如果要确定调整文字区域大小时列宽的变化情况，可通过"固定"选项来设置。选择该选项后，调整区域大小时，只会改变行数和栏数，而不会改变宽度。如果希望栏宽随文字区域的大小而变化，则应取消选择此选项。图12-53所示为"区域文字选项"对话框中设置的参数，图12-54所示为创建的文本列，图12-55所示为同时设置了文本行和文本列的文本效果。

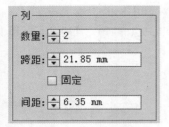

图12-53

图12-54　　　　　　　　图12-55

图12-58　　　　　　　　图12-59

图12-60　　　　　　　　图12-61

- "位移"选项组：可以对内边距和首行文字的基线进行调整。在区域文字中，文本和边框路径之间的边距被称为内边距。在"内边距"选项中输入数值，可以改变文本区域的边距。图12-56所示为无内边距的文字，图12-57所示为有内边距的文字。在"首行基线"选项下拉列表中可以选择一个选项，来控制第一行文本与对象顶部的对齐方式。例如，可以使文字紧贴对象顶部，也可从对象顶部向下移动一定的距离。这种对齐方式被称为首行基线位移。在"最小值"文本框中，可以指定基线位移的最小值。图12-58所示是"首行基线"设置为"大写字母高度"的文字，图12-59所示是"首行基线"设置为"行距"的文字。

12.3.2　使标题适合文字区域的宽度

使用文字工具在文本的标题处单击，进入文字输入状态，如图12-62所示，执行"文字>适合标题"命令，可以让标题适合文字区域的宽度，使之与正文对齐，如图12-63所示。

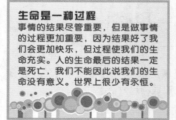

图12-62　　　　　　　　图12-63

图12-56　　　　　　　　图12-57

- 文本排列：用来设置文本流的走向，即文本的阅读顺序。单击 按钮，文本按行从左到右排列，如图12-60所示。单击 按钮，文本按列从左到右排列，如图12-61所示。

12.3.3　实战：调整文本区域的大小和形状

01 打开光盘中的素材，如图12-64所示。用选择工具 选择区域文字，如图12-65所示。

图 12-64　　　　　　　　图 12-65

02 拖曳定界框上的控制点可以调整文本区域的大小，如图 12-66 和图 12-67 所示。如果旋转文本框，则字符会在新区域中重新排列，但文字的大小和角度都不会改变，如图 12-68 所示。

图 12-66　　　　　　　　图 12-67

图 12-68

03 如果要将文字连同文本框一起旋转或缩放，可以使用旋转工具 ⟳ 和比例缩放工具 ⬚ 来操作，如图 12-69 和图 12-70 所示。

图 12-69　　　　　　　　图 12-70

04 如果是在一个封闭的图形内创建的区域文字，可以通过改变图形的形状来改变文字的排列形状。图 12-71 和图

12-72 所示为使用直接选择工具 ▷ 移动锚点后的效果。

图 12-71　　　　　　图 12-72

🔄 **相关链接**：关于使用变换工具进行变换操作的具体方法，请参阅 "7.1 变换对象"。

12.3.4 实战：串接文本

串接文本是指将文本从一个对象串接到下一个对象，文本之间保持链接关系。如果当前文本框中不能显示所有文字，可以通过链接文本的方式将隐藏的文字导出到其他文本框中。只有区域文本或路径文本可以创建串接文本，点文本不能进行串接。

01 打开光盘中的素材。用选择工具 ▷ 选择区域文本，如图 12-73 所示。可以看到，文本右下角有 ⊞ 状图标，它表示文本框中不能显示所有文字，被隐藏的文字称为溢流文本。溢流文本包含一个输入连接点和一个输出连接点。单击右下角的输出连接点，光标会变为 状，如图 12-74 所示。也可以单击左上角的输入连接点。

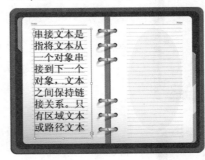

图 12-73

图 12-74

02 在笔记本右侧单击或拖曳鼠标，可导出溢流文本。单击会创建与原始对象具有相同大小和形状的对象，如图12-75所示。拖曳鼠标则可以创建任意大小的矩形对象，如图12-76所示。

图12-75

图12-76

03 如果单击一个图形，则可将溢流文本导出到该图形中，如图12-77和图12-78所示。

图12-77

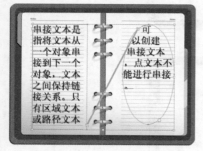

图12-78

04 如果将光标放在另一个区域文本对象上，光标变为 ▶∞ 状时，如图12-79所示，单击鼠标可以串接这两个文本，如图12-80所示。

图12-79

图12-80

◀)) 提示

选择两个或多个区域文字对象后，执行"文字>串接文本>创建"命令，也可以链接文本。在处理串接文本时，查看串接是非常有用的。要查看串接，可以执行"视图>显示文本串接"命令，然后选择一个链接对象。

12.3.5 实战： 删除和中断串接

01 打开光盘中的素材，这两个区域文本已经串接好了。如果要中断串接，可双击连接点（原红色加号 ⊞ 处），文本会重新排列到第一个对象中，如图12-81和图12-82所示。

02 如果要从文本串接中释放对象，可以选择文本对象，然后执行"文字>串接文本>释放所选文字"命令，文本将排列到下一个对象中。如果要删除所有串接，可以执行"文字>串接文本>移去串接"命令，文本将保留在原位置。

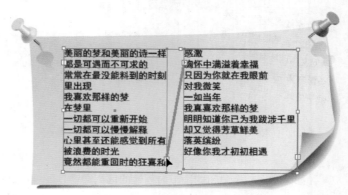

图12-81

图12-82

12.3.6 实战：文本绕排

文本绕排是指让区域文本围绕一个图形、图像或其他文本排列，得到精美的图文混排效果。创建文本绕排时，应使用区域文本，在"图层"面板中，文字与绕排对象位于相同的图层，且文字层位于绕排对象的正下方。

01 打开光盘中的素材，如图12-83和图12-84所示。

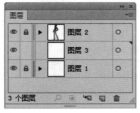

图12-83　　　　图12-84

02 使用钢笔工具 ✐ 根据人物的外形绘制剪影图形，如图12-85所示。选择文字工具 T，打开"字符"面板设置字体、大小和行间距，如图12-86所示，然后在画板右侧单击并拖曳鼠标创建文本框，如图12-87所示。

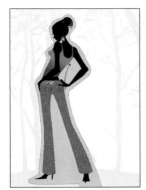

图12-85　　　　图12-86

图12-87

03 放开鼠标后，在文本框中输入文字，按下Esc键结束输入，效果如图12-88所示。使用选择工具 ▶ 选取文本，按下Ctrl+[快捷键将文本移动到人物轮廓图形后面，按住Shift键单击人物轮廓图形，将文本与人物轮廓图形同时选取，如图12-89所示。

图12-88　　　　　　　图12-89

04 执行"对象>文本绕排>建立"命令，创建文本绕排，如图12-90所示。在空白区域单击取消选择。单击文本，将它移向人物，文字会重新排列，如图12-91所示。

05 文本框右下角如果出现红色的 ⊞ 标记，说明有溢出的文字，此时可拖曳文本框，将文本框扩大，使溢出的文字显示出来，如图12-92所示。在空白处单击取消选择。

图12-90　　　　　　　图12-91

353

图 12-92

06 选择直排文字工具 ⬇T，在"字符"面板中设置字体、大小及字距，如图 12-93 所示，然后输入文字，如图 12-94 所示。

图 12-93　　　　图 12-94

🔊 提示

如果绕排对象是嵌入的位图图像，则会在不透明或半透明的像素周围绕排文本，并忽略完全透明的像素。

12.3.7　设置文本绕排选项

选择文本绕排对象，执行"对象>文本绕排>文本绕排选项"命令，打开"文本绕排选项"对话框，如图 12-95 所示。

图 12-95

● 位移：　用来设置文本和绕排对象之间的间距。可以输入正值，也可以输入负值。图 12-96 所示是该值为 6pt 的绕排效果，图 12-97 所示是该值为 -6pt 的绕排效果。

● 反向绕排：　选择该选项时，可围绕对象反向绕排文本，如图 12-98 所示。

图 12-96　　　　　　　图 12-97

图 12-98

12.3.8　释放绕排文本

选择文本绕排对象，执行"对象>文本绕排>释放"命令，可以释放文本绕排，使文本不再绕排在对象周围。

12.4　编辑路径文字

创建路径文字后，可以通过修改路径的形状来改变文字的排列形状，也可以调整文字在路径上的位置。

12.4.1　选择文字路径

使用直接选择工具 ▹ 或编组选择工具 ▹+ 在文字的路径上单击，即可选择路径。如果单击字符，则会选择整个文字对象，而非路径。

12.4.2 实战：沿路径移动和翻转文字

01 打开光盘中的素材，如图12-99所示。使用选择工具 ![选] 选取路径文字。将光标放在文字左侧的中点标记上，光标会变为 ![状] 状，如图12-100所示，单击并沿路径拖曳鼠标可以移动文字，如图12-101所示。

图12-99

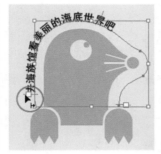
图12-100

图12-101

02 将光标放在文字中间的中点标记上，光标会变为 ![状] 状，如图12-102所示，将中点标记拖曳到路径的另一侧，可以翻转文字，如图12-103所示。

图12-102

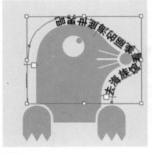
图12-103

> ![相关链接图标] **相关链接**：如果要在不改变文字方向的情况下将文字移动到路径的另一侧，可以使用"字符"面板中的"基线偏移"选项来操作。例如，如果创建的文字在圆周顶部由左到右排列，可以在"基线偏移"文本框中输入一个负值，以使文字沿圆周内侧排列。关于基线偏移，请参阅"12.5.10 基线偏移"。

12.4.3 实战：编辑文字路径

01 打开光盘中的素材。使用直接选择工具 ![直接选择] 单击文字，显示路径，如图12-104所示。将光标放在锚点上，如图12-105所示，单击并拖曳锚点改变路径的形状，文字会随着路径的变化而重新排列，如图12-106和图12-107所示。

图12-104

图12-105

图12-106

图12-107

02 按下Ctrl键切换为选择工具 ![选择] ，显示定界框，如图12-108所示，此时单击并拖曳定界框可以调整路径的形状，如图12-109所示。

图12-108

图12-109

12.4.4 设置路径文字选项

选择路径文本，执行"文字>路径文字>路径文字选项"命令，打开"路径文字选项"对话框，如图12-110所示。如果只想改变字符的扭曲方向，可以在"文字>路径文字"下拉菜单中选择所需效果，而不必打开"路径文字选项"对话框。

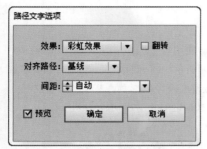

图12-110

● 效果：该选项的下拉列表中包含用于扭曲路径文字字符方向的选项，效果如图12-111所示。

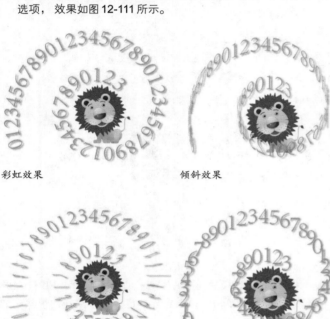

彩虹效果   倾斜效果

3D带状效果   阶梯效果

重力效果

图12-111

● 对齐路径：用来指定如何将字符对齐到路径。选择"字母上缘"，可沿字体上边缘对齐；选择"字母下缘"，可沿字体下边缘对齐；选择"中央"，可沿字体字母上、下边缘间的中心点对齐；选择"基线"，可沿基线对齐，这是默认的设

置。图12-112所示为选择不同选项的对齐效果。

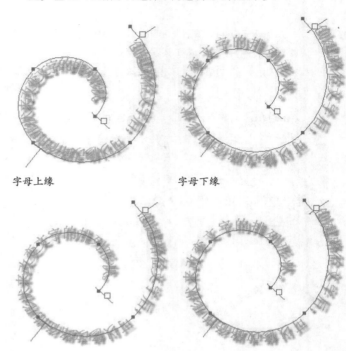

字母上缘   字母下缘

中央   基线

图12-112

● 间距：当字符围绕尖锐曲线或锐角排列时，因为突出展开的关系，字符之间可能会出现额外的间距。出现这种情况时，可以调整"间距"选项来缩小曲线上字符间的间距。设置较高的值，可消除锐利曲线或锐角处的字符间的不必要间距。图12-113所示为未经间距调整的文字，图12-114所示为经过间距调整后的文字。需要注意的是，"间距"值对位于直线段处的字符不会产生影响。如果要修改路径上所有字符间的间距，可以选中这些字符，然后应用字偶间距调整或字符间距调整。

图12-113   图12-114

● 翻转：翻转路径上的文字。

12.4.5 更新旧版路径文字

在Illustrator CC中打开 Illustrator 10 或更早版本中创建的路径文字时，必须更新后才能进行编辑。使用选择工具 ▶ 选择这样的路径文字，执行"文字>路径文字>更新旧版路径文字"命令，即可进行更新。

12.5 设置字符格式

设置字符格式是指设置字体、大小、间距和行距等属性。创建文字之前或创建文字之后，都可以通过"字符"面板或控制面板中的选项设置字符格式。

12.5.1 "字符"面板概述

使用"字符"面板可以为文档中的单个字符应用格式设置选项，如图12-115所示。在默认情况下，"字符"面板中只显示最常用的选项，要显示所有选项，可以从面板菜单中选择"显示选项"命令。当选择了文字或文字工具时，也可以使用控制面板中的选项来设置字符格式，如图12-116所示。

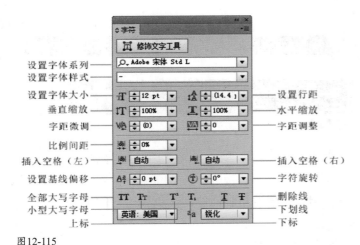

图12-115

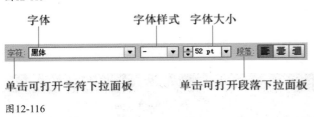

图12-116

12.5.2 选择字体和样式

单击"字符"面板中设置字体系列选项右侧的 ▼ 按钮，在打开的下拉列表中可以选择字体，如图12-117所示。对于一部分英文字体，还可以继续在"设置字体样式"下拉列表中为它选择一种样式，包括Regular（规则的）、Italic（斜体）、Bold（粗体）和Bold Italic（粗斜体）等，如图12-118所示。

图12-117

Character *Character*
Regular   Italic

Character ***Character***
Bold   Bold Italic

图12-118

📢 提示

在"文字>字体"命令下拉菜单中也可以选择字体。在"文字>最近使用的字体"下拉菜单中可以选择最近使用过的字体。

68 技术看板：图标与字体的关系

在"字符"面板中选择字体时，可以看到字体名称左侧有不同的图标。其中，**O** 状图标代表了OpenType字体，**a** 状图标代表了Type 1字体，**T₁** 状图标代表了TrueType字体，**MM** 状图标代表了多模字库字体，状图标代表了复合字体。

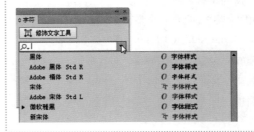

12.5.3 使用 Typekit 字体

Adobe公司为Creative Cloud用户提供了一个在线字库网站（https://typekit.com/fonts），在Illustrator中执行"文字>使用Typekit字体"命令，或单击"字符"面板中设置字体系列选项右侧的 ▼ 按钮，打开下拉列表，单击"从Typekit添加字体"按钮，如图12-119所示，可以登录该网站，如图12-120所示。

图12-121

图12-119

图12-122

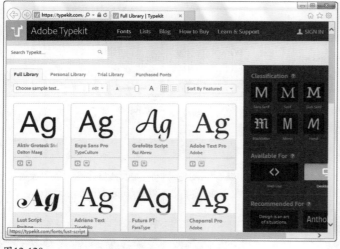

图12-120

单击窗口右上角的"SIGN IN"按钮，输入Adobe ID 和密码登录网站。单击一张字体卡，如图12-121所示，可以切换到下一个窗口，查看有关该字体的更多详细信息，包括所有可用粗细和样式的字体样本。单击"Use Fonts（使用字体）"按钮，如图12-122所示。在弹出的窗口中选择所需的样式，然后单击"Sync Selected Fonts（同步选定字体）"按钮，如图12-123所示，这些字体将同步到所有Creative Cloud应用程序上，并与本地安装的其他字体一同显示。需要使用时，可单击"字符"面板中设置字体系列选项右侧的 ▼ 按钮，打开下拉列表进行选择。

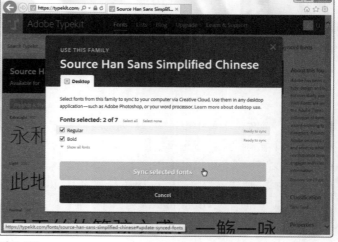

图12-123

12.5.4 设置字体大小

在"字符"面板设置字体大小选项 T 右侧的文本框中输入字体大小数值并按下回车键，或单击该选项右侧的 ▼ 按钮，在打开的下拉列表中可以选择字体大小，如图12-124所示。

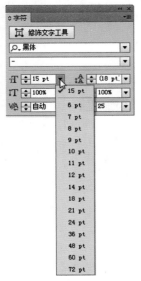

图12-124

12.5.5 缩放文字

选择需要缩放的字符或文本，在"字符"面板中设置水平缩放 T 和垂直缩放 IT 选项，可以对文字进行缩放。如果水平缩放和垂直缩放的比例相等，可进行等比缩放。图12-125所示为原文字，图12-126所示为等比缩放效果，图12-127所示为不等比缩放效果。

图12-125

图12-126

图12-127

12.5.6 设置行距

在文本对象中，行与行之间的垂直间距称为行距。在"字符"面板的设置行距 A 选项中可以设置行距。默认为"自动"，此时行距为字体大小的120%，如10 点的文字使用 12 点的行距，该值越高，行距越宽。图12-128和图12-129所示是文字大小为16pt时，分别设置行距为16pt和23pt的文本效果。

图12-128   图12-129

12.5.7 字距微调

字距微调是增加或减少特定字符之间间距的过程。使用任意文字工具在需要调整字距的两个字符中间单击，进入文本输入状态，如图12-130所示，在"字符"面板的字偶间距调整 VA 选项中可以调整两个字符间的字距。该值为正值时，可以加大字距，如图12-131所示，为负值时，减小字距，如12-132所示。

图12-130   图12-131

图12-132

12.5.8 字距调整

字距调整可以放宽或收紧文本中的字符间距。选择需要调整的部分字符或整个文本对象后，在字符间距调整 选项中可以调整所选字符的字距。该值为正值时，字距变大，如图12-133所示，为负值时，字距变小，如图12-134所示。

图12-133　　　　　　　图12-134

12.5.9 使用空格

空格是字符前后的空白间隔。在通常情况下，根据标点挤压设置，在段落中的字符间应采用固定的间距。使用"字符"面板可以修改特殊字符的标点挤压设置。

如果要在字符之前或之后添加空格，可以选择要调整的字符，然后在"字符"面板的插入空格（左）或插入空格（右）选项中设置要添加的空格数。例如，如果指定"1/2 全角空格"，会添加全角空格的一半间距；如果指定"1/4 全角空格"，则会添加全角空格的四分之一间距。图12-135所示为选择的字符，图12-136所示为添加空格（前）的文字效果，图12-137所示为添加空格（后）的效果。

图12-135

图12-136　　　　　　图12-137

如果要压缩字符间的空格，可以在比例间距 选项中设置比例间距的百分比。百分比越高，字符间的空格越窄。图12-138和图12-139所示分别是设置该值为50%和100%的效果。

图12-138　　　　　　图12-139

12.5.10 基线偏移

基线是大多数字符排列于其上的一条不可见的直线。选择要修改的字符或文字对象，在"字符"面板的设置基线偏移 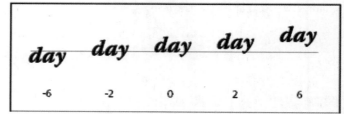 选项中输入正值，可以将字符的基线移到文字行基线的上方，输入负值则会将基线移到文字基线的下方。图12-140所示是设置不同基线偏移值的文字。

图12-140

12.5.11 旋转文字

选择字符或文本对象后，可以在"字符"面板的字符旋转 选项中设置文字的旋转角度。图12-141和图12-142所示分别为原文本及旋转文字后的效果。如果要旋转整个文字对象，可以选择文字对象，然后拖曳定界框，也可使用旋转工具、"旋转"命令或"变换"面板来操作。

图12-141

图12-142

12.5.12 添加特殊样式

"字符"面板中的一排"T"状按钮可以创建特殊的文字样式,如图12-143所示,效果如图12-144所示(括号内的 a 为按下各按钮后的文字效果)。其中,全部大写字母 **TT** / 小型大写字母 **Tr** 可以对文字应用常规大写字母或小型大写字母;上标 **T¹** /下标 **T₁** 可缩小文字,并相对于字体基线升高或降低文字;下划线 **T** /删除线 **T** 可以为文字添加下划线,或者在文字的中央添加删除线。

TT Tr T¹ T₁ T T

图12-143

全部大写字母(**A**) 小型大写字母(**A**)

上标(a) 下标(a) 下划线(**a**) 删除线(**a**)

图12-144

12.5.13 选择语言

选择文本对象,在"字符"面板的"语言"下拉列表中选择适当的词典,可以为文本指定一种语言,以方便拼写检查和生成连字符。Illustrator 使用 Proximity 语言词典来进行拼写检查和连字。每个词典都包含数十万条具有标准音节间隔的单词。

12.5.14 设置消除锯齿方法

选择文本对象,单击"字符"面板的设置消除锯齿方法

aa 选项右侧的 ▼ 按钮,在打开的下拉列表中可以选择一种方法来消除文本的锯齿,使文字边缘更加清晰。这些消除文本锯齿属性将作为文档的一部分保存。PDF、AIT 和 EPS 格式同样支持这些选项。

12.5.15 设置文字的填色和描边

选择文字后,可以在控制面板、"色板""颜色"和"颜色参考"等面板中修改文字的颜色,如图12-145所示。图案可用来填充或描边文字,如图12-146所示。渐变颜色只有在文字转换为轮廓时才能使用,如图12-147所示。

图12-145

图12-146

图12-147

12.6 设置段落格式

段落格式是指段落的各种属性，包括段落的对齐与缩进、段落的间距和悬挂标点等。"段落"面板可以设置段落格式。

12.6.1 "段落"面板概述

执行"窗口>文字>段落"命令，打开"段落"面板，如图12-148所示。当选择了文字或文字工具时，也可以在控制面板中设置段落格式，如图12-149所示。选择文本对象后，可以设置整个文本的段落格式。如果选择了文本中的一个或多个段落，则可单独设置所选段落的格式。

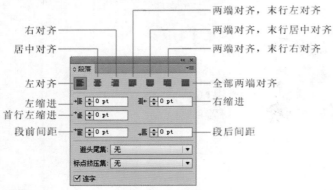

图12-148

图12-149

12.6.2 对齐文本

选择文字对象或在要修改的段落中单击鼠标插入光标，单击"段落"面板上方的一个按钮即可对齐段落。

● 单击 按钮，文本左侧边界的字符对齐，右侧边界的字符参差不齐，如图 12-150 所示。

● 单击 按钮，每一行字符的中心都与段落的中心对齐，剩余的空间被均分并置于文本的两端，如图 12-151 所示。

● 单击 按钮，文本右侧边界的字符对齐，左侧边界的字符参差不齐，如图 12-152 所示。

图12-150　　　　　　　　图12-151

图12-152

● 单击 按钮，文本中最后一行左对齐，其他行左右两端强制对齐，如图 12-153 所示。

● 单击 按钮，文本中最后一行居中对齐，其他行左右两端强制对齐，如图 12-154 所示。

● 单击 按钮，文本中最后一行右对齐，其他行左右两端强制对齐，如图 12-155 所示。

● 单击 按钮，可在字符间添加额外的间距使其左右两端强制对齐，如图 12-156 所示。

图12-153　　　　　　　　图12-154

图12-155　　　　　图12-156

12.6.3　缩进文本

缩进是指文本和文字对象边界间的间距量，它只影响选中的段落，因此，文本包含多个段落时，每个段落都可以设置不同的缩进量。

使用文字工具 T 单击要缩进的段落，如图12-157所示，在"段落"面板的左缩进 ⁺▤ 选项中输入数值，可以使文字向文本框的右侧边界移动，如图12-158所示。在右缩进 ▤⁺ 选项中输入数值，可以使文字向文本框的左侧边界移动，如图12-159所示。

图12-157

图12-158　　　　　图12-159

如果要调整首行文字的缩进，可以在首行左缩进 ⁺▤ 选项中输入数值。输入正值时，文本首行向右侧移动，如图12-160所示；输入负值时，向左侧移动，如图12-161所示。

图12-160　　　　　图12-161

12.6.4　调整段落间距

选择整个段落文字，或在要修改的段落中单击鼠标，插

入光标，如图12-162所示。在"段落"面板的段前间距 ▤ 选项中输入数值，可以在段落前添加额外的间隔，从而加大该段落与上一段落的间距，如图12-163所示。在段后间距 ⁺▤ 选项中输入数值，则可在段落后添加额外的间隔，加大该段落与下一段落之间的间距，如图12-164所示。

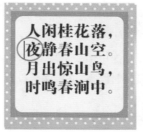
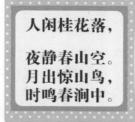

图12-162　　　　　图12-163

图12-164

12.6.5　避头尾集

不能位于行首或行尾的字符被称为避头尾字符。在"段落"面板中，可以从"避头尾集"下拉列表中选择一个选项，指定中文或日文文本的换行方式。选择"无"，表示不使用避头尾法则；选择"宽松"或"严格"，可避免所选的字符位于行首或行尾。

12.6.6　标点挤压集

标点挤压用于指定亚洲字符、罗马字符、标点符号、特殊字符、行首、行尾和数字之间的间距，确定中文或日文排版方式。在"段落"面板中，可以从"标点挤压集"下拉列表中选择一个选项来设置标点挤压。

12.6.7　连字符

在将文本强制对齐时，为了对齐的需要，会将某一行末端的单词断开至下一行，使用连字符可以在断开的单词间添加连字标记。如果要使用连字符，可在"段落"面板中选择"连字"选项。连字符连接设置仅适用于罗马字符，而用于中文、日文和朝鲜语字体的双字节字符不受这些设置的影响。

363

12.7 使用字符和段落样式

字符样式是许多字符格式属性的集合，可应用于所选的文本。段落样式是包括字符和段落格式的属性集合，可应用于所选的段落。使用字符和段落样式可以节省调整字符和段落属性的时间，并且能够确保文本格式的一致性。

12.7.1 实战：创建和使用字符样式

01 打开光盘中的素材。选择文本，如图12-165所示，设置它的字体、大小和旋转角度等字符属性，将文字颜色设置为橙色，如图12-166和图12-167所示。

图12-165

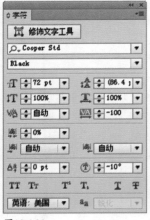

图12-166 　　　　　　　图12-167

02 执行"窗口>文字>字符样式"命令，打开"字符样式"面板，单击创建新样式按钮 ，将该文本的字符样式保存在面板中，如图12-168所示。

03 选择另一个文本对象，如图12-169所示。单击"字符样式"面板中的字符样式，即可将该样式应用到当前文本中，如图12-170和图12-171所示。

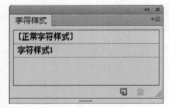

图12-168

图12-169

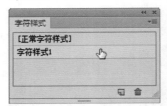

图12-170

图12-171

提示

要使用自定义的名称创建字符样式，可以执行"字符样式"面板菜单中的"新建样式"命令，在打开的对话框中输入一个名称，然后单击"确定"按钮。双击一个字符样式，可以在显示的文本框中修改它的名称。

12.7.2 实战：创建和使用段落样式

01 打开光盘中的素材，如图12-172所示。选择文本，如图12-173所示。

图12-172

02 在"段落"面板中设置段落格式，如图12-174和图12-175所示。执行"窗口>文字>段落样式"命令，打开"段落样式"面板，单击创建新样式按钮 ，保存段落样式，如图12-176所示。

图12-173　　　　　　　图12-174

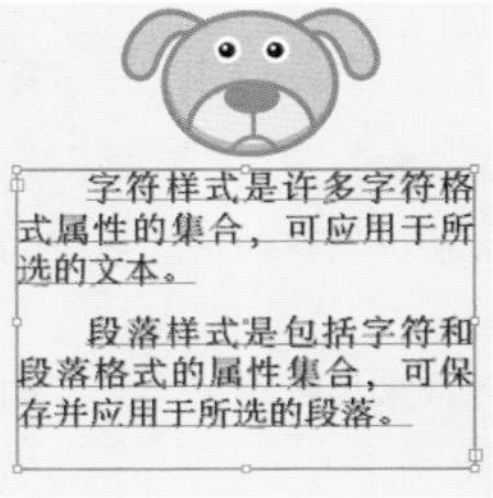

图12-175 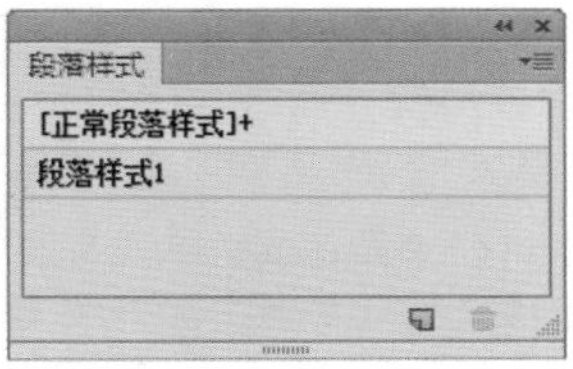　　　　　　　图12-176

03 选择另外一个文本，如图12-177所示，单击"段落样式"面板中的段落样式，即可将该样式应用到所选文本中，如图12-178和图12-179所示。

图12-177　　　　　　　图12-178

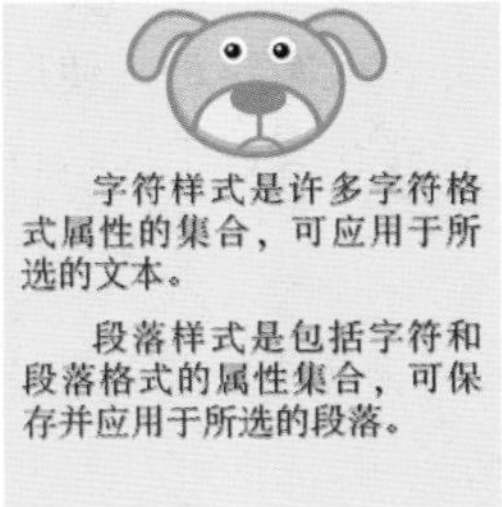

图12-179

12.7.3 编辑字符和段落样式

创建字符样式和段落样式后，可根据需要对其进行修改。在修改样式时，使用该样式的所有文本都会发生改变，

以便与新样式相匹配。

在"字符样式"面板菜单中选择"字符样式选项"命令，或从"段落样式"面板菜单中选择"段落样式选项"命令，可以打开相应的对话框修改字符和段落样式，如图12-180和图12-181所示。

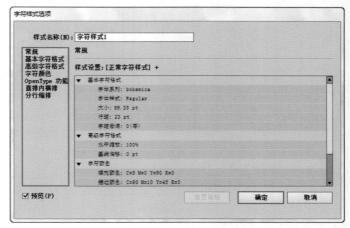

图12-180

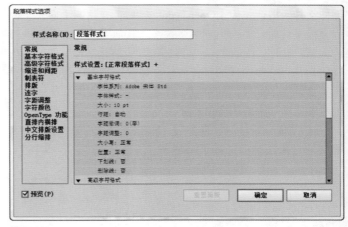

图12-181

12.7.4 删除样式覆盖

如果"字符样式"面板或"段落样式"面板中样式的名称旁边出现"+"号，如图12-182和图12-183所示，这就表示该样式具有覆盖样式。覆盖样式是与样式所定义的属性不匹配的格式。例如，字符样式被文字使用后，如果进行了缩放文字或修改文字的颜色等操作，则"字符样式"面板中该样式后面便会显示出一个"+"号。

如果要清除覆盖样式并将文本恢复到样式定义的外观，可重新应用相同的样式，或从面板菜单中选择"清除覆盖"命令。如果要在应用不同样式时清除覆盖样式，可按住 Alt 键单击样式名称。如果要重新定义样式并保持文本的当前外观，应至少选择文本中的一个字符，然后执行面板菜单中的"重新定义样式"命令。如果文档中还有其他的文本使用该字符样式，则它们也会更新为新的字符样式。

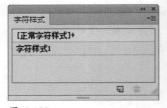

图12-182

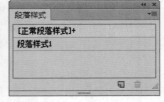

图12-183

12.8 设置特殊字符

在编辑文字时，许多字体都包括特殊的字符。根据字体的不同，这些字符可能包括连字、分数字、花饰字、装饰字、序数字、标题和文体替代字、上标和下标字符、变高数字和全高数字。插入替代字形的方式有两种，一种是使用"字形"面板插入字形，另一种是使用"OpenType"面板设置字形的使用规则。

12.8.1 "OpenType"面板

OpenType字体是Windows和Macintosh操作系统都支持的字体文件，因此，使用OpenType字体后，在这两个操作平台间交换文件时，不会出现字体替换或其他导致文本重新排列的问题。此外，OpenType字体还包含风格化字符。例如，花饰字是具有夸张花样的字符；标题替代字是专门为大尺寸设置（如标题）而设计的字符，通常为大写；文体替代字是可创建纯美学效果的风格化字符。

选择要应用设置的字符或文字对象，确保选择了一种OpenType字体，执行"窗口>文字>OpenType"命令，打开"OpenType"面板，如图12-184所示。

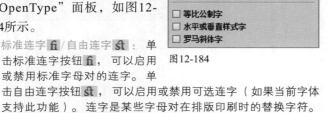

图12-184

- 标准连字 **fi**/自由连字 **st**：单击标准连字按钮 **fi**，可以启用或禁用标准字母对的连字。单击自由连字按钮 **st**，可以启用或禁用可选连字（如果当前字体支持此功能）。连字是某些字母对在排版印刷时的替换字符。大多数字体都包括一些标准字母对的连字，例如 fi、fl、ff、ffi 和 ffl。

- 上下文替代字 **&**：单击该按钮，可以启用或禁用上下文替代字（如果当前字体支持此功能）。上下文替代字是某些脚本字体中所包含的替代字符，能够提供更好的合并行为。例如，使用Caflisch Script Pro 而且启用了上下文替代字时，单词"bloom"中的"bl"字母对便会合并，使其看起来像是手写的。

- 花饰字按钮 **A**：单击该按钮，可以启用或禁用花饰字字符（如果当前字体支持此功能）。花饰字是具有夸张花样的字符。

- 文体替代字 **aa**：单击该按钮，可以启用或禁用文体替代字（如果当前字体支持此功能）。文体替代字是可创建纯美学效果的风格化字符。

- 标题替代字 **T**：单击该按钮，可以启用或禁用标题替代字（如果当前字体支持此功能）。标题替代字是专门为大尺寸设置（如标题）而设计的字符，通常为大写。

- 序数字 **1st**/分数字 **½**：按下序数字按钮 **1st**，可以用上标字符设置序数字。按下分数字按钮 **½**，可以将用斜线分隔的数字转换为斜线分数字。

> 🔊 提示
>
> "OpenType"面板可以设置字形的使用规则。与每次插入一个字形相比，使用"OpenType"面板更加简便，并且可确保获得更一致的结果。但是，该面板只能处理OpenType字体。

12.8.2 "字形"面板

字形是特殊形式的字符。例如，在某些字体中，大写字母 A 有几种形式可用，如花饰字或小型大写字母。使用"字形"面板可以查看字体中的字形，并在文档中插入特定的字形。

使用文字工具 **T** 在文本中单击，设置文字插入点，如图12-185所示，然后执行"窗口>文字>字形"命令，或"文字>字形"命令，打开"字形"面板，在面板中双击一个字符，即可将其插入到文本中，如图12-186和图12-187所示。

图12-185

图12-186　　　　　　　　　　图12-187

在默认情况下，"字形"面板中显示了当前所选字体的所有字形。在面板底部选择一个不同的字体系列和样式可以改变字体，如图12-188所示。如果在文档中选择了字符，则可以从面板顶部的"显示"菜单中选择"当前所选字体的替代字"来显示替代字符。

图12-188

在"字形"面板中选择 OpenType 字体时，可以从"显示"菜单中选择一种类别，将面板限制为只显示特定类型的字形，如图12-189所示。单击字形框右下角的三角形图标，还可以显示替代字形的弹出式菜单。

图12-189

12.8.3 "制表符"面板

执行"窗口>文字>制表符"命令，打开"制表符"面板，如图12-190所示。"制表符"面板用来设置段落或文字对象的制表位。

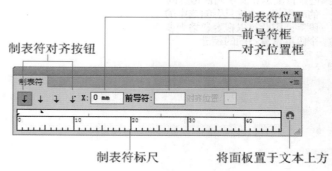

图12-190

- 制表符对齐按钮：用来指定如何相对于制表符位置对齐文本。单击左对齐制表符按钮↓，可以靠左侧对齐横排文本，右侧边距会因长度不同而参差不齐；单击居中对齐制表符按钮↓，可按制表符标记居中对齐文本；单击右对齐制表符按钮↓，可以靠右侧对齐横排文本，左侧边距会因长度不同而参差不齐；单击小数点对齐制表符按钮↓，可以将文本与指定字符（例如句号或货币符号）对齐放置，在创建数字列时，它特别有用。

- 移动制表符：从标尺上选择一个制表位后可进行拖曳。如果要同时移动所有制表位，可按住 Ctrl 键拖曳制表符。拖曳制表位的同时按住 Shift 键，可以让制表位与标尺单位对齐。

- 首行缩排▲/悬挂缩排▼：用来设置文字的缩进。在进行缩进操作时，首先使用文字工具单击要缩排的段落，如图12-191所示。拖曳首行缩排图标▲时，可以缩排首行文本，如图12-192所示；拖曳悬挂缩排图标▼时，可以缩排除第一行之外的所有行，如图12-193所示。

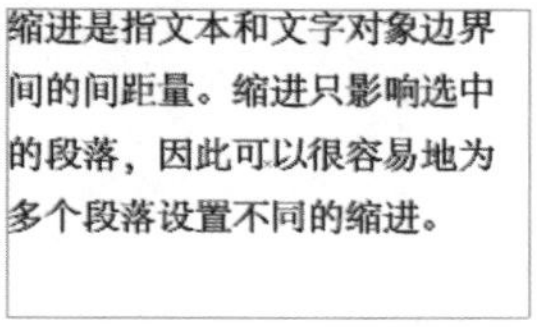

缩进是指文本和文字对象边界间的间距量。缩进只影响选中的段落，因此可以很容易地为多个段落设置不同的缩进。

图12-191

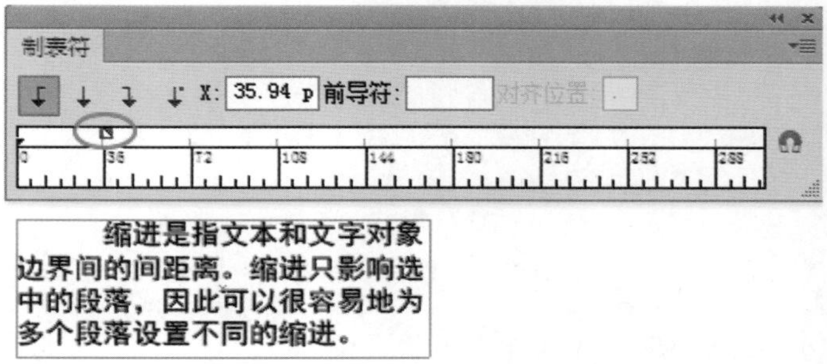

缩进是指文本和文字对象边界间的间距。缩进只影响选中的段落，因此可以很容易地为多个段落设置不同的缩进。

图12-192

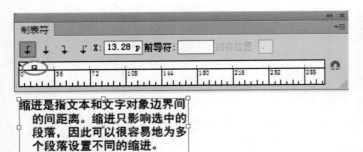

图12-193

图12-194

● 将面板置于文本上方 🔘：单击该按钮，可以将"制表符"面板对齐到当前选择的文本上，并自动调整宽度以适合文本的宽度。

● 删除制表符：将制表符拖离制表符标尺即可删除。

12.8.4 复合字体

在Illustrator中，日文字体和西文字体中的字符可以混合，作为一种复合字体使用。复合字体一般显示在字体列表的起始处。如果要创建复合字体，可以执行"文字>复合字体"命令，打开"复合字体"对话框，如图12-194所示。单击"新建"按钮，在弹出的对话框中输入复合字体的名称，然后单击"确定"按钮，选择字符类别，如图12-195所示，从"单位"下拉列表中选择一个选项，以指定字体属性要使用的单位：% 或 Q（级），接着为所选的字符类别设置字体属性，单击"存储"按钮存储设置，最后单击"确定"按钮关闭对话框即可。

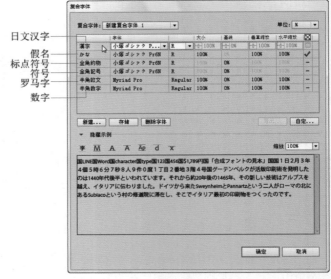

图12-195

12.9 高级文字功能

Illustrator的文字编辑功能非常强大，例如，可以指定文本的换行方式、设置行尾和数字之间的间距、搜索键盘标点字符并将其替换为相同的印刷体标点字符、查找和替换文字，以及将文字转换为轮廓等。

12.9.1 避头尾法则设置

避头尾用于指定中文或日文文本的换行方式。不能位于行首或行尾的字符被称为避头尾字符。执行"文字>避头尾法则设置"命令，打开"避头尾法则设置"对话框，如图12-196所示。在该对话框中可以为中文悬挂标点定义悬挂字符，定义不能位于行首的字符，或定义超出文字行时不可分割的字符（即不能位于行尾的字符），以及不可分开的字符

（Illustrator会推入文本或推出文本，使系统能够正确地放置避头尾字符）。

图12-196

12.9.2 标点挤压设置

　　"标点挤压"用于指定亚洲字符、罗马字符、标点符号、特殊字符、行首、行尾和数字之间的间距，确定中文或日文排版方式。执行"文字>标点挤压"命令，打开"标点挤压设置"对话框，如图12-197所示。单击对话框中的一个选项，可以打开下拉列表修改数值，如图12-198所示。

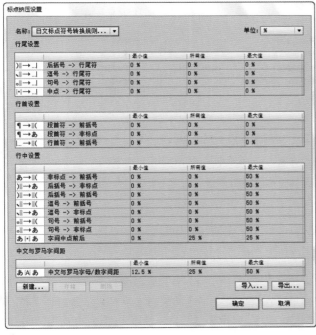

图12-197

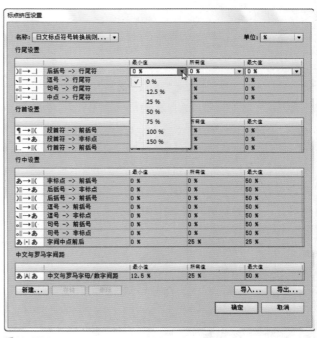

图12-198

12.9.3 智能标点

　　"智能标点"可以搜索键盘标点字符，并将其替换为相同的印刷体标点字符。此外，如果字体包括连字符和分数符号，还可以使用"智能标点"命令统一插入连字符和分数符号。执行"文字>智能标点"命令，打开"智能标点"对话框，如图12-199所示。

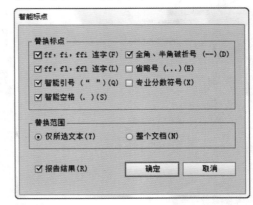

图12-199

● ﬀ，ﬁ，ﬃ 连字：将 ff、fi 或 ffi 字母组合转换为连字。

● ﬀ，ﬂ，ﬄ 连字：将 ff、fl 或 ffl 字母组合转换为连字。

● 智能引号：将键盘上的直引号改为弯引号。

● 智能空格：消除句号后的多个空格。

● 全角、半角破折号：用半角破折号替换两个键盘破折号，用全角破折号替换3个键盘破折号。

- 省略号： 用省略点替换 3 个键盘句点。
- 专业分数符号： 用同一种分数字符替换分别用来表示分数的各种字符。
- 整个文档/仅所选文本： 选择"整个文档"可替换整个文档中的文本符号，选择"仅所选文本"则仅替换所选文本中的符号。
- 报告结果： 勾选该选项，可以看到所替换符号数的列表。

12.9.4 将文字与对象对齐

当同时选择文字与图形对象，并单击"对齐"面板中的按钮进行对齐操作时，Illustrator 会基于字体的度量值来使其与对象对齐，如图12-200和图12-201所示。

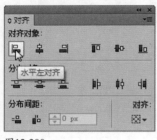
图12-200

图12-201

如果要根据实际字形的边界来进行对齐，可以执行"效果>路径>轮廓化对象"命令，然后打开"对齐"面板菜单，选择"使用预览边界"命令，如图12-202所示，再单击相应的对齐按钮。应用这些设置后，可以获得与轮廓化文本完全相同的对齐结果，同时还可以灵活处理文本，如图12-203所示。

图12-202

图12-203

 相关链接：关于"对齐"面板，请参阅"3.9.3 对齐对象"和"3.9.4 分布对象"。

12.9.5 视觉边距对齐方式

视觉边距对齐方式决定了文字对象中所有段落的标点符号的对齐方式。当"视觉边距对齐方式"选项打开时，罗马式标点符号和字母边缘（如 W 和 A）都会溢出文本边缘，使文字看起来严格对齐。要应用该设置，可以选择文字对象，然后执行"文字>视觉边距对齐方式"命令。

12.9.6 修改文字方向

"文字>文字方向"下拉菜单中包含"水平"和"垂直"两个命令，它们可以改变文本中字符的排列方向，将直排文字改为横排文字，或将横排文字改为直排文字。

12.9.7 转换文字类型

在 Illustrator 中，点文字和区域文字可以互相转换。例如，选择点文字后，执行"文字>转换为区域文字"命令，可将其转换为区域文字。选择区域文字后，执行"文字>转换为点状文字"命令，可将其转换为点文字。

12.9.8 更改大小写

"文字>更改大小写"下拉菜单中包含可更改文字大小写样式的命令，如图12-204所示。选择要更改的字符或文字对象后，执行这些命令可以对字符的大小写进行编辑。

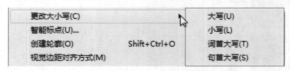
图12-204

- 大写： 将所有字符全部改为大写。
- 小写： 将所有字符全部改为小写。
- 词首大写： 将每个单词的首个字母改为大写。
- 句首大写： 将每个句子的首个字母改为大写。

12.9.9 显示或隐藏非打印字符

非打印字符包括硬回车、软回车、制表符、空格、不间断空格、全角字符（包括空格）、自由连字符和文本结束字符。如果要在设置文字格式和编辑文字时显示非打印字符，可以执行"文字>显示隐藏字符"命令。图12-205所示为在文本中显示的非打印字符。

图12-205

12.9.10 实战：查找和替换文本

使用"查找和替换"命令可以在文本中查找需要修改的文字，并将其替换。在进行查找时，如果要将搜索范围限制在某个文字对象中，可选择该对象；如果要将搜索范围限制在一定范围的字符中，可选择这些字符；如果要对整个文档进行搜索，则不要选择任何对象。

01 打开光盘中的素材，如图12-206所示。执行"编辑>查找和替换"命令，打开"查找和替换"对话框，在"查找"选项中输入要查找的文字。如果要自定义搜索范围，可以勾选对话框底部的选项。在"替换为"选项中输入用于替换的文字，如图12-207所示。

使用"查找和替换"命令可以在文本中查找需要修改的文字，并将其替换。

图12-206

图12-207

02 单击"查找"按钮，Illustrator会将搜索到的文字突出显示，如图12-208所示。单击"全部替换"按钮，替换文档中所有符合搜索要求的文字，如图12-209所示。

图12-208　　　　图12-209

单击"替换"按钮，可替换搜索到的文字，此后可单击"查找下一个"按钮，继续查找下一个复合要求的文字。单击"替换和查找"按钮，可替换搜索到的文字并继续查找下一个文字。如果使用"查找和替换"命令查找了文字，并关闭了对话框，则执行"编辑>查找下一个"命令，可以查找文本中符合查找要求的下一个文字。

12.9.11 实战：查找和替换字体

当文档中使用多种字体时，如果想要用一种字体替换另外一种字体，可以使用"查找字体"命令来进行操作。

01 打开光盘中的素材，如图12-210所示。执行"文字>查找字体"命令，打开"查找字体"对话框。

02 在"文档中的字体"列表中显示了文档中使用的所有字体，选择需要替换的字体"微软雅黑"，如图12-211所示，查找到的使用该字体的文字会突出显示，如图12-212所示。单击"查找"按钮，可继续查找其他使用该字体的文字。

图12-210

图12-211

图12-212

03 在"替换字体来自"选项下拉列表中选择"系统"选项，下面的列表中会列出计算机上的所有字体。选择用于替换的字体，如图12-213所示，单击"更改"按钮，即可用所选字体替换当前选择的文字所使用的字体，如图12-214所示。此时，其他文字的字体仍会保持原样。如果要替换文档中所有使用了"微软雅黑"的文字，可单击"全部更改"按钮，效果如图12-215所示。

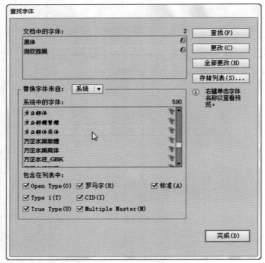

图12-213

图12-214

图12-215

12.9.12 更新旧版文字

在Illustrator CC中打开 Illustrator 10 或更早版本中创建的文字对象时，可以查看、移动和打印旧版文本，但是无法对其进行编辑。如果要进行编辑，则需要先更新文字。

未更新的文本称为旧版文本。打开包含有旧版文本的文件时，会弹出如图12-216所示的对话框。单击"确定"按钮，表示不对文本进行更新。单击"更新"按钮，可更新文本。默认情况下，无论是否更新文件中的文本，Illustrator 都会在文件名后面追加"[转换]"二字。

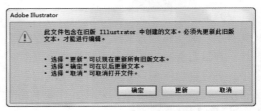

图12-216

> **◀))提示**
>
> 选择旧版文本时，定界框边上会出现"×"状符号。如果打开文件时没有更新旧版文本，以后想要进行更新操作，可以使用"文字>旧版文本"下拉菜单中的命令来进行更新。

12.9.13 拼写检查

Illustrator中包含Proximity 语言词典，可以查找拼写错误的英文单词，并提供修改建议。选择包含英文的文本后，执行"编辑>拼写检查"命令，可以打开"拼写检查"对话框，如图12-217所示。单击"查找"按钮，即可进行拼写检查。当查找到单词或其他错误时，会显示在对话框顶部的文本框中，如图12-218所示。此时可执行下面的操作。

图12-217

图12-218

- 单击"忽略"或"全部忽略"按钮，可继续拼写检查，而不修改查找到的单词。
- 从"建议单词"列表中选择一个单词，或在上方的文本框中输入正确的单词，然后单击"更改"按钮，可修改出现拼写错误的单词。单击"全部更改"按钮，可修改文档中所有出现拼写错误的单词。
- 单击"添加"按钮，将可接受但未识别出的单词存储到 Illustrator 词典中，以便在以后的操作中不再将其视为拼写错误。

12.9.14 编辑自定词典

在使用"拼写检查"命令查找单词时，如果Illustrator的词典中没有某些单词的某种拼写形式，则会将其视为拼写错误。例如，E-mail被视为正确的拼写，而Email会被确认为错误的拼写。

执行"编辑>编辑自定词典"命令，打开"编辑自定词典"对话框，在"词条"文本框中输入单词，然后单击"添加"按钮，可以将单词添加到Illustrator词典中，如图12-219所示。以后再查找到该单词时，它将被视为正确的拼写形式。如果要从词典中删除单词，可以选择列表中的单词，然后单击"删除"按钮。如果要修改词典中的单词，可以选择列表中的单词，然后在"词条"文本框中输入新单词，并单击"更改"按钮。

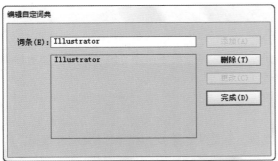

图12-219

12.9.15 将文字转换为轮廓

选择文字对象，执行"文字>创建轮廓"命令，可以将文字转换为轮廓。文字在转换为轮廓后，可以保留描边和填色，并且，可以像编辑其他图形对象一样对它进行处理。例如，可应用效果、填充渐变，但文字的内容将无法再编辑。图12-220所示为原文字对象，图12-221所示是转换为轮廓后的文字，图12-222所示是对文字轮廓进行变形处理并填充渐变的效果。

图12-220

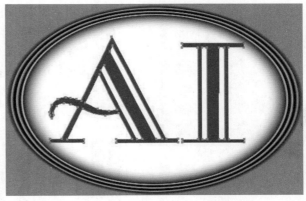

图12-221

图12-222

第13章 图表

13.1 图表的类型

图表可以直观地反映各种统计数据的比较结果，在工作中的应用非常广泛。Illustrator可以制作9种类型的图表。

13.1.1 柱形图图表

柱形图图表是最为常见的一种图表，它以坐标轴的形式显示统计数据，柱形的高度代表了与其对应的数据，数据值越大，柱形越高，如图13-1所示。使用柱形图工具 可以创建这种图表。

13.1.2 堆积柱形图图表

堆积柱形图图表与柱形图图表类似，但是它将各个柱形堆积起来，而不是互相并列。在这种类型的图表中，比较数据会堆积在一起，因此，可以显示某类数据的总量，并且便于观察每一个分量在总量中所占的比例，如图13-2所示。使用堆积柱形图工具 可以创建这种类型的图表。

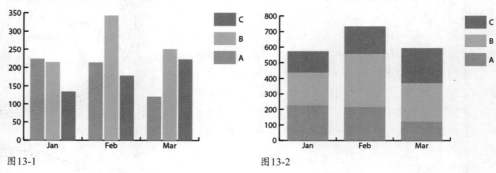

图13-1　　　　　　　　　　　　　　图13-2

13.1.3 条形图图表

条形图图表与柱形图图表类似，但是水平放置条形而不是垂直放置柱形，如图13-3所示。使用条形图工具 可以创建这种类型的图表。

13.1.4 堆积条形图图表

堆积条形图图表与堆积柱形图图表类似，但是条形是水平堆积而不是垂直堆积，如图13-4所示。使用堆积条形图工具 可以创建这种类型的图表。

Illustrator可以制作9种图表，并且在一个图表中还可以组合不同类型的图表。例如，让一组数据显示为柱形图，其他数据组显示为折线图。此外，我们还可以通过多种方式手动编辑图表，包括修改底纹颜色，修改字体和文字样式，移动、对称、切变、旋转或缩放图表的任何部分，自定列和标记的设计，对图表应用透明、渐变、混合、画笔描边、图表样式和其他效果。

编辑图表时需要注意，图表是与其数据相关的编组对象，如果取消图表编组，则无法修改图表数据。要编辑图表，应使用直接选择工具或编组选择工具在不取消图表编组的情况下选择要编辑的部分。

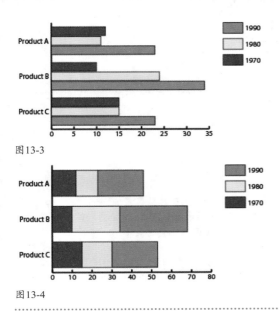

图13-3

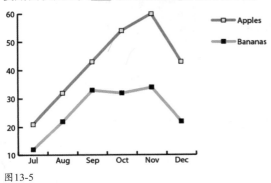

图13-4

13.1.5 折线图图表

折线图图表以点来显示统计数据，再通过不同颜色的折线连接不同组的点，每列数据对应于折线图中的一条线，如图13-5所示。这种图表通常用于表示在一段时间内一个或多个主题的变化趋势，对于确定一个项目的进程很有用。使用折线图工具 可以创建这种类型的图表。

13.1.6 面积图图表

面积图图表与折线图图表类似，但它会对形成的区域给予填充，适合强调数值的整体和变化情况，如图13-6所示。使用面积图工具 可以创建这种类型的图表。

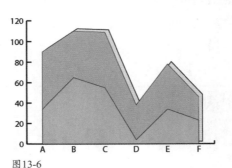

图13-6

13.1.7 散点图图表

散点图图表沿x轴和y轴将数据点作为成对的坐标组进行绘制，如图13-7所示。此类图表适合识别数据中的图案或趋势，还可表示变量是否相互影响。使用散点图工具 可以创建这种类型的图表。

13.1.8 饼图图表

饼图图表适合表现百分比的比较结果。它把数据的总和作为一个圆形，各组统计数据依据其所占的比例将圆形划分，数据的百分比越高，在总量中所占的面积越大，如图13-8所示。使用饼图工具 可以创建这种类型的图表。

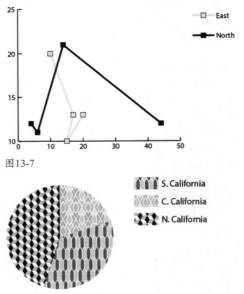

图13-7

图13-5

图13-8

375

13.1.9　雷达图图表

雷达图图表可以在某一特定时间点或特定类别上比较数值组，并以圆形格式表示，如图13-9所示。这种图表类型也称为网状图，常用于专业性较强的自然科学统计。使用雷达图工具 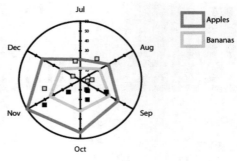 可以创建这种类型的图表。

图13-9

13.2　创建图表

Illustrator提供了9种图表工具用于创建不同类型的图表，用户还可以使用Microsoft Excel数据、文本文件中的数据来创建图表。

13.2.1　"图表数据"对话框

使用任意图表工具在画板中单击并拖曳鼠标定义图表的大小，放开鼠标按键后，会弹出"图表数据"对话框，如图13-10所示。

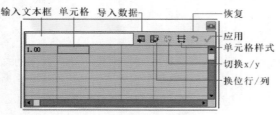

图13-10

- 输入文本框：可以输入不同数据组的标签，这些标签将在图例中显示（标签用于说明要比较的数据组和要比较的种类）。操作方法是：单击对话框中的一个单元格，如图13-11所示，然后在输入文本框中输入数据，数据便会出现在所选单元格中，如图13-12所示。按下键盘中的↑、↓、←、→键可以切换单元格；按下Tab键可以输入数据并选择同一行中的下一单元格；按下回车键可以输入数据并选择同一列中的下一单元格。如果希望Illustrator为图表生成图例，则需删除左上角单元格的内容并保留此单元格为空白。

图13-11

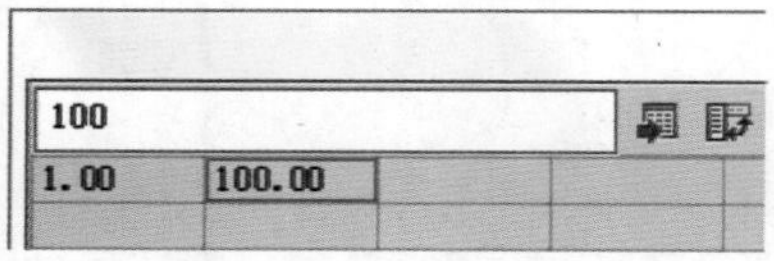

图13-12

- 单元格左列：单元格的左列用于输入类别的标签。类别通常为时间单位，如日、月或年。这些标签沿图表的水平轴或垂直轴显示，但只有雷达图图表例外，它的每个标签都产生单独的轴。如果要创建只包含数字的标签，应使用直式双引号将数字引起来。例如，要将年份1996作为标签使用，应输入"1996"，如图13-13所示。如果输入全角引号""，则引号也显示在年份中，如图13-14所示。

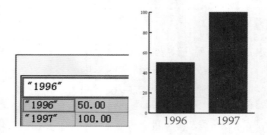

图13-13

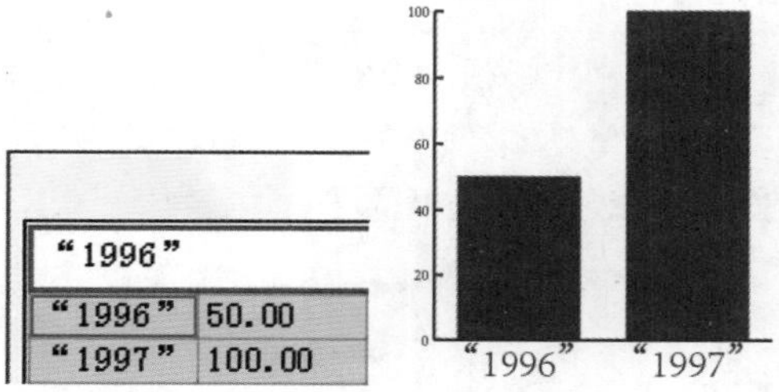

图13-14

- 导入数据 ⊞：单击该按钮，可以导入其他应用程序创建的数据。

- 换位行/列 ⊞：单击该按钮，可以转换行与列中的数据。

- 切换x/y ⊠：创建散点图图表时，单击该按钮，可以对调x轴和y轴的位置。

- 单元格样式 ⊟：单击该按钮，可以打开"单元格样式"对话框，其中"小数位数"选项用来定义数据中小数点后面的

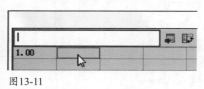

位数。 默认值为 2 位小数, 此时在单元格中输入数字 4 时, 在 "图表数据" 窗口框中显示为 4.00; 在单元格中输入数字 1.55823, 则显示为 1.56。 如果要增加小数位数, 可增加该选项中的数值。 "列宽度" 选项用来调整 "图表数据" 对话框中每一列数据间的宽度。 调整列宽不会影响图表中列的宽度, 只是用来在列中查看更多或更少的数字。

- 恢复 ↶: 单击该按钮, 可以将修改的数据恢复到初始状态。
- 应用 ✔: 输入数据后, 单击该按钮, 可以创建图表。

13.2.2 实战: 创建任意大小的图表

01 选择柱形图工具 📊, 在画板中单击并拖出一个矩形框, 定义图表的大小, 如图13-15所示。 按住Alt键可以从中心绘制, 按住Shift键可以将图表限制为一个正方形。

02 放开鼠标按键后, 弹出 "图表数据" 对话框, 单击一个单元格, 然后在窗口顶部的文本框中输入数据, 如图13-16所示。 可以按下键盘中的方向键切换单元格, 或通过单击来选择单元格。

03 单击对话框右上角的应用按钮 ✔, 或按下数字键盘上的回车键, 关闭对话框, 即可创建图表, 如图13-17所示。

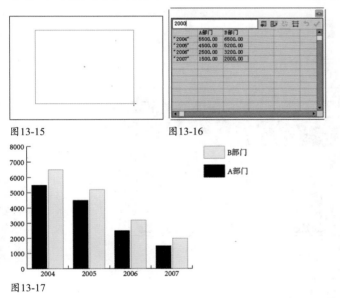

图13-15　　　　　　　图13-16

图13-17

相关链接: 创建图表时, 最初使用的图表工具决定了 Illustrator 生成的图表类型。 但是, 这并不意味着图表的类型固定不变, 如果要修改图表的类型, 请参阅 "13.3.8 实战: 修改图表类型"。

13.2.3 实战: 创建指定大小的图表

01 新建一个文档。 选择折线图工具 📈, 在画板中单击鼠标, 弹出 "图表" 对话框, 输入图表的宽度和高度, 如

图13-18所示。

02 单击 "确定" 按钮, 弹出 "图表数据" 对话框, 输入数据, 如图13-19所示。 单击应用按钮 ✔ 关闭对话框, 即可按照指定的宽度和高度创建图表, 如图13-20所示。

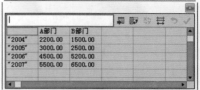

图13-18　　　　　　　图13-19

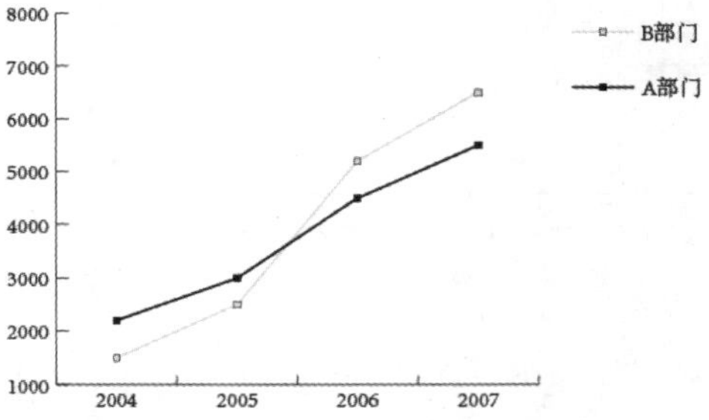

图13-20

🔊 提示

在 "图表" 对话框中定义的尺寸是图表主要部分的尺寸, 并不包括图表的标签和图例。

13.2.4 实战: 使用 Microsoft Excel 数据创建图表

从电子表格应用程序 (如 Lotus1-2-3 或 Microsoft Excel) 中复制数据后, 在Illustrator 的 "图表数据" 对话框中可以粘贴为图表的数据。

01 打开光盘中的Microsoft Excel文件, 如图13-21所示。 在 Illustrator中新建一个文档。 选择柱形图工具 📊, 单击并拖曳鼠标, 弹出 "图表数据" 对话框, 输入年份信息, 如图13-22所示。

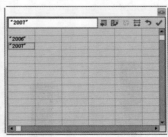

图13-21　　　　　　　图13-22

02 切换到Microsoft Excel窗口。 在 "甲部门" "乙部门" 和 "丙部门" 上拖曳鼠标, 将它们选择, 如图13-23所示,

然后按下Ctrl+C快捷键复制；切换到Illustrator中，在图13-24所示的单元格中拖曳鼠标，将它们选择，按下Ctrl+V快捷键粘贴，如图13-25所示。

图13-23

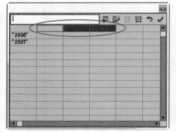 

图13-24　　　　　　　　　　图13-25

03 切换到Microsoft Excel窗口，选择图13-26所示的数据，按下Ctrl+C快捷键复制，将其粘贴到Illustrator单元格的第二行，如图13-27所示。单击应用按钮 ✔，创建图表，如图13-28所示。

 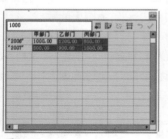

图13-26　　　　　　　　　　图13-27

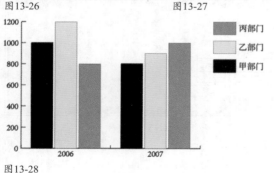

图13-28

13.2.5 实战：使用文本中的数据创建图表

　　文字处理程序创建的文本可以导入Illustrator中生成图表。在使用文本文件时，它的每个单元格的数据应由制表符隔开，每行的数据应由段落回车符隔开。数据只能包含小数点或小数点分隔符，否则，无法绘制此数据对应的图表。例如，输入 732000，而不是 732,000。

01 图13-29所示为光盘中的素材，它是使用Windows的记事本创建的纯文本格式的文件。选择柱形图工具 ，在文档窗口单击并拖曳鼠标，弹出"图表数据"对话框。

02 单击导入数据按钮 ，在打开的对话框中选择该文本文件，即可导入到图表中，如图13-30所示，图13-31所示为创建的图表。

图13-29

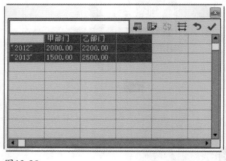

图13-30

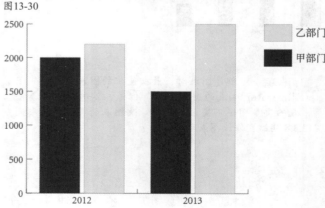

图13-31

13.3 设置图表格式

在Illustrator中创建图表后，可以修改图表轴的外观和位置、添加投影、移动图例、组合不同类型的图表、更改字体和文字样式，也可以对图表的部分内容进行变换操作，或者为图表应用透明、渐变、混合、画笔描边和其他效果。

13.3.1 常规图表选项

用选择工具 选择图表，执行"对象>图表>类型"命令，或双击工具面板中的图表工具，打开"图表类型"对话框，如图13-32所示。在对话框中可以设置所有类型图表的常规选项。

● 数值轴： 用来设置数值轴（此轴表示测量单位）出现的位置，包括"位于左侧"，如图13-33所示；"位于右侧"，如图13-34所示；"位于两侧"，如图13-35所示。

图13-32

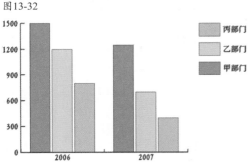

图13-33

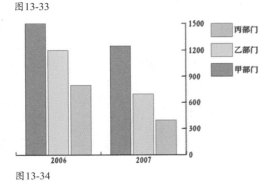

图13-34

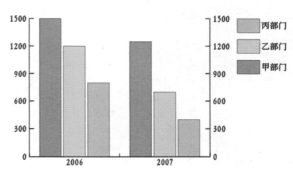

图13-35

● 添加投影： 在图表中的柱形、条形或线段后面，以及对整个饼图图表应用投影，如图13-36所示。

● 在顶部添加图例： 默认情况下，图例显示在图表的右侧水平位置（图13-33所示）。选择该选项后，图例显示在图表的顶部，如图13-37所示。

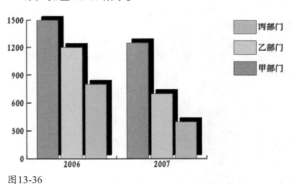

图13-36

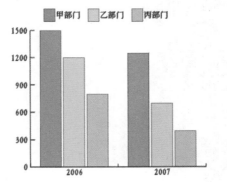

图13-37

● 第一行在前： 当"簇宽度"大于100%时，可以控制图表中数据的类别或群集重叠的方式。使用柱形或条形图时，此选项最有帮助。图13-38和图13-39所示是设置"簇宽度"为120%，并选择该选项时的图表效果。

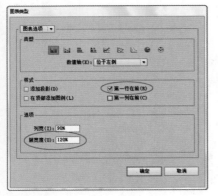

图 13-38

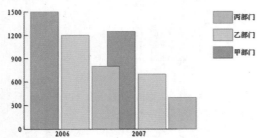

图 13-39

● **第一列在前**：可以在顶部的"图表数据"窗口中放置与数据第一列相对应的柱形、条形或线段。该选项还确定"列宽"大于 100% 时，柱形和堆积柱形图中哪一列位于顶部，以及"条宽度"大于 100% 时，条形和堆积条形图中哪一列位于顶部。图 13-40 和图 13-41 所示是设置"列宽"为 120%，并选择该选项时的图表效果。

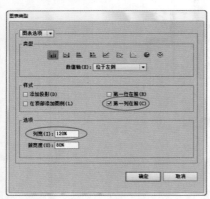

图 13-40

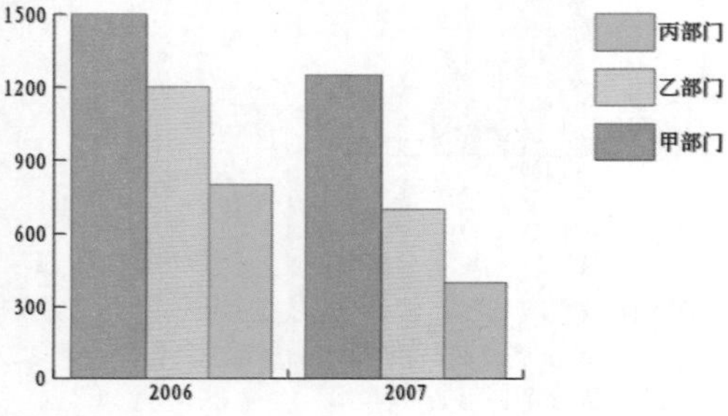

图 13-41

13.3.2 柱形图与堆积柱形图图表选项

在"图表类型"对话框中，除了面积图图表外，其他类型的图表都有一些附加的选项，单击"类型"选项内不同的图表按钮，可在"选项"组内显示相应的选项。单击柱形图图表按钮 ▮▮▮ 或堆积柱形图图表按钮 ▮▮▮ 时，可以显示如图 13-42 所示的选项。

图 13-42

● **列宽**：用来设置图表中柱形之间的空间。大于 100% 的数值会导致柱形相互堆叠，如图 13-43 所示（150%）；小于 100% 的值会在柱形之间保留空间，如图 13-44 所示（90%）。

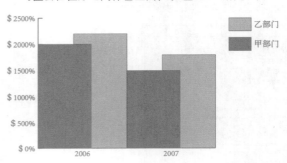

图 13-43

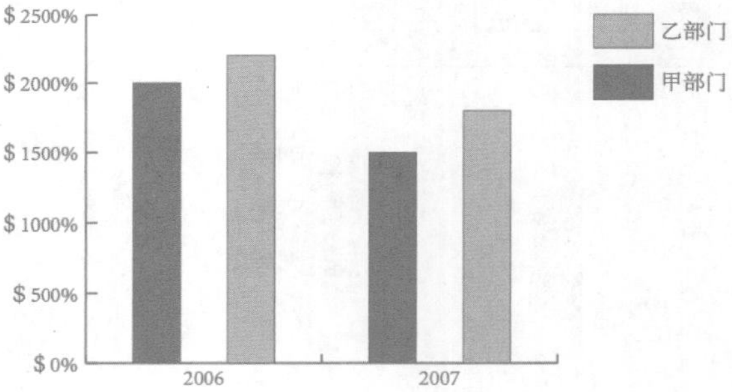

图 13-44

● **簇宽度**：用来设置图表数据群集之间的空间数量。图 13-45 和图 13-46 所示分别是设置该值为 80% 和 100% 时的图表效果。

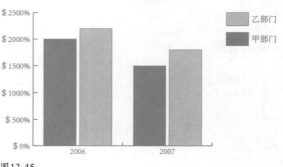

图 13-45

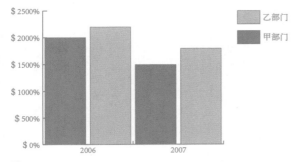

图13-46

13.3.3 条形图与堆积条形图图表选项

单击"图表类型"对话框中的条形图图表按钮 ▤ 或堆积条形图图表按钮 ▤ 时，可以显示如图13-47所示的选项。

图13-47

● **条形宽度**：用来设置图表中条形之间的宽度。大于 100% 的数值会导致条形相互堆叠，如图 13-48 所示（150%）；小于 100% 的值会在条形之间保留空间，如图 13-49 所示（70%）；该值为 100% 时，会使条形相互对齐。

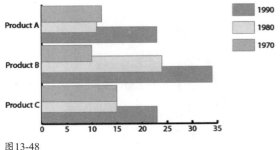

图13-48

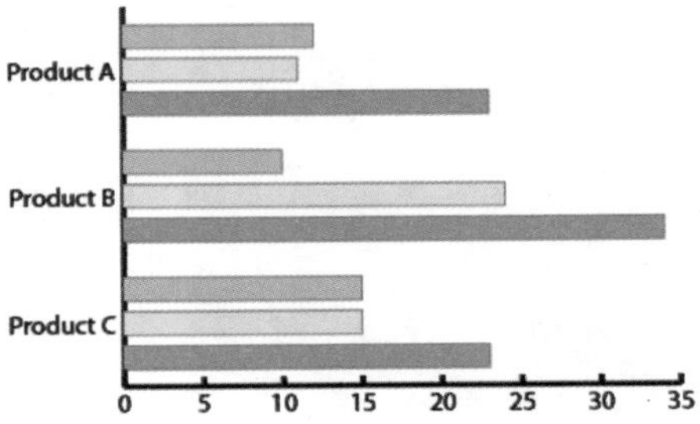

图13-49

● **簇宽度**：用来设置图表中数据群集的空间数量。该值越高，数据群集的间隔越小。

13.3.4 折线图、雷达图与散点图图表选项

单击"图表类型"对话框中的折线图图表按钮 ，雷

达图图表按钮 ⊕ 或散点图图表按钮 ▦ 时，可以显示如图 13-50所示的选项。

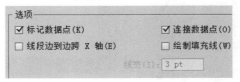

图13-50

● **标记数据点**：选择该选项后，可以在每个数据点上置入正方形标记，如图 13-51 所示。图 13-52 所示是未选择该选项时的图表。

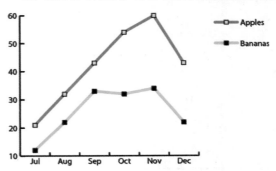

图13-51

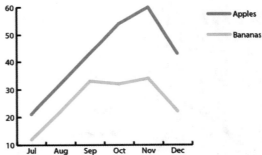

图13-52

● **线段边到边跨 X 轴**：选择该选项后，可沿水平（x）轴从左到右绘制跨越图表的线段，如图 13-53 所示。散点图图表没有该选项。

● **连接数据点**：选择该选项后，可以添加便于查看数据间关系的线段，如图 13-54 所示。图 13-55 所示是未选择该选项时的图表。

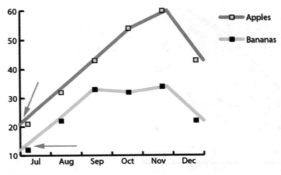

图13-53

381

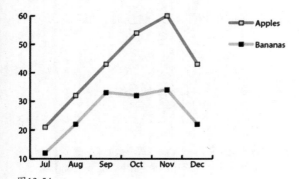

图13-54

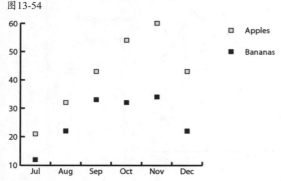

图13-55

● 绘制填充线：选择该选项后，可根据"线宽"文本框中输入
的数值创建更宽的线段，并且"绘制填充线"还会根据该系列
数据的规范来确定用何种颜色填充线段。选择"连接数据点"
时，该选项才有效。图 **13-56** 和图 **13-57** 所示为选择该选项后，
分别设置"线宽"为 **1** 和 **5** 的图表效果。

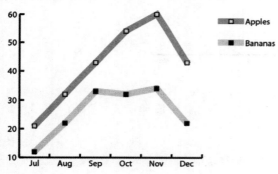

图13-56

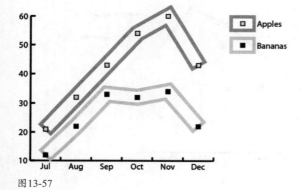

图13-57

13.3.5　饼图图表选项

　　单击"图表类型"对话框中的饼图图表按钮 ，可以
显示如图13-58所示的选项。

图13-58

● 图例：用来设置图表中图例的位置。选择"无图例"，不会
创建图例，如图 13-59 所示；选择"标准图例"，可在图表外
侧放置列标签，如图 **13-60** 所示；选择"楔形图例"，可以将
标签插入到对应的楔形中，如图 **13-61** 所示。

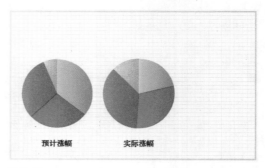

图13-59

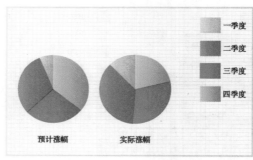

图13-60

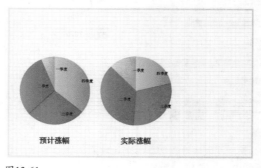

图13-61

● 位置：用来设置如何显示多个饼图。选择"比例"，可按照
比例调整饼图的大小，如图 13-62 所示；选择"相等"，所
有的饼图具有相同的直径，如图 **13-63** 所示；选择"堆积"，
饼图互相堆积，每个图表按照相互间的比例调整大小，如图
13-64 所示。

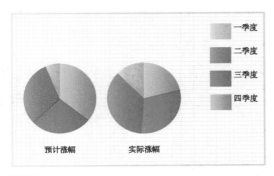

图 13-62

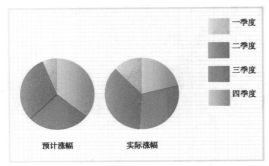

图 13-63

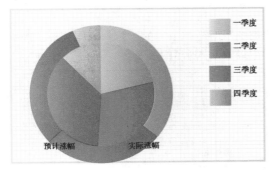

图 13-64

● 排序：用来设置饼图的排列顺序。选择"全部"，饼图按照
从大到小的顺序顺时针排列，如图 **13-65** 所示；选择"第一
个"，最大的饼图被放置在顺时针方向的第一个位置，其他饼
图按照输入的顺序顺时针排列，如图 **13-66** 所示；选择"无"，
饼图按照输入的顺序顺时针排列，如图 **13-67** 所示。

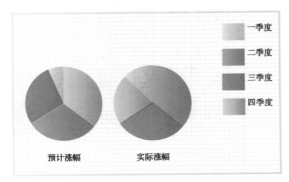

图 13-65

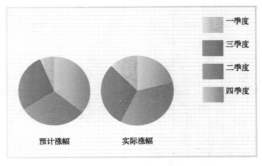

图 13-66

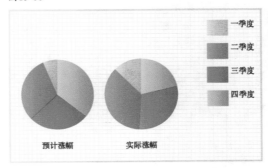

图 13-67

13.3.6 修改数据轴

在 Illustrator 中，除饼图图表外，其他图表都有显示图表
测量单位的数值轴。条形、堆积条形、柱形、堆积柱形、折
线和面积图图表有在图表中定义数据类别的类别轴。用选择
工具 选择图表，执行"对象>图表>类型"命令，或双击一个
图表工具，打开"图表类型"对话框，在对话框顶部的下拉列
表中选择"数值轴"，会显示相应的选项，如图 13-68 所示。

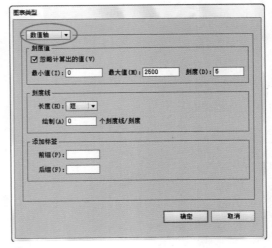

图 13-68

● "刻度值"选项组：用来设置数值轴、左轴、右轴、下轴或
上轴上的刻度线的位置。默认情况下，"忽略计算出的值"选
项未被选择，此时 Illustrator 会根据"图表数据"对话框中输入

的数值自动计算坐标轴的刻度。 如果选择该选项， 则可手动输入刻度线的位置， 此后创建图表时， Illustrator 会接受数值设置或者输入最小值、 最大值和标签之间的刻度数量。

● "刻度线" 选项组： 在 "长度" 选项下拉列表中可以选择刻度线的长度， 包括 "无"， 如图 13-69 所示； "短"， 如图 13-70 所示； "全宽"， 如图 13-71 所示。 在 "绘制" 选项内可以输入 "个刻度线 / 刻度" 的数量， 该值决定了数值轴上的两个刻度之间分成几部分间隔， 图 13-72 所示是设置该值为 5 时图表的效果。

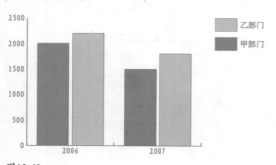

图 13-69

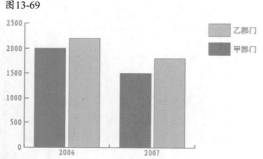

图 13-70

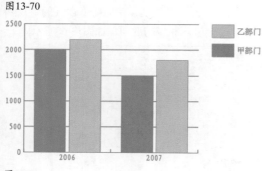

图 13-71

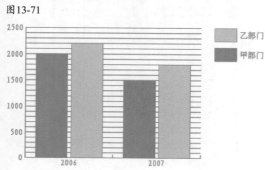

图 13-72

● "添加标签" 选项组： 可以为数值轴、 左轴、 右轴、 上轴和下轴上的数字添加前缀和后缀。 例如， 可以将美元符号或百分号添加到轴数字中， 如图 13-73 和图 13-74 所示。

图 13-73

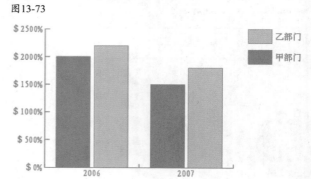

图 13-74

13.3.7 设置类别轴

在 "图表类型" 对话框顶部的下拉列表中选择 "类别轴"， 可以显示如图 13-75 所示的选项。

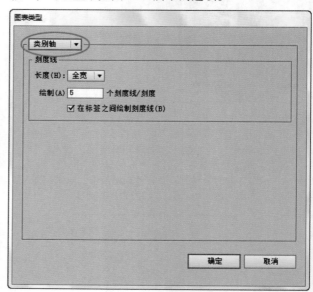

图 13-75

● 长度： 用来设置类别轴刻度线的长度， 包括 "无"， 如图 13-76 所示； "短"， 如图 13-77 所示； "全宽"， 如图 13-78 所示。

● 绘制： 用来设置类别轴上两个刻度之间分成几部分间隔。 图 13-79 所示是设置该值为 4 的图表。

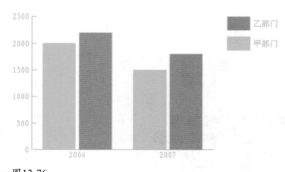

图13-76

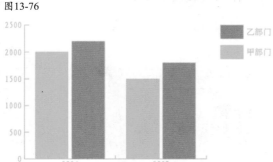

图13-77

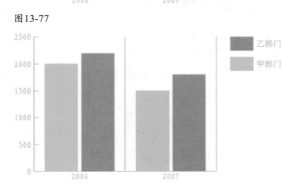

图13-78

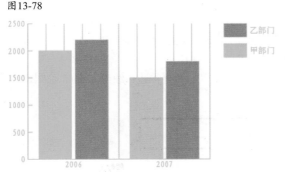

图13-79

● 在标签之间绘制刻度线：选择该选项时，可以在标签或列的任意一侧绘制刻度线。取消选择时，标签或列上的刻度线居中。

13.3.8 实战：修改图表类型

01 打开光盘中的图表素材，如图13-80所示。使用选择工具 ▶ 单击图表，如图13-81所示。

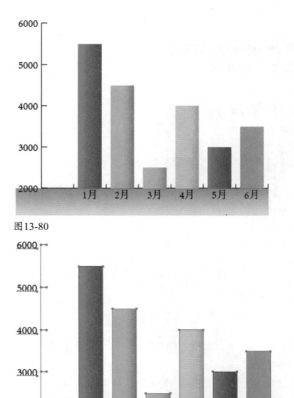

图13-80

图13-81

02 执行"对象>图表>类型"命令，或双击工具面板中的任意一个图表工具，打开"图表类型"对话框，在"类型"选项中单击与所需图表类型相对应的按钮，关闭对话框，即可转换图表的类型，如图13-82和图13-83所示。

图13-82

385

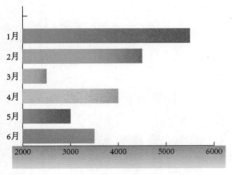

图13-83

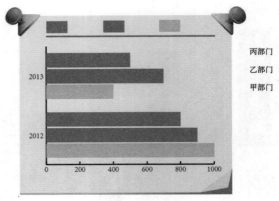

图13-86

13.3.9 实战：修改图表数据

01 打开光盘中的图表素材。使用选择工具 ▶ 单击图表，如图13-84所示。

02 执行"对象>图表>数据"命令，打开"图表数据"对话框，修改数据，如图13-85所示。单击应用按钮 ✔，更新画板中的数据，如图13-86所示。使用编组选择工具 ▶+ 选择文字，将它们移动到图表顶部，如图13-87所示。

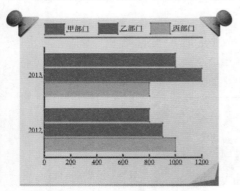

图13-84

图13-85

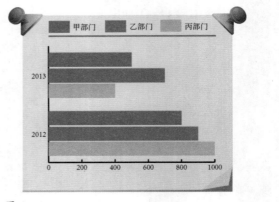

图13-87

13.3.10 实战：修改图表图形和文字

创建图表以后，所有对象会自动编为一组。使用直接选择工具 ▶ 或编组选择工具 ▶+ 可以选择图表中的图例、图表轴和文字等内容进行修改。

01 打开光盘中的图表素材。使用编组选择工具 ▶+ 在最右侧的刻度线上双击，选取所有纵向刻度线，如图13-88所示，在控制面板中设置描边粗细为0.25pt，如图13-89所示。采用同样的方法双击横向刻度线，设置描边粗细为0.25pt，如图13-90所示。

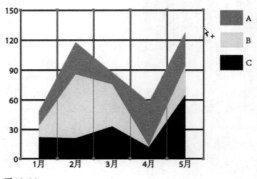

图13-88

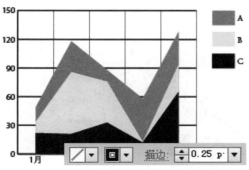

图13-89

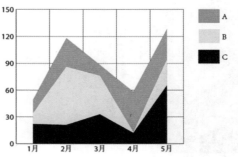

图13-93

03 修改另外两组折线图形和图例的颜色，如图13-94所示。
使用文字工具 T 在字母 "A" 上单击并拖曳鼠标，将其选取，修改文字内容为 "狐狸"，如图13-95所示。修改另外两组文字，如图13-96所示。

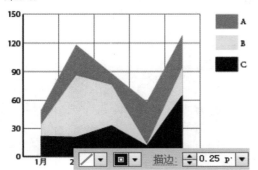

图13-90

02 选取最左侧和最底部的线条，将它们的描边也调整为 0.25pt，如图13-91所示。使用编组选择工具 ▷⁺ 按住Shift 键单击灰色折线图形和图例，将它们选取，如图13-92所示，然后将填充颜色修改为橙色，如图13-93所示。

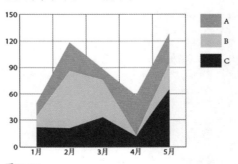

图13-94

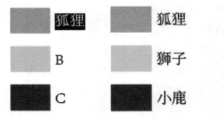

图13-95   图13-96

04 打开光盘中的素材，如图13-97所示。将这几个动物图形复制并粘贴到图表文档中，放在图例上方，如图13-98所示。最后再使用矩形工具 ▦ 创建一个矩形，填充渐变，按下 Shift+Ctrl+[快捷键移动到最后面，作为背景，如图13-99所示。

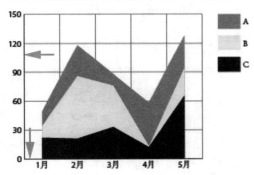

图13-91

图13-97   图13-98

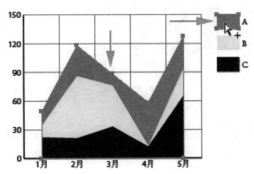

图13-92

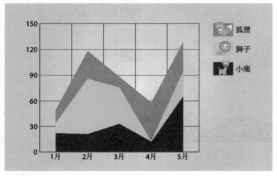

图13-99

69 技术看板：图表编辑要点

图表是与其数据相关的编组对象，因此，如果取消图表编组，就无法更改图表。要编辑图表，应使用直接选择工具 ▶ 和编组选择工具 ▶⁺ 在不取消图表编组的情况下选择要编辑的部分。还有一点非常重要的是，要了解图表的图素是如何相关的。例如，带图例的整个图表是一个组，所有数据组是图表的次组。相反，每个带图例框的数据组是所有数据组的次组，每个值都是其数据组的次组。此外，尽量不要取消图表中对象的编组，也不要将它们重新编组。

13.3.11 实战：组合不同类型的图表

在Illustrator中，除了散点图图表之外，可以将任何类型的图表与其他图表组合。

01 打开光盘中的折线图图表，如图13-100所示。选择编组选择工具 ▶⁺，将光标放在绿色的数据组上，连续单击3次鼠标，选择所有绿色数据组，如图13-101所示。

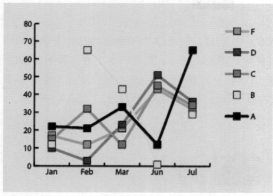

图13-100

02 执行"对象>图表>类型"命令，或双击工具面板中的任意图表工具，打开"图表类型"对话框，单击柱形图按钮 ▥▥，如图13-102所示，然后单击"确定"按钮关闭对话框，即可将选择的数据组修改为柱形图，如图13-103所示。

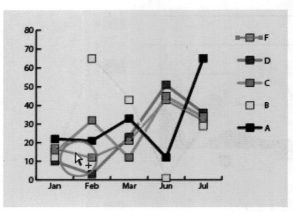

图13-101

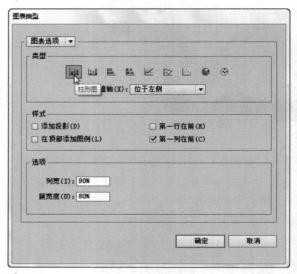

图13-102

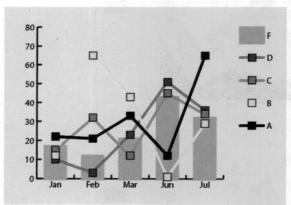

图13-103

◀》 提示

如果在一个图表中使用了多个图表类型，可以沿右轴使用一个数据组，沿左轴使用其他数据组。这样，每个轴都可以测量不同的数据。

13.4 替换图例

在Illustrator中创建图表后，可以用插图替换图表中的图例，得到更加生动、有趣的自定义图表。用于替换的对象可以是简单的图形、徽标和符号，也可以是包含图案和参考线的复杂对象。

13.4.1 "设计"命令

使用"设计"命令可以将选择的图形对象创建为图表中替代柱形和图例的设计图案。图13-104所示为一个图形对象，将其选择后，执行"对象>图表>设计"命令，打开"图表设计"对话框，如图13-105所示。

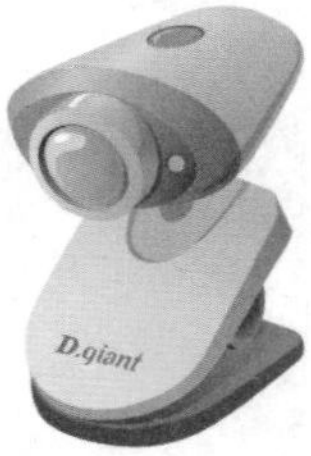

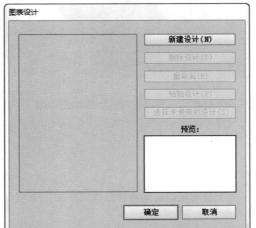
图13-104

图13-105

● 新建设计：单击该按钮，可以将当前选择的对象创建为一个新的设计图案，该设计图案会显示在"预览"窗口中，如图13-106所示。

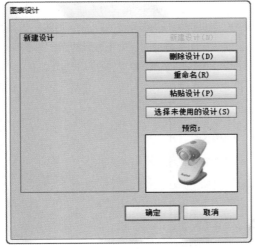
图13-106

● 删除设计：在对话框中选择一个设计图案后，单击该按钮可以将它删除。

● 重命名：选择对话框左侧的一个设计图案，单击该按钮，可在打开的"重命名"对话框中修改当前设计图案的名称。

● 粘贴设计：在对话框中选择一个设计图案后，单击该按钮，可以将它粘贴到文档窗口中，此时可对图案进行编辑。图案修改完成后，可以将它重新定义为一个新的设计。

● 选择未使用的设计：单击该按钮，可以选择所有未被使用的设计图案。

13.4.2 "柱形图"命令

创建设计图案后，选择一个图表对象，执行"对象>图表>柱形图"命令，打开"图表列"对话框，单击自定义的图案的名称，它会出现在对话框右侧的预览窗口中，单击"确定"按钮，可以使用所选图案替换图表中的柱形和标记。图13-107所示为原图表，图13-108所示为在"图表列"对话框中选择的图案，图13-109所示为使用该图案替换柱形后的效果。

当设计图案与图表的比例不匹配时，可以在"列"类型下拉列表中选择图案的缩放方式。

● 垂直缩放：根据数据的大小在垂直方向伸展或压缩图案，图案的宽度保持不变（图13-109所示）。

● 一致缩放：根据数据的大小对图案进行等比缩放，如图13-110所示。

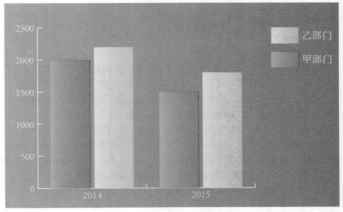
图13-107

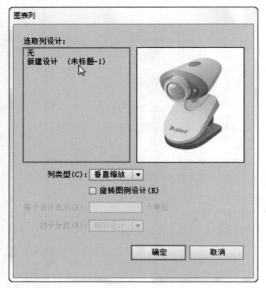

图13-108

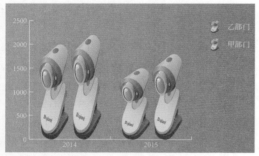

图13-109

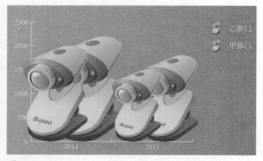

图13-110

- 重复堆叠：选择该选项后，对话框下面的选项将被激活。在"每个设计表示"文本框中可以输入每个图案代表几个单位。例如，输入100，表示每个图案代表100个单位，Illustrator会以该单位为基准自动计算使用的图案数量。单位设置完成后，需要在"对于分数"选项中设置不足一个图案时如何显示。选择"截断设计"，表示不足一个图案时使用图案的一部分，该图案将被截断；选择"缩放设计"，表示不足一个图案时图案将被等比缩小，以便完整显示。图13-111所示是设置"每个设计表示"为1000，并选择"截断设计"时的图表效果；图13-112所示是设置"每个设计表示"为1000，并选择"缩放设计"时的图表效果。

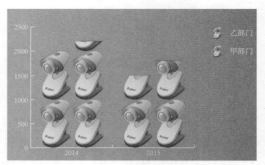

图13-111

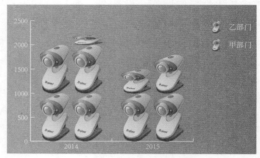

图13-112

- 局部缩放：选择该选项后，表示可以对局部图案进行缩放。要缩放局部图案，需要重新定义图案，并在图案中绘制一条直线来确定缩放的起始位置。
- 旋转图例设计：将图例中的图案旋转90°。

相关链接：关于局部缩放图案的详细设置方法，请参阅"13.4.5 实战：局部缩放图形"。

13.4.3 "标记"命令

折线图和散点图图表可以应用标记设计，即使用设计图案替换图表中的点。用编组选择工具 选择图表中的标记和图例，但不要选择线段，执行"对象>图表>标记"命令，打开"图表标记"对话框，如图13-113所示，选择一个图案，单击"确定"按钮，可以使用该图案替换图表中正方形的点。图13-114所示为一个折线图图表，图13-115所示为替换点后的图表。

图13-113

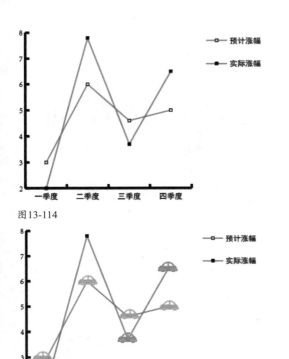

图13-114

图13-115

13.4.4 实战：将图形添加到图表中

01 打开光盘中的图表素材，如图13-116所示。使用选择工具 选取小球员，如图13-117所示。

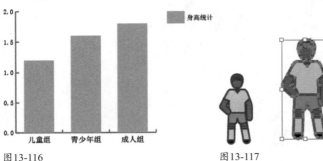

图13-116　　　　　　　　　　图13-117

02 执行"对象>图表>设计"命令，在打开的对话框中单击 "新建设计"按钮，将所选图形定义为一个设计图案，如图13-118所示，然后单击"确定"按钮关闭对话框。选择图表对象，如图13-119所示。

03 执行"对象>图表>柱形图"命令，在打开的"图表列"对话框中单击新创建的设计图案，在"列类型"选项下拉列表中选择"垂直缩放"，并取消"旋转图例设计"选项的勾选，如图13-120所示，然后单击"确定"按钮，用小球员替换图例，如图13-121所示。

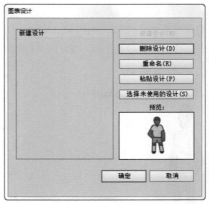

图13-118

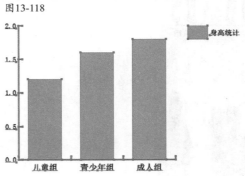

图13-119

图13-120

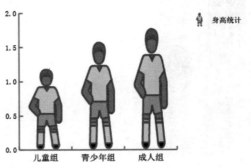

图13-121

04 使用编组选择工具 按住Shift键单击各个文字，将它们选择，在控制面板中设置字体为黑体，如图13-122所示。使用矩形工具 创建几个矩形，填充线性渐变，放在小球星的身后，如图13-123所示。

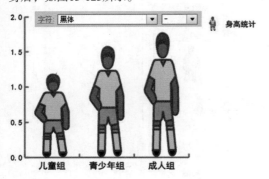

图13-122

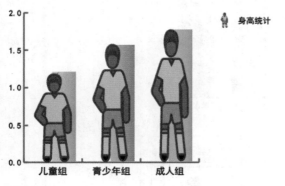

图13-123

13.4.5 实战：局部缩放图形

01 打开光盘中的图表素材，如图13-124所示。这是一组卡通版的雪糕。执行"对象>图表>设计"命令，打开"图表设计"对话框，选择如图13-125所示的设计图案，单击"粘贴设计"按钮，再单击"确定"按钮，将它粘贴到文档窗口中，如图13-126所示。

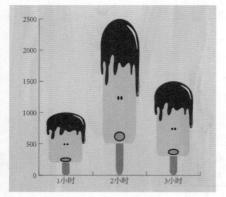

图13-124

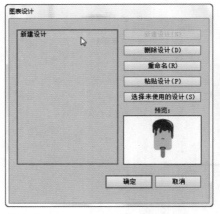

图13-125

图13-126

70 技术看板：定义设计图案范围

创建设计图案时，可以在图案周围创建一个无填色、无描边的矩形，然后再将矩形同图案一起创建为一个设计图案，这样就可以通过矩形定义图案范围。矩形与图案间的空隙越大，在使用图案时，图案间的间距也就越大。不绘制该矩形也可以直接创建图案，但在图表中应用图案时可能会造成图案之间过于拥挤。

定义的设计图案

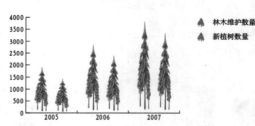

将图案应用到图表中的效果

定义的设计图案

将图案应用到图表中的效果

02 选择直线段工具 ✏，按住Shift键创建一条直线，如图13-127所示。执行"视图>参考线>建立参考线"命令，将直线创建为参考线，如图13-128所示，通过它来定义图形的缩放位置。在后面的操作中，位于参考线下方的图形被缩放，参考线上方的图形比例保持不变。

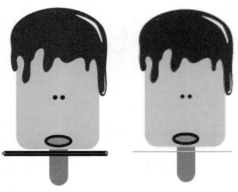

图13-127   图13-128

◀》 提示

打开"视图>参考线"下拉菜单，如果"锁定参考线"命令前面有个"√"，说明参考线被锁定，单击该命令解除参考线的锁定（"√"消失），然后再进行后面的操作。

03 使用选择工具 ▶ 单击并拖出一个选框，将创建为参考线的直线和图案同时选择，如图13-129所示，执行"对象>图表>设计"命令，打开"图表设计"对话框，然后单击"新建设计"按钮，将它们保存为一个新建的设计图案，如图13-130所示，最后关闭对话框。

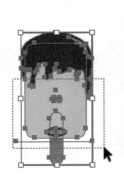

图13-129   图13-130

04 选择图表对象，如图13-131所示，执行"对象>图表>柱形图"命令，打开"图表列"对话框，单击新建的设计图案，在"列类型"选项下拉列表中选择"局部缩放"，如图13-132所示，然后单击"确定"按钮关闭对话框。执行"视图>参考线

>隐藏参考线"命令，隐藏参考线，即可对图表进行局部缩放，如图13-133所示。

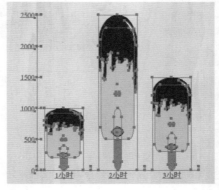

图13-131

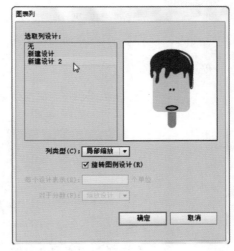

图13-132

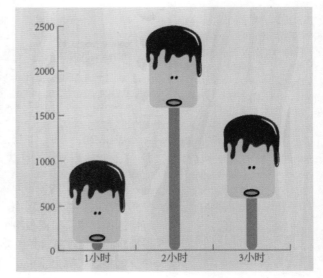

图13-133

393

Web 图形与动画

14.1 关于Web图形

Illustrator 提供多种工具用来创建网页输出，以及创建并优化网页图形。

Illustrator 提供了制作切片、优化图像和输出图像的网页编辑工具，可以帮助用户设计和优化单个Web图形或整个页面布局，轻松创建网页的组件。设计 Web 图形需要使用 Web 安全颜色，平衡图像品质和文件大小以及为图形选择最佳文件格式。

人的眼睛有一种生理现象，叫做"视觉暂留性"，即看到一幅画或一个物体后，影像会暂时停留在眼前，1/24秒内不会消失。动画便是利用这一原理，将静态的、但又是逐渐变化的画面，以每秒20幅的速度连续播放，便会给人造成一种流畅的视觉变化效果。动画分为两种，一种是用Maya和3ds max等制作的三维动画，另一种是用Flash和Illustrator等软件制作的二维动画。三维动画是通过动画软件创造出虚拟的三维空间，再将模型放在这个三维空间的舞台上，从不同的角度用灯光照射，并赋予每个部分动感和强烈的质感而得到的效果。二维动画主要是用手工逐幅绘制的，画面具有绘画的艺术美感。

14.1.1 Web 安全颜色

　　颜色是网页设计的重要方面，然而，一台计算机屏幕上的颜色未必能在其他系统上的Web 浏览器中以同样的效果显示。为了使Web图形的颜色能够在所有的显示器上看起来都一样，就需要使用Web安全颜色。

　　在"颜色"面板和"拾色器"中调整颜色时，如果出现警告图标 ⬡，如图14-1所示，就表示当前设置的颜色不能在其他Web浏览器上显示为相同的效果。Illustrator会在该警告旁边提供与当前颜色最为接近的Web安全颜色，单击它，可以将当前颜色替换为Web安全颜色，如图14-2所示。

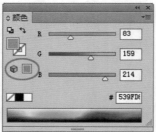 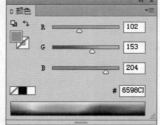

图14-1　　　　　　　　　　　　图14-2

> 🔊 提示
>
> 选择"颜色"面板菜单中的"Web 安全RGB"命令，或在"拾色器"对话框中选择"仅限Web颜色"选项，可以始终在Web安全颜色模式下设置颜色。

14.1.2 像素预览模式

　　Illustrator中的像素对齐功能对网页设计师非常重要，通过它可以让对象中的所有水平和垂直内容都对齐到像素网格上，以便让描边呈现清晰的外观。如果要启用该功能，可以选择"变换"面板中的"对齐像素网格"选项。此后在任何变换操作中，对象都会根据新的坐标重新对齐像素网格，绘制的新对象也会具有像素对齐属性。

　　如果要了解 Illustrator 如何将对象划分为像素，可以打开一个矢量文件，如图14-3所示，执行"视图>像素预览"命令，然后用缩放工具 🔍 放大图稿，当视图放大到 600%时，就可以查看像素网格，如图14-4所示。

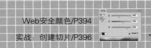

图14-3

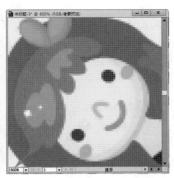

图14-4

图14-5

- 所选对象中使用的样式
- CSS代码
- 复制所选项目样式
- 生成CSS
- 导出所选CSS
- 导出选项

14.1.3 查看和提取 CSS 代码

使用Illustrator创建 HTML 页面的版面时，可以生成和导出基础CSS代码。CSS可以控制文本和对象的外观（与字符和图形样式相似）。如果要查看CSS代码，可以打开"CSS属性"面板，如图14-5所示。选择一个对象，该对象的CSS代码会显示在"CSS属性"面板中。

- 生成 CSS ⚙️：选择对象后，单击该按钮，可以显示生成的CSS代码。

- 复制所选项目样式 🔲：选择特定代码后，单击该按钮，可以将其复制到剪贴板。如果要复制所有代码，则不要选择任何CSS代码，而直接单击该按钮。

- 导出所选 CSS ➡️：选择 CSS 代码后，单击该按钮，可以将其导出到文件中。如果要导出所有代码，可以打开面板菜单，执行其中的"全部导出"命令。

- 导出选项 📋：单击该按钮，可以在打开的对话框中设置导出选项，包括CSS单位、对象外观、位置和大小等。

14.2 切片与图像映射

在Illustrator中，切片可以定义图稿中不同Web元素的边界，以便对不同的区域分别进行优化。例如，如果图稿包含需要以 JPEG格式进行优化的位图图像，其他部分更适合作为GIF文件进行优化，可以使用切片隔离位图，然后分别对它们进行优化，以便减小文件的大小，使下载更加容易。

14.2.1 关于切片

网页包含许多元素，如HTML文本、位图图像和矢量图等，如图14-6所示。而切片分为子切片和自动切片两种类型，如图14-7所示。子切片是用户创建的用于分割图像的切片，它带有编号并显示切片标记。创建子切片时，Illustrator会自动在当前切片周围生成用于占据图像其余区域的自动切片。编辑切片时，Illustrator还会根据需要重新生成子切片和自动切片。

无图像切片　图像切片　HTML文本切片

图14-6

自动切片
子切片

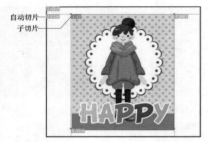

图14-7

14.2.2 实战：创建切片

在Illustrator中，可以通过3种方法创建切片。

01 打开光盘中的素材。选择切片工具 ，在图稿上单击并拖出一个矩形框，如图14-8所示，放开鼠标按键后，可以创建一个切片，如图14-9所示。拖曳鼠标时按住Shift键可以创建正方形切片，按住Alt键可以从中心向外创建切片。

图14-8   图14-9

02 在另一个画板中使用选择工具 选择两个对象，如图14-10所示，执行"对象>切片>建立"命令，可以为每一个对象创建一个切片，如图14-11所示。执行"对象>切片>从所选对象创建"命令，则可将所选对象创建为一个切片。

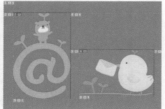

图14-10   图14-11

03 按下Ctrl+R快捷键显示标尺。在水平标尺和垂直标尺上拖出参考线，如图14-12所示。执行"对象>切片>从参考线创建"命令，可以按照参考线的划分区域创建切片，如图14-13所示。

图14-12   图14-13

相关链接：关于参考线的详细内容，请参阅"3.5 使用辅助工具"。

14.2.3 实战：选择和编辑切片

01 打开光盘中的素材，如图14-14所示。使用切片选择工具 单击一个切片，即可将其选择，如图14-15所示。如果要选择多个切片，可按住 Shift 键单击各个切片。自动切片显示为灰色，无法选择和编辑。

图14-14   图14-15

02 单击并拖曳切片可将其移动，Illustrator 会重新生成子切片和自动切片，如图14-16所示。按住Shift键拖曳可以将移动限制在垂直、水平或 45° 对角线方向上。选择切片后，按住Alt键拖曳鼠标，或执行"对象>切片>复制切片"命令，可以复制切片。

03 拖曳切片的定界框可以调整切片的大小，如图14-17所示。如果要将所有切片的大小调整到画板边界，可以执行"对象>切片>剪切到画板"命令。超出画板边界的切片会被截断，画板内部的自动切片会扩展到画板边界，而所有图稿都保持原样不变。

图14-16   图14-17

◀)) 提示

如果只想保存图稿中的所选切片，可以执行"文件>存储选中的切片"命令。

14.2.4 设置切片选项

切片选项决定了切片内容如何在生成的网页中显示，

以及如何发挥作用。使用切片选择工具 ✏ 选择一个切片，如图14-18所示，执行"对象>切片>切片选项"命令，打开"切片选项"对话框。

图像

如果希望切片区域在生成的网页中为图像文件，可以在"切片类型"下拉列表中选择"图像"，对话框中会显示如图14-19所示的选项。

图14-18

图14-19

- 名称：可输入切片的名称。
- URL/目标：如果希望图像是HTML链接，可以输入URL和目标框架。设置切片的URL链接地址后，在浏览器中单击该切片图像时，可以链接到URL选项中设置的地址上。
- 信息：可输入当鼠标位于图像上时，浏览器的状态区域中所显示的信息。
- 替代文本：用来设置浏览器下载图像时，未显示图像前所显示的替代文本。

无图像

如果希望切片区域在生成的网页中包含HTML文本和背景颜色，可以在"切片类型"下拉列表中选择"无图像"，对话框中会显示如图14-20所示的选项。

- 显示在单元格中的文本：用来输入所需的文本。但要注意，文本不要超过切片区域可以显示的长度。如果输入了太多的文本，它将扩展到邻近的切片并影响网页的布局。
- 文本是HTML：使用标准的HTML标记设置文本格式。
- 水平/垂直：可以调整表格单元格中文本的对齐方式。
- 背景：用来设置切片图像的背景颜色。如果要创建自定义的颜色，可以选择"其他"选项，然后在打开的"拾色器"对话框中进行设置。

HTML文本

选择文本对象，并执行"对象>切片>建立"命令创建切片后，才能在"切片类型"下拉列表中选择"HTML文本"选项，此时，对话框中会显示如图14-21所示的选项。我们可以通过生成的网页中基本的格式属性将Illustrator文本转换

为HTML文本。如果要编辑文本，可更新图稿中的文本。设置"水平"和"垂直"选项，可以更改表格单元格中文本的对齐方式。在"背景"选项中可以选择表格单元格的背景颜色。

图14-20

图14-21

14.2.5 划分切片

使用切片选择工具 ✏ 选择一个切片，如图14-22所示，如果要将它划分为多个切片，可以执行"对象>切片>划分切片"命令，打开"划分切片"对话框进行操作，如图14-23所示。

图14-22

图14-23

- 水平划分为：可以设置切片的水平划分数量。选择"个纵向切片，均匀分隔"单选钮时，可以在它前面的文本框中输入划分的精确数量。例如，如果希望水平划分为4个切片，可输入4，效果如图14-24所示。选择"像素/切片"单选钮时，可以在它前面的文本框中输入水平切片的间距，Illustrator会自动划分切片，图14-25所示是设置间距为10的划分结果。
- 垂直划分为：可以设置切片的垂直划分数量。

图14-24

图14-25

14.2.6 组合切片

使用切片选择工具按住Shift键单击多个切片，如图14-26所示，执行“对象>切片>组合切片”命令，可以将所选切片组合为一个切片，如图14-27所示。如果被组合的切片不相邻，或者具有不同的比例或对齐方式，则新切片可能与其他切片重叠。

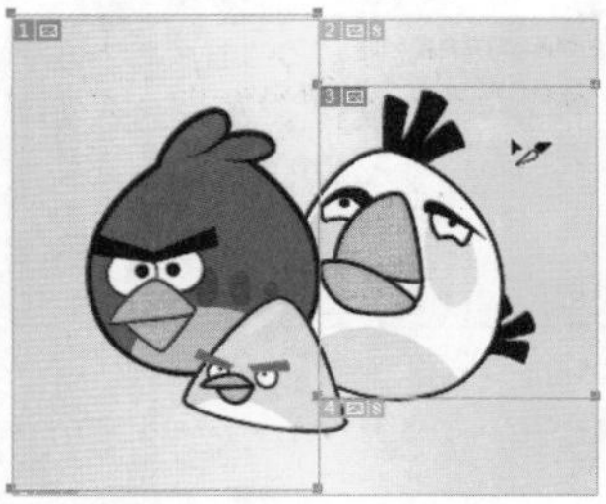

图14-26

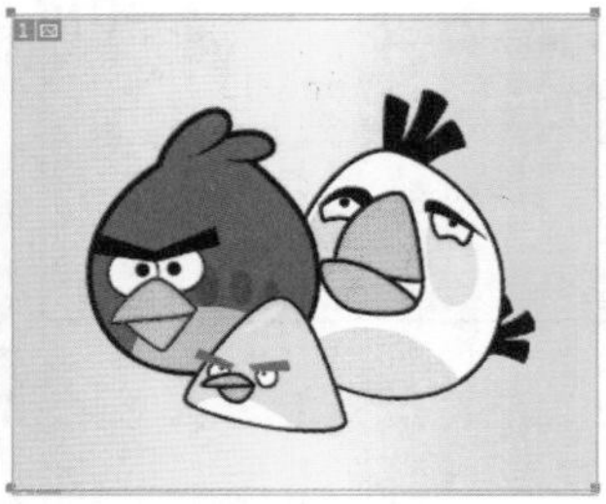

图14-27

14.2.7 显示与隐藏切片

执行“视图>隐藏切片”命令，可以隐藏画板中的切片。如果要重新显示切片，可以执行“视图>显示切片”命令。

相关链接：执行“编辑>首选项>智能参考线和切片”命令，可以在打开的“首选项”对话框中设置切片线条的颜色，以及是否显示切片的编号。详细内容请参阅“16.2.7 智能参考线”和“16.2.8 切片”。

14.2.8 锁定切片

锁定切片可以防止由于操作不当而调整了切片的大小或移动切片。如果要锁定单个切片，可以在切片图层的缩览图左侧单击（显示锁状图标），如图14-28和图14-29所示。如果要锁定所有切片，可以执行“视图>锁定切片”命令。再次执行该命令，可解除锁定。

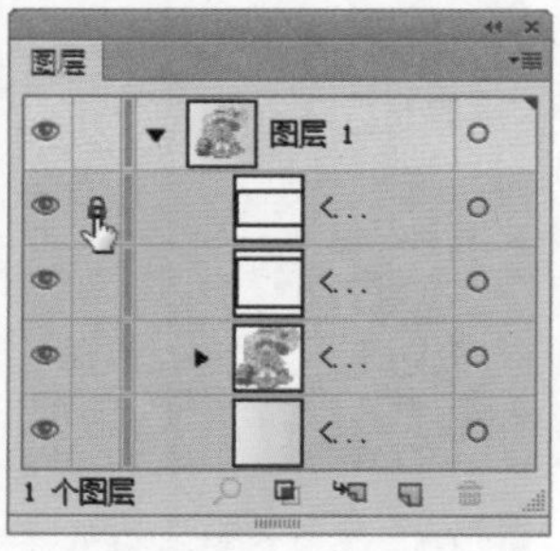

图14-28

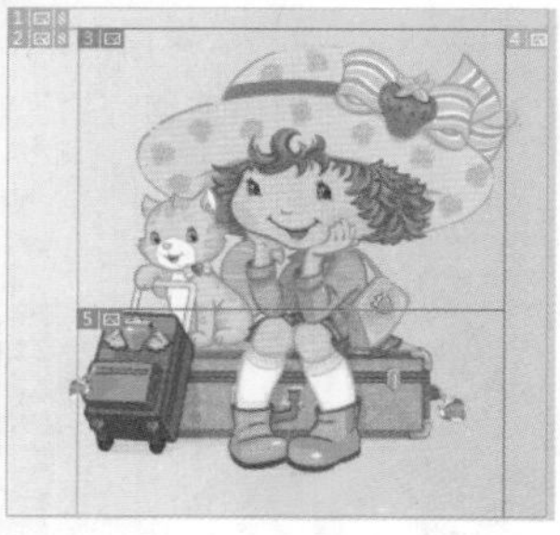

图14-29

14.2.9 释放与删除切片

使用切片选择工具选择切片，执行“对象>切片>释放”命令，可以释放切片，对象将恢复为创建切片前的状态。如果按下Delete 键，则可将其删除。如果要删除当前文档中所有的切片，可以执行“对象>切片>全部删除”命令。

14.2.10 实战：创建图像映射

图像映射是一种链接功能，它可以将图像的一个或多个区域（称为热区）链接到一个URL地址上，当用户单击热区时，Web浏览器就会载入所链接的文件。

01 打开光盘中的素材，如图14-30所示。使用选择工具选择要链接到URL的对象，如图14-31所示。

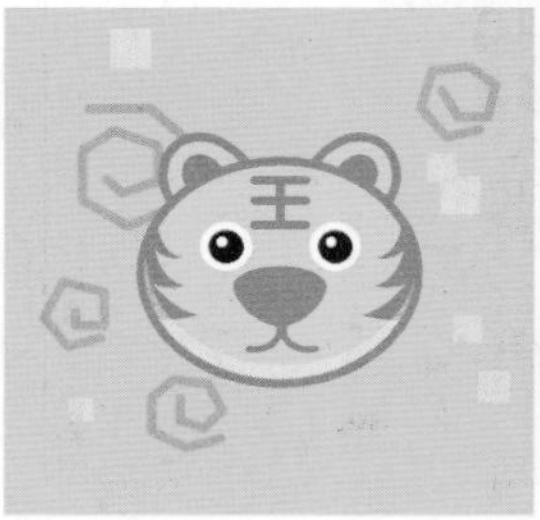

图14-30

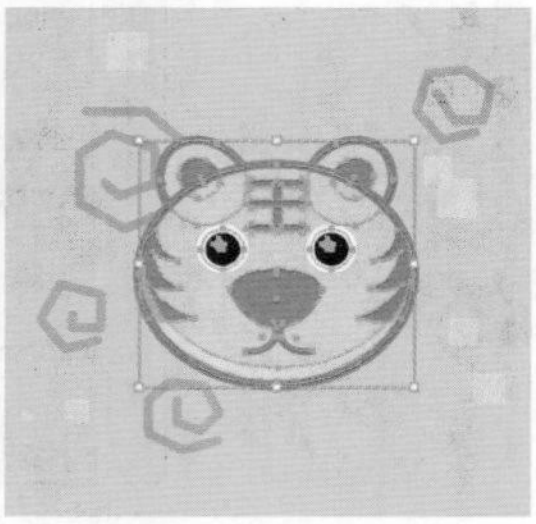

图14-31

02 打开“属性”面板，在“图像映射”下拉列表中选择图像映射的形状，在URL文本框中输入一个相关或完整的URL链接地址，如图14-32所示。

03 设置完成后，单击面板中的浏览器按钮，启动计算机中的浏览器链接到URL位置进行验证，如图14-33所示。

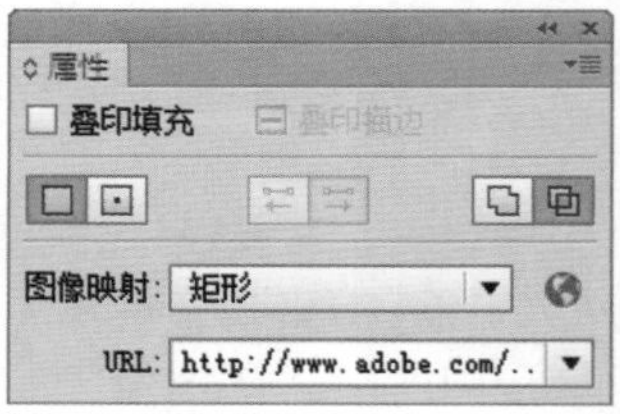

图14-32

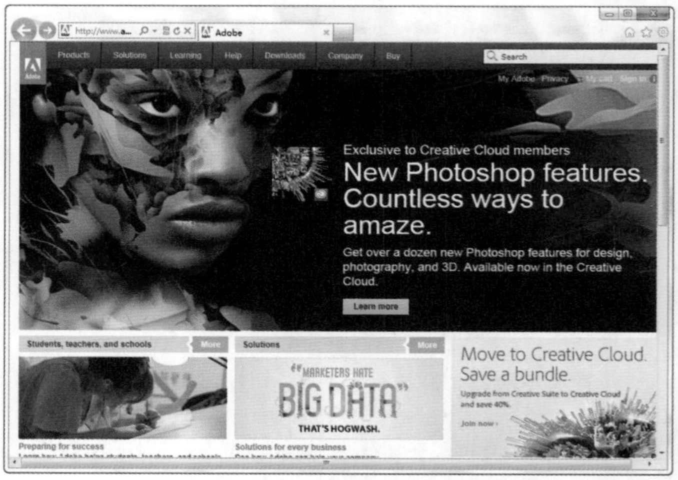

图14-33

71 技术看板：两种图像映射方法的区别

在"14.2.4 设置切片选项"一节中曾经介绍过，执行"对象>切片>切片选项"命令，打开"切片选项"对话框，在

URL 选项中输入网址，也可以在图稿中建立链接。使用图像映射与使用切片创建链接的主要区别在于图稿导出为网页的方式不同。使用图像映射时，图稿作为单个图像文件保持原样，而使用切片时，图稿会被划分为多个单独的文件。此外，图像映射可链接多边形（该多边形近似于图像的形状）和矩形区域，切片只能链接矩形区域。例如，如果为一个三角形对象创建链接，使用切片创建链接时，光标在对象的映射区域内都会显示为🖐状（此时浏览器下面会显示出链接的 URL 地址，单击可链接到该 URL），而使用图像映射时，只有将光标移至图像的区域内才能显示链接，移出图像区域，就不会显示链接。

14.3 优化与输出设置

创建切片后，可以使用"存储为 Web 和设备所用格式"命令对切片进行优化，以减小图像文件的大小。在 Web 上发布图像时，创建较小的图形文件非常重要。使用较小的文件时，Web 服务器能够更加高效地存储和传输图像，而用户则能够更快地下载图像。

14.3.1 "存储为 Web 所用格式"对话框

在 Illustrator 中制作好切片后，执行"文件>存储为 Web 所用格式"命令，打开"存储为 Web 所用格式"对话框，如图 14-34 所示。

图 14-34

● 设置 Web 图形格式：使用切片选择工具 ✒ 单击一个切片后，可以在该选项的下拉列表中选择一种格式。

● 显示选项：单击"原稿"选项卡，窗口中显示的是没有进行优化的图像；单击"优化"选项卡，显示的是应用了当前优化设置的图像；单击"双联"选项卡，可以并排显示图像的两个版本，即优化前和优化后的图像，如图 14-35 所示。

图 14-35

● 注释区域：在对话框中，每个图像下面的注释区域都会显示一些信息。其中，原稿图像的注释显示了文件名和文件大小，如图 14-36 所示；优化后图像的注释区域显示了当前优化选项、优化文件的大小以及颜色数量等信息，如图 14-37 所示。

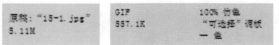

图 14-36　　　　　图 14-37

● 状态栏：将光标放在图像上方，状态栏中会显示光标所在位置图像的颜色信息，如图 14-38 所示。

● 缩放文本框：可输入百分比值来缩放窗口，也可以单击 ▾ 按钮，在打开的下拉列表中选择预设的缩放值。

● 预览：单击该按钮，可以使用默认的浏览器预览优化的图像，同时，还可以在浏览器中查看图像的文件类型、像素尺寸、文件大小、压缩规格和其他 HTML 信息，如图 14-39 所示。

图 14-38

图 14-39

- 缩放工具 🔍 /抓手工具 ✋ ： 使用缩放工具 🔍 单击可放大窗口的显示比例， 按住 **Alt** 键单击则缩小窗口的显示比例。 放大窗口的显示比例后， 可以用抓手工具 ✋ 在窗口内移动图像。

- 切片选择工具 ✂ ： 当图像包含多个切片时， 可以使用该工具选择窗口中的切片， 以便对其进行优化。

- 吸管工具 💧 /吸管颜色： 使用吸管工具 💧 在图像上单击， 可以拾取单击点的颜色。 拾取的颜色会显示在该工具下方的颜色块中。

- 切换切片可视性 🔳 ： 单击该按钮， 可以显示或隐藏切片。

14.3.2 选择最佳的文件格式

不同类型的Web图形需要存储为不同的文件格式，才能够以最佳的方式显示，并创建为适合在Web上发布和浏览的文件大小。 在 "存储为Web所用格式" 对话框中， 可以为Web图形选择文件格式， 如图14-40所示。

- GIF ： GIF是用于压缩具有

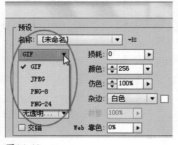

图 14-40

单调颜色和清晰细节的图像（如艺术线条、 徽标或带文字的插图） 的标准格式， 它是一种无损的压缩格式。

- JPEG ： JPEG是用于压缩连续色调图像（如照片） 的标准格式。 将图像优化为 JPEG 格式时将采用有损压缩， 系统会有选择性地扔掉部分数据， 以减小文件的大小。

- PNG – 8 ： PNG-8 格式与 GIF 格式类似， 也可以有效地压缩纯色区域， 同时保留清晰的细节。 该格式还具备 GIF 支持透明、 JPEG色彩范围广泛的特点， 并且可包含所有的 Alpha 通道。

- PNG-24 ： PNG-24 适合于压缩连续色调图像， 但它所生成的文件比 JPEG 格式生成的文件大得多。 使用 PNG-24 的优点在于可以在图像中保留多达 256 个透明度级别。

14.3.3 自定义颜色表

GIF和PNG-8文件支持8位颜色， 可以显示多达256种颜色。 确定使用哪些颜色的过程称为建立索引， 因此， GIF和PNG-8格式图像有时也称为索引颜色图像。 在 "存储为Web所用格式" 对话框中， 将文件格式设置为GIF或PNG-8后， 如图14-41所示， 可以在 "颜色表" 选项组中自定义图像中的颜色， 如图14-42所示。 适当减少颜色数量可以减小图像占用的存储空间， 同时保持图像的品质。

图 14-41

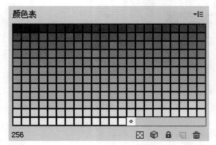

图 14-42

- 添加颜色： 选择对话框中的吸管工具 💧 ， 在图像中单击拾取颜色后， 单击 "颜色表" 选项组中的 🔲 按钮， 可以将当前颜色添加到颜色表中。 通过新建颜色可以添加在构建颜色表时遗漏的颜色。

- 选择颜色： 单击颜色表中的一个颜色即可选择该颜色， 光标在颜色上方停留还会显示颜色的颜色值， 如图 14-43 所示。 如果要选择多个颜色， 可以按住 **Ctrl** 键分别单击它们。 按住 **Shift** 键单击两个颜色， 可以选择这两个颜色之间的行中的所有颜色。

如果要取消选择所有颜色, 可在颜色表的空白处单击。

● 修改颜色: 双击颜色表中的颜色, 可以打开 "拾色器" 修改颜色, 如图 14-44 所示。关闭 "拾色器" 对话框后, 调整前的颜色会出现在色板的左上角, 新颜色出现在右下角, 如图 14-45 所示。

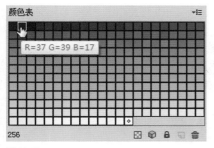

256

图 14-43

图 14-44

256

图 14-45

● 将颜色映射到透明度: 如果要在优化的图像中添加透明度, 可以在颜色表中选择一种或多种颜色, 如图 14-46 所示, 然后单击 "颜色表" 选项组底部的 🔲 按钮, 即可将所选颜色映射为透明, 如图 14-47 所示。

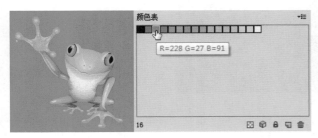

图 14-46

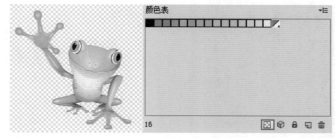

图 14-47

● 将颜色转换为最接近的 Web 调板等效颜色: 选择一种或多种颜色, 单击 "颜色表" 选项组底部的 ⬢ 按钮, 可以将当前颜色转换为 Web 调板中与其最接近的 Web 安全颜色。

● 锁定和解锁颜色: 选择一种或多种颜色, 单击 "颜色表 "选项组底部的 🔒 按钮, 可以锁定所选的颜色。在减少颜色表中的颜色数量时, 如果想要保留某些重要的颜色, 可以将其锁定。如果要取消颜色的锁定, 可以将其选择, 然后单击 🔒 按钮。

● 删除颜色: 选择一种或多种颜色后, 单击 "颜色表" 选项组底部的 🗑 按钮, 可以删除所选颜色。删除颜色可以使文件变小。

14.3.4 调整图稿大小

在 "存储为 Web 所用格式" 对话框的 "图像大小" 选项组中, "原稿" 选项中显示了原始图像的大小, 如图 14-48 所示。在 "新大小" 选项中输入新的像素尺寸或百分比, 可以调整图像的大小, 如图 14-49 所示。选择 "剪切到画板" 选项, 可以剪切图片以匹配文档的画板边界, 位于画板边界外部的图稿将被删除。

图 14-48

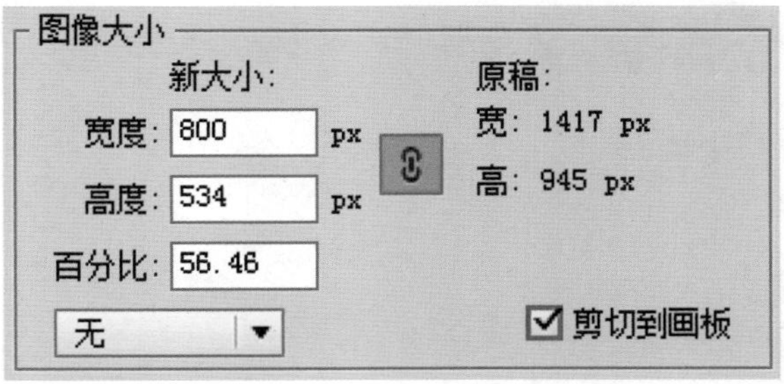

图 14-49

14.4 创建动画

Illustrator强大的绘图功能为制作动画提供了非常便利的条件，画笔、符号和混合等都可以简化动画的制作流程。Illustrator可以制作简单的图层动画，也可以将图形保存为GIF或SWF格式，导入Flash中制作动画。

14.4.1 Illustrator 与 Flash

Flash是一款大名鼎鼎的网络动画软件，也是目前使用最为广泛的动画制作软件之一。它提供了跨平台、高品质的动画，其图像体积小，可嵌入字体与影音文件，可用于制作网页动画、多媒体课件、网络游戏和多媒体光盘等。

从 Illustrator 中可以导出与从 Flash 导出的 SWF 文件的品质和压缩相匹配的 SWF 文件。在进行导出操作时，可以从各种预设中进行选择以确保获得最佳的输出效果，并且可以指定如何处理符号、图层、文本以及蒙版。例如，可以指定将 Illustrator 符号导出为影片剪辑还是图形，也可以选择通过 Illustrator 图层来创建 SWF 符号。

14.4.2 实战：制作变形动画

01 新建一个文档。使用矩形工具 创建一个矩形，填充洋红色，如图14-50所示。单击"图层"面板底部的 按钮，新建一个图层，如图14-51所示。使用椭圆工具 创建一个椭圆形，设置描边为白色，宽度为1pt，如图14-52所示。

图14-50

图14-51

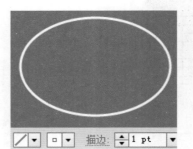

图14-52

02 选择锚点工具 ，将光标放在椭圆上方的锚点上，如图14-53所示，单击鼠标，将其转换为角点，如图14-54所示。在下方锚点上也单击一下，如图14-55所示。

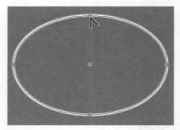

图14-53

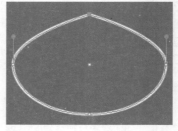

图14-54

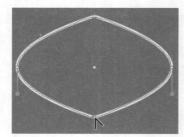

图14-55

03 选择旋转工具 ，将光标放在图形正下方，与其间隔大概一个图形的距离，如图14-56所示，按住Alt键单击，

弹出"旋转"对话框，设置角度为60°，然后单击"复制"按钮，复制图形，如图14-57和图14-58所示。

图14-56

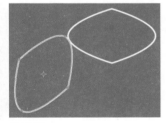

图14-57

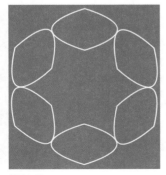

图14-58

04 按4下Ctrl+D快捷键，复制出一组图形，如图14-59所示。使用选择工具 ➤ 按住Ctrl键单击这几个图形（不包括背景的矩形），将它们选取，按下Ctrl+G快捷键编组。双击旋转工具 ↺，在弹出的对话框中设置角度为90°，然后单击"复制"按钮，复制图形，如图14-60和图14-61所示。

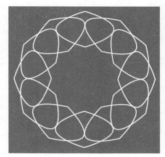

图14-59

图14-60

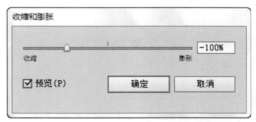

图14-61

05 选择这两组图形，按下Ctrl+G快捷键编组。按下Ctrl+C快捷键复制，按下Ctrl+F快捷键粘贴到前面。执行"效果>扭曲和变换>收缩和膨胀"命令，设置参数如图14-62所示，效果如图14-63所示。

图14-62

图14-63

06 按下Ctrl+C快捷键复制这组添加了效果的图形，按下Ctrl+F快捷键粘贴到前面。打开"外观"面板，双击"收缩和膨胀"效果，如图14-64所示，在弹出的对话框中修改效果参数，如图14-65和图14-66所示。

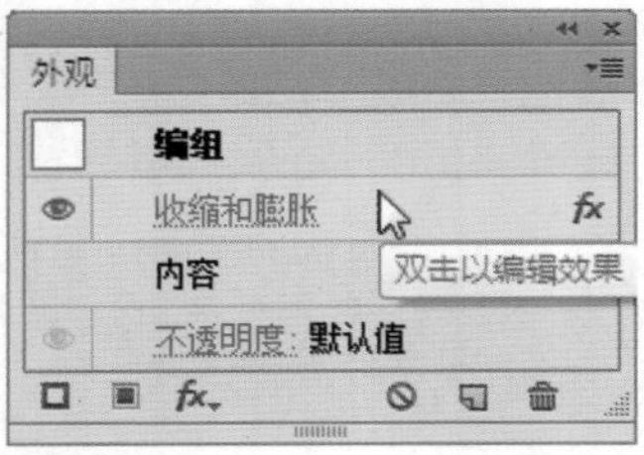

图14-64

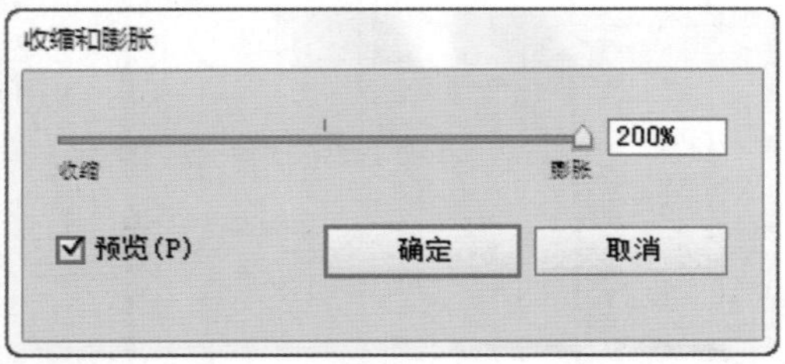

图14-65

图14-66

07 采用相同的方法再复制出3组图形，每复制出一组，便修改它的"收缩和膨胀"效果参数，如图14-67~图14-69所示。最后两组图形可按住Shift键拖曳定界框上的控制点，将图形适当缩小。

图14-67

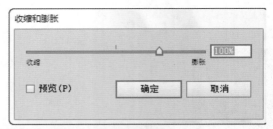

图14-68

图14-69

08 打开"图层"面板菜单，选择"释放到图层（顺序）"命令，将它们释放到单独的图层上，如图14-70和图14-71所示。

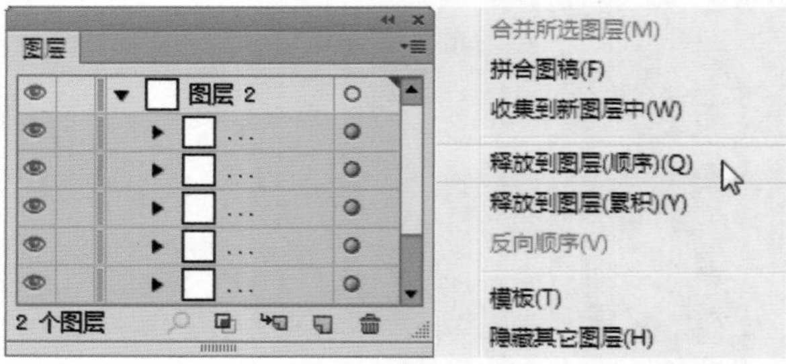

图14-70

图14-71

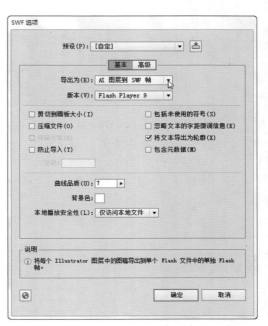

图14-73

09 执行"文件>导出"命令，打开"导出"对话框，在"保存类型"下拉列表中选择Flash（*.SWF）选项，如图14-72所示；单击"导出"按钮，弹出"SWF选项"对话框，在"导出为"下拉列表中选择"AI图层到SWF帧"，如图14-73所示；单击"高级"按钮，显示高级选项，设置帧速率为8帧/秒，勾选"循环"选项，使导出的动画能够循环不停地播放；勾选"导出静态图层"选项，并选择"图层1"，使其作为背景出现，如图14-74所示；单击"确定"按钮导出文件。按照导出的路径，找到该文件，双击它即可播放该动画，可以看到画面中的线条不断变化，效果生动、有趣。

图14-72

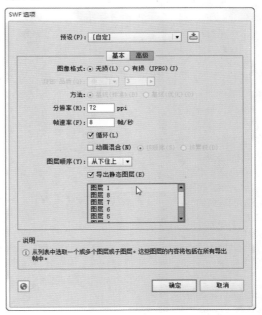

图14-74

---

72 技术看板：将重复使用的动画图形创建为符号

如果在一个动画文件中需要大量地使用某些图形，不妨将它们创建为符号，这样做的好处是画面中的符号实例都与"符号"面板中的一个或几个符号样本建立链接，因此可以减小文件占用的存储空间，并且也减小了导出的SWF文件的大小。

---

73 技术看板：自定义SWF导出选项

需要将图稿导出为SWF格式时，可以自定义导出选项。执行"编辑>SWF预设"命令，打开"SWF预设"对话框，在该对话框中可以设置将选定画板边框内的 Illustrator 画稿导出到SWF文件、在导出之前将图稿拼合为单一图层、压缩SWF数据，以及将文字转换为矢量路径等选项。

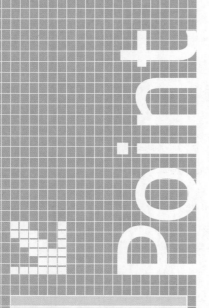

第15章 任务自动化

15.1 动作

动作是指在文件上自动执行的一系列任务，如菜单命令、面板选项和工具动作等。例如，将修改画板大小、对图像应用效果等操作录制为动作后，对其他图稿进行相同的处理时，便可使用动作来自动完成操作。

15.1.1 "动作"面板

"动作"面板可以记录、播放、编辑和删除各个动作，还可以存储和载入动作文件，如图15-1所示。在面板菜单中选择"按钮模式"命令，面板中的动作将以按钮的形式显示，如图15-2所示。

切换对话开/关
切换项目开/关
开始记录
停止播放/记录
播放当前所选动作

动作集
动作
命令
创建新动作
删除
创建新动作集

图15-1

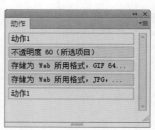

图15-2

● 切换项目开/关 ✔：如果动作集、动作和命令前显示有该图标，表示这个动作集、动作和命令可以执行；如果动作集或动作前没有该图标，表示该动作集或动作不能被执行；如果某一命令前没有该图标，则表示该命令不能被执行。

● 切换对话开/关 ☐：如果命令前显示该图标，表示动作执行到该命令时会暂停，并打开相应的对话框，此时可修改命令参数，按下"确定"按钮可继续执行后面的动作；如果动作集和动作前出现该图标并变为红色，则表示该动作中有部分命令设置了暂停。

● 动作集：动作集是一系列动作的集合。

● 动作：动作是一系列命令的集合。

● 命令：即录制的操作命令。单击命令前的 ▶ 按钮可以展开命令列表，显示命令的具体参数。

● 停止播放/记录 ■：用来停止播放动作和停止记录动作。

● 开始记录 ●：单击该按钮，可记录动作。处于记录状态时，按钮会变为红色。

● 播放当前所选动作 ▶：选择一个动作后，单击该按钮可以播该动作。

● 创建新动作集 ▢：单击该按钮，可以创建一个动作集来保存新建的动作。

● 创建新动作 ▢：单击该按钮，可以创建一个新的动作。

● 删除 🗑：选择动作集、动作和命令后，单击该按钮可将其删除。

15.1.2 实战：录制动作

01 打开光盘中的素材，如图15-3所示。单击"动作"面板中的创建新动作集按钮 ⬜，打开"新建动作集"对话框，输入名称，如图15-4所示，然后单击"确定"按钮，新建一个动作集，如图15-5所示。下面录制的动作会保存在该动作集中，以便与其他动作区分开，如果没有创建新的动作集，则录制的动作会保存在当前选择的动作集中。

图15-3

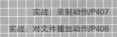

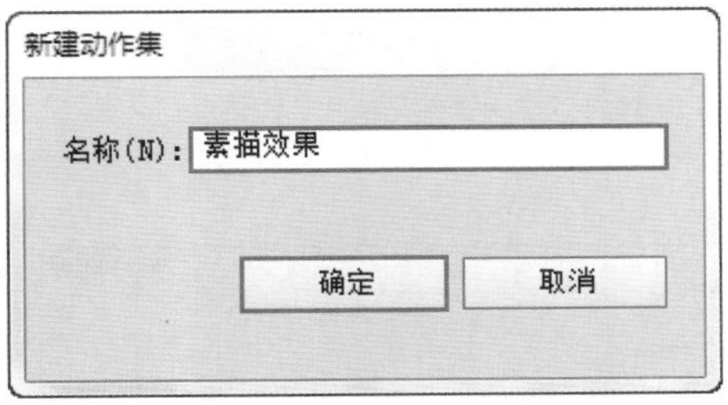

图15-4

图15-5

02 单击创建新动作按钮 ⬜，打开"新建动作"对话框，输入动作的名称，如图15-6所示，然后单击"记录"按钮，新建一个动作，此时开始记录按钮会变为红色，如图15-7所示。

图15-6

图15-7

03 执行"选择>全部"命令，选择图稿。执行"对象>封套扭曲>用变形建立"命令，打开"变形选项"对话框，选择"旗帜"样式并设置参数，对图像进行扭曲，如图15-8和图15-9所示。

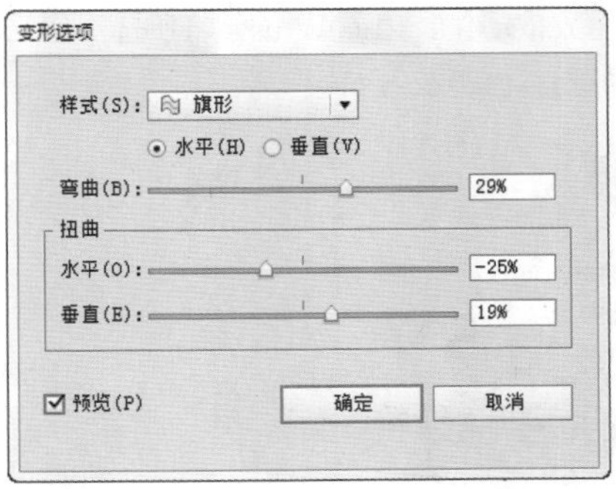

图15-8

图15-9

在"功能键"选项中可以为新建的动作指定一个键盘快捷键。例如，可以选择功能键、Ctrl 键和 Shift 键的任意组合。但在 Windows 中，不能使用 F1 键，也不能将 F4 或 F6 键与 Ctrl 键一起使用。如果动作与命令使用同样的快捷键，则快捷键将用于动作而不是命令。在"颜色"下拉列表中可以为动作选择一种颜色。当动作录制完成后，可以执行"动作"面板菜单中的"按钮模式"命令，让动作显示为按钮状，此时便可通过颜色更快速地区分动作。

04 执行"文件>存储为"命令，将文件保存为AI格式。执行"文件>关闭"命令，关闭文档。单击"动作"面板中的停止播放/记录按钮 ■ 完成录制，如图15-10所示。

图15-10

15.1.3 实战： 对文件播放动作

01 打开光盘中的素材，如图15-11所示。使用选择工具 ▶ 单击图像，将其选择。

02 选择新创建的动作，如图15-12所示，单击播放选定的动作按钮 ▶，即可播放该动作，Illustrator会将所选图像处理为旗帜状扭曲效果，如图15-13所示。

图15-11

图15-12

图15-13

15.1.4 实战： 批处理

批处理命令可以对文件夹中的所有文件播放动作，也可以为带有不同数据组的数据驱动图形合成一个模板。通过批处理可以完成大量相同的、重复性的操作，从而节省时间，提高工作效率。

01 在进行批处理前，首先应该在"动作"面板中记录好动作。在"存储为"和"关闭"命令的切换项目开/关 ✔ 按钮上单击，从动作中排除这两个命令，如图15-14所示。将需要处理的文件（"光盘>素材>15.1.4"）拷贝到计算机中，如图15-15所示。

图15-14

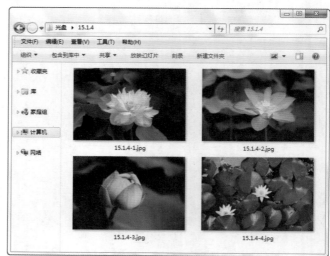

图15-15

02 执行"动作"面板菜单中的"批处理"命令，如图15-16所示，打开"批处理"对话框。在"播放"选项中选择要播放的动作，在"源"选项中选择"文件夹"，然后单击"选取"按钮，选择要处理的文件所在的文件夹，如图15-17所示。

03 在"目标"选项中选择"文件夹"，单击"选取"按钮，指定处理后的文件的保存位置，如图15-18所示，然后单击"确定"按钮进行批处理。处理后的图像效果如图15-19所示。

图15-16

图15-17

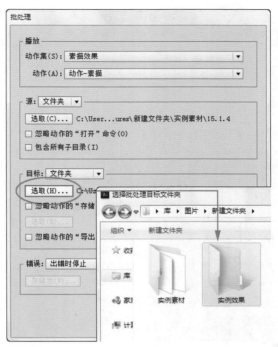

图15-18

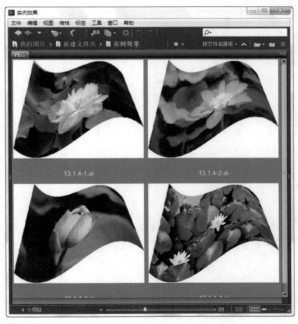

图15-19

🔊 **提示**

使用"批处理"命令选项存储文件时，总是将文件以原来的文件格式存储。要创建以新格式存储文件的批处理，需要记录"存储为"或"存储副本"命令，其后是"关闭"命令，将此作为原动作的一部分。然后，在设置批处理时，为"目标"选择"无"。

15.2 编辑动作

在Illustrator中创建动作后，可以在动作中加入各种命令、插入停止，也可以在播放动作时修改参数设置或重新记录动作。

15.2.1 实战：在动作中插入不可记录的任务

在Illustrator中，并非所有的任务都能直接记录为动作。例如，"效果"和"视图"菜单中的命令，用于显示或隐藏面板的命令，以及使用选择、钢笔、画笔、铅笔、渐变、网格、吸管、实时上色和剪刀等工具。虽然它们不能直接记录为动作，但可以插入到动作中。

01 在"动作"面板中选择一个命令，如图15-20所示。执行面板菜单中的"插入菜单项"命令，如图15-21所示，打开"插入菜单项"对话框。

图15-20   图15-21

02 执行"视图>显示透明度网格"命令，该命令会出现在对话框中，如图15-22所示。单击"确定"按钮，即可在动作中插入该命令，如图15-23所示。

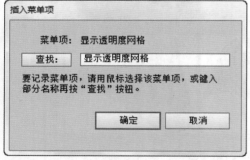

图15-22

图15-23

15.2.2 插入停止

如果编辑操作中有动作无法记录的任务，如使用绘图工具进行的操作等，可以在动作中插入停止，让动作播放到某一步时暂停，以便手动处理。操作完成后，单击"动作"面板中的 ▶ 按钮，可播放后续的动作。

在"动作"面板中选择一个命令，如图15-24所示，执行"动作"面板菜单中的"插入停止"命令，打开"记录停止"对话框，输入提示信息并选择"允许继续"选项，以便停止动作以后，可以继续播放后续动作，如图15-25所示，单击"确定"，即可插入停止，如图15-26所示。

图15-24

图15-25

图15-26

15.2.3 播放动作时修改设置

如果要在播放动作的过程中修改某个命令，可以插入一个模态控制，当播放到这一命令时使动作暂停，我们就可以在打开的对话框中修改参数，或者使用工具处理对象。

模态控制由"动作"面板中的命令、动作或动作集左侧的 ▣ 图标来表示。如果要为动作中某个命令启用模态控制，可单击该命令名称左侧的框，如图15-27所示。如果要为动作中所有命令启用或停用模态控制，可单击动作名称左侧的框，如图15-28所示。如果要为动作集中所有动作启用或停用模态控制，可单击动作集名称左侧的框，如图15-29所示。如果要停用模态控制，可单击 ▣ 状图标。

图15-27

图15-28

图15-29

15.2.4 指定回放速度

在Illustrator中，可以根据需要调整动作的播放速度，以便对动作进行调试，观察每一个命令产生的结果。执行"动作"面板菜单中的"回放选项"命令，打开"回放选项"对话框，如图15-30所示。

图15-30

● 加速：默认设置，以正常的速度播放动作，动作的播放速度较快。

● 逐步：完成每一个命令时都显示处理结果，然后再进入到下一个命令，动作的播放速度较慢。

● 暂停：选择该选项并在它右侧的文本框中输入时间，可以指定播放动作时的每个命令之间暂停的时间。

15.2.5 编辑和重新记录动作

如果要向动作组中添加新的动作，可以选择一个动作或命令，单击开始记录按钮 ●，此时可记录其他命令，完成后，单击停止播放/记录按钮 ■，新动作就会添加到所选动作或命令的后面。

如果要重新记录单个命令，可以选择与要重新记录的动作类型相同的对象。例如，如果一个任务只可用于矢量对象，重新记录时必须也选择一个矢量对象。在"动作"面板中双击该命令，然后在打开的对话框中输入新值，再单击"确定"按钮记录修改结果。

15.2.6 从动作中排除命令

在播放动作时，如果要排除单个命令，可单击该命令左侧的切换项目开/关 ✔ 图标，清除该图标，如图15-31所示。如果要排除一个动作或动作集中的所有命令或动作，可单击该动作名称或动作集名称左侧的切换项目开/关 ✔ 图标，清除该图标，如图15-32所示。如果要排除所选命令之外的所有命令，可按住Alt键单击该命令前的 ✔ 图标。

图15-31　　　　　　　　　　图15-32

15.3 脚本

脚本是使用一种特定的描述性语言，依据一定的格式编写的可执行文件，又称作宏或批处理文件。

15.3.1 运行脚本

如果要运行脚本，可以从"文件>脚本"下拉菜单中选择一个脚本，或执行"文件>脚本>其他脚本"命令，然后导航到一个脚本。运行脚本时，计算机会执行一系列操作，这些操作可能只涉及Illustrator，也可能涉及其他应用程序，如文字处理、电子表格和数据库管理程序。

15.3.2 安装脚本

用户可以将脚本复制到计算机的硬盘上。如果将脚本放到 Adobe Illustrator CC脚本文件夹中，该脚本将出现在"文件>脚本"下拉菜单中。如果将脚本放到硬盘上的另一个位置，则可以通过选择"文件>脚本>其他脚本"命令，在Illustrator 中运行该脚本。

15.4 数据驱动图形

数据驱动图形是专为用于协同工作环境而设计的，它能够快捷又精确地制作出图稿的多个版本，简化设计者与开发者在大量出版环境中共同合作的方式。例如，如果要根据同一模板制作500个各不相同的Web横幅，可借助数据驱动图形，使用引用数据库的脚本来自动生成Web横幅。

15.4.1 数据驱动图形的应用

在Web设计和出版行业，制作大量的相似格式的图形时，传统工作方式一直是由手工完成的。当更新含有新数据的图形时非常麻烦，修改网页中的信息也需要花很多的时间。

Illustrator中的数据驱动图形功能可以简化这种工作流程。通过"变量"面板，设计师可以将作品中的要素，如图像、文本、图表或绘制的图形定义为变量，然后制定草案来代替这些变量。例如，有一个需要每周更新销售和信息报告的网站，每种产品和一个销售数据对应并且有一个图像去标识它。首先需要设计师制作一个模板，其中包括用来放置产品名称的格式化文本块，放置图表的图表框以及放置图像的图像框，然后用"变量"面板将上述的每一项定义为一个变量。使用简单的数据，设计师就能够创建数个数据组，标明产品的名称和图像是如何显现在网页上的。

模板设计被确定和通过后，它就会被移交给开发商。开发商把模板中的变量链接到数据库，以便自动为每个数据组创建一个独特的图形。加入新的产品或修改已存在的产品成为一项简单的数据管理工作，而不需要动用其他的部门和资源。下面一些例子说明了数据驱动图形是如何担当不同任务角色的。

● 对于设计师来说，可以通过创建一个模板来控制作品中的动态元素。当把模板交付生产时，可确保只有可变数据改变。

● 对于开发人员来说，可以把变量和数据组作为代码直接写入某个 XML 文件，然后，设计师就可以把变量和数据组导入一个 Illustrator 文件，从而根据技术要求完成一项设计。

● 对于负责制作的人员来说，可以用 Illustrator 中的脚本、批处理命令或者诸如 Adobe GoLive 6.0 这类 Web 制作工具来渲染最终图稿，还可以用 Adobe Graphics Server 这类动态图像服务器进一步自动完成渲染过程。

15.4.2 "变量"面板

"变量"面板可以处理变量和数据组，如图15-33所示。文档中每个变量的类型和名称均列在面板中，如果变量绑定到一个对象，则"对象"列将显示绑定对象在"图层"面板中的名称。

图15-33

● 捕捉数据组 📷：建立一个链接变量后，单击该按钮，可创建新的数据组。如果修改变量的数值，则数据组的名称将以斜体字显示。

● 变量类型/变量名称：显示了变量的类型和名称。其中，👁 为可视性变量，T 为文本字符串变量，🖼 为链接的文件变量，📊 为图表数据变量，∅ 为无类型（未绑定）变量。

● 上一数据组◀/下一数据组▶：单击这两个按钮，可以切换到上一数据组和下一个数据组。

● 锁定变量 🔒：单击该按钮，可以锁定变量。变量被锁定后，不能进行新建、删除和编辑等操作。

● 建立动态对象 🖼：将变量绑定至对象，以制作对象的内容动态。

● 建立动态可视性 👁：将变量绑定至对象，以制作对象的可视性动态效果。

● 取消绑定变量 ✂：取消变量与对象之间的绑定。

● 新建变量 🔲：单击该按钮可以创建未绑定变量，变量前会显示一个 ∅ 状图标。

● 删除变量 🗑：用来删除变量。如果删除绑定至某一对象的变量，则该对象会变为静态。

15.4.3 创建变量

在 Illustrator 中可以创建4种类型的变量，分别是可视性、文本字符串、链接的文件和图表数据。变量类型显示了对象的哪些属性是动态的。

● 如果要创建可视性变量，可以选择要显示或隐藏的对象，然后单击"变量"面板中的建立动态可视性按钮 👁。建立可视性变量后，可以隐藏或显示对象。

● 如果要创建文本字符串变量，可以选择文字对象，然后单击"变量"面板中的建立动态对象按钮 🖼。建立文本字符串变量后，可以将任意属性应用到该文本上。

● 如果要创建链接文件变量，可以选择链接的文件，然后单击"变量"面板中的建立动态对象按钮 🖼。建立链接文件变量后，可以自动更新链接的图形。

● 如果要创建图表数据变量，可以选择图表对象，然后单击"变量"面板中的建立动态对象按钮 🖼。建立图表数据变量后，

可以将图表数据链接到数据库，修改数据库时，图表会自动更新数据。

● 如果要创建变量但不将其与对象绑定，可以单击"变量"面板中的新建变量按钮 🔲。如果要随后将一个对象绑定到该变量，可选择相应的对象和变量，然后单击建立动态可视性按钮 👁，或单击建立动态对象按钮 🖼。

15.4.4 使用数据组

数据组就是变量及其相关数据的集合。创建数据组时，要抓取画板上当前所显示动态数据的一个快照。单击"变量"面板中的捕捉数据组按钮 📷，即可创建新的数据组。当前数据组的名称显示在"变量"面板的顶部，如图15-34所示，单击◀按钮和▶按钮可以切换数据组，如图15-35所示。如果变更某变量的值导致不再反映该组中所存储的数据，则该数据组的名称将以斜体显示。此时可以新建一个数据组，或更新该数据组以便用新的数据覆盖原数据。

图15-34

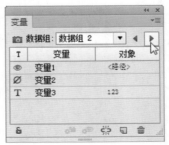

图15-35

第16章

色彩管理与系统预设

16.1 色彩管理

Illustrator的色彩空间可能与其他环境的色彩空间不一致，这会造成使用Illustrator制作的图稿用ACDSee等图片浏览器观看、打印或上传到网络上时，色彩会出现差别。进行色彩管理可以避免出现这种情况。

16.1.1 色彩空间与色域

色彩空间是可见光谱中的颜色范围。色彩空间包含的颜色范围称为色域。在现实世界中，自然界可见光谱的颜色组成了最大的色域空间，它包含了人眼能见到的所有颜色。CIELab国际照明协会根据人眼视觉特性，把光线波长转换为亮度和色相，创建了一套描述色域的色彩数据，如图16-1所示。可以看到，RGB模式（屏幕模式）的色彩范围要比CMYK模式（印刷模式）广。

16.1.2 颜色设置

照相机、扫描仪、显示器、打印机以及印刷设备等都不能重现人眼可以看见的整个范围的颜色，每种设备都有自己独特的色彩空间，因此它们只能重现自己色域内的颜色，如图16-2所示。如果将图像从某台设备移至另一台设备，由于每台设备会按照自己的色彩空间解释 RGB 或 CMYK 值，因此，图像颜色可能会发生变化。例如，通过桌面打印机打印出的颜色不可能与显示器上看到的颜色完全一致。打印机在 CMYK 色彩空间内运行，而显示器在 RGB 色彩空间内运行，它们的色域各不相同。油墨生成的某些颜色无法在显示器上显示，而在显示器上显示的某些颜色同样也无法用油墨在纸张上重现。

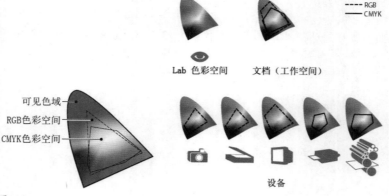

图16-1   图16-2

解决色彩匹配问题需要使用一个可以在设备之间准确解释和转换颜色的系统。通过色彩管理系统（CMS），将创建颜色的色彩空间与输出颜色的色彩空间进行比较并做出必要的调整，使不同的设备所表现的颜色尽可能一致。

本章介绍Illustrator色彩管理和系统预设方面的功能。色彩管理的意义是可以让Illustrator中的色彩与其他设备一致，而调整系统预设则能够让Illustrator更加适合我们工作。例如，我们可以将计算机中空间较大的硬盘驱动器设置为暂存盘，当系统没有足够的内存来执行某个操作时，Illustrator会将该硬盘作为虚拟内存来使用。

Illustrator具有开放的结构，允许用户安装和使用非Adobe人员为其开发的增效工具。增效工具也称插件，是为Illustrator增加功能的软件程序。例如，BPT-Pro2插件可以使 Illustrator 成为功能强大的2D CAD工具，Esko-Studio可以提供交互式的3D包装创建功能，Artlandia-SymmetryWorks可以创建生动交互式的图案、设计和装饰纹样。

Illustrator提供了这种色彩管理系统，它借助于ICC颜色配置文件来转换颜色。ICC配置文件是一个用于描述设备怎样产生色彩的小文件，其格式由国际色彩联盟规定。把它提供给Illustrator，Illustrator就能在每台设备上产生一致的颜色。要生成这种预定义的颜色管理选项，可以执行"编辑>颜色设置"命令，打开"颜色设置"对话框，如图16-3所示，在"工作空间"选项组的"RGB"下拉列表中选择一个色彩空间。

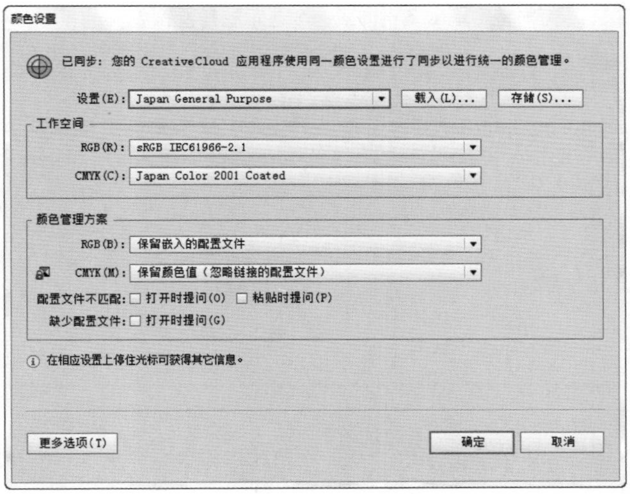

![颜色设置对话框]

图16-3

● 设置： 在该选项的下拉列表中可以选择一个颜色设置方案。所选方案决定了应用程序使用的颜色工作空间，用嵌入的配置文件打开、导入文件时的情况，以及色彩管理系统转换颜色的方式。要查看一个设置方案的说明，可选择该方案，然后将光标放在它的名称上，对话框中的"说明"选项内会显示该方案的相关说明。

● 工作空间： 用来为每个色彩模型指定工作空间配置文件（色彩配置文件定义颜色的数值如何对应其视觉外观）。工作空间可以用于没有色彩管理的文件，以及有色彩管理的新建文件。

● 颜色管理方案： 用来设置如何管理特定的颜色模型中的颜色。它处理颜色配置文件的读取和嵌入，嵌入颜色配置文件和工作区的不匹配，还处理从一个文件到另一个文档间的颜色移动。

◄)) 提示

图稿颜色的改变也可能来自不同的图像源、应用程序定义颜色的方式不同、印刷介质的不同，以及其他自然差异。例如，显示器的生产工艺不同或显示器的使用年限不同等。

16.1.3 指定配置文件

色彩管理系统需要借助于颜色配置文件来转换颜色。配置文件用来描述输入设备的色彩空间和文档。精确、一致的色彩管理要求所有的颜色设备具有准确的符合 ICC 规范的配置文件，图16-4所示为使用配置文件管理颜色的示意图。如果要指定配置文件，可以执行"编辑>指定配置文件"命令，打开"指定配置文件"对话框进行设置，如图16-5所示。

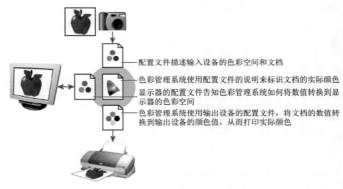

配置文件描述输入设备的色彩空间和文档

色彩管理系统使用配置文件的说明来标识文档的实际颜色

显示器的配置文件告知色彩管理系统如何将数值转换到显示器的色彩空间

色彩管理系统使用输出设备的配置文件，将文档的数值转换到输出设备的颜色值，从而打印实际颜色

图16-4

图16-5

● 不对此文档应用颜色管理： 从文档中删除现存的配置文件，颜色的外观将由应用程序工作空间的配置文件确定，用户不能再在文档中嵌入配置文件。只有在确定不想对文档进行色彩管理时才可选择该选项。

● 工作中的RGB： 给文档指定工作空间配置文件。

● 配置文件： 在该选项的下拉列表中可以选择不同的配置文件。应用程序为文档指定了新的配置文件，而不将颜色转换到配置文件空间。这可能大大改变颜色在显示器上的显示外观。

16.1.4 在计算机屏幕上模拟印刷

在传统的出版工作流程中，进行最后的打印输出之前都要打印文档的印刷校样，以预览文档在输出设备上还原时的外观。在Illustrator中创建用于商业印刷机上输出的图稿，如小册子、海报和杂志封面时，可以在计算机屏幕上查看这些图稿将来印刷后的大致效果。

打开一个文件，如图16-6所示，执行"视图>校样设置>工作中的CMYK"命令，如图16-7所示，再执行"视图>校样颜色"命令，启动电子校样，Illustrator会模拟图稿在商用印刷机上的印刷效果。"校样颜色"只是提供了一个CMYK模式预览，以便用户查看转换后RGB颜色信息的丢失情况，而并没有真正将图像转换为CMYK模式。如果要关闭电子校样，可再次执行"校样颜色"命令。

图16-6

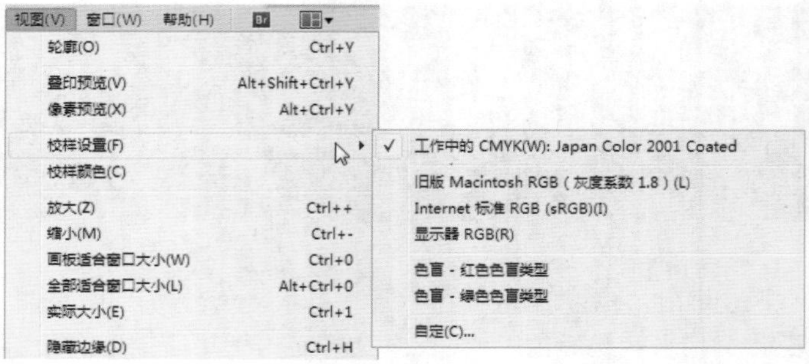

- 工作中的CMYK：使用当前 CMYK 工作空间创建特定 CMYK 油墨颜色的电子校样。
- 旧版 Macintosh RGB：创建颜色的电子校样以模拟 Mac OS 10.5 和更低版本。
- Internet 标准 RGB：创建颜色的电子校样以模拟 Windows 以及 Mac OS 10.6 和更高版本。

图16-7

- 显示器 RGB：使用当前显示器配置文件作为校样配置文件以创建 RGB 颜色的电子校样。
- 色盲-红色色盲类型/色盲-绿色色盲类型：创建电子校样，显示色盲可以看到的颜色。最常见的色盲类型有红色色盲（看不到红色）和绿色色盲（看不到绿色）。"红色盲"和"绿色盲"电子校样选项非常接近两种最常见色盲的颜色感觉。
- 自定：可为特定输出条件创建一个自定校样设置。

🔊 提示

Macintosh、Internet 标准和显示器 RGB 选项都假定模拟设备显示文档时不使用色彩管理。这些选项不适用于 Lab 或 CMYK 文档。

16.2 Illustrator首选项

在Illustrator中，用户可以对系统预设的一些选项和参数进行修改，包括显示、工具、标尺单位和导出信息等。如果要修改这些首选项，可以在"编辑>首选项"下拉菜单中选择一个项目，然后再进行操作。

16.2.1 常规

执行"编辑>首选项>常规"命令，打开"首选项"对话框，如图16-8所示。左侧列表中是各个首选项的名称，单击一个名称，对话框中就会显示相关设置内容。

- 键盘增量：用来设置使用键盘上的方向键（→、←、↑、↓）移动对象时的移动距离。键盘增量的单位取决于"单位"首选项中设置的单位。例如，如果该首选项中的单位为毫米，则键盘增量的单位为"mm"。对于微小的移动操作，使用方向键可以更为精确地进行控制。
- 约束角度：用来设置创建对象时的角度，默认值为0°，此时可沿水平或垂直方向创建对象。如果设置了约束角度，则创建对象时会沿设置的角度倾斜。

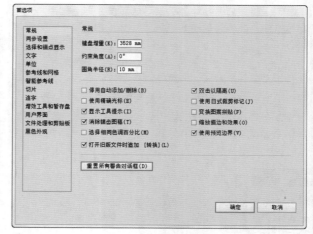

图16-8

● 圆角半径 ： 用来设置圆角矩形的圆角半径。

● 停用自动添加 / 删除 ： 默认情况下， 使用钢笔工具在路径上单击可以自动添加和删除锚点。 如果选择该选项， 则禁用自动添加和删除锚点功能。

● 使用精确光标 ： 默认情况下， 使用钢笔、 铅笔和画笔等工具时， 光标显示为所选工具的形状。 如果选择该项， 则光标将显示为精确的十字形。 例如， 取消该选项的选择时， 钢笔工具 的光标为 状， 选择该选项后， 光标变为 X 状。

● 显示工具提示 ： 光标在工具面板中的一个工具上方稍作停留， 可以显示该工具的名称和快捷键信息。

● 消除锯齿图稿 ： 消除图稿的锯齿， 使矢量对象呈现平滑的外观。

● 选择相同色调百分比 ： 选择该项后， 可以选择与线稿对象具有相同色彩百分比的对象。

● 打开旧版文件时追加 [转换] ： 打开 Illustrator CS3 以前版本的文件时， 在文件名称后追加 "[转换]" 二字。

● 双击以隔离 ： 双击对象时， 可以将一组对象或一个子图层与其他对象快速隔离。

● 使用日式裁剪标记 ： 可以使用日式裁剪标记。 日式裁剪标记使用双实线， 它以可视方式将默认出血值定义为 8.5 磅 （3 毫米 ）。

● 变换图案拼贴 ： 选择该选项后， 在对使用图案填充的对象进行旋转、 缩放等操作时， 填充的图案也同时变换。 如果取消选择， 则变换对象时， 图案保持不变。

● 缩放描边和效果 ： 缩放对象时， 对象的描边宽度和效果会同时缩放。

● 使用预览边界 ： 默认情况下， Illustrator 会根据对象路径计算对象的对齐和分布情况。 选择该选项后， 可以改为使用描边边缘来计算对象的对齐和分布情况。

● 重置所有警告对话框 ： 在进行一些操作时， 会弹出警告对话框， 提示用户当前操作会产生怎样的结果。 如果单击对话框中的 "不再显示" 按钮， 则下一次进行相同的操作时不会显示警告。 想要重新显示这些警告， 可单击 "重置所有警告对话框" 按钮。

16.2.2 同步设置

使用多台计算机工作时， 在它们之间管理和同步首选项可能很费时， 并且容易出错。 Illustrator 可以将与应用程序相关的设置存储在本地计算机上， 用户通过同步设置功能在 Adobe Creative Cloud 上保留一份这些设置的副本， 便可与其他计算机保持同步。

执行 "编辑>首选项>同步设置" 命令， 打开 "首选项" 对话框， 如图16-9所示。 在该对话框中可以选择启用还是禁用同步设置、 要同步的内容， 或发生冲突时要执行的操作。

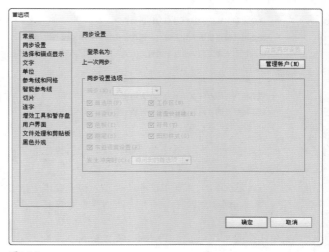

图16-9

16.2.3 选择和锚点显示

选择复杂对象中的路径和锚点具有一定的难度。 使用 "选择和锚点显示" 首选项， 可以设置使选择更加容易的选项。 执行 "编辑>首选项>选择和锚点显示" 命令， 打开 "首选项" 对话框， 如图16-10所示。

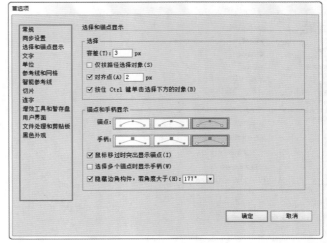

图16-10

● 容差 ： 可设置用于选择锚点的像素范围。 较大的值会增加锚点周围区域 （可通过单击将其选择 ） 的宽度。

● 仅按路径选择对象 ： 可设置使用选择工具和直接选择工具时， 是通过单击对象中的任意位置来选择填充对象， 还是必须单击路径和锚点才能选择填充对象。

● 对齐点 ： 可以将对象对齐到锚点和参考线。 在该选项后面的文本框中可以设置在对齐时， 对象与锚点或参考线之间的距离。

● 按住 Ctrl 键单击选择下方的对象 ： 在一个对象上按住 Ctrl 键单击两下鼠标， 可以选择它后面的对象。

● 锚点 / 手柄 ： 用来指定锚点和手柄的显示状态， 如图 16-11所示。

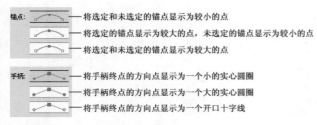

图16-11

● 鼠标移过时突出显示锚点： 选择该选项后， 可突出显示位于光标正下方的锚点。

● 选择多个锚点时显示手柄： 选择该选项后， 当使用直接选择工具或编组选择工具选择对象时， 所有选定的锚点上都会显示方向线。

● 隐藏边角构件， 若角度大于： 当路径的角度值大于该选项中设置的数值时， 隐藏实时转角构件。

16.2.4 文字

执行 "编辑>首选项>文字" 命令， 打开 "首选项" 对话框， 如图16-12所示。 在对话框中可以设置与文字有关的首选项。

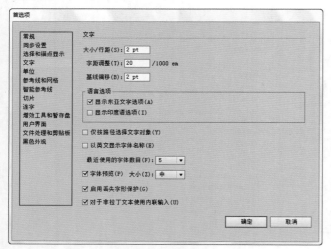

图16-12

● 大小/行距/字距调整/基线偏移： "大小/行距" "字距调整" 和 "基线偏移" 选项都是用来处理字符属性的， 它们与 "字符" 面板中相应的选项的作用相同。 具体内容请参阅 "12.5 设置字符格式"。

● 显示东亚文字选项： 显示 "字符" 面板、 "段落" 面板、 "OpenType" 面板和 "文字" 菜单中的亚洲文字选项。

● 显示印度语选项： 在 "段落" 面板菜单中显示两个附加选项： 中东和南亚单行书写器、 中东和南亚逐行书写器。

● 仅按路径选择文字对象： 决定了选择工具的敏感程度。 选择该选项时， 必须直接单击文字路径才能选择文字。 取消选择时， 单击文字边框中的任何位置， 都可选择文字。

● 以英文显示字体名称： 默认情况下， "字符" 面板的字体下拉列表中的中文字体名称以中文显示， 如图16-13所示。 选择该选项后， 则以英文显示， 如图16-14所示。

图16-13

图16-14

● 最近使用的字体数目： 用来设置在 "文字 > 最近使用的字体" 下拉菜单中显示的最近使用过的字体名称的数目。

● 字体预览： 选择该选项后， "文字 > 字体" 下拉菜单中字体的名称将以该字体显示。 取消选择， 则禁用此功能。

● 启用丢失字形保护： 如果文档使用了系统上未安装的字体， 则打开文档时会出现一条警告信息， 告诉用户缺少哪些字体。

16.2.5 单位

执行 "编辑>首选项>单位" 命令， 打开 "首选项" 对话框， 如图16-15所示。 在对话框中可以设置与度量单位有关的首选项。

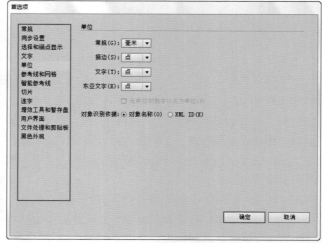

图16-15

● 常规 / 描边 / 文字 / 东亚文字： 可以修改 Illustrator 用于常规度量、 描边和文字的单位。 单击相应选项右侧的 ▼ 按钮， 可在打开的下拉列表中选择一个单位。

● 对象识别依据： 用来设置 "变量" 面板中对象名称的显示方式。 选择 "对象名称"， 对象将以自身的名称显示； 选择 XML ID选项后， 对象将按照 XML 名称的规则显示。

16.2.6 参考线和网格

执行 "编辑>首选项>参考线和网格" 命令， 打开 "首选项" 对话框， 如图16-16所示。 在对话框中可以设置与参考线和网格有关的首选项。

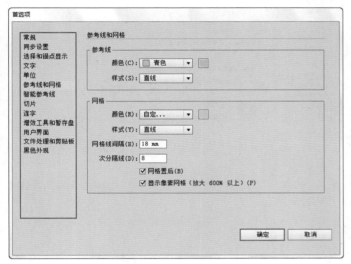

图16-16

● "参考线" 选项组： 可以设置参考线的颜色和样式 （直线或点线）。

● "网格" 选项组： 在 "颜色" 和 "样式" 选项中可以设置网格的颜色和样式。 在 "网格线间隔" 选项中可以设置网格线之间的距离。 在 "次分隔线" 选项中可以对网格进行进一步的细分。

● 网格置后： 选择该选项后， 在画板中， 网格位于所有对象的最后面。 取消选择， 则网格将显示在所有对象的最前面。

● 显示像素网格： 将文档窗口放大到最大显示比例后， 显示像素网格， 以便于使新建的对象与像素网格对齐。

16.2.7 智能参考线

执行 "编辑>首选项>智能参考线" 命令， 打开 "首选项" 对话框， 如图16-17所示。 在对话框中可以设置与智能参考线有关的首选项。

● 颜色： 可以设置智能参考线的颜色。

● 对齐参考线： 显示沿着几何对象、 画板和出血的中心和边缘生成的参考线。 移动对象以及执行绘制基本形状、 使用钢笔工具

以及变换对象等操作时， 会生成这些参考线。

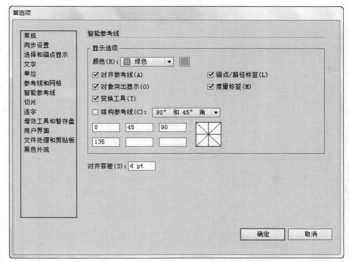

图16-17

● 锚点 / 路径标签： 在路径相交或路径居中对齐锚点时显示信息。

● 对象突出显示： 在对象周围拖曳时突出显示光标下的对象。

● 度量标签： 使用绘图工具和文本工具时， 将光标置于某个锚点上， 会显示有关光标当前位置的信息。 创建、 选择、 移动或变换对象时， 显示相对于对象原始位置的 x 轴和 y 轴偏移量。 如果在绘图工具选定时按 Shift 键， 将显示起始位置。

● 变换工具： 在缩放、 旋转和倾斜对象时显示信息。

● 结构参考线： 在绘制新对象时显示参考线， 并可以指定从附近对象的锚点绘制参考线的角度 （最多可以设置6个角度）。

● 对齐容差： 从另一对象指定光标必须具有的点数， 以便让智能参考线生效。

16.2.8 切片

执行 "编辑>首选项>切片" 命令， 打开 "首选项" 对话框， 如图16-18所示。 在对话框中可以设置与切片有关的首选项。

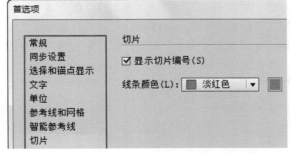

图16-18

● 显示切片编号： 选择该选项后， 创建的切片会显示编号。 取消选择时， 不会显示切片编号。

● 线条颜色： 用来设置切片线条的颜色。

16.2.9 连字

执行"编辑>首选项>连字"命令，打开"首选项"对话框，如图16-19所示。

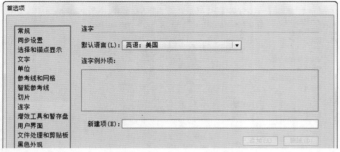

图16-19

● **默认语言**：在该选项的下拉列表中可以选择一个词典，为所有文本应用一种语言。

● **连字例外项**：显示需要添加或不添加连字符的单词。

● **新建项**：用来输入需要添加连字符或不加连字符的单词，输入单词后，单击"添加"按钮，该单词便会显示在"连字例外项"列表中。以后创建文本的过程中，遇到该单词时，系统便会按照"新建项"中单词的设置方式为单词添加或不添加连字符。如果要取消设置，可以在"连字例外"选项中选择单词，然后单击"删除"按钮。

16.2.10 增效工具和暂存盘

Illustrator具有开放的结构，允许用户安装和使用非Adobe人员为其开发的增效工具。增效工具也称插件，是为Illustrator 增加功能的软件程序。例如，BPT-Pro2插件可以使Illustrator 成为功能强大的2D CAD工具，Esko-Studio可以提供交互式的3D包装创建功能，Artlandia-Symmetry Works可以创建生动交互式的图案、设计和装饰纹样。

在默认情况下，Illustrator增效工具自动安装在 Illustrator 程序文件夹的 Plug-ins 文件夹中。如果安装到了其他文件夹，可以执行"编辑>首选项>增效工具和暂存盘"命令，打开"首选项"对话框，如图16-20所示，选择"其他增效工具文件夹"选项，并单击"选取"按钮，在打开的对话框中选择增效工具所在的文件夹，然后重新启动Illustrator即可。

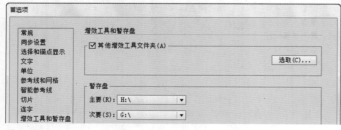

图16-20

进行编辑操作时，如果计算机的内存不能满足工作需要，Illustrator会自动启动硬盘空间作为虚拟内存来使用。在"暂存盘"选项组中可以设置"主要"和"次要"虚拟内存的盘符。

16.2.11 用户界面

执行"编辑>首选项>用户界面"命令，打开"首选项"对话框，如图16-21所示。

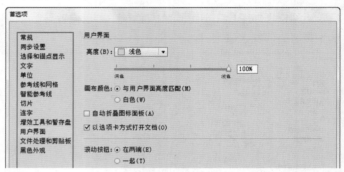

图16-21

● **亮度**：拖曳"亮度"滑块可以调整Illustrator 窗口和所有面板的亮度。

● **画布颜色**：可以将画布颜色设置为白色，或者让其与用户界面亮度相匹配。

● **自动折叠图标面板**：在远离面板的位置单击时，展开的面板会自动折叠为图标状。

● **以选项卡方式打开文档**：打开多个文档时，所有文档会自动整合到选项卡中。

● **滚动按钮**：可以调整文档窗口右侧和底部的滚动条和按钮的位置。

16.2.12 文件处理和剪贴板

执行"编辑>首选项>文件处理和剪贴板"命令，打开"首选项"对话框，如图16-22所示。

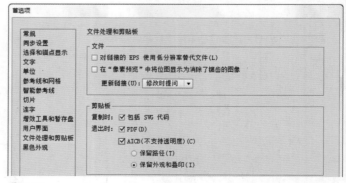

图16-22

● 对链接的 EPS 使用低分辨率替代文件： 默认情况下， 链接的 EPS 文件显示为高分辨率预览。 如果文件在文档窗口中不可见， 可以选择该选项， 通过降低预览分辨率来恢复显示。

● 在 "像素预览" 中将位图显示为消除了锯齿的图像： 在执行 "视图 > 像素预览" 命令预览栅格化的对象时， 可以显示消除锯齿的图像。

● 更新链接： 用来设置链接的图像被其他程序修改后在 Illustrator 中更新链接的方式。 选择 "自动"， 图像被其他程序修改后， 在 Illustrator 中会自动更新； 选择 "手动"， 则需要使用 "链接" 面板更新图像； 选择 "修改时提问"， 图像被其他程序修改后， 在 Illustrator 中会弹出提示信息。

● "剪贴板" 选项组： 可以设置复制时包含哪些项目， 退出 Illustrator 时存储哪些项目。

16.2.13 黑色外观

执行 "编辑 > 首选项 > 黑色外观" 命令， 打开 "首选项" 对话框， 如图 16-23 所示。

● 屏幕显示： 用来设置屏幕的黑色外观。 选择 "将所有黑色显示为复色黑" 选项， 可将纯 CMYK 黑显示为墨黑（RGB=000）， 以确保纯黑和复色黑在屏幕上的显示一致； 选择 "精确显示所有黑色" 选项， 可以将纯 CMYK 黑显示为深灰， 该设置允许

查看纯黑和复色黑之间的差异。

● 打印 / 导出： 用来设置如何打印和导出黑色外观。 选择 "将所有黑色输出为复色黑" 选项， 如果打印到非 Postscript 桌面打印机或导出为 RGB 格式， 则以墨黑（RGB=000） 输出纯 CMYK 黑， 该设置可确保纯黑和复色黑的显示相同； 选择 "精确输出所有黑色" 选项， 如果打印到非 Postscript 桌面打印机或导出为 RGB 格式， 则使用文档中的颜色值输出纯 CMYK 黑， 该设置允许查看纯黑和复色黑之间的差异。

● 说明： 当光标移动到一个选项上方时， 在 "说明" 选项中会显示该选项的具体说明文字。

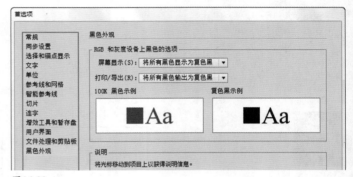

图 16-23

第17章 打印与输出

17.1 叠印

默认情况下，在打印不透明的重叠色时，上方颜色会挖空下方的区域。叠印可以防止挖空，使最顶层的叠印油墨相对于底层油墨显得透明。图17-1所示为挖空的和使用叠印的颜色。

选择要叠印的一个或多个对象，在"属性"面板中选择"叠印填充"或"叠印描边"选项，即可设置叠印，如图17-2所示。设置叠印选项后，应使用"叠印预览"模式（执行"视图>叠印预览"命令）来查看叠印颜色的近似打印效果。

图17-1   图17-2

> **◀)) 提示**
>
> 如果在 100% 黑色描边或填色上使用"叠印"选项，那么黑色油墨的不透明度可能不足以阻止下边的油墨色透显出来。要避免透显问题，可使用四色（复色）黑色而不要使用100% 黑色。

17.2 陷印

在进行分色印刷时，如果颜色互相重叠或彼此相连处套印不准，便会导致最终输出时各颜色之间出现间隙。印刷商会使用一种称为陷印的技术，在两个相邻颜色之间创建一个小重叠区域，从而补偿图稿中各颜色之间的潜在间隙。

陷印有两种：一种是外扩陷印，其中较浅色的对象重叠较深色的背景，看起来像是扩展到背景中，如图17-3所示。另一种是内缩陷印，其中较浅色的背景重叠陷入背景中的较深色的对象，看起来像是挤压或缩小该对象，如图17-4所示。

如果要创建陷印，可以选择对象，然后执行"路径查找器"面板菜单中的"陷印"命令，如图17-5所示，也可使用"效果>路径查找器"下拉菜单中的"陷印"命令，将陷印作为效果来应用。

打印包含渐变、渐变混合和颜色混合的文件时，某些打印机可能无法打印出平滑的效果。我们可以采用一些方法来应对。例如，使用较短的混合，使用较浅的颜色混合，打印包含透明度的网格时选择在打印过程中栅格化渐变和网格。此外，如果在两个或多个专色之间创建渐变，应在创建分色时为这两个专色指定不同的网角。如果不能确定应使用哪种角度，可咨询印刷商。

Illustrator在使用默认的打印机分辨率和网频时打印效果最快最好。但有些情况下可能需要修改打印机分辨率和网线频率，例如，打印速度缓慢或打印时渐变和网格出现色带。打印机分辨率以每英寸产生的墨点数（dpi）度量。喷墨打印机的分辨率约在 300 到 720 dpi 之间，桌面激光打印机的分辨率为 600 dpi，照排机的分辨率为 1200 dpi 或更高。使用桌面激光打印机和照排机时，还须考虑网频。网频是打印灰度图像或分色稿所使用的每英寸半调网点数，具体设置可向印刷厂询问。

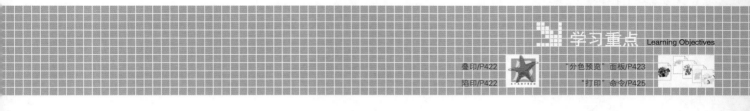

图17-3

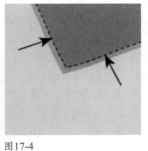

图17-4

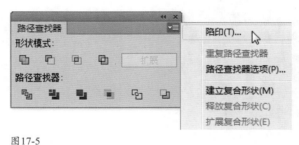

图17-5

17.3 "分色预览"面板

　　印刷图像时，为了重现彩色和连续色调图像，印刷商通常将图像分为4个印版，分别用于图像的青色、洋红色、黄色和黑色4种原色以及专色，如图17-6所示。当着色恰当并相互套准打印时，这些颜色组合起来就会重现原始图稿。将图像分成两种或多种颜色的过程称为分色，而用来制作印版的胶片称为分色片。打开"分色预览"面板，勾选"叠印预览"选项，如图17-7所示，即可预览分色和叠印效果。取消该选项的勾选，可以返回到普通视图。

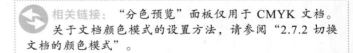

图17-7

● 眼睛图标 👁 ：如果要在屏幕上隐藏分色油墨，可单击分色名称左侧的眼睛图标 👁 。再次单击，可查看分色。

● CMYK图标 ▨ ：如果要同时查看所有印刷色印版，可单击CMYK图标 ▨ 。

　　🔄 相关链接：　"分色预览"面板仅用于CMYK文档。关于文档颜色模式的设置方法，请参阅"2.7.2 切换文档的颜色模式"。

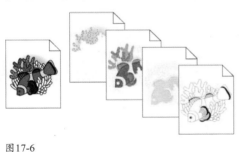

图17-6

17.4 打印透明图稿

　　包含透明度的文档或作品在输出时，通常需要进行拼合处理。拼合会将透明作品分割为基于矢量区域和光栅化的区域。当作品比较复杂时，如包含图像、矢量、文字、专色和叠印等，拼合及其结果也会比较复杂。

17.4.1 "拼合器预览"面板

打开一个文件，如图17-8所示。打开"拼合器预览"面板，在"突出显示"下拉菜单中选择要高亮显示的区域类型，单击"刷新"按钮，面板中会突出显示受图稿拼合影响的区域，如图17-9所示。

图17-8

图17-9

17.4.2 透明度拼合器预设

如果定期打印或导出包含透明度的文件，可以在"透明度拼合器预设"中保存拼合设置，之后就可以使用这些设置来进行打印和导出。执行"编辑>透明度拼合器预设"命令，打开"透明度拼合器预设"对话框，如图17-10所示。

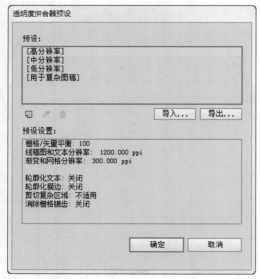

图17-10

● 预设/预设设置：在"预设"列表中，Illustrator提供了3个透明度拼合器预设文件。"高分辨率"用于最终印刷输出和高品质校样（如基于分色的彩色校样）；"中分辨率"用于桌面校样，以及要在 PostScript 彩色打印机上打印的文档；"低分辨率"用于要在黑白桌面打印机上打印的快速校样，以及要在网页发布的文档或要导出为 SVG 的文档。选择一个预设文件后，在"预设设置"列表中便会显示文件中的各项设置内容。

● 新建 ：单击该按钮，可以创建新的预设文件。

● 编辑 ：选择一个自定义的预设文件后，单击该按钮，可在打开的对话框中对其进行编辑。

● 删除 ：选择新建的预设文件后，单击该按钮可将其删除，但系统默认的预设文件不能删除。

● 导入：用来导入预设文件。

● 导出：选择预设文件后，单击该按钮可将其导出为单独的文件。导出的预设文件可以与服务提供商、客户或工作组中的其他人员共享。

17.4.3 拼合透明度

如果要拼合透明度，可以选择对象，执行"对象>拼合透明度"命令，打开"拼合透明度"对话框进行设置，如图17-11所示。

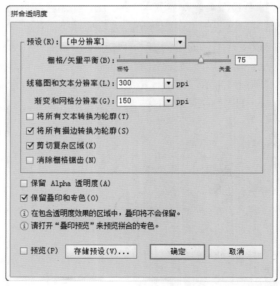

图17-11

● 预设：可以选择预设的分辨率。

● 光栅/矢量平衡：可以设置被保留的矢量信息的数量。更高的设置会保留更多的矢量对象，较低的设置会光栅化更多的矢量对象，中间的设置会以矢量形式保留简单区域而光栅化复杂区域。选择最低设置会光栅化所有图稿。

● 线稿图和文本分辨率：光栅化所有对象，包括图像、矢量作品、文本和渐变时，可以指定分辨率。

● 渐变和网格分辨率： 可以为由于拼合而光栅化的渐变和网格对象指定分辨率。 通常情况下， 应将渐变和网格分辨率设置为 150 ppi~300 ppi 之间， 这是由于较高的分辨率并不会提高渐变、 投影和羽化的品质， 但会增加打印时间和文件大小。

● 将所有文本转换为轮廓： 将所有文本对象转换为轮廓， 并放弃具有透明度的页面上所有类型的字形信息。

● 将所有描边转换为轮廓： 将具有透明度的页面上的所有描边转换为简单的填色路径。

● 剪切复杂区域： 可确保矢量作品和光栅化作品间的边界按照对象路径延伸。

● 保留 Alpha 透明度： 保留拼合对象的整体不透明度。 如果要导出到 SWF 或 SVG 格式， 该选项很有用， 因为这两种格式都支持 Alpha 透明度。

● 保留叠印和专色： 如果打印分色且文档包含专色和叠印对象， 可选择该选项， 以保留专色和叠印。

> **◀)) 提示**
>
> 从 Adobe PDF 文件导入图稿时， 可以引入在 Illustrator 中无法创建的数据。 这称为非本机图稿（又称 "非自有图稿"）， 包括单色调、 双色调和三色调图像。 也可以通过使用 "拼合透明度" 命令在 Illustrator 中生成非本机图稿来保留专色。

17.5 打印预设

如果需要经常打印图稿， 可以将所有输出设置存储为打印预设， 以后进行打印操作时就不必重新设置各个选项。 执行 "编辑>打印预设" 命令， 打开 "打印预设" 对话框， 如图17-12所示。 单击新建按钮 🖫， 在打开的对话框中输入名称， 并调整打印设置， 单击 "确定" 按钮， 返回 "打印预设" 对话框， 再次单击 "确定" 按钮， 即可创建打印预设。 新建的打印预设会出现在 "预设" 列表中。

● 预设/预设设置： "预设" 列表中显示了系统提供的打印预设， 选择列表中的一个打印预设后， 可以在 "预设设置" 列表中显示其具体内容。

● 编辑✐： 选择 "预设" 列表中的一个打印预设后， 单击该按钮， 可以在打开的 "打印预设选项" 对话框中对预设进行修改。

● 删除🗑： 可删除 "预设" 列表中创建的打印预设， 但系统提供的预设文件不能删除。

● 导入： 单击该按钮， 可以导入一个打印预设文件。

● 导出： 在 "预设" 列表中选择一个或多个预设后， 单击该按钮， 在打开的对话框中指定文件名和位置， 然后单击 "存储" 按钮， 可以将打印预设存储在单独的文件中， 以便轻松备份这些预设或使服务提供商、 客户或工作组中的其他人员能够方便地使用这些预设。

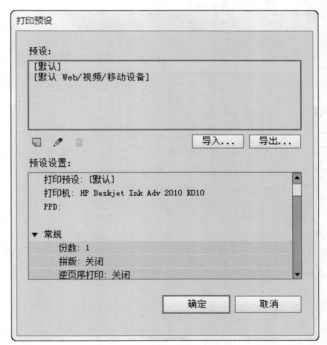

图17-12

17.6 "打印" 命令

使用 "文件" 菜单中的 "打印" 命令可以打印 Illustrator 图稿。 在该命令的对话框中， 每类选项（从 "常规" 选项到 "小结" 选项） 都是为了指导用户完成文档的打印过程而设计的。

17.6.1 常规

在默认情况下，打开"打印"对话框时，会直接进入"常规"选项组，如图17-13所示。"常规"选项组用来设置页面大小和方向，指定要打印的页数，缩放图稿，以及选择要打印的图层。

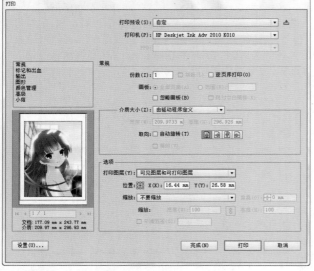

图17-13

● 打印预设：可以选择一个预设的打印文件，使用它来完成打印作业。

● 打印机：可以选择一个打印机。如果要打印到文件而不是打印机，可以选择"Adobe PostScript 文件"或"Adobe PDF"。

● PPD：PPD（PostScript Printer Description）文件用来定制用户指定的 PostScript 打印机驱动程序的行为。这个文件包含有关输出设备的信息，其中包括打印机驻留字体、可用介质大小及方向、优化的网频、网角、分辨率以及色彩输出功能。当打印到 PostScript 打印机、PostScript 文件或 PDF 时，Illustrator会自动使用该设备的默认 PPD。在该选项的下拉列表中也可以切换到其他 PPD。

● 份数：可以设置图稿的打印份数。

● 拼版：如果要将文件拼版至多个页面，该选项代表了所要打印的页面。

● 逆页序打印：选择该选项时，可以将文件按照由后向前的顺序打印。

● 全部页面/范围：选择"全部页面"，可打印所有页面；选择"范围"，可输入页面范围。

● 跳过空白画板：在打印时自动跳过不包含图稿的空白画板。

● 介质大小：包含了 Illustrator 预设的打印介质选项。例如，如果要将图稿打印到A4纸上，可以选择"A4"选项。如果要自定义打印尺寸，可在"介质大小"下拉列表中选择"自定"，然后在"宽度"和"高度"文本框中指定一个自定义的页面大小。

● 取向：可以设置页面的方向。勾选"自动旋转"，文档中所有画板都可以自动旋转，以适应所选媒体的大小。如果要自定义打印方向，可以单击其中的一个按钮。如果使用支持横向打印和自定页面大小的 PPD，则可以选择"横向"，使打印图稿旋转 90°。

● 打印图层：用来选择可打印的图层。选择"可见图层和可打印层"，只打印可打印的可见图层；选择"可见图层"，只打印可见的图层；选择"所有图层"，则打印所有图层。

● 位置：在"打印"对话框中有一个预览图像，它显示了图稿在页面中的打印位置。在"X"和"Y"选项中输入数值，可以调整图稿的打印位置。也可在预览图像上单击并拖动鼠标来进行调整。

● 缩放：如果要自动缩放文档使之适合页面，可以在"缩放"下拉列表中选择"调整到页面大小"。缩放百分比由所选 PPD 定义的可成像区域决定。如果要自定义打印尺寸，可以选择"自定"选项，然后在"宽度"和"高度"文本框中输入介于 1 到 1000 之间的百分数。

> **◀) 提示**
>
> 在"打印"对话框中，单击左侧的"标记和出血"和"输出"等项目，还可以显示相应的设置选项，其中，"标记和出血"可以选择印刷标记与创建出血，"输出"可以创建分色；"图形"可以设置路径、字体、PostScript 文件、渐变、网格和混合的打印选项；"色彩管理"可以选择一套打印颜色配置文件和渲染方法；"高级"可以控制打印期间的矢量图稿拼合（或可能栅格化）；"小结"可以查看和存储打印设置小结。

17.6.2 标记和出血

单击"打印"对话框左侧的"标记和出血"选项，可以显示如图17-14所示的选项组。

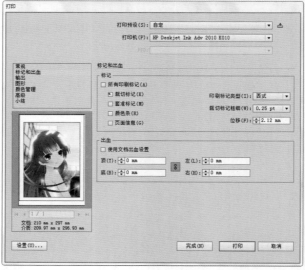

图17-14

标记

为打印准备图稿时，打印设备需要几种标记来精确套准图稿元素并校验正确的颜色。标记包括裁切标记、套准标记、颜色条和页面信息等，如图17-15所示。

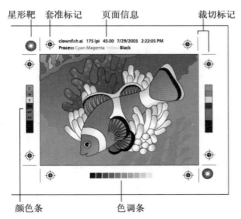

图17-15

- 裁切标记：水平和垂直细（毛细）标线，用来划定对页面进行修边的位置。裁切标记还有助于各分色相互对齐。选择该选项后，还可在"裁切标记粗细"文本框中指定裁切标记的粗细，在"位移"文本框中指定裁切标记相对于图稿的位移距离。

- 套准标记：页面范围外的小靶标，用于对齐彩色文档中的各个分色。

- 颜色条：彩色小方块，表示 CMYK 油墨和色调灰度（以 10% 增量递增）。服务提供商使用这些标记调整印刷机上的油墨密度。

- 页面信息：可为胶片标上文件名、输出时间和日期、所用线网数、分色网线角度以及各个版的颜色。这些标签位于图像上方。

- 印刷标记类型：在该选项的下拉列表中可以选择西式和日式标记。

- 所有印刷标记：可添加所有印刷标记。

出血

出血是指图稿位于印刷边框、裁切线和裁切标记之外的部分。所用的出血大小取决于其用途。印刷出血（即溢出印刷页边缘的图像）至少要有 18 磅。如果出血的用途是确保图像适合准线，则不应超过 2 或 3 磅。印刷厂可以就特定作业所需的出血大小提出建议。

- 使用文档出血设置：可使用在"新建文档"对话框中定义的出血设置。可以设置的最大出血值为 72 点，最小出血值为 0 点。

- 出血：在"顶""左""底"和"右"文本框中输入相应的数值，可以指定出血标记的位置。单击链接图标 ⬚，可以使这些值都相同。

> 🔊 提示
>
> 执行"文件>新建"命令，可以打开"新建文档"对话框。

17.6.3 输出

单击"打印"对话框左侧的"输出"选项，可以显示如图17-16所示的选项组。该选项组用来创建分色。

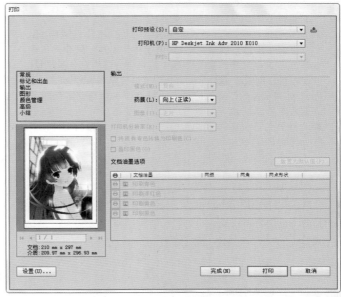

图17-16

- 模式：用来设置分色的模式，包括"复合""分色（基于主机）"和"分色（在 RIP 内）"。选择"复合"，可打印复合图。复合图是一种单页图稿，与我们在文档窗口中看到的效果一致，也就是直观的打印作业。复合图像可用于校样整体页面设计、验证图像分辨率以及查找照排机上可能发生的问题；"分色（基于主机）"和"分色（在 RIP 内）"是两种常用的 PostScript 工作流程，它们二者之间的主要区别在于分色的创建位置，是在主机计算机（使用 Illustrator 和打印机驱动程序的系统）还是在输出设备的 RIP（栅格图像处理器）。

- 药膜：药膜是指胶片或纸张上的感光层，分为"向上（正读）"和"向下（正读）"两种。"向上（正读）"是指面向感光层看时图像中的文字可读；"向下（正读）"是指背向感光层看时文字可读。一般情况下，印在纸上的图像是"向上（正读）"打印，而印在胶片上的图像则通常为"向下（正读）"打印。可向印刷商咨询，以确定首选药膜朝向。要分辨所看到的是药膜面还是非药膜面（也称为基面），可在明亮的光线下检查最终胶片。暗淡的一面是药膜面，光亮的一面是基面。

- 图像：用来设置图稿是作为正片打印还是作为负片打印。通常，美国的印刷商要求用负片，而欧洲和日本的印刷商则要求用正片。

- 打印分辨率：用来选择一个网频（lpi）和打印机分辨率（dpi）组合。Illustrator 在使用默认的打印机分辨率和网频时，打印效果最快最好。但有些情况下可能需要更改打印机分辨率和网线频率，例如在画一条很长的曲线路径，但因检验错误而不能打印、打印速度缓慢或者打印时渐变和网格出现色带等。

- 将所有专色转换为印刷色：如果要将所有专色都转换为印刷

色，以使其作为印刷色版的一部分而非在某个分色版上打印，可以选择该选项。

● **叠印黑色**：选择该选项，可叠印所有黑色油墨。该选项适用于所有经 K 色通道使用了黑色的对象。不过，对于因其透明度设置或图形样式而显示黑色的对象不起作用。

● **"文档油墨选项"列表**：如果要禁止打印某个色版，可单击"文档油墨选项"列表中该颜色旁边的打印机图标 🖨，再次单击可恢复打印该颜色；如果要将个别专色转化为印刷色，可单击"文档油墨选项"列表中该颜色旁边的专色图标 ◉，即出现四色印刷图标 ✖，再次单击可将该颜色恢复为一种专色颜色；如果要修改印版的网频、网线角度和半色调网点形状，可双击油墨名称。也可以单击"文档油墨选项"列表中的现有设置，然后进行所需的修改。但要注意的是，默认角度和频率是由所选的 PPD 文件决定的。

17.6.4 图形

单击"打印"对话框左侧的"图形"选项，可以显示如图17-17所示的选项组。该选项组用来设置路径、字体、PostScript 文件、渐变、网格和混合的打印选项。

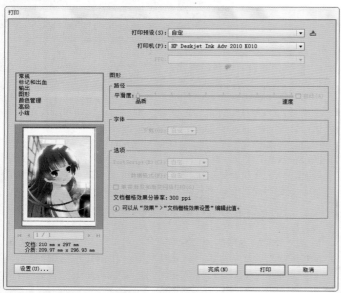

图17-17

● **路径**：用来设置曲线路径打印时的精度。较低的设置（滑块朝向"品质"一端）可创建较多且较短的直线段，从而更接近于曲线；较高的设置（滑块朝向"速度"一端）则会产生较长且较少的直线段，创建的曲线精度较低，但可以提高打印速度。

● **字体**：用来控制如何将字体下载到打印机。选择"无"，可在 PostScript 文件中加入一个字体引用，PostScript 文件会告诉 RIP 或后处理器应把该字体放到哪里。此选项适合字体驻留打印机的情况。TrueType 字体按照字体中的 PostScript 名称命名；选择"子集"，表示只下载文档中用到的字符（字形）。每页下载一次字形。此选项通常可用于单页文档或文本不多的

短文档时获得较快较小的 PostScript 文件；选择"完整"，可在打印作业开始便下载文档所需的所有字体。该选项通常可用于多页文档时获得较快较小的 PostScript 文件。

● **PostScript**：用来指定如何将 PostScript 信息传送至打印机。

● **数据格式**：用来设置图像数据的输出格式。

● **兼容渐变和渐变网格打印**：在打印的过程中可以栅格化渐变和网格。如果打印机无法打印渐变和渐变网格，可选择该选项。由于该选项会降低打印无渐变问题的图稿的打印速度，所以仅当遇到打印问题时，再选择该选项。

> 📢 **提示**
>
> 打印机驻留字体是存储在打印机内存中或与打印机相连的硬盘上的字体。Type 1 字体和 TrueType 字体既可以存储在打印机上，也可以存储在计算机上；而点阵字体则只能存储在计算机上。只要字体安装在计算机的硬盘上，Illustrator 就会根据需要下载字体。

17.6.5 颜色管理

单击"打印"对话框左侧的"颜色管理"选项，可以显示如图17-18所示的选项组。"颜色管理"选项组用来选择一套打印颜色配置文件和渲染方法。

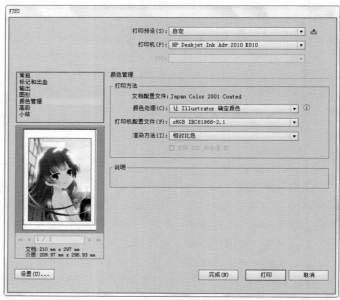

图17-18

● **颜色处理**：可以选择一种颜色管理文件。选择"让 Illustrator 确定颜色"选项，可在打印时，让应用程序管理颜色。为保留外观，Illustrator 会执行适合于选中打印机的必要的颜色值转换。

● **打印机配置文件**：可以选择适用于打印机和将要使用的纸张类型的配置文件。配置文件对输出设备行为和打印条件（如纸张类型）的描述越精确，色彩管理系统对文档中实际颜色值的转

换也就越精确。

● 渲染方法： 用来指定应用程序将色彩转换为目标色彩空间的方式。 选择 "可感知"， 旨在保留颜色之间的视觉关系， 即使颜色值本身可能更改， 也可以使人眼看起来很自然。 此方法适用于存在色域外颜色的照片图像； 选择 "饱和度"， 可尝试牺牲颜色的精确性来呈现鲜明的图像颜色。 此渲染方法适用于图形或图表之类的商业图形， 在这些图形中， 明亮饱和的色彩比颜色之间的精确关系更重要； 选择 "相对比色"， 可比较源色彩空间和目标色彩空间的白色， 并相应转换所有颜色。 色域外颜色转换为目标色彩空间中最接近的可重现颜色。 与 "可感知" 相比， "相对比色" 可保留更多的原始颜色； 选择 "绝对比色"， 可保持在目标色域内部的颜色不变， 色域外颜色将转换为最接近的可重现颜色， 不执行对目标白场的颜色缩放。 此方法意在以不保留颜色间关系为代价， 保持颜色精确， 适合于模拟特定设备输出的校样。

● 说明： 将光标放在对话框中的一个选项上， "说明" 区域会显示当前选项的相关说明。

17.6.6 高级

单击 "打印" 对话框左侧的 "高级" 选项， 可以显示如图17-19所示的选项组。 "高级" 选项组用来控制打印期间的矢量图稿拼合 （或可能栅格化）。

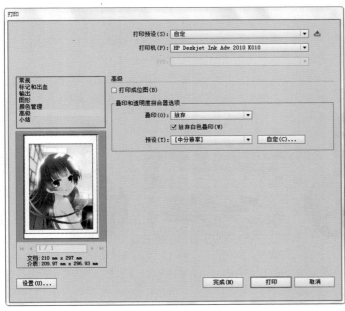

图17-19

● 打印成位图： 选择该选项， 可将文件作为位图打印。 只有在打印机的驱动程序支持位图打印时， 才能使用该选项。 在使用低分辨率打印机、 非PostScript打印机和支持位图打印的打印机上打印包含复杂对象的文件时， 该选项非常有用。 虽然打印速度会变慢， 但出现错误信息的机会也会降低。

● 叠印： 用来设置处理叠印的方式。 选择该选项下拉列表中的 "保留"， 可保持图像的叠印。 多数情况下， 只有分色设备支持叠印， 当打印到复合输出， 或当图稿中含有包含透明度对象的叠印对象时， 可以选择 "放弃" 选项， 放弃叠印， 或者选择 "模拟" 选项， 模拟分色时的外观。

● 预设： 用来选择透明度拼合器预设， 包括 "高分辨率" "中分辨率" 和 "低分辨率"。

17.6.7 小结

单击 "打印" 对话框左侧的 "小结" 选项， 可以显示如图17-20所示的选项组。 "小结" 选项组用来查看和存储打印设置小结。

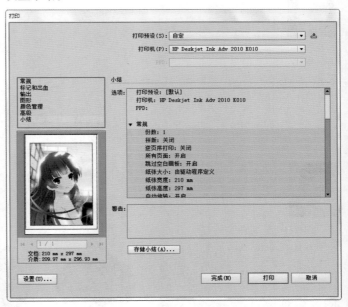

图17-20

● 选项： 显示了 "打印" 对话框中所有的输出设定。 单击列表旁边的三角形按钮， 可以显示更加详细的信息。

● 警告： 列出了有关专色、 叠印、 需要拼合的区域、 超出色域的颜色等应特别注意的事项。

● 存储小结： 单击该按钮， 可在打开的对话框中保存小结信息。

第18章 综合实例

18.1

精通封套扭曲：
陶瓷花瓶

After

- ■ 素材：光盘>实例素材文件夹
- ■ 视频：光盘>视频文件夹
- ■ 难度：★★★☆☆
- ■ 实例门类：特效设计类
- ■ 主要功能：在这个实例中，我们将使用渐变网格表现花瓶的结构和颜色变化。在表现花瓶上的图案时，使用了"封套扭曲"命令，使图案能够根据花瓶的外形进行扭曲变化。

Illustrator功能庞大，我们即便学会了工具、面板和命令的操作，也不见得就能够得心应手地进行创作。这是因为，Illustrator各种功能间的横向联系十分紧密，如果不能将它们融会贯通，是无法玩转Illustrator的。要想成为Illustrator高手，最佳途径就是多做实例，通过实践发现其中的规律，才能让Illustrator为我所用。

本章提供了24个不同类型的实例，为大家呈现了一份Illustrator视觉盛宴。这些实例既突出了多种功能协作的特点，也是对Illustrator发出的"总动员令"。我们要把控"全局"，灵活驾驭各种工具和命令，向Illustrator最高山峰发起冲锋！

01 用钢笔工具 ✐ 绘制一个花瓶图形，如图18-1所示。按下Ctrl+Alt键将花瓶向右侧拖曳进行复制，原图形保留，用于以后制作封套扭曲时使用。

02 选择网格工具 ▦，在如图18-2所示的位置单击，添加网格点，单击"色板"中的红色，为网格点着色，如图18-3所示。在花瓶右侧单击添加网格点，如图18-4所示。

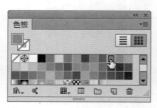

图18-1　　　　图18-2　　　　图18-3　　　　图18-4

03 继续添加网格点，设置为橙色，如图18-5和图18-6所示。在位于花瓶中间的网格点上单击，将它选择，设置为白色，如图18-7所示。

图18-5　　　　图18-6　　　　图18-7

04 按住Ctrl键拖出一个矩形选框，选择瓶口处的网格点，如图18-8所示，设置颜色为深紫色，如图18-9所示。以同样的方法调整瓶底网格点的颜色，如图18-10所示。

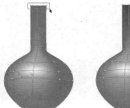

图18-8　　　　图18-9　　　　图18-10

05 用圆角矩形工具 在瓶口处创建一个圆角矩形，如图18-11所示。按住Ctrl键选择瓶子及瓶口图形，单击控制面板中的 按钮，使它们对齐。选择瓶口的圆角矩形，用网格工具 在图形中单击，添加一个网格点，填充橙色，如图18-12所示。将瓶口图形复制到瓶底并放大，如图18-13所示。

图18-11　　　图18-12　　　　　图18-13

06 执行"窗口>色板库>图案>装饰>装饰旧版"命令，打开该图案库。在花瓶图形没有应用渐变网格的图形上面创建一个矩形，矩形应大于花瓶图形。单击如图18-14所示的图案，用图案填充矩形，如图18-15所示。

图18-14　　　　　　图18-15

07 按下Shift+Ctrl+[快捷键，将图案移动到花瓶图形下方，如图18-16所示。选择图案与花瓶，按下Alt+Ctrl+C快捷键用顶层对象创建封套扭曲，如图18-17所示。

图18-16　　　　　图18-17

08 将图案花瓶移动到设置了渐变网格的花瓶上面，在"透明度"面板中设置混合模式为"变暗"，如图18-18和图18-19所示。

图18-18　　　　　图18-19

09 打开光盘中的素材文件，如图18-20所示。将花朵拷贝并粘贴到花瓶文档中，如图18-21所示。

图18-20　　　　　　　　图18-21

10 用同样的方法制作一个蓝色花瓶，为它们添加投影，再制作一个渐变背景，使画面具有空间感。最后，使用光晕工具 添加光晕效果，如图18-22所示。

图18-22

18.2

精通封套扭曲：

落花生

- ■素材：无
- ■视频：光盘>视频文件夹
- ■难度：★★★☆☆
- ■实例门类：特效设计类
- ■主要功能：在这个实例中，我们将使用渐变表现布袋的颜色变化，用"封套扭曲"命令扭曲网格图形，表现出布袋的纹理。

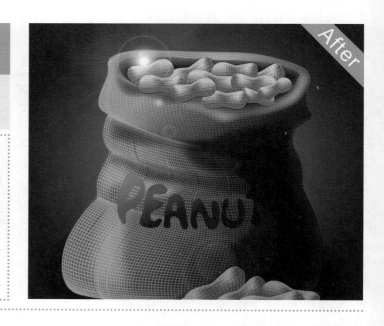

01 使用矩形工具 ▦ 创建一个矩形，填充径向渐变，如图18-23和图18-24所示。

图18-23　　　图18-24

02 锁定"图层1"，单击"图层"面板底部的 ▣ 按钮，新建一个图层，如图18-25所示。使用钢笔工具 ✎ 绘制袋子图形，填充线性渐变，如图18-26所示。按下Ctrl+C快捷键复制该图形。

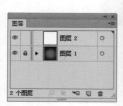

图18-25　　　图18-26

03 绘制袋口，在"渐变"面板中调整渐变颜色，如图18-27和图18-28所示。

图18-27　　　图18-28

04 选择矩形网格工具 ▦，在画面中单击，在打开的对话框中设置参数，如图18-29所示，然后单击"确定"按钮，创建矩形网格，设置描边颜色为浅黄色，如图18-30所示。

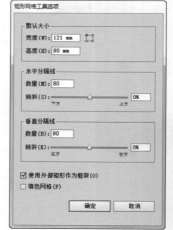

图18-29　　　　　　　　图18-30

05 按下Ctrl+F快捷键将复制的袋子图形粘贴到前面，如图18-31所示。按住Shift键单击网格图形，将其一同选取，执行"对象>封套扭曲>用顶层对象建立"命令，扭曲网格图形，使其符合袋子的结构，如图18-32所示。

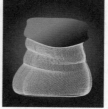

图18-31　　　图18-32

🔊 提示

当封套扭曲对象不能和原图形保持一致时，可以调整封套扭曲的保真度。执行"对象>封套扭曲>封套选项"命令，设置保真度，数值越大，封套内容的扭曲效果越接近于封套的形状。

06 设置网格图形的混合模式为"叠加"，不透明度为80%，如图18-33和图18-34所示。

图18-33　　　　　　图18-34

07 选取袋口图形，按下Ctrl+C快捷键复制。再创建一个网格图形，设置参数如图18-35所示，描边粗细为0.25pt，如图18-36所示。

图18-35　　　　　　图18-36

08 按下Ctrl+F快捷键将复制的袋口图形粘贴到前面，将它与网格图形一同选取，按下Alt+Ctrl+C快捷键创建封套扭曲。在"透明度"面板中设置混合模式为"叠加"，如图18-37和图18-38所示。

图18-37　　　　　　图18-38

09 用铅笔工具 ✏ 绘制袋子的暗部，如图18-39所示。执行"效果>风格化>羽化"命令，设置半径为4mm，如图

18-40所示，通过羽化可以使图形的边缘变得柔和。设置混合模式为"正片叠底"，如图18-41和图18-42所示。

图18-39　　　　　　图18-40

图18-41　　　　　　图18-42

10 再绘制一个图形，设置混合模式为"颜色加深"，如图18-43和图18-44所示。

图18-43　　　　　　图18-44

11 绘制如图18-45所示的图形，调整混合模式与不透明度，丰富袋子的色调与层次，如图18-46和图18-47所示；进一步表现袋子及袋口边缘的明暗，如图18-48所示。

图18-45　　　　　　图18-46

图18-47　　　　　　图18-48

12 绘制袋口图形，如图18-49和图18-50所示。

图18-49　　　　　　　图18-50

13 选取这两个图形，按下Alt+Ctrl+B快捷键创建混合，双击混合工具 🐧，在打开的对话框中设置指定的步数为10，如图18-51和图18-52所示。

图18-51　　　　　　　图18-52

14 绘制花生图形，如图18-53所示。按下Ctrl+C快捷键复制该图形。选择网格工具 🔳，在图形上单击添加网格点，如图18-54所示，在"颜色"面板中调整颜色为浅黄色，如图18-55和图18-56所示。

图18-53　　　　　　　图18-54

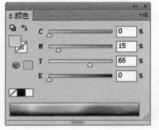

图18-55　　　　　　　图18-56

15 继续添加网格点，并将网格点向右移动，调整网格点周围的方向线，可以改变颜色的过渡位置，如图18-57所示；再添加一个略深的网格点，如图18-58所示。

图18-57　　　　　　　图18-58

16 创建一个矩形网格图形，如图18-59和图18-60所示。

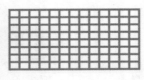

图18-59　　　　　　　图18-60

17 按下Ctrl+V快捷键将复制的花生图形粘贴到前面，如图18-61所示。按住Shift键单击网格图形，将其与花生图形一同选取，按下Alt+Ctrl+C快捷键创建封套扭曲，如图18-62所示。

图18-61　　　　　　　图18-62

18 使用选择工具 ▶ 按住Alt键向上拖曳网格图形，进行复制，设置混合模式为"颜色减淡"，如图18-63和图18-64所示。

图18-63　　　　　　　图18-64

19 选取这两个图形，按下Ctrl+G快捷键编组，移动到花生图形上，设置混合模式为"颜色加深"，如图18-65和图18-66所示。

20 将组成花生的图形编组，复制、分别调整大小和角度，排列在袋口和袋子底部。用铅笔工具 ✐ 表现阴影，绘制出袋子上的文字。用光晕工具 ◌ 绘制闪光图形，如图18-67所示。

图18-65　　　　　　　图18-66

图18-67

18.3

精通混合：

羽毛

■素材：无
■视频：光盘>视频文件夹
■难度：★★★☆☆
■实例门类：平面设计类
■主要功能：在这个实例中，我们先来绘制羽毛的基本结构，再通过混合表现出丰富的肌理效果。表现颜色及明暗时应用了羽化效果，使图形的边缘变得更加柔和，体现出羽毛柔软的质感。

01 使用钢笔工具 ✎ 绘制多条开放式路径，将描边粗细控制在0.12pt～0.13pt之间，并调整路径的描边颜色，如图18-68所示。

图18-68

02 选择两条相邻的路径，如图18-69所示，选择混合工具 ，在路径上单击创建混合，单击点以两条路径的对应点为准，否则会发生扭曲。双击混合工具 ，打开"混合选项"对话框，调整混合步数，将其控制在12～20之间，如图18-70和图18-71所示。

图18-69

图18-70

图18-71

03 用同样的方法制作其他羽毛，如图18-72和图18-73所示。

图18-72

图18-73

04 将混合的羽毛隐藏。使用铅笔工具 ✐ 根据羽毛的形状绘制多个不规则的路径图形，填充不同的颜色，无描边，如图18-74~图18-76所示。

图18-74

图18-75

图18-76

05 选择一个图形，执行"效果>风格化>羽化"命令，通过羽化使图形的边缘变得柔和，在与羽毛叠加时，羽毛的轻柔质感就会更加真实，如图18-77和图18-78所示。对其他图形也应用羽化效果，如图18-79所示。

图18-77

图18-78

图18-79

06 选择这几个图形，按下Ctrl+G快捷键编组。在"图层"面板中将混合的羽毛显示出来，将设置了羽化的图形调整到羽毛的后面，如图18-80所示，最后再输入一些文字，如图18-81所示。图18-82所示是使用羽毛作为素材制作的海报。

图18-80

图18-81

图18-82

18.4

精通特效：
油漆涂抹字

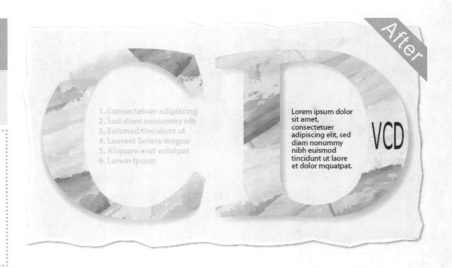

■素材：无
■视频：光盘>视频文件夹
■难度：★★★☆☆
■实例门类：平面设计类
■主要功能：在这个实例中，我们将用艺术效果画笔库中的水彩、粉笔、书法等画笔表现文字的笔触效果。在处理文字的投影时使用了羽化、投影及粗糙化效果。

01 新建一个A4大小的文档。使用文字工具 T 输入文字，按下Ctrl+T快捷键打开"字符"面板，设置字体、大小及间距，如图18-83和图18-84所示。

图18-83   图18-84

02 将"图层1"拖到创建新图层按钮 上进行复制，如图18-85所示；双击图层名称，修改为"图层2"，隐藏"图层1"，如图18-86所示。

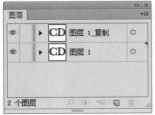   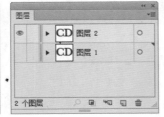

图18-85   图18-86

03 执行"窗口>画笔库>艺术效果>艺术效果_水彩"命令，打开该画笔库，选择如图18-87所示的画笔，使用画笔工具 绘制一条开放式路径，设置描边颜色为紫色，描边粗细为2pt，使用该画笔绘制的路径会呈现一定的透明度，如图18-88所示。修改描边颜色，绘制其他路径，如图18-89所示。

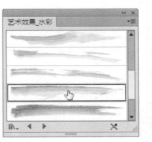   

图18-87   图18-88

图18-89

04 加载"艺术效果_粉笔炭笔铅笔"画笔库，使用如图18-90所示的画笔绘制路径，变换描边的颜色，继续绘制，描边粗细保持不变，如图18-91所示。

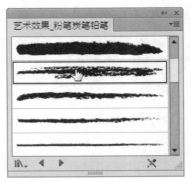

图18-90

图18-91

05 打开"艺术效果_油墨"画笔库，使用如图18-92所示的画笔绘制路径，再使用其他两种画笔添加路径，改变描边颜色，使笔触铺满文字，如图18-93所示。

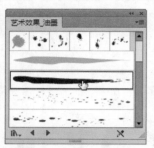

图18-92

图18-93

🔊 提示

选择画笔库中的一种画笔后，它就会自动添加到"画笔"面板中，在绘制过程中，可在"画笔"面板中选择这3种画笔绘制线条。

06 在"图层"面板中展开"图层2"，在位于最下方的CD图层后面单击，选取文字，如图18-94所示，按下Shift+Ctrl+] 快捷键将文字移至顶层，如图18-95所示。

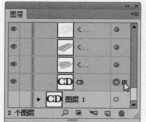

图18-94   图18-95

07 单击面板底部的 ◫ 按钮，创建剪切蒙版，将文字以外的笔触隐藏，如图18-96和图18-97所示。

图18-96

图18-97

08 锁定"图层2"。显示"图层1"，在"图层1"后面单击，选择该层内的文字，如图18-98所示。将文字的填充与描边颜色均设置为蓝色描边3pt，再向右下方移动。执行"效果>风格化>羽化"命令，对文字进行羽化，如图18-99和图18-100所示。

09 使用矩形工具 ▭ 创建一个矩形，填充浅灰色。按下Shift+Ctrl+[快捷键，将矩形移动到后面作为背景，如图18-101所示。

图18-98

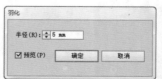

图18-99

图18-100

图18-101

10 执行"效果>风格化>投影"命令，在打开的对话框中设置参数，如图18-102所示，效果如图18-103所示。

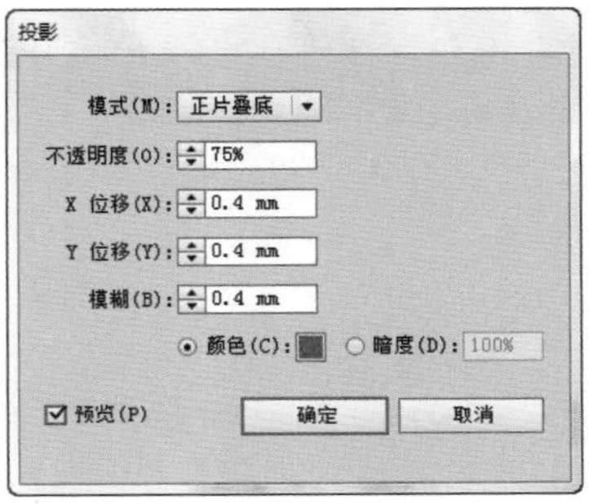

图18-102

图18-105

12 单击"画笔"面板中的"书法1"画笔，再单击如图18-106所示的画笔，为图形添加画笔描边，设置描边颜色为白色，粗细为0.5pt，如图18-107所示。

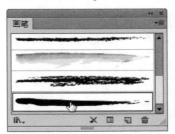

图18-106

图18-103

11 执行"效果>扭曲和变换>粗糙化"命令，使图形边缘产生变化，如图18-104所示，效果如图18-105所示。

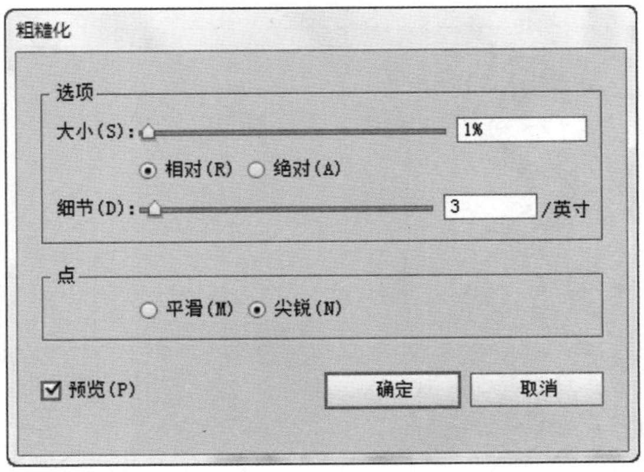

图18-107

13 在"图层"面板顶部新建一个图层，输入文字，完成制作，如图18-108所示。

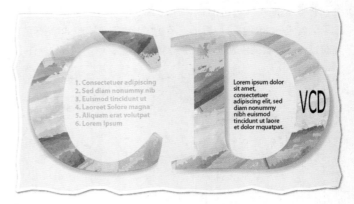

图18-108

图18-104

18.5

精通特效：

液态金属人

■素材：光盘>实例素材文件夹
■视频：光盘>视频文件夹
■难度：★ ★ ★ ★ ☆
■实例门类：特效设计类
■主要功能：在这个实例中，我们将使用"铬黄"命令表现金属质感，通过渐变与混合模式表现金属的色泽。为人物创建剪切蒙版实现抠图效果，再通过不透明度蒙版实现渐隐效果。

01 按下Ctrl+N快捷键，打开"新建文档"对话框，设置文件大小为"297mm×210mm"，颜色模式为CMYK颜色，单击"确定"按钮，新建一个文件。

02 使用矩形工具 创建一个与画板大小相同的矩形，双击渐变工具 打开"渐变"面板，调整渐变颜色，如图18-109所示，使用渐变工具在矩形上拖曳鼠标，使渐变中的白色位于画面右上方，如图18-110所示。

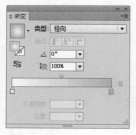

图18-109

图18-110

03 单击"图层"面板底部的 按钮，新建"图层2"，将"图层1"锁定，如图18-111所示。执行"文件>置入"命令，打开"置入"对话框，选择光盘中的素材，取消"链接"选项的勾选，如图18-112所示；单击"置入"按钮，将光标放在如图18-113所示的位置，单击鼠标置入图像，如图18-114所示。

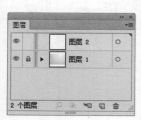

图18-111

图18-112

图18-113

图18-114

04 按下Ctrl+C快捷键复制图像，按下Ctrl+F快捷键粘贴到前面。执行"效果>素描>铬黄"命令，设置细节为10，平滑度为0，如图18-115所示。

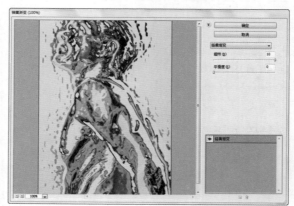

图18-115

05 根据人物图像的大小创建一个矩形，填充线性渐变，如图18-116和图18-117所示。

图18-116

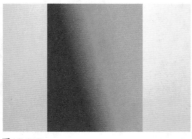

图18-117

06 按下Shift+Ctrl+F10快捷键打开"透明度"面板，设置混合模式为"强光"，如图18-118和图18-119所示。

图18-118

图18-119

07 按下Ctrl+F快捷键再次粘贴人物图像。执行"窗口>图像描摹"命令，打开"图像描摹"面板，设置参数如图18-120所示，效果如图18-121所示。

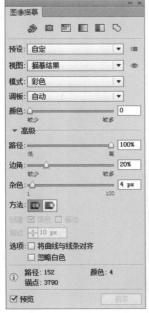

图18-120

图18-121

08 设置混合模式为"颜色减淡"，如图18-122所示，使颜色变亮并呈现光泽感，效果如图18-123所示。

图18-122

图18-123

09 下面要绘制出人物的身体轮廓，以该图形为蒙版对人物图像的背景进行遮盖。为了便于观察，在"图层2"中只显示最下面的图像图层，将其他图层隐藏，如图18-124所示。使用钢笔工具 描绘人物轮廓，将背部适当进行消减，如图18-125所示。

图18-124

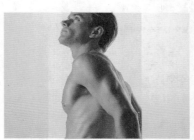

图18-125

10 在画面空白处单击取消路径的选择状态，将隐藏的图层显示出来。选择"图层2"，单击建立/释放剪切蒙版按钮 ，以人物轮廓路径为蒙版对该图层中的对象进行遮罩，路径层被自动命名为"剪贴路径"，如图18-126所示，效果如图18-127所示。

图18-126

图18-127

11 在"剪贴路径"层前面单击，将其锁定。在"图层"面板中拖曳彩色图像图层到描摹图层上方，如图18-128和图18-129所示。

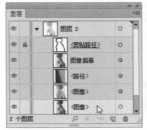

图18-128

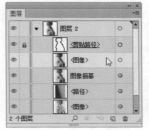

图18-129

12 单击画面中的彩色图像，将其选取。在"图像描摹"面板中设置参数，如图18-130和图18-131所示。

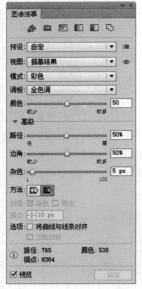

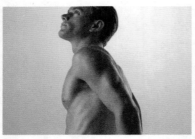

图18-130　　　　　图18-131

13 单击"透明度"面板中的"制作蒙版"按钮，创建不透明度蒙版。单击蒙版缩览图，进入蒙版的编辑状态，如图18-132所示。使用铅笔工具 ✐ 在人物前方绘制一个图形，填充线性渐变白-黑，无描边颜色，如图18-133和图18-134所示。

图18-132　　　　　图18-133

图18-134

14 执行"效果>风格化>羽化"命令，设置羽化半径为10mm，如图18-135和图18-136所示。

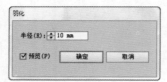

图18-135

图18-136

15 单击对象缩览图，结束蒙版的编辑状态，如图18-137所示。按下Ctrl+C快捷键复制该图像，按下Ctrl+F快捷键粘贴到前面，设置混合模式为"颜色减淡"，效果如图18-138所示。

图18-137

图18-138

16 新建一个图层。打开光盘中的素材，拷贝并粘贴到画面中，如图18-139所示。

图18-139

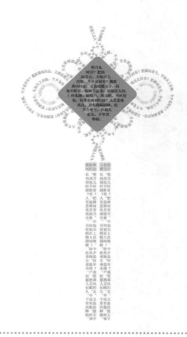

18.6

精通特效：

中国结

■素材：无
■视频：光盘>视频文件夹
■难度：★★★☆☆
■实例门类：平面设计类
■主要功能：在这个实例中，我们先来绘制出中国结的骨架，然后在其基础上制作点文本、区域文本和路径文本，用文字组成一个中国结。在制作路径文本时，可以根据需要使文本沿路径滑行，沿路径翻转或导出溢流文本。

01 新建一个A4大小的文件。使用圆角矩形工具 ⬜ 按住Shift键绘制一个圆角矩形，填充红色。使用旋转工具 ↻ 按住Shift键拖曳图形，将它旋转45°，如图18-140所示。

图18-140

02 选择文字工具 T，在画面中单击输入文字，按下Ctrl+T快捷键打开"字符"面板，设置字体及大小，如图18-141所示。将文字的填充颜色设置为黄色，使用旋转工具 ↻ 按住Shift键调整文字的角度，如图18-142所示。

图18-141

图18-142

03 使用矩形工具 ⬛ 按住Shift键绘制一个略小于圆角矩形的正方形，将它旋转45°，如图18-143所示。选择区域文字工具 T，在正方形上单击创建区域文本，输入苏轼的《水调歌头》，如图18-144和图18-145所示。

04 按下Ctrl+A快捷键全选，单击控制面板中的水平居中对齐按钮 ⬚ 与垂直居中对齐按钮 ⬚，使图形与文字对齐，体现中国结的对称与和谐之美，如图18-146所示。

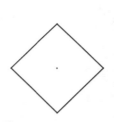

图18-143　　　　　图18-144

图18-145　　　　　图18-146

05 分别使用钢笔工具 ✎、直线段工具 ／ 和螺旋线工具 ◎ 绘制中国结形状的路径，如图18-147所示。

图18-147

06 在区域文本上双击，进入文本编辑状态，按下Ctrl+A快捷键选择所有文字，按下Ctrl+C快捷键复制，将光标移动到文本以外的空白区域，按住Ctrl键光标切换为选择工具 ▶，单击鼠标，取消区域文本的编辑状态。选择路径文字工具 ✓，在中国结路径上单击，进入路径文本的编辑状态，按下Ctrl+V快捷键粘贴文字，在"字符"面板中设置字符属性，如图18-148所示。使用选择工具 ▶ 在路径文本上单击，显示路径文本的编辑点，即起始点、中点和结束点，将光标放在文本的起始点处或结束点处拖曳，使文字沿路径滑行，如图18-149所示。

图18-148

图18-149

07 将光标放在文本的中点处，光标变为 ▶ 状，拖曳鼠标使文本沿路径翻转，如图18-150所示。也可以执行"文字>路径文本>路径文本选项"命令，在打开的对话框中选择"翻

转"选项，如图18-151所示，沿路径翻转文字。

08 在编辑路径文本时，如果文本上出现了 ⊞ 标志，表示路径上有溢流文本。单击该标志，光标变为 ⸪ 状，在画面空白处拖曳鼠标，导出溢流的文本，如图18-152所示。

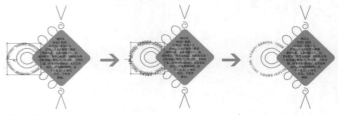

图18-150

图18-151

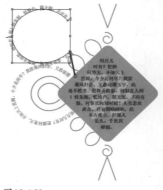

图18-152

09 使用文字工具 **T** 在文本上拖曳鼠标，选择文字，按下Delete键删除，直到路径上没有文字为止，如图18-153和图18-154所示。

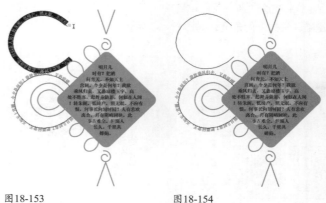

图18-153　　　　　　　　　图18-154

10 使用选择工具 ▶ 拖曳出一个矩形选框，选择文本路径，如图18-155所示，按下Delete键删除，中国结的文本上就不再有溢流标志，如图18-156所示。

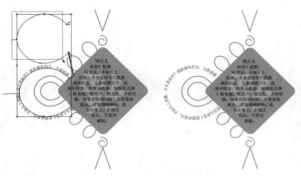

图18-155　　　　　　图18-156

11 用同样的方法在其他路径上制作路径文字，如图18-157所示。

12 将左侧的路径文本旋转180°，就可以得到右侧的文本，在旋转前应找好中国结的中心点位置，该位置是红色圆角矩形的中心点。使用选择工具 ▶ 选择圆角矩形，按下Ctrl+R快捷键显示标尺，在标尺上拖出参考线，创建参考线时要使水平参考线与垂直参考线交叉在圆角矩形的中心点处。按住Shift键将中国结左侧的路径文本选择，如图18-158所示，选择旋转工具 ↻，按住Alt键在中国结的中心位置单击，打开"旋转"对话框，设置旋转角度为180°，然后单击"复制"按钮进行复制，如图18-159和图18-160所示。

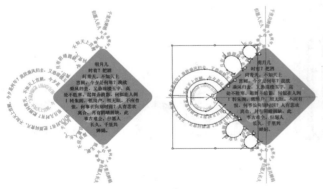

图18-157　　　　　　　图18-158

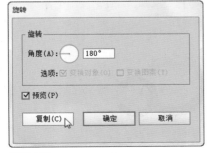

图18-159

图18-160

13 使用文字工具 T 单击并拖曳出一个矩形文本框，按下Ctrl+V快捷键粘贴文字，如图18-161所示。执行"文字>文字方向>垂直"命令，将水平文本转换为垂直文本，如图18-162所示。

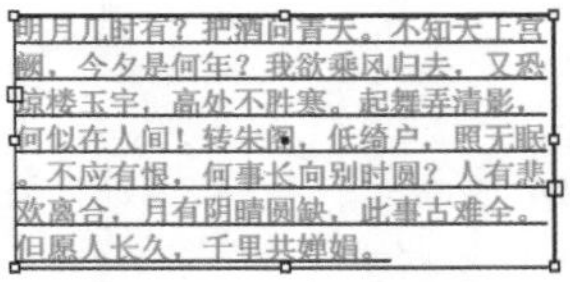

图18-161 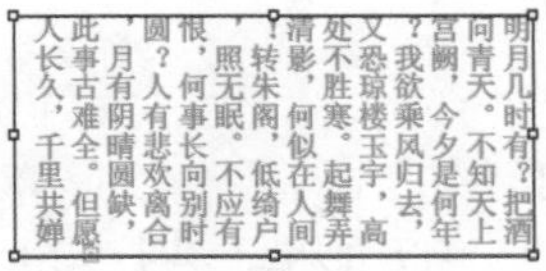　　　　　　　　图18-162

14 将光标放在文本框处拖曳，可以调整文本框的大小。加入其他的图形进行装饰，由文字组成的中国结就制作完成了，如图18-163所示。

图18-163

18.7

精通特效：

艺术字体设计

- ■ 素材：光盘>实例素材文件夹
- ■ 视频：光盘>视频文件夹
- ■ 难度：★★★★☆
- ■ 实例门类：平面设计类
- ■ 主要功能：在这个实例中，我们将通过调整文字大小，移动笔画锚点改变路径形状，使文字的组合更有设计感。在"外观"面板中为文字添加多重描边效果，使文字有一定厚度。再通过添加"外发光"及"投影"效果表现立体感。

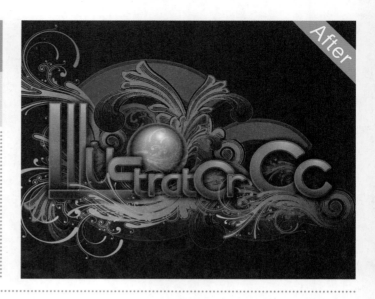

01 打开光盘中的素材，如图18-164所示。文字已经创建为轮廓，可以作为图形进行编辑。使用选择工具 ▶ 分别选择每个文字，调整大小和位置，使文字错落排列，如图18-165所示。

图18-164

图18-165

02 使用直接选择工具 ▷ 在"S"左下角拖出一个矩形选框，选择锚点，如图18-166所示，向左侧拖曳这两个锚点，拖曳过程中可按住Shift键锁定水平方向，如图18-167所示。用同样的方法调整字母"u"，如图18-168所示。

图18-166　　　　图18-167

图18-168

03 按下Ctrl+A快捷键将文字全部选取，双击渐变工具 ▦，打开"渐变"面板调整颜色，如图18-169和图18-170所示。

图18-169

图18-170

04 按住Ctrl键切换为选择工具 ▶，选取字母"C"，放开Ctrl键恢复为渐变工具 ▦，将光标放在字母上方，如图18-171所示，按住Shift键向下拖曳鼠标，改变渐变的位置，使字母上方的颜色变浅，如图18-172所示。

图18-171　　　　　　　图18-172

05 逐一调整每个字母的渐变填充效果，如图18-173所示。

图18-173

06 依然保持所有字母的选取状态。打开"外观"面板，如图18-174所示；单击"描边"属性，将其选取，拖曳到"填色"属性下方，如图18-175所示；单击面板底部的复制所选项目按钮，复制描边，如图18-176所示；再连续单击两次，使文字拥有四个描边，如图18-177所示。

图18-174 图18-175

图18-176 图18-177

07 分别选择每一个描边属性，为它们设置不同的颜色和粗细，由上至下依次为：10%灰、0.75pt；黑色、1pt；60%灰、4pt；暖灰R175、G165、B155、5pt，如图18-178所示，效果如图18-179所示。

图18-178

图18-179

08 执行"效果>风格化>外发光"命令，设置参数如图18-180所示，效果如图18-181所示。

图18-180

图18-181

09 选择5pt描边属性，如图18-182所示，执行"外发光"命令，为其添加外发光效果，设置混合模式为"正常"，如图18-183所示；该外发光效果位于5pt描边属性中，单击▶按钮展开"描边"属性，如图18-184所示，效果如图18-185所示。

图18-182 图18-183

图18-184 图18-185

10 选择"填色"属性，如图18-186所示，执行"效果>风格化>投影"命令，为填色内容单独添加投影，如图18-187和图18-188所示。

图18-186 图18-187

447

图18-188

11 选择字母"CC",按下Ctrl+C快捷键复制。将"图层1"锁定,按住Alt+Ctrl键单击 🖫 按钮,在当前图层下方新建一个图层,如图18-189所示。创建一个与画板大小相同的矩形,填充深灰色,如图18-190所示。

图18-189

图18-190

12 按下Ctrl+V快捷键粘贴文字。执行"对象>变换>缩放"命令,打开"比例缩放"对话框,选择"等比"选项,设置参数为320%,勾选"比例缩放描边和效果"选项,如图18-191所示,然后单击"确定"按钮,放大文字,如图18-192所示。

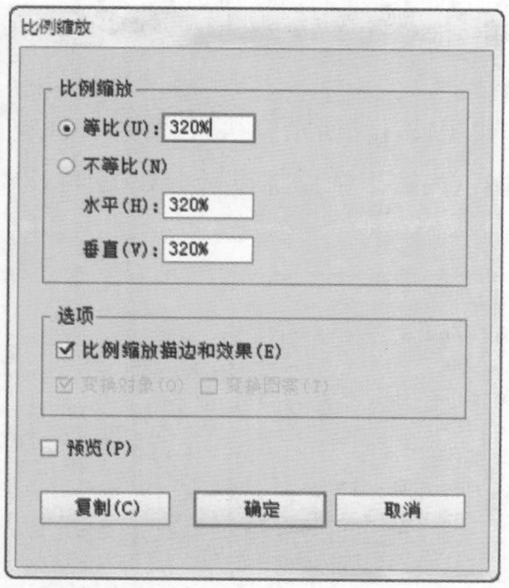

比例缩放

- 比例缩放
  - ● 等比(U): 320%
  - ○ 不等比(N)
    - 水平(H): 320%
    - 垂直(V): 320%
- 选项
  - ☑ 比例缩放描边和效果(E)
  - ☑ 变换对象(O) ☐ 变换图案(T)
- ☐ 预览(P)

[复制(C)] [确定] [取消]

图18-191

图18-192

13 在"透明度"面板中设置不透明度为30%,在"外观"面板中将"投影"属性和"外发光"属性拖曳到 🗑 按钮上删除,如图18-193和图18-194所示。

图18-193

图18-194

14 打开"符号"面板,面板中有4个花纹符号,如图18-195所示。将"花纹1"拖到画面中,使用选择工具 ▶ 按住Alt键拖曳花纹1进行复制,然后调整大小和角度;装饰在文字周围,如图18-196所示。

图18-195

图18-196

15 分别使用"花纹2"和"花纹3"装饰背景，可适当调整图案的不透明度。使用矩形工具  创建一个与画板大小相同的矩形，单击"图层"面板底部的 按钮，创建剪切蒙版，将画板以外的花纹隐藏，如图18-197和图18-198所示。

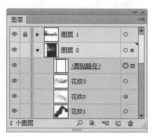

图18-197

图18-198

16 创建3个大小不同的圆形，在最上面制作一个月牙儿状图形，如图18-199所示。选取这4个图形，按下Alt+Ctrl+B快捷键创建混合，双击混合工具 ，设置指定的步数为20，如图18-200所示，效果如图18-201所示。

图18-199

图18-200

图18-201

17 创建一个小一点的圆形，填充径向渐变，如图18-202所示。设置图形的混合模式为"正片叠底"，如图18-203所示。将组成球体的图形选取，按下Ctrl+G快捷键编组。

图18-202 　　　　　　　图18-203

18 将球体放在文字上方，用花纹装饰，设置混合模式为"叠加"，使花纹呈现附着在球体上的效果，如图18-204所示。使用光晕工具 在球体上面创建一个闪光图形，以增加球体亮度，如图18-205所示。

图18-204

图18-205

19 用"花纹4"装饰背景。在"图层"面板中解除"图层1"的锁定状态，使用花纹装饰文字，如图18-206所示。

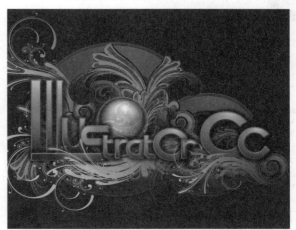

图18-206

18.8

精通动漫设计：
卡通形象设计

- ■ 素材：光盘>实例素材文件夹
- ■ 视频：光盘>视频文件夹
- ■ 难度：★★★★☆
- ■ 实例门类：动漫设计类
- ■ 主要功能：在这个实例中，我们将通过3D "凸出和斜角" "绕转" 命令表现图形的立体感，用这些立体图形组合成一个卡通形象。

01 新建一个A4大小的文件。使用钢笔工具 绘制一个图形，填充紫色，如图18-207所示。执行 "效果>3D>凸出和斜角" 命令，打开 "3D凸出和斜角选项" 对话框，单击 按钮，添加新光源，单击 按钮，将光源切换到后面，其他参数设置如图18-208所示，效果如图18-209所示。

图18-207

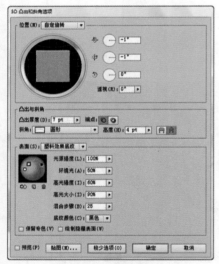

图18-208

02 使用钢笔工具 绘制一个图形，如图18-210所示。按下Alt+Shift+Ctrl+E快捷键打开 "3D凸出和斜角选项" 对话框，修改参数，如图18-211所示，效果如图18-212所示。

图18-209   图18-210

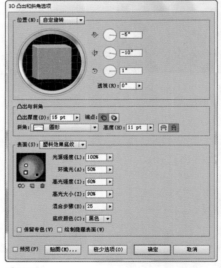

图18-211   图18-212

03 绘制一个图形，如图18-213所示。按下Alt+Shift+Ctrl+E快捷键，在打开的对话框中调整参数如图18-214所示，效果如图18-215所示。

图18-213

图18-214 凸出与斜角 凸出厚度(D):8 pt 端点: 斜角:图形 高度(H):6 pt

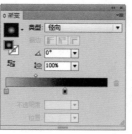

图18-219

图18-220 渐变 类型:径向

图18-221

图18-215

04 使用椭圆工具 ◯ 绘制一个椭圆形，如图18-216所示。按下Alt+Shift+Ctrl+E快捷键，在打开的对话框中设置参数如图18-217所示，效果如图18-218所示。

06 使用钢笔工具 ✏ 绘制一条开放式路径，作为眼眉，按下"I"键切换为吸管工具 ✏，在紫色图形上单击，将它的属性复制到开放式路径上，如图18-222所示。绘制一条弯曲的路径，作为小象的嘴巴，表现出微笑的表情，如图18-223所示。

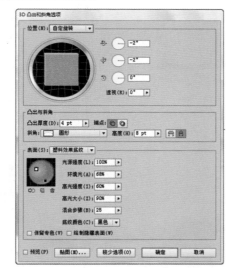

图18-216

图18-217

图18-222

图18-223

07 绘制身体、腿及尾巴部分，按下Alt+Shift+Ctrl+E快捷键，在打开的对话框中设置参数，制作立体效果，如图18-224和图18-225所示。

图18-218

05 使用椭圆工具 ◯ 按住Shift键绘制一个圆形，填充径向渐变，如图18-219和图18-220所示。使用选择工具 ▶ 按住Shift键选择眼睛图形，按住Alt键向左侧拖曳进行复制，如图18-221所示。

图18-224

图18-225

08 绘制一个闭合式路径图形，填充径向渐变，如图18-226和图18-227所示。执行"效果>风格化>羽化"命令，使图形边缘变得柔和，如图18-228和图18-229所示。

图18-226   图18-227

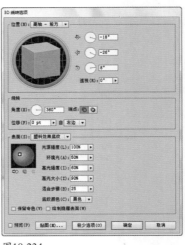

图18-234   图18-235

图18-228   图18-229

09 在脖子处绘制蝴蝶结，填充白色，无描边；绘制出浅粉色的上衣；分别为图形添加"凸出和斜角"效果，如图18-230所示；在衣服上绘制花纹作为装饰，如图18-231所示。

12 绘制树干图形，填充棕色。按下Alt+Shift+Ctrl+E快捷键执行上一次效果，在打开的对话框中移动光源的位置，如图18-236所示，然后关闭对话框。按下Ctrl+[快捷键将树干向后移动，如图18-237所示。选择树叶与树干图形，按下Ctrl+G快捷键编组。

图18-236   图18-237

13 复制小树，调整大小。打开光盘中的素材，如图18-238所示，拷贝并粘贴到画面中，如图18-239所示。

图18-230   图18-231

10 按住Ctrl+Alt键单击"图层"面板中的 ⬜ 按钮，在当前图层下方新建一个图层，如图18-232所示。使用钢笔工具 ✐ 绘制一条开放式路径，填充绿色，如图18-233所示。

图18-238

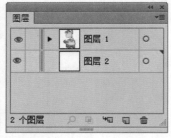

图18-232   图18-233

11 执行"效果>3D>绕转"命令，制作一个圆锥体，如图18-234和图18-235所示。

图18-239

18.9

精通书籍插图设计：
四格漫画

■素材：无
■视频：光盘>视频文件夹
■难度：★★☆☆☆
■实例门类：动漫设计类
■主要功能：在这个实例中，我们将用椭圆工具、钢笔工具和铅笔工具绘制形象，根据故事情节刻画出人物的心理活动。

01 新建一个A4大小的文件。先来绘制眼睛。使用椭圆工具 按住Shift键绘制一个圆形，设置描边粗细为3pt，如图18-240所示。在里面绘制一个小一点的黑色圆形作为眼珠。使用钢笔工具 绘制一条波浪线代表水面，如图18-241所示。

02 画一条小鱼，填充红色，设置描边粗细为2pt。再画出鱼的眼睛和嘴巴，如图18-242所示。这条小鱼把水汪汪的大眼睛当成了鱼缸，在里面游泳。

图18-240　　　　图18-241　　　　图18-242

03 画一个大一点的圆形，填充皮肤色，按下Shift+Ctrl+[快捷键将其移至底层，如图18-243所示。用钢笔工具 画出左边的眼睛，用3条线组成就可以了，如图18-244所示。

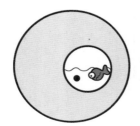
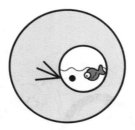

图18-243　　　　　图18-244

04 画出嘴巴和头发，如图18-245所示。刻画出惊讶的表情，这只小鱼游到哪儿不好，偏偏游到我的眼睛里。

图18-245

05 使用铅笔工具 绘制衣服，填充浅蓝色，设置描边粗细为3pt，如图18-246所示。在衣服里面绘制颜色略深一点的条纹，如图18-247所示。想象着我们自己的眼睛里进入了异物时的情景，一只手扒着眼皮，另一只手拿着镜子，把这个动作画下来，如图18-248所示。按下Ctrl+A快捷键全选，按下Ctrl+G快捷键编组。

图18-246　　　　图18-247

图18-248

06 画一只小狗，它翻着眼睛，吐着舌头，纳闷地看着小主人，不知道发生了什么事情，如图18-249~图18-251所示。画完小狗以后，再将组成小狗的图形编组。

图18-249

图18-250

图18-251

07 画一条白色的小纸船，将它移动到人物和小狗的后面，如图18-252所示。再画出水面和天空，如图18-253所示。用钢笔工具画出对话框的形状，使用文字工具 T 输入文字，如图18-254所示。

图18-252

图18-253

图18-254

08 给小狗也加上台词。使用选择工具选取所有图形，按住Alt键拖曳复制到画面中的空白位置，重新调整人物、小狗的表情和动作，以及台词框的形状、台词内容、小船的角度等，制作出一组有趣的四格漫画，如图18-255所示。

图18-255

18.10

精通平面设计：

线描风格名片

■ 素材：光盘>实例素材文件夹
■ 视频：光盘>视频文件夹
■ 难度：★ ★ ★ ☆ ☆
■ 实例门类：平面设计类
■ 主要功能：在这个实例中，我们将创建两个画板，分别制作名片的正面和背面。制作时将人物图像进行实时描摹，表现手绘效果，体现出简约时尚的设计风格。

思维工坊创客空间

john
总 经 理
地址：北京市海淀区90后小青年创意产业园
邮编：1000000
电话：010-8000000/01/02
手机：1390000000
电子邮箱：laidianchuangyi@vip.com
MSN：laidianchuangyi@hotmail.com

01 按下Ctrl+N快捷键打开"新建文档"对话框，设置画板数量为2，分别制作名片的正面和背面，设置画板宽度为90mm，高度为55mm，如图18-256所示，然后单击"确定"按钮创建文档，如图18-257所示。

02 执行"文件>置入"命令，置入光盘中的素材，取消"链接"选项的勾选，将图像置入文档中，如图18-258所示。将光标放在定界框的一角，按住Shift键拖曳鼠标调整图像大小，以适合名片尺寸，如图18-259所示。

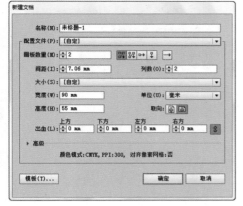

图18-256

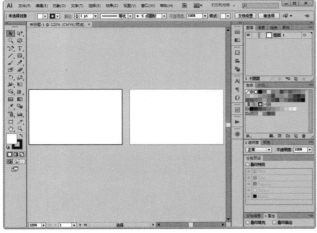

图18-257

图18-258

图18-259

03 单击控制面板中的 ▼ 按钮，在打开的下拉列表中选择"默认"命令，对图像进行实时描摹，如图18-260和图18-261所示。再单击控制面板中的"扩展"按钮，将图像扩展为可编辑的路径图形，如图18-262所示。

图18-260　　　图18-261　　　　图18-262

04 设置图形的填充颜色为白色，描边为蓝色，描边粗细为0.5pt，如图18-263所示。使用编组选择工具 ▶⁺ 单击边框，如图18-264所示，按下Delete键删除，如图18-265所示。

图18-263　　　　图18-264　　　　图18-265

05 使用钢笔工具 ✐ 绘制人物的帽子，填充蓝色，如图18-266所示。再来整理一下面部及眼睛的轮廓。用编组选择工具 ▶⁺ 在面部轮廓上单击，如图18-267所示，使用平滑工具 ✐ 沿着轮廓拖曳鼠标以减少路径上的锚点，使路径变得更光滑。使用铅笔工具 ✐ 则可以修改路径的形状。用椭圆工具 ⬭ 绘制眼珠，如图18-268所示。

图18-266　　　　图18-267　　　　图18-268

06 使用矩形工具 ▭ 在名片的右侧绘制一个矩形，填充蓝色。用文字工具 T 在画板中单击输入文字，按下Esc键结束文字的输入状态，在控制面板中设置字体及大小，如图18-269所示。

图18-269

07 使用文字工具 T 在画面中拖曳鼠标创建文本框，如图18-270所示，放开鼠标后输入文字，如图18-271所示。单击"段落"面板中的全部两端对齐按钮 ▤ ，使文字两端对齐到文本框，如图18-272所示。

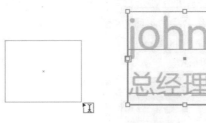

图18-270　　　　　　　图18-271

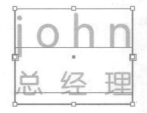

图18-272

08 输入联系方式，设置文字大小为5pt，如图18-273所示。

图18-273

09 使用矩形工具 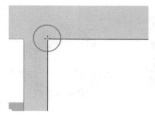 在画板2的左上角单击，如图18-274所示，弹出"矩形"对话框，设置参数如图18-275所示，创建一个与画板大小相同的矩形，填充蓝色，按下Shift+Ctrl+[快捷键将其移至底层。使用选择工具 选取公司名称文字及背景的蓝色块，按住Alt键拖到右侧的画板上，在放开鼠标前按下Shift键，使移动方向保持水平，如图18-276所示，用来制作名片的背面。

图18-274   图18-275

图18-276

10 设置文字颜色为蓝色，矩形填充白色，如图18-277所示。

图18-277

11 在文字下方绘制一个矩形，执行"窗口>色板库>图案>基本图形>基本图形_纹理"命令，打开图库，用如图18-278所示的图案填充矩形，如图18-279所示。

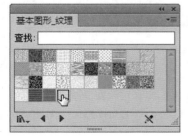

图18-278

图18-279

12 在"透明度"面板中设置矩形的混合模式为"混色"，如图18-280和图18-281所示。名片的正面和背面就制作完了，如图18-282和图18-283所示。

图18-280

图18-281

图18-282

图18-283

18.11

精通 UI：

图标设计

- ■素材：无
- ■视频：光盘>视频文件夹
- ■难度：★★★★☆
- ■实例门类：UI设计类
- ■主要功能：在这个实例中，我们将使用许多小技巧来表现图标的纹理和细节。首先，将圆形设置波纹效果，通过各项参数的调整，使波纹有粗、细、疏、密的变化。再让波纹之间的角度稍错开一点，就出现了好看的纹理。另外，还通过纹理样式表现质感，投影表现立体感，描边虚线化表现缝纫效果，通过混合模式体现图形颜色的微妙变化。

01 创建一个A4大小、RGB模式的文档。选择椭圆工具 ⬭，在画板中单击，弹出"椭圆"对话框，设置圆形的大小，如图18-284所示，然后单击"确定"按钮，创建一个圆形，设置描边颜色为棕色（R167、G31、B42），无填充颜色，如图18-285所示。

图18-284 　　　　　　图18-285

02 执行"效果>扭曲和变换>波纹效果"命令，设置参数如图18-286所示，使平滑的路径产生有规律的波纹，如图18-287所示。

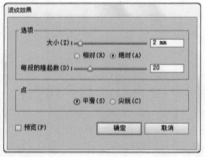

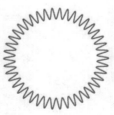

图18-286 　　　　　　图18-287

03 按下Ctrl+C快捷键复制该图形，按下Ctrl+F快捷键粘贴到前面，将描边颜色设置为浅黄色（R255、G144、

B109），如图18-288所示。使用选择工具 ▶，将光标放在定界框的一角，轻轻拖曳鼠标将图形旋转，如图18-289所示，两个波纹图形错开后，一深一浅的搭配使图形产生厚度感。

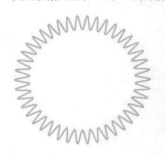

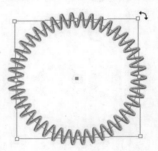

图18-288 　　　　　　图18-289

04 使用椭圆工具 ⬭ 按住Shift键创建一个圆形，填充线性渐变，如图18-290和图18-291所示。

图18-290 　　　　　　图18-291

05 执行"效果>风格化>投影"命令，设置参数如图18-292所示，为图形添加投影效果，产生立体感，如图18-293所示。

图18-292 图18-293

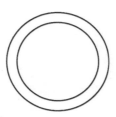

图18-299 图18-300

06 再创建一个圆形，如图18-294所示。执行"窗口>图形样式库>纹理"命令，打开"纹理"面板，选择"RGB石头3"纹理，如图18-295和图18-296所示。

图18-294 图18-295

图18-301

09 执行"效果>风格化>投影"命令，为图形添加投影效果，如图18-302和图18-303所示。

图18-296

07 设置该图形的混合模式为"柔光"，使纹理图形与渐变图形融合到一起，如图18-297和图18-298所示。

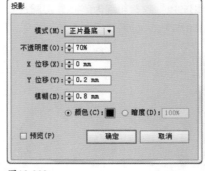

图18-302 图18-303

10 选择一开始制作的波纹图形，复制以后粘贴到最前面，设置描边颜色为黄色，描边粗细为0.75pt，如图18-304所示。打开"外观"面板，双击"波纹效果"，如图18-305所示，弹出"波纹效果"对话框，修改参数如图18-306所示，使波纹变得细密，如图18-307所示。

图18-297 图18-298

08 在画面空白处分别创建一大、一小两个圆形，如图18-299所示。选取这两个圆形，分别按下"对齐"面板中的 ⊕ 按钮和 ⊕ 按钮，将图形对齐，再按下"路径查找器"中的 ⊡ 按钮，让大圆与小圆相减，形成一个环形，并填充渐变颜色，如图18-300和图18-301所示。

图18-304 图18-305

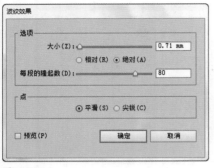

图18-306

图18-307

图18-312

13 将描边颜色设置为粉色。执行"效果>风格化>外发光"命令,设置参数如图18-313所示,使缝纫线产生立体感,如图18-314所示。

🔊 **提示**

当大小相近的图形重叠排列时,要选取位于最下方的图形似乎不太容易,尤其是某个图形设置了投影或外发光等效果,那么它就比其他图形大了许多,无论你需要与否,在选取图形时总会将这样的图形选择。遇到这种情况时,可以单击"图层"面板中的▶按钮,将图层展开显示出子图层,要选择哪个图形,在其子图层的最后面单击就可以了。

图18-313

图18-314

11 按下Ctrl+F快捷键再次粘贴波纹图形,设置描边颜色为暗红色(R176、G69、B89),描边粗细为0.4pt,再调整它的波纹效果参数,如图18-308和图18-309所示。

14 绘制一个大一点的圆形,按下Shift+Ctrl+[快捷键将其移至底层,在"渐变"面板中将填充颜色设置为径向渐变,如图18-315所示,再按下X键或单击"渐变"面板中的描边图标,切换到描边编辑状态,设置描边颜色为线性渐变,如图18-316所示,效果如图18-317所示。

图18-308

图18-309

图18-315

图18-316

12 再创建一个小一点的圆形,如图18-310所示。单击"描边"面板中的圆头端点按钮 和圆角连接按钮 ,勾选"虚线"选项,设置虚线参数为3pt,间隙参数为4pt,如图18-311和图18-312所示,制作出缝纫线的效果。

图18-317

图18-310

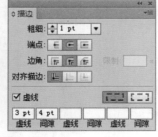

图18-311

15 执行"效果>扭曲和变换>波纹效果"命令,设置参数如图18-318所示,单击"确定"按钮,关闭对话框。执行"效果>风格化>投影"命令,为图形添加投影效果,如图18-319和图18-320所示。复制该图形,按下Ctrl+B快捷键粘贴到后面,

重新填充颜色、调整大小和角度，如图18-321所示。

图18-318　　　　　　　　　　　图18-319

图18-320　　　　　图18-321

图18-326　　　　　　　　图18-327

18 执行"效果>风格化>投影"命令，设置参数如图18-328所示，使图形产生立体感，如图18-329所示。用相同的方法对图形加以变换和组合，制作出不同外观的图标，如图18-330所示。载入"自然_叶子"图案库，用"莲花方形颜色"图案制作背景，效果如图18-331所示。

◄)) 提示

制作到这里，需要将图形全部选取，在"对齐"面板中将它们进行垂直与水平方向的居中对齐。

16 打开"符号"面板，单击右上角的 ≡ 按钮，打开面板菜单，选择"打开符号库>网页图标"命令，加载该符号库，选择"收藏"符号，如图18-322所示，将它拖入画面中，如图18-323所示。

图18-328　　　　　　　　　　图18-329

图18-322　　　　　图18-323

17 单击"符号"面板底部的 ✂ 按钮，断开符号的链接，使符号成为单独的图形，填充红色，如图18-324所示。设置混合模式为"叠加"，如图18-325和图18-326所示。按下Ctrl+C快捷键复制，按下Ctrl+F快捷键粘贴图形，设置描边颜色为白色，描边粗细为1.5pt，无填充颜色，如图18-327所示。

图18-330

图18-324　　　　　图18-325

图18-331

461

18.12

精通3D：
巨型立体字

- 素材：光盘>实例素材文件夹
- 视频：光盘>视频文件夹
- 难度：★ ★ ★ ☆ ☆
- 实例门类：平面设计类
- 主要功能：在这个实例中，我们将在一个现有的场景中添加立体字，将文字打造为城市中高耸的建筑物。这就要求文字既要成为整个画面的视觉中心，同时也要与环境相协调，有一致的视角，符合场景要求，不脱离画面。制作时主要使用"3D旋转"命令来表现透视关系，使用混合来表现立体效果。

01 打开光盘中的素材，如图18-332所示。单击图层缩览图前面的▶图标，展开图层列表，在图18-333所示的位置单击，将"图像"层锁定。

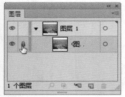

图18-332　　　　　　　　图18-333

02 使用文字工具**T**在画面中输入文字，如图18-334和图18-335所示，"S"与"6"之间添加空格。

图18-334　　　　　　　　图18-335

03 在数字"6"上拖曳鼠标将其选取，设置水平缩放参数为125%，增加数字的宽度，如图18-336和图18-337所示。

图18-336　　　　　　　　图18-337

04 按下Shift+Ctrl+O快捷键，将文字创建为轮廓。执行"效果>3D>旋转"命令，设置参数如图18-338所示，效果如图18-339所示。

图18-338

图18-339

05 使用选择工具▶选择文字，按住Alt键向上拖曳进行复制，调整这两组文字的颜色，设置下面文字的颜色为C100、M97、Y50、K20，上面文字的颜色为C83、M50、Y22、K0，如图18-340所示。选择这两组文字，按下Alt+Ctrl+B快捷键创建混合，双击混合工具，设置混合步数为15，如图18-341和图18-342所示。

图18-340　　　　　　　　图18-341

图18-342

06 按住Alt键向上拖曳混合的文字进行复制，如图18-343所示。连按两次Ctrl+D快捷键，再复制出两组文字，如图18-344所示。

图18-343

图18-344

07 使用编组选择工具 在最上面的文字上单击，将它选择，填充天蓝色。按下Ctrl+C快捷键复制文字。使用铅笔工具 绘制立体字的投影，填充黑色，按下Shift+Ctrl+[快捷键将图形移至底层，如图18-345所示。执行"效果>风格化>羽化"命令，设置参数如图18-346所示。设置投影图形的混合模式为"正片叠底"，不透明度为70%，如图18-347所示。

图18-345

图18-346

图18-347

08 按下Ctrl+F快捷键粘贴文字，为它填充线性渐变，如图18-348和图18-349所示。设置文字的混合模式为"柔光"，如图18-350所示。

图18-348

图18-349

图18-350

09 解除背景图像的锁定，将图像选择，按下Ctrl+C快捷键复制，在空白处单击，取消选择，然后按下Ctrl+F快捷键粘贴在前面，设置混合模式为"叠加"，不透明度为58%，如图18-351和图18-352所示。

图18-351

图18-352

10 使用矩形工具 创建一个与画面大小相同的矩形，填充线性渐变，将渐变的两个滑块都设置为白色，右侧滑块的不透明度为0%，如图18-353所示。使画面上方景物变浅，视觉上更有空间感，如图18-354所示。

图18-353

图18-354

18.13

精通 3D：

火箭模型

- ■素材：光盘>实例素材文件夹
- ■视频：光盘>视频文件夹
- ■难度：★★★★☆
- ■实例门类：特效设计类
- ■主要功能：在这个实例中，我们将使用"绕转"和"凸出和斜角"命令制作出火箭模型，在组合图形时，应用了不透明度蒙版，将多余的图形隐藏。

01 新建一个A4大小的文件。使用钢笔工具 ✐ 绘制一个图形，如图18-355所示。用矩形工具 ▭ 绘制一个矩形，如图18-356所示。

02 选择这两个图形，单击"路径查找器"面板中的 ⬚ 按钮，对重叠部分进行分割。使用直接选择工具 ▷ 选择两边的红色图形，按下Delete键删除，如图18-357所示。

图18-355　　　　图18-356　　　　图18-357

03 选取图形，执行"效果>3D> 绕转"命令，打开"3D绕转选项"对话框，在观景框内拖曳立方体进行旋转，在"自"下拉列表中选择"右边"选项，单击光源预览框下方的 ⬚ 按钮，添加光源，在光源预览框中移动光源的位置。在添加左下角的光源后，单击 ⬚ 按钮，将光源切换到物体后面，其他参数设置如图18-358所示，效果如图18-359所示。

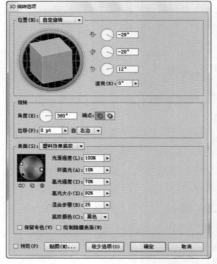

图18-358　　　　　　　　　　　　　　图18-359

04 使用钢笔工具 ✐ 绘制一个图形，在它上面创建一个矩形，如图18-360所示。选择这两个图形，单击"路径查找器"面板中的 ⬚ 按钮，对重叠部分进行分割，再将两边的图形删除，如图18-361所示。

图18-360　　　　图18-361

05 按下Alt+Shift+Ctrl+E快捷键打开"3D绕转选项"对话框，在"绕转"选项中设置"角度"为90°，其他参数如图18-362所示，效果如图18-363所示。

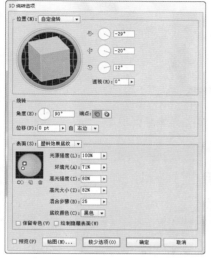

图18-362　　　　　　　　　　图18-363

06 使用选择工具 ![箭头] 按住Alt键将该图形复制到火箭右侧。打开"外观"面板，双击"3D绕转"属性，如图18-364所示，在打开的对话框中修改参数，如图18-365和图18-366所示。

图18-364

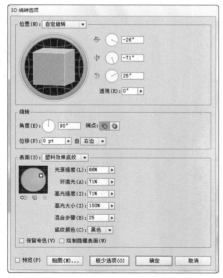

图18-365　　　　　　　　　　图18-366

07 使用多边形工具 ![多边形] 绘制一个17边形，在绘制的过程中可按下↑键增加边数，如图18-367所示。执行"滤镜>扭曲和变形>收缩和膨胀"命令，在打开的对话框中设置数值为7%，使图形的边缘向外膨胀，如图18-368和图18-369所示。按下Ctrl+C快捷键将膨胀后的图形复制到剪贴板中，在后面的操作中会用到。

图18-367　　　图18-368　　　　　　　图18-369

08 执行"效果>3D>凸出和斜角"命令，设置参数如图18-370所示，效果如图18-371所示，将图形放在火箭图形下方，如图18-372所示。

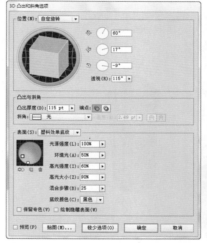

图18-370　　　　　　　　图18-371　　　图18-372

09 按下Ctrl+V快捷键粘贴图形，使用椭圆工具 ![椭圆] 按住Shift键在当前图形上面绘制一个圆形。选取这两个图形，单击"对齐"面板中的 ![按钮] 按钮和 ![按钮] 按钮，进行居中对齐，如图18-373所示。单击"路径查找器"面板中的 ![按钮] 按钮，进行从形状区域减去运算，如图18-374所示。

图18-373　　　　　　　　图18-374

10 按下Alt+Shift+Ctrl+E快捷键，在打开的对话框中调整参数，如图18-375和图18-376所示。

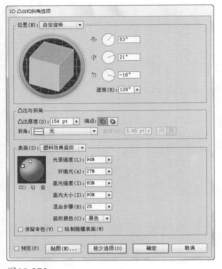

图18-375

图18-376

11 使用椭圆工具 ⬭ 按住Shift键绘制一个圆形，填充径向渐变，如图18-377和图18-378所示。

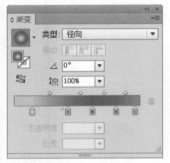

图18-377

图18-378

12 保持图形的选取状态，执行"透明度"面板菜单中的"建立不透明度蒙版"命令，创建不透明度蒙版。单击蒙版缩览图，进入蒙版编辑状态，使用椭圆工具 ⬭ 绘制一个椭圆形，填充白色，如图18-379所示。单击对象缩览图，结束蒙版的编辑，将球体放在花形立柱内，如图18-380所示。创建一个圆形，按下Shift+Ctrl+[快捷键移至底层，如图18-381所示。

图18-379

图18-380    图18-381

13 再创建一个椭圆形，如图18-382所示。按下Alt+Shift+Ctrl+E快捷键，在打开的对话框中修改参数，如图18-383和图18-384所示。

图18-382   图18-383

14 使用选择工具 ▶ 按住Shift+Alt键锁定垂直方向向上拖曳图形进行复制，拖曳定界框将图形放大，修改它的填充颜色，如图18-385所示。

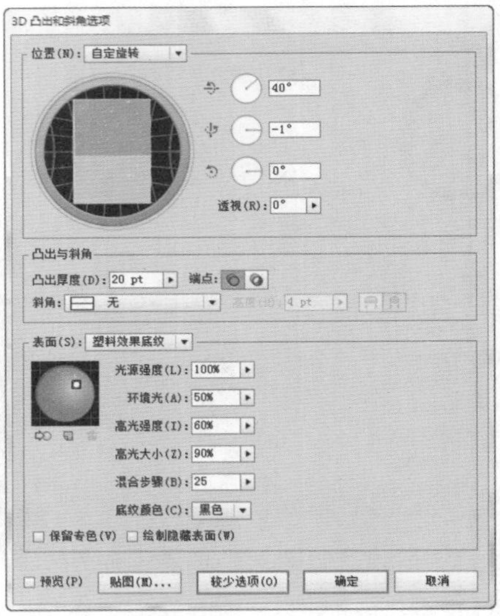

图18-384   图18-385

15 绘制一个矩形，在"渐变"面板中调整渐变颜色，如图18-386所示。使用选择工具 ▶ 按住Alt键拖曳图形进行复制，选择这些矩形，按下Ctrl+G快捷键编组，如图18-387所示。按下Ctrl+[快捷键向后移动一个堆叠顺序，如图18-388所示。

图18-386    图18-387   图18-388

16 再制作五个矩形，填充线性渐变，如图18-389所示。按下
Shift+Ctrl+[快捷键移至底层，如图18-390所示。

图18-389　　　　图18-390

17 使用钢笔工具 ✍ 绘制一个图形，如图18-391所示。按下
Alt+Shift+Ctrl+E快捷键，在打开的对话框中修改参数，
如图18-392所示，效果如图18-393所示。

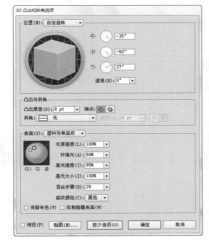

图18-391　　　　　图18-392

图18-393

18 使用选择工具 ▶ 按住Alt键拖曳图形复制到火箭右侧。双
击"外观"面板中的"3D凸出和斜角"属性，在打开的
对话框中调整参数，如图18-394和图18-395所示。

图18-394

图18-395

19 完成底座部分的制作后，将图形选取，按下Ctrl+G快捷键
编组，移动到火箭的下方，按下Shift+Ctrl+[快捷键将底
座移动到最后面，如图18-396所示。打开光盘中的素材，拷贝并
粘贴到画面中，作为背景，如图18-397所示。

图18-396　　　　图18-397

18.14

精通插画：

装饰风格插画

- ■素材：光盘>实例素材文件夹
- ■视频：光盘>视频文件夹
- ■难度：★ ★ ★ ☆ ☆
- ■实例门类：插画设计类
- ■主要功能：在这个实例中，我们将对不同颜色的路径应用混合效果，再改变路径上锚点的位置，编辑混合轴，使混合对象产生各种形态的变化。

01 新建一个A4大小的文件。使用直线段工具 ／ 在画面中绘制六条直线，设置不同的描边颜色，如图18-398所示。选择混合工具 ，在相邻的两条直线上单击，创建混合，如图18-399所示。

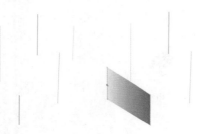

图18-398　　　　　　图18-399

02 依次在其他直线上单击，设置混合效果，如图18-400所示，正如使用钢笔工具 ✐ 绘制路径时，将钢笔放在路径的起点处，在工具右下角会显示一个小圆圈，单击后可将路径闭合。在制作混合效果时，当混合对象回到起点时，也会在混合工具右下角显示一个小圆圈，如图18-401所示。在起始的路径上单击，使混合对象形成一个封闭的范围，如图18-402所示。

图18-400　　　　　图18-401　　　　　图18-402

03 双击混合工具 ，打开"混合选项"对话框，设置指定的步数为70，如图18-403所示。使用直接选择工具 ▷ 选择灰色直线路径，将描边颜色改为白色，如图18-404所示。

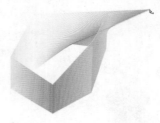

图18-403　　　　　　　　　　　图18-404

04 在洋红色直线上单击，显示路径和锚点，选择上方的锚点，如图18-405所示，向右侧拖曳，将直线改为斜线，路径之间的混合效果也会发生变化，如图18-406所示。

图18-405　　　　　　图18-406

05 在紫色直线上单击，选择上面的锚点，如图18-407所示，向右上方拖曳锚点，如图18-408所示。

图18-407　　　　　　图18-408

06 将紫色直线下方的锚点向左上方拖曳，混合效果出现了转折变化，如图18-409所示。继续调整各直线上的锚点，效果如图18-410所示。

图18-409　　　　　　　　　图18-410

07 创建混合后，会自动生成一条连接混合对象的混合轴，如图18-411所示，拖曳混合轴中的一条路径，使轴向发生变化，对象的混合效果也会改变，如图18-412所示。

图18-411　　　　　　　　　图18-412

08 复制混合对象，在此基础上制作出不同形态的混合效果，使混合对象产生各种形态的变化，如图18-413所示。

图18-413

09 创建一个与画板大小相同的矩形，单击"图层"面板中的 ▣ 按钮，将画面以外的图形遮罩，如图18-414所示。

图18-414

10 按住Alt+Ctrl键单击创建新图层按钮 ▫，在当前图层下方新建一个图层。将"图层1"锁定。创建一个矩形，填充线性渐变，如图18-415和图18-416所示。

图18-415　　　　　　　　　图18-416

11 隐藏"图层1"。我们要在"图层2"内添加一些花纹图案，部分图案会位于画面外，因此，可以先创建剪切蒙版。按下Ctrl+C快捷键复制矩形，按下Ctrl+F快捷键粘贴到前面，单击 ▣ 按钮创建剪切蒙版，"图层"面板状态如图18-417所示。打开光盘中的素材，如图18-418所示。

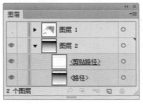

图18-417　　　　　　　　　图18-418

12 选择图案复制并粘贴到插画文件中。在"透明度"面板中设置画面上方的两个图案的混合模式为"差值"，右下角图案的混合模式为"叠加"，效果如图18-419所示。再复制一个图案，将它放大，设置混合模式为"明度"，效果如图18-420所示。

图18-419　　　　　　　　　图18-420

13 显示"图层1"，绘制一些花纹图案，分别填充黑色和白色，输入文字，完成后的效果如图18-421所示。

图18-421

18.15

精通插画：

新锐风格插画

■素材：光盘>实例素材文件夹
■视频：光盘>视频文件夹
■难度：★ ★ ★ ★ ☆
■实例门类：插画设计类
■主要功能：在这个实例中，我们将描摹一幅图像，然后用符号、网格和变形工具制作艺术化图形，添加到人物上，创建一幅新锐插画。

01 按下Ctrl+N快捷键，打开"新建文档"对话框，在"配置文件"下拉列表中选择"打印"，在"大小"下拉列表中选择A3，新建一个A3大小的CMYK模式文档。

02 执行"文件>置入"命令，取消"链接"选项的勾选，将图像置入到文档中，如图18-422所示。单击控制面板中的▼按钮，选择"6色"命令，对图像进行实时描摹，如图18-423和图18-424所示。

图18-422

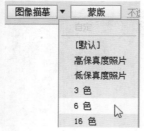

图18-423

图18-424

03 单击控制面板中的 扩展 按钮，将描摹对象转换为路径，如图18-425所示。用直接选择工具 ▷ 在画面右侧的黑色块上单击，将它选择，如图18-426所示，按下Delete键删除，如图18-427所示。

图18-425

图18-426

图18-427

04 调整头像的大小和角度，如图18-428所示。双击镜像工具 ⋈，在打开的对话框中设置镜像轴为"垂直"，单击"复制"按钮，如图18-429所示，镜像并复制出一个新的头像，然后按下Ctrl+[快捷键将它后移一层，适当调大该头像，如图18-430所示。

图18-428

图18-429

图18-430

05 锁定"图层1",新建"图层2"。用椭圆工具 ⬭ 创建一个黑色的椭圆形,如图18-431所示。选择旋转扭曲工具 ⟲,将光标放在圆形的右侧边缘内,向下拖曳鼠标对图形进行扭曲,如图18-432所示。

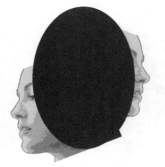

图18-431   图18-432

06 用变形工具 ⟳ 在图形边缘拖曳鼠标,改变形状以衬托头像,如图18-433所示。用变形工具 ⟳ 和旋转扭曲工具 ⟲ 对图形做进一步的处理,如图18-434所示。

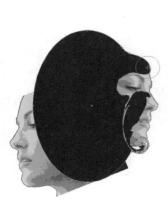

图18-433   图18-434

07 用极坐标网格工具 ⊛ 创建网格图形,设置描边粗细为20pt,如图18-435所示。将该图形移动到画面下方,如图18-436所示。

图18-435   图18-436

08 用变形工具组中的工具制作一个装饰纹样,放在头上,如图18-437所示。按下Ctrl+C快捷键复制该图形,在画面空白处单击,取消选择,按下Ctrl+F快捷键粘贴在前面,将图形缩小,继续复制这种小一些的纹样来装饰画面,如图18-438所示。绘制一个圆形,用旋转扭曲工具 ⟲ 制作成如图18-439所示的形状。

图18-437   图18-438

图18-439

09 锁定该图层,新建"图层3",如图18-440所示。用文字工具 T 在画面中输入文字,如图18-441所示。

图18-440

图18-441

10 复制文字，执行"效果>扭曲和变换>扭拧"命令，在打开的对话框中设置参数，如图18-442所示，文字效果如图18-443所示。

图18-442

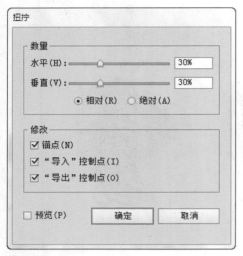

图18-443

11 将扭拧后的文字放置在黑色图形上面，如图18-444所示。将上面输入的文字转换成为一行，填充白色并旋转，如图18-445所示。

图18-444　　　　　　　图18-445

12 用极坐标网格工具 ⊛ 创建网格图形，按下←键删除分隔线，按下↑键增加同心圆的数量，按下C键使同心圆向边

缘聚拢，设置描边颜色为白色，粗细为0.5pt，如图18-446所示。将该图形移动到画面的右上角，如图18-447所示。

图18-446　　　　　　　图18-447

13 用矩形网格工具 ▦ 创建网格图形，按下←键删除垂直分隔线，按下↑键增加水平分隔线，按下F键调整水平分隔线的间距，如图18-448所示。用编组选择工具 ▷+ 在网格的外部矩形上单击，将其选择，如图18-449所示，按下Delete键删除，如图18-450所示。

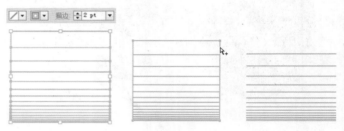

图18-448　　　　　图18-449　　　　　图18-450

14 将网格图形移动到画面中，调整大小和角度，然后复制，如图18-451所示。设置它的混合模式为"叠加"，如图18-452和图18-453所示。

图18-451

图18-452

图18-453

15 单击"符号"面板底部的 ▣▾ 按钮，选择"艺术纹理"命令，打开该符号库。选择"炭笔灰"符号，如图18-454所示，将它拖到画板中，调整大小，设置混合模式为"叠加"，如图18-455和图18-456所示。

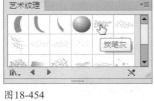

图18-454   图18-455

图18-456

16 选择"图层1"，单击 🔒 按钮解除锁定，如图18-457所示。在画面下方再放置一个"炭笔灰"符号，如图18-458所示。

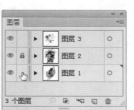

图18-457   图18-458

17 最后，在画面中添加一些倾斜的网格图形，使之与标题文字相呼应，完成后的效果如图18-459所示。图18-460是将该图形印在T恤衫上的效果，其中右侧头像设置了"明度"模式。

图18-459

图18-460

18.16

精通插画:

Mix & match 风格插画

- 素材: 光盘>实例素材文件夹
- 视频: 光盘>视频文件夹
- 难度: ★★★★☆
- 实例门类: 插画设计类
- 主要功能: 在这个实例中,我们先将去背的人像嵌入到文档中,通过剪切蒙版对局部图像进行遮盖,从而创建镂空效果。在人物面部、胳膊等处叠加彩色条带。通过变形工具制作花纹,添加"投影"效果并设置混合模式。将花纹分布在人物身体上,制作出层叠堆积效果。

01 新建一个A4大小的文件。创建一个与画板大小相同的矩形,填充黑色。

02 新建一个图层。执行"文件>置入"命令,选择光盘中的素材文件,取消"链接"选项的勾选,如图18-461所示,将图像嵌入到文档中。这幅图像在Photoshop中已经完成了抠图工作,置入到Illustrator后,它的背景是透明的,如图18-462所示。

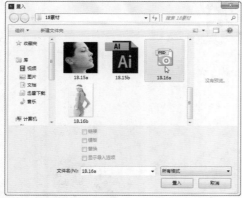

图18-461

图18-462

03 使用铅笔工具 ✐ 绘制如图18-463所示的图形,该图形将作为蒙版的显示区域,它所覆盖的人像区域将显示在画面中,其余部分被隐藏。单击"图层"面板中的 ▣ 按钮,以该图形作为蒙版对图像进行遮盖,如图18-464所示。

图18-463   图18-464

04 新建"图层3",如图18-465所示。执行"文件>置入"命令,再置入一个文件,取消"链接"选项的勾选,将图像嵌入文档中,如图18-466所示。

图18-465   图18-466

05 单击"透明度"面板中的"制作蒙版"按钮，创建不透明度蒙版。单击蒙版缩览图，进入蒙版编辑状态，如图18-467所示，使用钢笔工具 ✎ 绘制出衣服的轮廓图形，填充白色，画面中就会显示该图像中的衣服部分，如图18-468和图18-469所示。单击对象缩览图，结束对蒙版的编辑。

图18-467

图18-468

图18-469

06 选择"图层2"，绘制如图18-470所示的彩条。可先创建一个矩形，然后按住Alt+Shift+Ctrl键向下拖曳进行复制，再按两次Ctrl+D快捷键就可以了。将矩形选择后按下Ctrl+G快捷键编组。选择变形工具 ✎ ，在矩形上拖曳鼠标进行变形处理，使其呈现波浪状扭曲，如图18-471所示。设置混合模式为"正片叠底"，不透明度为30%，效果如图18-472所示。

图18-470

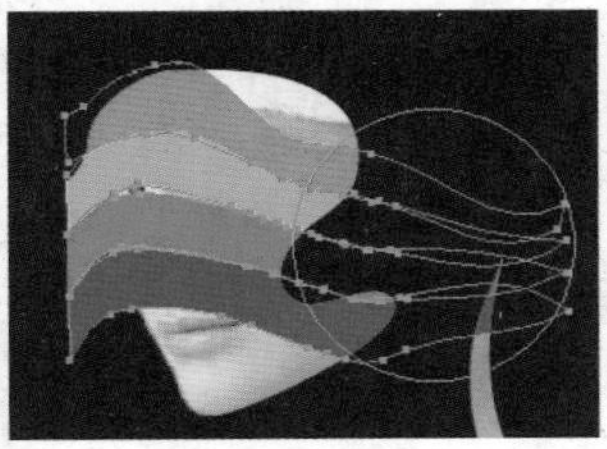

图18-471

图18-472

07 用同样的方法制作彩带，装饰在人物胳膊上。绘制橙色图形，将右手的白色护腕遮挡，在"透明度"面板中设置混合模式为"正片叠底"，效果如图18-473所示。

图18-473

08 选择"图层1"，将"图层2"与"图层3"锁定，如图18-474所示。创建一个圆形，如图18-475所示。使用变形工具 ✎ 在圆形上按住鼠标并向左侧拖曳，使图形产生扭转，如图18-476所示。

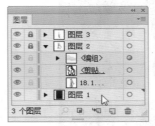
图18-474

图18-475

图18-476

09 执行"效果>风格化>投影"命令，设置参数如图18-477所示。使用选择工具 ▶ 选择花纹图形，按住Alt键拖曳进行复制，然后再调整大小和角度，对人物头部进行装饰，如图18-478所示。

图18-477

10 复制这组图形，移动到人物手臂处，适当调整图形位置、大小和角度，再复制"图层2"中的彩带作为装饰，如图18-479所示。

图18-478　　　　　　　　图18-479

11 将花纹图形复制到身体的其他部分，可以用深浅不同的灰色进行填充，使花纹有层次感，如图18-480和图18-481所示。

图18-480　　　　　　　　图18-481

12 新建"图层4"，将"图层1"中的花纹图形复制到"图层4"，再将"图层1"锁定，如图18-482所示。将花纹放在人物肩膀处，设置混合模式为"叠加"，如图18-483和图18-484所示。

图18-482　　　　　　　　图18-483

图18-484

13 使用椭圆工具 ⬭、变形工具 ⬭ 制作如图18-485所示的图形，在头部和右臂制作装饰图形，如图18-486所示。绘制一些彩色的花纹作为装饰，完成后的效果如图18-487所示。

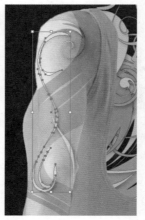

图18-485

图18-486

图18-487

18.17

精通插画：

时尚风格插画

- ■素材：光盘>实例素材文件夹
- ■视频：光盘>视频文件夹
- ■难度：★★★★☆
- ■实例门类：插画设计类
- ■主要功能：在这个实例中，我们将根据人物的动态，设计一组图形，使用铅笔工具和钢笔工具进行绘制，装饰在人物周围，使画面充满动感和张力。

01 打开光盘中的素材文件，如图18-488和图18-489所示。

图18-488　　　　　图18-489

02 在"图层1"上面新建一个图层，如图18-490所示。使用铅笔工具 在手臂上方绘制一个图形，设置描边宽度为0.5pt，勾选"虚线"选项，设置参数为2pt，如图18-491和图18-492所示。

图18-490　　　　　图18-491

图18-492

03 使用钢笔工具 在脚部绘制图形，如图18-493所示。使用选择工具 按住Alt键拖动图形进行复制，将光标放在定界框上，拖动鼠标调整图形大小，如图18-494所示。

图18-493

图18-494

04 继续复制该图形，排列在人物周围，如图18-495~图18-497所示。在人物背后绘制两个黑色的图形，如图18-498所示。

图18-495　　　　　图18-496

图18-497　　　　　　　　　图18-498

图18-504

05 绘制雨滴图形，在"渐变"面板中调整渐变颜色，如图18-499所示，填充线性渐变。设置描边颜色为白色，依然采用虚线描边效果，如图18-500所示。在图形上绘制一个白色的椭圆形，如图18-501所示。选取这两个图形，按下Ctrl+G快捷键编组。

09 选取这些图形，按下Ctrl+C快捷键复制，在"图层2"上方新建一个图层，按下Ctrl+V快捷键粘贴，如图18-505所示。将这些图形装饰在人物周围，如图18-506和图18-507所示。

图18-499　　　　　　图18-500　　　　　　图18-501

图18-505　　　　　　图18-506

06 按下Alt键向右拖动雨滴图形进行复制，分别填充橙色、黄色和蓝色，如图18-502所示。

图18-502

图18-507

07 用钢笔工具 $\nearrow$ 绘制如图18-503所示的一组图形，填充不同的颜色，依然采用白色虚线描边。

10 最后，在画面中输入文字，效果如图18-508所示。

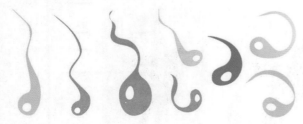

图18-503

08 使用选择工具 $\blacktriangle$ 将图形移动到画面中，调整大小和角度，根据人物的动态进行排列，如图18-504所示。

图18-508

18.18

精通包装：
牛奶瓶

■素材：光盘>实例素材文件夹
■视频：光盘>视频文件夹
■难度：★ ★ ★ ☆
■实例门类：包装设计类
■主要功能：在这个实例中，我们将使用3D绕转命令制作一个立体的牛奶瓶，通过贴图功能将标志贴于瓶体上。

01 打开光盘中的素材文件，按下Ctrl+A快捷键选取图形及文字，如图18-509所示，单击"符号"面板底部的 按钮，弹出"符号选项"对话框，然后单击"确定"按钮创建符号，如图18-510和图18-511所示。

图18-509

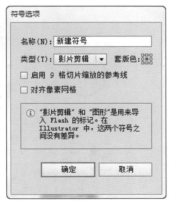

图18-510

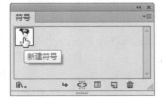

图18-511

02 使用钢笔工具 绘制瓶子的路径，如图18-512所示。设置描边颜色为白色，无填充。执行"效果>3D>绕转"命令，打开"3D绕转选项"对话框，设置参数如图18-513所示，勾选"预览"选项，可以在画面中看到瓶子效果，如图18-514所示。

图18-512

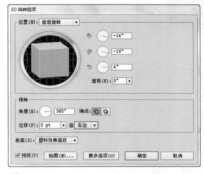

图18-513

图18-514

03 单击两次 按钮，添加两个新的光源，拖动光源将它移动到对象两侧，如图18-515所示；单击 按钮，将光源移动到对象的后面，如图18-516和图18-517所示。

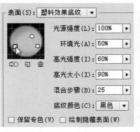

图18-515

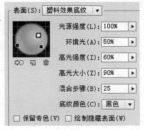

图18-516

04 在"底纹颜色"下拉列表中选择"自定",如图18-518所示,单击右侧的红色颜色块,打开"拾色器"设置颜色,如图18-519和图18-520所示。

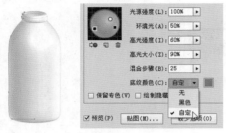

图18-517   图18-518

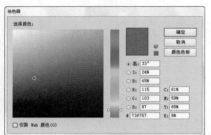

图18-519   图18-520

05 单击"贴图"按钮,打开"贴图"对话框,单击 ▶ 按钮切换到4/16表面,在"符号"下拉列表中选择新创建的符号,拖动符号定界框上的控制点调整大小,勾选"贴图具有明暗调"选项,使贴图在对象表面产生明暗变化,如图18-521和图18-522所示,然后单击"确定"按钮,完成贴图及3D效果的创建。

图18-521

图18-522

06 使用椭圆工具 ⬭ 创建一个椭圆形,按下Ctrl+Shift+[快捷键移至底层,填充径向渐变,设置渐变颜色为50%黑色,单击右侧色标,设置不透明度为0%,如图18-523和图18-524所示。

图18-523   图18-524

07 按下Ctrl+C快捷键复制该图形,按下Ctrl+F快捷键粘贴到前面,按住Alt+Shift键拖动定界框,将图形成比例缩小,设置渐变颜色为70%黑色,如图18-525和图18-526所示。

图18-525   图18-526

08 绘制一条路径,设置描边颜色为绿色,无填充,如图18-527所示。按下Shift+Ctrl+E快捷键打开"3D绕转选项"对话框,设置参数如图18-528所示,制作一个立体瓶盖,如图18-529所示。

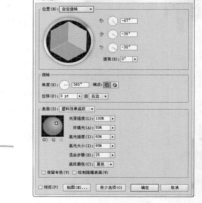

图18-527   图18-528   图18-529

09 选取瓶子底部的阴影图形,复制到瓶盖下方,并调整大小,如图18-530所示。

图18-530

18.19

精通特效字：

艺术山峦字

■素材：无
■视频：光盘>视频文件夹
■难度：★★★☆☆
■实例门类：字体设计类
■主要功能：在这个实例中，我们将对文字和图形应用混合效果，制作出起伏变换的山峦文字。

01 新建一个文件。选择文字工具 **T**，打开"字符"面板选择字体，设置文字大小，如图18-531所示，在画板中单击并输入文字，如图18-532所示。

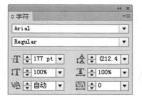

GUESS WHAT

图18-531   图18-532

02 选择倾斜工具 ，将光标放在文字右下角，单击并向左侧拖动鼠标，如图18-533所示；再向下方拖动鼠标，对文字进行倾斜处理，如图18-534所示。执行"文字>创建轮廓"命令，将文字转换为图形，如图18-535所示。按下Alt+Ctrl+G快捷键取消编组。

图18-533   图18-534

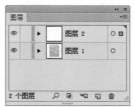

图18-535

03 用矩形工具 创建一个矩形，填充渐变作为背景，如图18-536和图18-537所示。将文字摆放到该背景上，设置填充颜色为白色，无描边，并适当调整大小和角度，如图18-538所示。

图18-536   图18-537   图18-538

04 选取所有文字，执行"效果>路径>偏移路径"命令，设置参数如图18-539所示，让文字向内收缩，如图18-540所示。按下Ctrl+C快捷键复制文字。单击"图层"面板底部的 按钮，新建一个图层，执行"编辑>就地粘贴"命令，将文字粘贴到该图层中，如图18-541所示。在该图层的眼睛图标上单击，隐藏图层，如图18-542所示。

图18-539   图18-540

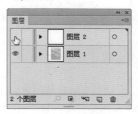

图18-541   图18-542

481

中文版 Illustrator CC 完全自学教程

05 单击"图层1"，使用铅笔工具 ✏ 绘制一个图形，填充蓝色，无描边，按下Ctrl+[快捷键将其调至字母G下方，如图18-543所示。用选择工具 ▶ 按住Shift键单击字母G，将它与绘制的图形同时选取，如图18-544所示，按下Alt+Ctrl+B快捷键创建混合。双击混合工具 🔲，在打开的对话框中将"间距"设置为"指定的步数"，步数设置为100，如图18-545和图18-546所示。

图18-543　　　　　　　　　图18-544

图18-545　　　　　　　　　图18-546

06 其他文字也采用相同的方法创建混合，如图18-547和图18-548所示。

图18-547　　　　　　　　　图18-548

07 用钢笔工具 ✏ 绘制几个图形，也创建同样的混合效果，如图18-549所示。用矩形工具 ▭ 创建一个与背景图形大小相同的矩形，如图18-550所示。

图18-549　　　　　　　　　图18-550

08 单击"图层"面板底部的 ▣ 按钮，创建剪切蒙版，如图18-551所示，将矩形以外的图形隐藏，如图18-552所示。

09 在"图层2"的眼睛图标处单击，显示该图层，在图层后面单击，选取层中所有图形，如图18-553和图18-554所示。

图18-551　　　　　　　　　图18-552

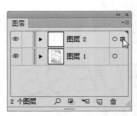

图18-553　　　　　　　　　图18-554

10 执行"效果>风格化>外发光"命令，设置发光颜色为蓝色，如图18-555所示，最后可以添加一些图形和文字来丰富版面，如图18-556所示。

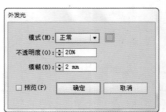

图18-555　　　　　　　　　图18-556

18.20

精通UI：
扁平化图标设计

- ■素材：光盘>实例素材文件夹
- ■视频：光盘>视频文件夹
- ■难度：★★★☆☆
- ■实例门类：UI设计类
- ■主要功能：在这个实例中，我们将使用铅笔、钢笔、矩形等绘图工具绘制拟人化的图标。

01 打开光盘中的素材文件，如图18-557所示，手机所在图层处于锁定状态，如图18-558所示，我们将在"图层2"中绘制图标。

图18-557　　　　　　图18-558

◀)) 提示

图标的设计要以恰当的元素将词语转换为图形，让用户容易理解，体现出要表达的功能信息或操作提示。同时图标还应兼顾美观与功能性，带给用户成功的操作体验。

02 先来绘制一个拟人化的音符图标。使用铅笔工具 ✏️ 绘制一个图形，填充深红色，无描边颜色，如图18-559所示。使用椭圆工具 ⬭ 按住Shift键绘制一大一小两个圆形，作为眼睛，如图18-560所示，绘制眼珠，如图18-561所示。

图18-559　　　　图18-560　　　　图18-561

03 用铅笔工具 ✏️ 绘制嘴巴，如图18-562所示；用钢笔工具 ✒️ 绘制牙齿及头上的图形，组成一个卡通音符，如图18-563和

图18-564所示。再绘制几条波浪线作为乐谱。用矩形工具 ▭ 创建一个矩形，按下Shift+Ctrl+[快捷键将矩形移至底层，如图18-565所示。

图18-562　　　　　　图18-563

图18-564　　　　　　图18-565

04 使用选择工具 ▶ 选择矩形，按住Alt键拖动进行复制，用圆角矩形工具 ▢ 在其上面分别绘制三个圆角矩形，绘制过程中按住↑键增加圆角半径，如图18-566和图18-567所示。用矩形工具 ▭ 绘制一个矩形，组成一个麦克风，如图18-568所示。

图18-566　　　　　图18-567　　　　　图18-568

05 用铅笔工具 ✏️ 绘制两条手臂，如图18-569所示；用钢笔工具 ✒️ 绘制麦克风上的纹路，如图18-570所示；使用选择工具 ▶ 选取音乐符号上的眼睛和嘴巴图形，复制到麦克风上，并调整大小和位置，如图18-571所示。选取组成麦克风的所有图形，包括作为背景的矩形，按下Ctrl+G快捷键编组。

图18-569

图18-570

图18-571

06 用同样的方法绘制影片、邮件、日历、记事本、照明、天气及旅游等图标，并将它们逐一编组，如图18-572所示。将图形全选，通过控制面板中的对齐与分布命令将图标排列整齐，然后移动到手机屏幕上，如图18-573所示。

图18-572

图18-573

07 绘制一个矩形，如图18-574所示。使用选择工具 按住Shift+Alt键向下拖动进行复制，调整图形的高度，填充深红色，如图18-575所示。继续复制矩形，分别填充橙色、土黄色、绿色等，如图18-576所示。

图18-574

图18-575

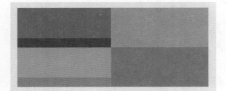
图18-576

08 选择文字工具 T ，输入文字，在控制面板中设置字体及大小。温度和时间为主要显示的文字，字体大小分别为40pt和30pt，"℃"为16pt，右侧的文字为12pt，如图18-577所

示。绘制出其他图标，如图18-578所示，完成后的效果如图18-579所示。解除"图层1"的锁定，使用编组选择工具 选取手机面板图形，尝试填充不同的渐变颜色，如图18-580和图18-581所示。

图18-577

图18-578

图18-579

图18-580

图18-581

18.21

精通 UI：

马赛克风格图标设计

- ■素材：光盘>实例素材文件夹
- ■视频：光盘>视频文件夹
- ■难度：★ ★ ★ ★ ☆
- ■实例门类：UI设计类
- ■主要功能：在这个实例中，我们将使用矩形网格分割图形，再为每一部分重新填色，制作出马赛克拼贴风格的图标。

01 打开光盘中的素材文件，如图18-582和图18-583所示。选取画面中的头像，按下Ctrl+C快捷键复制。

图18-582　　　　　图18-583

02 选择矩形网格工具▦，在打开的对话框中设置参数，如图18-584所示，单击"确定"按钮创建矩形网格，如图18-585所示。将网格图形的填充与描边均设置为无。

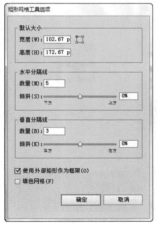
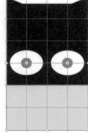

图18-584　　　　　图18-585

03 按下Ctrl+A快捷键将头像与网格图形选取，单击"路径查找器"面板中的分割按钮▣，用网格分割头像，如图18-586所示。用直接选择工具▷单击其中的一个图形，填充40%黑色，如图18-587和图18-588所示。单击"颜色"面板右上角的▾▤图标，打开面板菜单，选择"灰度"命令，可以显示颜色的灰度信息值，如图18-589所示。

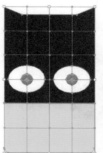
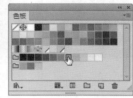

图18-586　　　　　图18-587

图18-588　　　　　图18-589

04 选择右侧的矩形，单击"色板"中的50%黑色，如图18-590和图18-591所示。将下面的两个矩形填充60%黑色，如图18-592和图18-593所示。

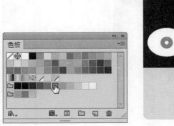

图18-590

图18-591

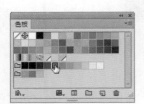

图18-592

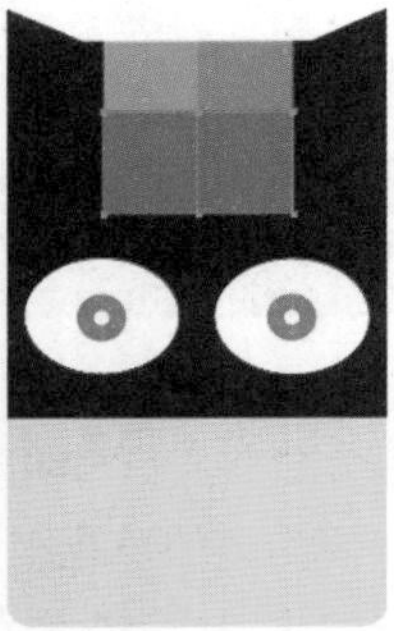

图18-593

05 以70%黑色填充头部两侧的矩形，两个耳朵填充80%黑色，如图18-594所示；选取右眼附近的图形，填充80%黑色，如图18-595所示；左眼附近的图形填充90%黑色，如图18-596所示。

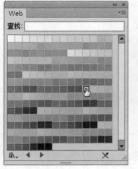

图18-594

图18-595

图18-596

06 执行"窗口>色板库>Web"命令，载入"Web"色板，用该色板中的颜色填充图形，如图18-597~图18-599所示。

图18-597

图18-598

图18-599

07 使用椭圆工具 ⬭ 按住Shift键创建一个圆形，按下Ctrl+[快捷键将其移至头像下方，填充径向渐变，如图18-600和图18-601所示。选择极坐标网格工具 ⊛，在画面中拖动鼠标创建网格图形，同时按下↑和→键增加分隔线的数量，在放开鼠标前按下Shift键锁定长宽比例，设置描边颜色为白色，粗细为0.1pt，无填充，如图18-602所示。

图18-600

图18-601

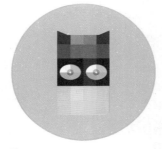

图18-602

08 按下Ctrl+B快捷键粘贴头像图形。执行"效果>风格化>投影"命令，设置颜色为深蓝色，如图18-603所示。绘制一个与屏幕大小相同的矩形，填充蓝色，按下Shift+Ctrl+[快捷键移至底层，如图18-604所示。

图18-603

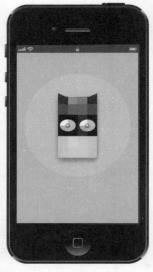

图18-604

18.22

精通UI：
玻璃质感图标设计

■素材：光盘>实例素材文件夹
■视频：光盘>视频文件夹
■难度：★★★★☆
■实例门类：UI设计类
■主要功能：在这个实例中，我们将单独对图形的填充颜色进行调整，设置混合模式、降低不透明度，使图形与背景的颜色结合更加紧密。再通过内发光与投影的设置，为图形增加立体感。

01 打开光盘中的素材文件，如图18-605所示。使用直线段工具 ✏ 按住Shift键在图形中间位置创建一条直线，如图18-606所示。按下Ctrl+A快捷键全选，单击"路径查找器"面板中的分割按钮 ▦，用直线分割图形，如图18-607所示。

图18-605

图18-606

图18-607

◀)) 提示

执行"视图>智能参考线"命令，在图形上移动鼠标时会显示智能参考线，可以清楚地提示图形的中心位置。

02 使用矩形工具 ▭ 创建一个矩形，填充线性渐变，按下Ctrl+[快捷键将矩形移到音符图形下方，如图18-608和图18-609所示。

图18-608

图18-609

03 选取音符图形，设置填充颜色为浅绿色，描边颜色为黄色，粗细为0.25pt，如图18-610所示。

04 使用直接选择工具 ▷ 选取如图18-611所示的图形，按下 Delete键删除，如图18-612所示。再选取右侧的图形也将其删除，如图18-613和图18-614所示。

图18-610

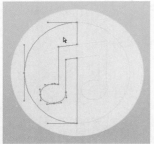

图18-611

图18-612

图18-613

图18-614

05 选取音符图形的右半部分，如图18-615所示，在"颜色"面板中调整颜色，如图18-616和图18-617所示。

图18-615

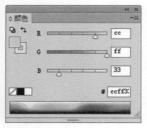

图18-616

图18-617

06 单击"外观"面板中"填色"属性前面的 ▼ 图标，将列表展开，单击"不透明度"，在打开的面板中设置混合模式为"叠加"，如图18-618和图18-619所示。

图18-618

图18-619

07 选取左侧的圆环，填充线性渐变，如图18-620所示，设置填色不透明度为90%，如图18-621和图18-622所示。

图18-620

图18-621

图18-622

08 选取右侧的圆环，填充绿色渐变，设置填色不透明度为50%，混合模式为"叠加"，如图18-623~图18-625所示。

图18-623

图18-624

图18-625

09 选取音符及圆环图形，执行"效果>风格化>内发光"命令，设置参数如图18-626所示，效果如图18-627所示。

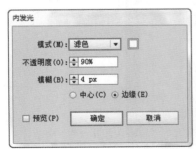

图18-626

图18-627

10 执行"效果>风格化>投影"命令，设置投影颜色为绿色，如图18-628和图18-629所示。

图18-628

图18-629

11 使用椭圆工具 ⬭ 创建一个椭圆形，如图18-630所示。使用选择工具 ▶ 按住Alt键向上拖动该图形进行复制，如图18-631所示。

图18-630

图18-631

12 按住Shift键单击第一个圆形，将其一同选取，单击"路径查找器"面板中的 ⬓ 按钮，形成一个月牙形状，如图18-632所示。执行"效果>风格化>羽化"命令，设置半径为5px，如图18-633和图18-634所示。

图18-632

图18-633

图18-634

13 设置该图形的混合模式为"叠加"，不透明度为50%，如图18-635和图18-636所示。

图18-635

图18-636

14 创建一个圆形，填充径向渐变，设置右侧色标的不透明度为0%，使渐变边缘呈现透明，如图18-637和图18-638所示。复制该圆形移动到图形下方，如图18-639所示。

图18-637

图18-638

图18-639

15 创建一个椭圆形，填充线性渐变，设置混合模式为"叠加"，不透明度为80%，如图18-640~图18-643所示。

图18-640

图18-641

图18-642

图18-643

16 用同样的方法制作其他图标，效果如图18-644所示。

图18-644

18.23

精通界面：

游戏 APP 设计

■素材：光盘>实例素材文件夹
■视频：光盘>视频文件夹
■难度：★ ★ ★ ★ ☆
■实例门类：界面设计类
■主要功能：在这个实例中，我们将使用圆角、投影、外
发光等效果表现文字及图形的立体感，通过渐变颜色的设
置表现光泽度。

01 打开光盘中的素材文件，如图18-645所示，背景及装饰素材已经锁定，并处于隐藏状态。选择"图层2"，用该图层中的文字制作特效，如图18-646所示。

图18-645

图18-646

02 选择画面中的文字，执行"效果>风格化>圆角"命令，设置半径为3mm，如图18-647和图18-648所示。

图18-647

图18-648

03 执行"效果>风格化>投影"命令，为文字添加投影效果，如图18-649和图18-650所示。

图18-649

图18-650

04 使用选择工具 ▶ 按住Alt键向上拖动文字进行复制，如图18-651所示。单击"外观"面板中的"投影"属性，如图18-652所示，按住Alt键单击面板底部的 🗑 按钮，删除该属性，如图18-653和图18-654所示。

图18-651

图18-652

图18-653

图18-654

05 在"渐变"面板中调整渐变颜色,将文字填充线性渐变,如图18-655和图18-656所示。

图18-655

图18-656

06 切换到描边编辑状态,设置描边颜色为线性渐变,粗细为5pt,如图18-657和图18-658所示。

图18-657

图18-658

07 使用编组选择工具 选取单引号图形,将填充与描边都设置不同的渐变颜色,如图18-659~图18-662所示。

图18-659

图18-660

图18-661

图18-662

08 选取位于下方的单引号图形,如图18-663所示;用添加锚点工具 在路径上单击,添加锚点,如图18-664所示;用直接选择工具 移动锚点的位置,如图18-665和图18-666所示。

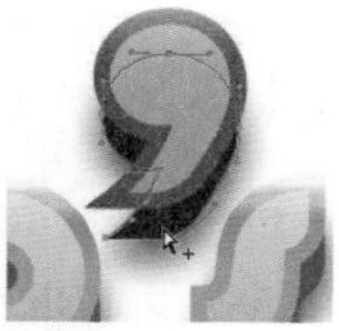

图18-663

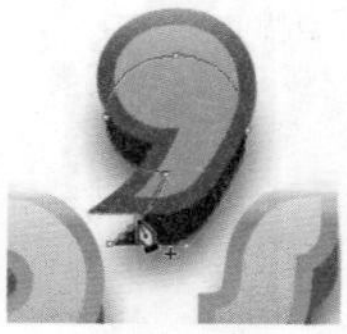

图18-664

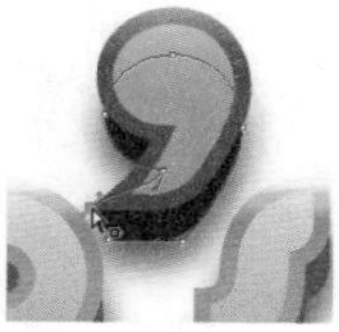

图18-665

图18-666

09 使用铅笔工具 绘制一个图形,按下Shift+Ctrl+[快捷键移至底层,如图18-667所示。

图18-667

10 执行"效果>风格化>内发光"命令，设置发光颜色为棕色，如图18-668所示，效果如图18-669所示。

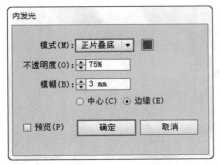

图18-668

图18-669

11 执行"效果>风格化>投影"命令，设置参数如图18-670所示，增加图形的立体感，如图18-671所示。

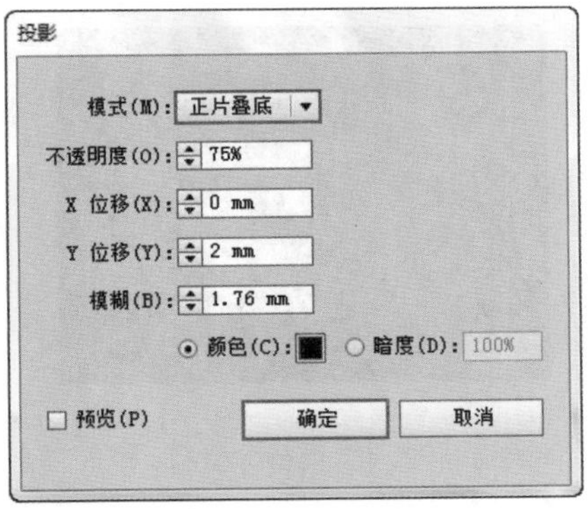

图18-670

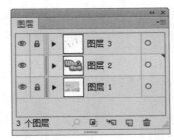

图18-671

12 选择"符号"面板中的小猪符号，如图18-672所示，将它直接拖入画面中，按下Shift+Ctrl+[快捷键移至底层，如图18-673所示。

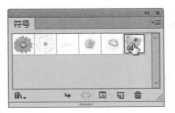

图18-672

图18-673

13 显示"图层1"及"图层3"，如图18-674和图18-675所示。

图18-674

图18-675

18.24

精通网页：

圣诞主题网页设计

■素材：光盘>实例素材文件夹
■视频：光盘>视频文件夹
■难度：★★★★★
■实例门类：网页设计类
■主要功能：在这个实例中，我们将在图像素材的基础上绘制圣诞树和圣诞老人，表现缤纷、喜悦的节日氛围。其中使用了渐变网格表现圣诞树的光感，再与带有透明特性的渐变图形相叠加，形成丰富而有层次的背景画面。

01 按下Ctrl+N快捷键打开"新建文档"对话框，在"配置文件"下拉列表中选择"web"选项，在"大小"下拉列表中选择"1024×768"，如图18-676所示。

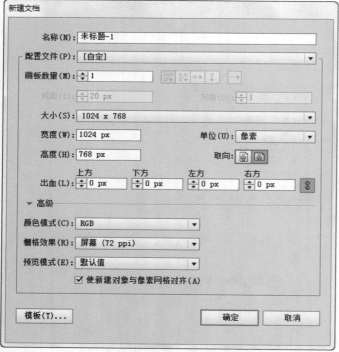

图18-676

02 选择矩形工具 ▭ ，将光标放在画板左上角，如图18-677所示，单击鼠标打开"矩形"对话框，设置参数如图18-678所示，创建一个与画板大小相同的矩形，填充线性渐变，如图18-679和图18-680所示。

图18-677　　　　　　　　图18-678

图18-679　　　　　　　　图18-680

03 新建一个图层，如图18-681所示。执行"文件>置入"命令，打开"置入"对话框，置入光盘中的素材文件，取消"链接"选项的勾选，如图18-682所示，然后单击"置入"按钮，置入文件，如图18-683所示。

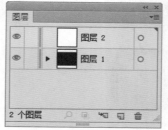

图18-681

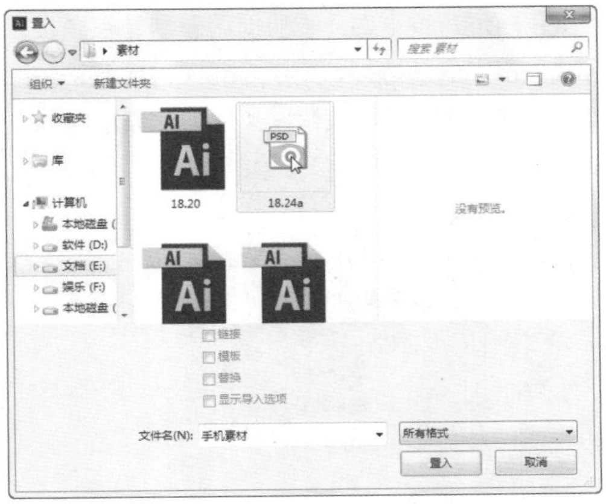

图18-682

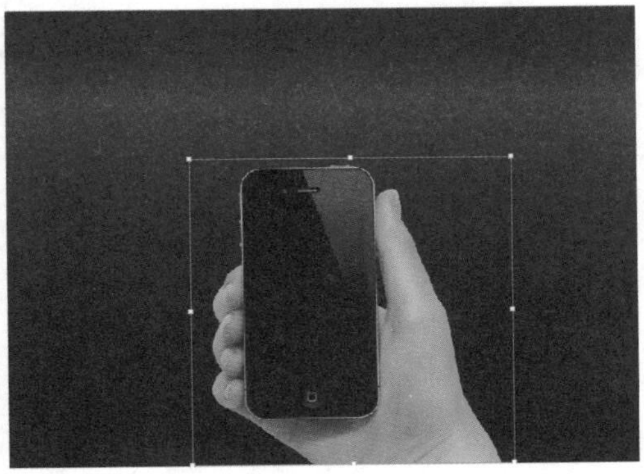

图18-683

04 锁定“图层2”，选择“图层1”，如图18-684所示。使用铅笔工具绘制圣诞树图形，填充绿色，无描边，如图18-685和图18-686所示；两个图形要有重叠部分，第二个图形绘制完后，按下Ctrk+[快捷键移至第一个图形下方。绘制第三个图形，如图18-687所示，同样移至第一个图形下方。再绘制树干，如图18-688所示。

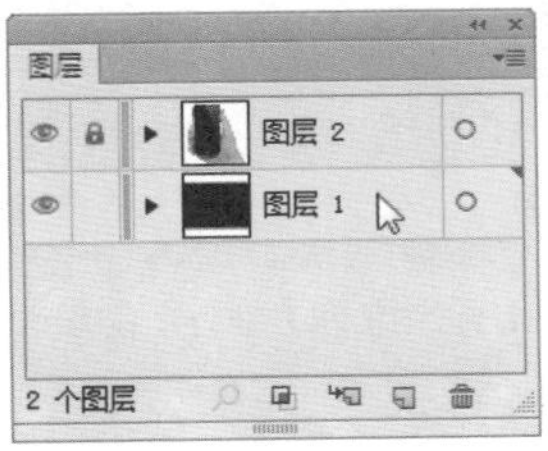

图18-684

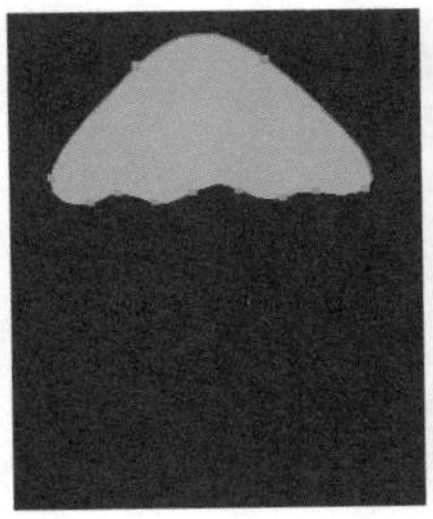

图18-685

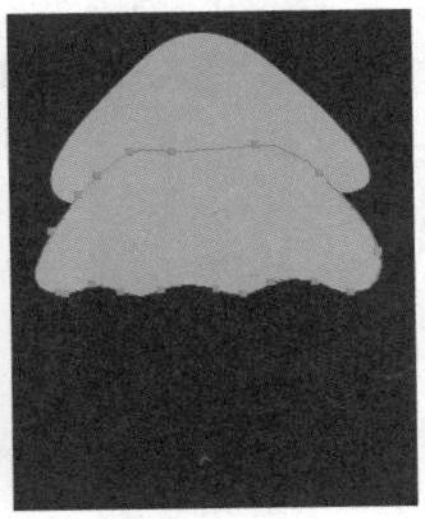

图18-686

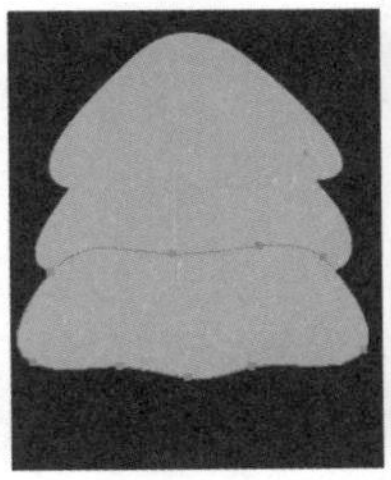

图18-687

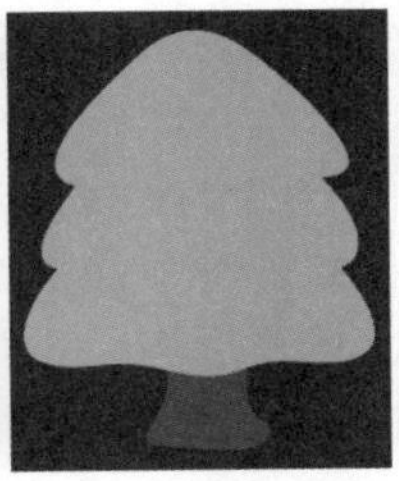

图18-688

05 复制圣诞树图形，选择网格工具，将光标放在第一个图形上，如图18-689所示，单击添加网格点，选取“色板”中的深绿色填充网格点，如图18-690和图18-691所示。依次在其他图形上添加网格点，如图18-692~图18-695所示，制作出发光的圣诞树。

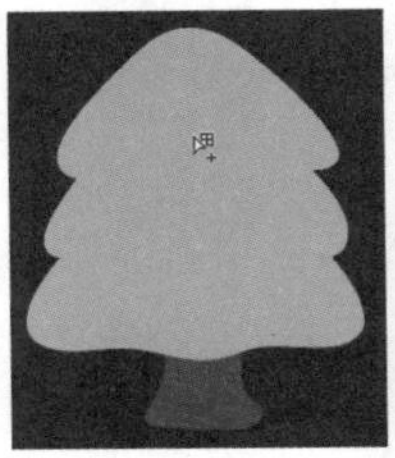

图18-689

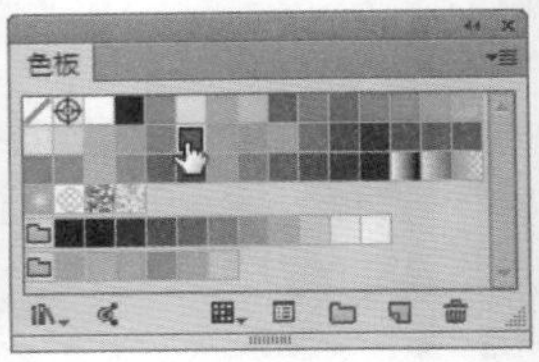

图18-690

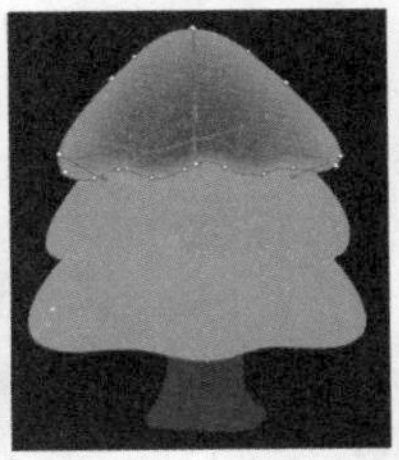

图18-691

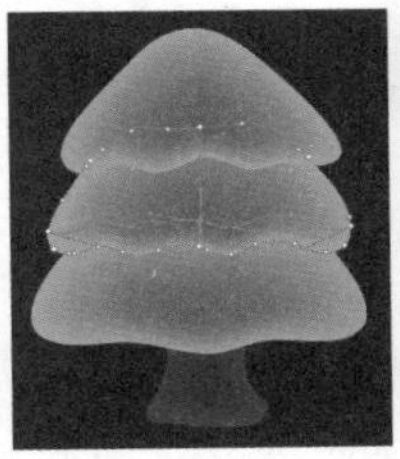

图18-692

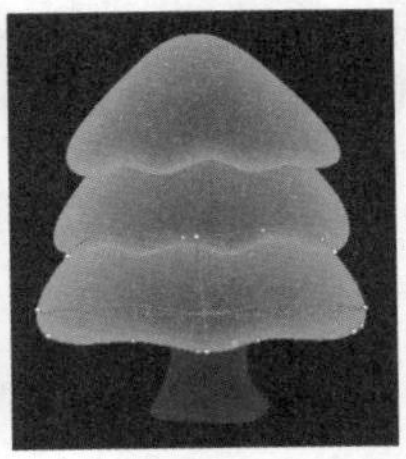

图18-693

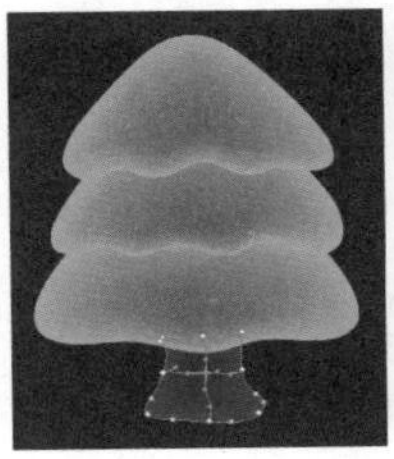

图18-694

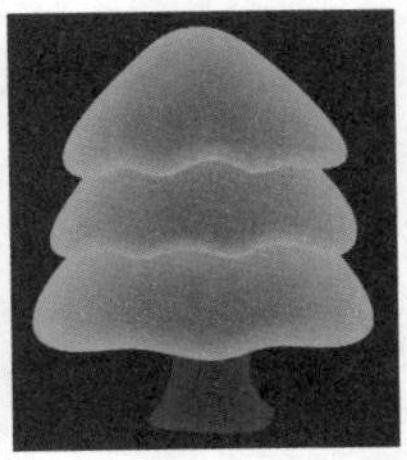

图18-695

06 使用椭圆工具按住Shift键创建一个圆形，填充黄色，无描边颜色，如图18-696所示。在其上方绘制一个小一点的圆形，填充浅绿色，如图18-697所示。

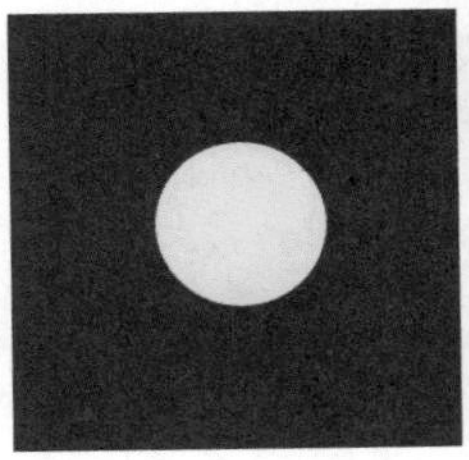

图18-696

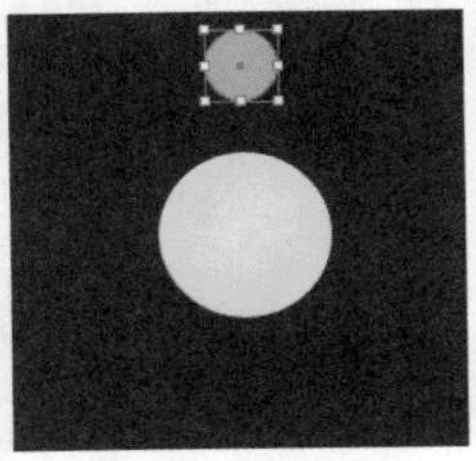

图18-697

07 保持浅绿色圆形的选取状态，选择旋转工具 ↻，将光标放在黄色圆形的圆心位置，如图18-698所示，按住Alt键单击，弹出"旋转"对话框，设置角度为30°，然后单击"复制"按钮，旋转并复制图形，如图18-699和图18-700所示；按下Ctrl+D快捷键执行"再次变换"命令，旋转并复制圆形，如图18-701所示。选取这些圆形，按下Ctrl+G快捷键编组。

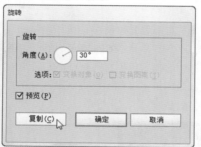

图18-698

图18-699

图18-700

图18-701

08 使用选择工具 ▶ 将编组图形拖到圣诞树上，复制并调整大小，如图18-702所示；设置图形的不透明度为70%，如图18-703和图18-704所示。将组成绿色圣诞树的图形选取，按下Ctrl+G快捷键编组。用同样的方法制作一个蓝色圣诞树，如图18-705所示。

图18-702

图18-703

图18-704

图18-705

09 选取背景的黑色矩形，按下Ctrl+C快捷键复制，在画板以外的空白区域单击，取消选择，按下Ctrl+F快捷键粘贴到前面，单击"图层"面板底部的 ▣ 按钮，建立剪切蒙版，如图18-706和图18-707所示。

图18-706

图18-707

10 创建一个圆形，填充径向渐变，设置渐变色标的颜色为黑色，右侧色标的不透明度为0%，如图18-708所示。按下Ctrl+[快捷键将圆形移至蓝色圣诞树下面，如图18-709所示。

图18-708

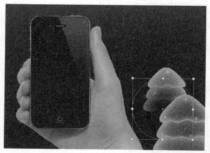

图18-709

11 复制圣诞树，调整大小和前后顺序，排列在画面下方，如图18-710所示。

图18-710

12 复制一个蓝色圣诞树，放置在画面左侧，设置不透明度为20%，如图18-711和图18-712所示。复制这个圣诞树，移动到画面右侧，适当放大，来丰富背景画面，如图18-713所示。在画面上方创建两个圆形，填充"黑色到透明"径向渐变，如图18-714所示。

图18-711

图18-712

图18-713

图18-714

13 执行"窗口>符号库>庆祝"命令，载入符号库，选择"聚会帽"符号，如图18-715所示，将其直接拖入画面中，放在画面右侧的绿色圣诞树上，并调整角度与前后位置，如图18-716所示。

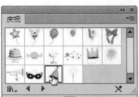

图18-715

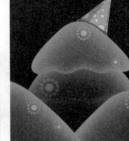

图18-716

14 新建一个图层，如图18-717所示。分别创建一大一小两个椭圆形，填充径向渐变，并略向右旋转，如图18-718和图18-719所示。

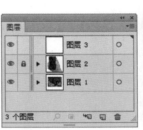

图18-717

图18-718

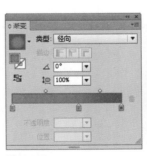

图18-719

15 继续绘制图形，组成一个圣诞老人，如图18-720和图18-721所示。

图18-720   图18-721

16 用椭圆工具绘制若干圆形，组成胡子的形状，如图18-722所示。选取这些圆形，单击"路径查找器"面板中的按钮，合并图形。用同样的方法制作胡子的白色部分，如图18-723所示。

图18-722　　　　　　图18-723

17 选取这两个胡子图形，按下Alt+Ctrl+B快捷键创建混合效
果，双击工具箱中的混合工具 ⬚，打开"混合选项"对
话框，设置指定的步数为10，如图18-724和图18-725所示。用同样
的方法制作嘴巴上面的胡子、帽子上的圆球，如图18-726所示。

图18-724

图18-725　　　　　　图18-726

18 打开光盘中的素材文件，如图18-727所示，将素材拷贝粘
贴到网页文档中，如图18-728所示。

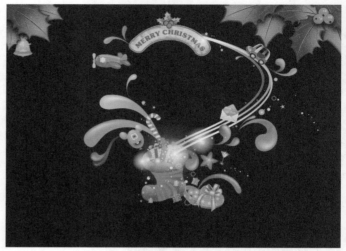

图18-727

图18-728

索引：Illustrator CC 软件功能速查表

工具

工具及快捷键	所在页码	工具及快捷键	所在页码	工具及快捷键	所在页码
选择工具（V）	92	直接选择工具（A）	118	编组选择工具	93
魔棒工具（Y）	93	套索工具（Q）	119	钢笔工具（P）	113
添加锚点工具（+）	121	删除锚点工具（-）	121	锚点工具（Shift+C）	120
文字工具（T）	342	直排文字工具	342	区域文字工具	343
直排区域文字工具	343	路径文字工具	344	直排路径文字工具	344
修饰文字工具（Shift+T）	346	直线段工具（\）	75	弧形工具	75
螺旋线工具	76	矩形网格工具	76	极坐标网格工具	81
矩形工具（M）	73	圆角矩形工具	73	椭圆工具（L）	74
多边形工具	74	星形工具	74	光晕工具	84
画笔工具（B）	269	铅笔工具（N）	110	平滑工具	125
路径橡皮擦工具	125	斑点画笔工具（Shift+B）	232	橡皮擦工具（Shift+E）	236
剪刀工具（C）	126	刻刀工具	235	旋转工具（R）	210
镜像工具（O）	209	比例缩放工具（S）	211	倾斜工具	211
整形工具	119	宽度工具（Shift+W）	146	变形工具（Shift+R）	213
旋转扭曲工具	213	缩拢工具	213	膨胀工具	213
扇贝工具	213	晶格化工具	213	皱褶工具	213
自由变换工具（E）	204	形状生成器工具（Shift+M）	231	实时上色工具（K）	180
实时上色选择工具（Shift+L）	181	透视网格工具（Shift+P）	132	透视选区工具（Shift+V）	136
网格工具（U）	194	渐变工具（G）	188	吸管工具（I）	335、142
度量工具	90	混合工具（W）	237	符号喷枪工具（Shift+S）	295
符号位移器工具	298	符号紧缩器工具	298	符号缩放器工具	299
符号旋转器工具	299	符号着色器工具	299	符号滤色器工具	300
符号样式器工具	300	柱形图工具（J）	374	堆积柱形图工具	374
条形图工具	374	堆积条形图工具	374	折线图工具	375
面积图工具	375	散点图工具	375	饼图工具	375
雷达图工具	376	画板工具（Shift+O）	45	切片工具（Shift+K）	396
切片选择工具	396	抓手工具（H）	43	打印拼贴工具	47
缩放工具（Z）	43	默认填色和描边（D）	143	互换填色和描边（Shift+X）	142
颜色（<）	140	渐变（>）	185	无（/）	143
正常绘图（Shift+D）	72	背面绘图（Shift+D）	72	内部绘图（Shift+D）	72
更改屏幕模式（F）	41				

面板

面板及快捷键	所在页码	面板及快捷键	所在页码	面板及快捷键	所在页码
工具	34	控制	36	CSS属性	395
Kuler	166	SVG交互	319	信息（Ctrl+F8）	91
分色预览	423	动作	406	变换（Shift+F8）	209
变量	412	图像描摹	126	图层（F7）	245
图形样式（Shift+F5）	337	图案选项	284	外观（Shift+F6）	331
对齐（Shift+F7）	103、104	导航器	44	属性（Ctrl+F11）	398
拼合器预览	424	描边（Ctrl+F10）	143	OpenType（Alt+Shift+Ctrl+T）	366
制表符（Shift+Ctrl+T）	367	字形	366	字符（Ctrl+T）	357
字符样式	364	段落（Alt+Ctrl+T）	362	段落样式	364
文档信息	68	渐变（Ctrl+F9）	185	画板	47
画笔（F5）	266	符号（Shift+Ctrl+F11）	293	色板	158

续表

面板及快捷键	所在页码	面板及快捷键	所在页码	面板及快捷键	所在页码
路径查找器（Shift+Ctrl+F9）	223	透明度（Shift+Ctrl+F10）	251	链接	58
颜色（F6）	156	颜色参考（Shift+F3）	157	魔棒	93

"文件"菜单命令

命令及快捷键	所在页码	命令及快捷键	所在页码	命令及快捷键	所在页码
新建（Ctrl+N）	50	从模版新建（Shift+Ctrl+N）	51	打开（Ctrl+O）	52
最近打开的文件	52	在Bridge中浏览（Alt+Ctrl+O）	68	关闭（Ctrl+W）	65
存储（Ctrl+S）	64	存储为（Shift+Ctrl+S）	64	存储副本（Alt+Ctrl+S）	65
存储为模版	64	存储为Web所用格式（Alt+Shift+Ctrl+S）	399	存储选中的切片	396
恢复（F12）	65	置入（Shift+Ctrl+P）	56	存储为Microsoft Office 所用格式	65
导出	61	在Behance上共享	62	打包（Alt+Shift+Ctrl+P）	62
脚本	412	文档设置（Alt+Ctrl+P）	66	文档颜色模式	67
文件信息（Alt+Shift+Ctrl+I）	67	打印（Ctrl+P）	425	退出（Ctrl+Q）	65

"编辑"菜单命令

命令及快捷键	所在页码	命令及快捷键	所在页	命令及快捷键	所在页码
还原（Ctrl+Z）	65	重做（Shift+Ctrl+Z）	65	剪切（Ctrl+X）	105
复制（Ctrl+C）	105	粘贴（Ctrl+V）	105	贴在前面（Ctrl+F）	106
贴在后面（Ctrl+B）	106	就地粘贴（Shift+Ctrl+V）	105	在所有画板上粘贴（Alt+Shift+Ctrl+V）	105
清除	106	查找和替换	371	查找下一个	371
拼写检查（Ctrl+I）	372	编辑自定词典	373	编辑颜色>重新着色图稿	173
编辑颜色>使用预设重新着色	162	编辑颜色>前后混合	163	编辑颜色>反相颜色	163
编辑颜色>叠印黑色	163	编辑颜色>垂直混合	163	编辑颜色>水平混合	163
编辑颜色>调整色彩平衡	164	编辑颜色>调整饱和度	165	编辑颜色>转换为CMYK	165
编辑颜色>转换为RGB	165	编辑颜色>转换为灰度	165	编辑原稿	58
透明度拼合器预设	424	打印预设	425	Adobe PDF预设	59
SWF预设	405	透视网格预设	139	颜色设置（Shift+Ctrl+K）	414
指定配置文件	415	键盘快捷键（Alt+Shift+Ctrl+K）	37、38	同步设置>立即同步设置	49
同步设置>管理同步设置	49	同步设置>管理Creative Cloud账户	49	首选项>常规（Ctrl+K）	416
首选项>同步设置	417	首选项>选择和锚点显示	417	首选项>文字	418
首选项>单位	418	首选项>参考线和网格	419	首选项>智能参考线	419
首选项>切片	419	首选项>连字	420	首选项>增效工具和暂存盘	420
首选项>用户界面	420	首选项>文件处理和剪贴板	420	首选项>黑色外观	421

"对象"菜单命令

命令及快捷键	所在页码	命令及快捷键	所在页码	命令及快捷键	所在页码
变换>再次变换（Ctrl+D）	206	变换>移动（Shift+Ctrl+M）	99	变换>旋转	210
变换>对称	209	变换>缩放	211	变换>倾斜	211
变换>分别变换（Alt+Shift+Ctrl+D）	207	变换>重置定界框	209	排列>置于顶层（Shift+Ctrl+]）	102
排列>前移一层（Ctrl+]）	102	排列>后移一层（Ctrl+[）	102	排列>置于底层（Shift+Ctrl+[）	102
排列>发送至当前图层	102	编组（Ctrl+G）	100	取消编组（Ctrl+G）	100
锁定>所选对象（Ctrl+2）	249	锁定>上方所有图稿	249	锁定>其他图层	249
全部解锁（Alt+Ctrl+2）	249	隐藏>所选对象（Ctrl+3）	249	隐藏>上方所有图稿	249
隐藏>其他图层	249	显示全部（Alt+Ctrl+3）	249	扩展	193、195
扩展外观	336	栅格化	322	创建渐变网格	194
创建对象马赛克	331	拼合透明度	424	切片>建立	396
切片>释放	398	切片>从参考线创建	396	切片>从所选对象创建	396
切片>复制切片	396	切片>组合切片	398	切片>划分切片	397
切片>全部删除	398	切片>切片选项	396	切片>剪릭到画板	396
创建裁切标记	324	路径>连接（Ctrl+J）	122	路径>平均（Alt+Ctrl+J）	122
路径>轮廓化描边	145	路径>偏移路径	123	路径>简化	123
路径>添加锚点	122	路径>移去锚点	122	路径>分割下方对象	236

相关链接：关于"效果"菜单中的Photoshop效果，请参阅光盘中的《Photoshop效果》电子书。

"视图"菜单命令

命令及快捷键	所在页码	命令及快捷键	所在页码	命令及快捷键	所在页码
轮廓/预览（Ctrl+Y）	42	叠印预览（Alt+Shift+Ctrl+Y）	422	像素预览（Alt+Ctrl+Y）	394
校样设置>工作中的CMYK	416	校样设置>旧版Macintosh RGB	416	校样设置>Internet标准RGB	416
校样设置>显示器 RGB	416	校样设置>色盲-红色色盲类型	416	校样设置>色盲-绿色色盲类型	416
校样设置>自定	416	校样颜色	416	放大（Ctrl++）	45
缩小（Ctrl+-）	45	画板适合窗口大小Ctrl+0（）	45	全部适合窗口大小（Alt+Ctrl+0）	45
实际大小（Ctrl+1）	45	隐藏边缘（Ctrl+H）	109	隐藏画板（Shift+Ctrl+H）	45
显示打印拼贴	47	隐藏切片	398	锁定切片	398
隐藏模版（Shift+Ctrl+W）	246	标尺>显示标尺（Ctrl+R）	87	标尺>更改为画板标尺（Alt+Ctrl+R）	88
标尺>显示视频标尺	88	隐藏定界框（Shift+Ctrl+B）	202	显示透明度网格（Shift+Ctrl+D）	91
隐藏文本串接（Shift+Ctrl+Y）	351	隐藏渐变批注者（Alt+Ctrl+G）	188	隐藏边角构件	121
显示实时上色间隙	183	参考线>隐藏参考线（Ctrl+;）	89	参考线>锁定参考线（Alt+Ctrl+;）	89
参考线>建立参考线（Ctrl+5）	89	参考线>释放参考线（Alt+Ctrl+5）	89	参考线>清除参考线	89
智能参考线（Ctrl+U）	89	透视网格>隐藏网格（Shift+Ctrl+I）	131	透视网格>显示标尺	139
透视网格>对齐网格	134、139	透视网格>锁定网格	139	透视网格>锁定站点	132、139
透视网格>定义网格	138	透视网格>一点透视	131	透视网格>两点透视	131
透视网格>三点透视	131	透视网格>将网格存储为预设	138	显示网格（Ctrl+'）	90
对齐网格（Shift+Ctrl+'）	90	对齐点（Alt+Ctrl+'）	91	新建视图	44
编辑视图	44				

"窗口"菜单命令

命令及快捷键	所在页码	命令及快捷键	所在页码	命令及快捷键	所在页码
新建窗口	39	排列>层叠	39	排列>平铺	39
排列>在窗口中浮动	39	排列>全部在窗口中浮动	39	排列>合并所有窗口	39
工作区	40、41	扩展功能>Adobe Exchange	49	图形样式库	340
画笔库	268	符号库	303	色板库	160

"帮助"菜单命令

命令及快捷键	所在页码	命令及快捷键	所在页码	命令及快捷键	所在页码
Illustrator 帮助（F1）	48	Illustrator支持中心	48	Adobe产品改进计划	49
完成/更新Adobe配置文件	49	登录	49	更新	49
关于Illustrator	49	系统信息	49	新增功能	27、49